高等学校规划教材

可编程序控制器及常用控制电器

（第 2 版）

何友华　　　　　主编

何友华　陈国年
蒋　峥　何　莉　编著

北　京

冶　金　工　业　出　版　社

2008

内 容 提 要

本书介绍了 PLC 的基本原理和特点、继电接触器控制线路的应用,在此基础上介绍了几种国内广泛应用的 PLC 系列,分别为三菱可编程序控制器、OMRON 的 C 系列、SIMATIC - S7 - 300 系列、松下电工 FP - X 系列。

本书可作为工业自动化、计算机应用、仪表专业的本科和专科教材,也可作为厂矿继续工程教育的自动化和计算机应用培训教材,也可供研究生和从事计算机过程控制工作的技术人员参考。

图书在版编目(CIP)数据

可编程序控制器及常用控制电器/何友华主编;何友华,陈国年,蒋峥,何莉编著.—2 版.—北京:冶金工业出版社,2008.10
高等学校规划教材
ISBN 978-7-5024-4624-6

Ⅰ.可…　Ⅱ.①何…　②陈…　③蒋…　④何…　Ⅲ.可编程序控制器—控制电路—高等学校—教材　Ⅳ.TM571.6

中国版本图书馆 CIP 数据核字(2008)第 138073 号

出 版 人　曹胜利
地　　址　北京北河沿大街嵩祝院北巷 39 号,邮编 100009
电　　话　(010)64027926　电子信箱　postmaster@cnmip.com.cn
责任编辑　马文欢　宋　良　美术编辑　李　心　版式设计　葛新霞
责任校对　王贺兰　责任印制　李玉山
ISBN 978-7-5024-4624-6
北京兴华印刷厂印刷;冶金工业出版社发行;各地新华书店经销
1999 年 9 月第 1 版,2008 年 10 月第 2 版,2008 年 10 月第 4 次印刷
787mm×1092mm　1/16;15.5 印张;410 千字;236 页;8501-11500 册
30.00 元
冶金工业出版社发行部　电话:(010)64044283　传真:(010)64027893
冶金书店　地址:北京东四西大街 46 号(100711)　电话:(010)65289081

第2版前言

本书第1版于1999年9月出版发行，至今已经3次印刷。

随着自动化技术的发展，可编程序控制器技术及其器件这几年来有很大的发展，并在自动化控制领域得到了更广泛的应用。为了进一步提高本书的质量，以适应可编程控制技术的发展和应用的需要。这次修订对原第5章西门子SIMATIC S5系列可编程序控制器进行了重写，采用目前流行的S7系列，着重介绍了S7－300系列产品的硬件、软件及其应用。同时将原第7章松下电工的FP1系列修改为FP－X系列。

本书特点是将继电器接触器控制线路与可编程序控制器结合在一起讲述。本书可作为工业自动化、计算机应用、机电一体化、仪器仪表专业的本科、专科教材，也可作为厂矿继续工程教育的自动化、计算机应用培训教材，也可供研究生和从事计算机过程控制工作的技术人员参考。

本书由何友华主编。第1章、第2章由何友华编写，第3章、第6章由陈国年编写，第4章由何莉编写，第5章由蒋峥编写。

由于编者水平所限，望广大读者在使用过程中对本书的不妥之处批评指正。

编　者

2008年6月于武汉

第1版前言

可编程序控制器(简称PLC或PC机)是综合计算机和自动控制技术而发展起来的一种工业控制机。它在工业各部门得到日益广泛的应用。

本书共分7章,第1章和第2章介绍PLC的基本原理和特点、继电接触器控制线路的应用,为后续章节的预备知识。第3章到第7章介绍几种目前国内广泛应用的PLC系列。第3章以三菱FX2小型PLC为例,介绍其指令、编程和PLC系统设计方法,列举了PLC在龙门刨床控制的实例。第4章介绍OMRONC系列PLC,并列举PLC工业机械手控制应用实例。第7章介绍松下FP1小型PLC。第5章SIMATIC的S5系列和第6章MODICON的984系列都属于中、大型PLC,介绍其硬件配置和软件编程。每章都附有复习思考题。

本书授课学时为30~45学时,先讲第1章和第2章内容,然后选择第3章、第4章、第7章其中的一章作为小型PLC典型例子讲述PLC原理、结构、特点、编程和PLC控制系统的设计方法。选择第5章、第6章其中之一作为中、大型PLC典型例子,讲述其原理、特点、硬件配置和软件设计。

本书可作为工业自动化、计算机应用、仪表专业的本科、专科教材,也可作为厂矿继续工程教育的自动化和计算机应用培训教材,也可供研究生和从事计算机过程控制工作的技术人员参考。

本书由武汉科技大学何友华主编。陈国年编写第3章,何莉编写第4章,闻朝中编写第5章的5.1节、5.2节、5.3节,何友华编写第1章,第2章,第5章的5.4节、5.5节,第6章和第7章。

由于编者水平有限,对于书中的缺点和错误,敬请读者批评指正。

编　者

1999年2月

目　录

1 绪 论

1.1 可编程序控制器简介

1.1.1 可编程序控制器的定义

可编程序控制器(programmable logic controller)简称PLC机。随着PLC机的发展,它不仅能完成逻辑运算控制,而且能实现模拟量、脉冲量的算术运算,故把原来的logic删去,简称可编程序控制器为PC机(programmable controller)。但是此PC机的名称与市面上的IBM-PC机和个人电脑PC(personal computer)容易混淆,所以很多人仍称可编程序控制器为PLC机。

何谓可编程序控制器?国际电工委员会(IEC)对可编程序控制器作了如下定义:"可编程序控制器是一种专为在工业环境下应用而设计的数字运算操作的电子系统,它采用一种可编程序的存储器,在其内部存储执行逻辑运算、顺序控制、定时、计数和算术运算等操作的指令,通过数字式或模拟式的输入输出来控制各种类型的机械设备或生产过程。可编程序控制器及其有关设备的设计原则是它应易于与工业控制系统联成一个整体和具有扩充功能。"现在可编程序控制器已是工业控制机的一个重要分支,特别适合于逻辑、顺序控制。

1.1.2 可编程序控制器的特点

可编程序控制器具有以下特点:

(1)适应工业现场的恶劣环境,可靠性高。工业生产一般要求控制设备具有很强的抗干扰能力,能在恶劣的环境中可靠地工作。而PLC在这方面有它的独到之处:硬件上采用许多屏蔽措施以防止空间电磁干扰;采用较多的滤波环节,以消除外部干扰和各模块之间的相互影响;还采用光电隔离、联锁控制、模块式结构、环境检测和诊断电路等措施,以提高硬件的可靠性;在软件上采用了故障检测、诊断等措施;在机械结构设计和加工工艺上都做了精心的安排。

可编程序控制器的应用得到迅速地发展并受到用户的青睐,其重要原因在于用户把它所具有的高可靠性作为首选指标。

(2)使用方便。可编程序控制器编程中有一种特殊的编程方法,即使用梯形图(ladder diagram)编程。它类似于继电器控制线路图,只要具有继电器控制线路方面的知识,就可以很快学会编程和操作,特别适合于现场电气工作者学习和使用。

(3)系统扩展灵活。PLC多采用积木式结构,具有各种各样的I/O模块,以供挑选和组合,便于根据需要配置成不同规模的分散式分布系统。即便是紧凑式的PLC,它也可以用几个箱体进行配置。

1.1.3 可编程序控制器的工作原理

可编程序控制器的工作原理如图1-1所示。

可编程序控制器是一种工业控制机,有中央处理器(CPU)。它的CPU有如下类型:Z80、Intel 8031、80386等。在大中型的PLC中多采用运算速度快、抗干扰能力强的双极型单片机作为CPU,如AMD2900系列。

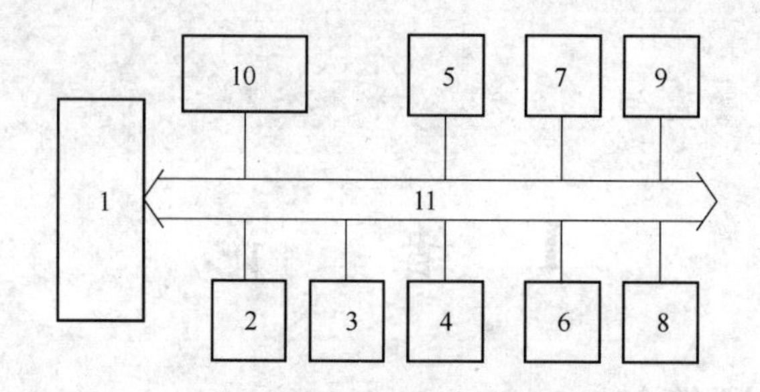

图 1-1　PLC 原理框图

1—中央处理器 CPU;2—ROM 操作系统;3—RAM 内存储器;4—输出接口;5—输入接口;6—通讯接口;
7—智能接口;8—存储器扩展接口;9—I/O 扩展接口;10—编程器接口;11—总线

系统总线(BUS)包括数据总线(D - BUS)、地址总线(A - BUS)和控制总线(C - BUS)。所有的存储器、外部设备都挂在系统总线上。

ROM 只读存储器固化着生产厂家提供的监控程序或操作系统(2 ~ 8K)。

RAM 随机存储器,其中一部分作为操作系统使用的输入、输出缓冲区(映像区)、定时器、计数器、内部继电器等,另一部分为用户程序区。小型机 RAM 为 2 ~ 4K,大中型机为 4 ~ 48K。

输入接口、输出接口是 PLC 与现场的接口,是 PLC 应用、连接的通道。

智能接口是连接热电偶、位置、计数等专用的模块接口。有的智能模块内带有单片机以处理和管理输入、输出的信号。

通讯接口多采用 RS232 等串行通讯接口,用以连接显示器、上位机、打印机等设备。

I/O 扩展接口作为增加 I/O 点数,连接 I/O 扩展模块的接口。

存储器扩展接口作为增加用户程序内存容量的接口,可插入 RAM、EPROM 和 EEPROM。

编程器是人机对话的设备,用于用户程序输入、程序修改和监控。编程器有屏幕式如 CRT、液晶显示屏等,它可以输入梯形图和其他图形语言编辑。还有便携式编程器,它类似于计算器大小,可输入符号指令,便于现场调试。

从上述 PLC 原理图可看出:PLC 就是一台计算机,只不过它侧重于 I/O 接口输入输出控制环节。

1.1.4　可编程序控制器扫描工作方式

计算机用于控制、运行程序时常采用扫描工作方式和中断工作方式。PLC 主要采用扫描工作方式,顺序扫描工作方式简单直观,简化了程序设计,并为 PLC 可靠运行提供有力的保证。在有的场合也插入中断方式,允许中断正在扫描运行的程序,以处理急需处理的事件。

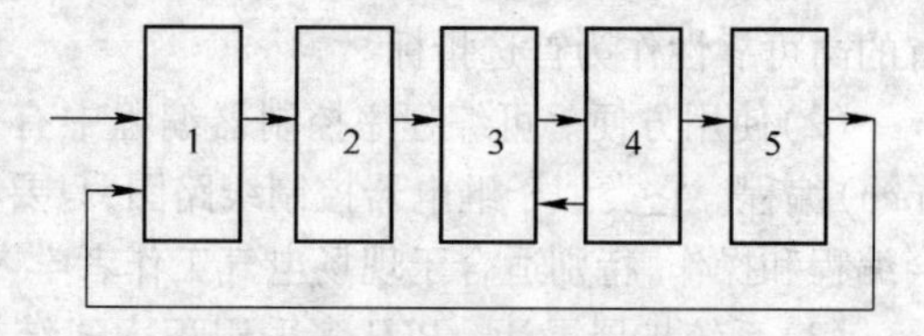

图 1-2　PLC 扫描工作方式

1—读入输入状态;2—刷新输入缓冲区;
3—扫描用户程序;4—刷新输出缓冲区;
5—输出状态,从输出接口输出

PLC 扫描工作方式可用图 1-2 框图表示。

PLC 扫描工作的第一步是采样阶段,它通过输入接口将所有输入端子的信号状态读入并存入输入缓冲区,即刷新所有输入信号的原有状态。第二步扫描用户程序,根据本周期输入信号的状态和上周期输出信号的状态,对用户程序逐条进行扫描运算,将运算结果逐一填入输出缓冲区。第三阶段输出刷新,将刷新过的输出缓冲区各输出点状态通过输出接口电路全部送到 PLC 的输出端子。

PLC 周期性地循环执行上述三个步骤,这种工作方式称为 PLC 扫描工作方式。上述三步骤执行一个周期所用的时间称为扫描周期。PLC 扫描周期是 PLC 重要的参数之一,它反映 PLC 对输入信号的灵敏度或滞后程度。通常工业控制要求 PLC 扫描周期在 60 ~ 30ms 以下。

1.1.5 可编程序控制器与普通计算机的比较

PLC 是一种工业控制计算机,它具有计算机共性的一面,但由于历史发展的原因和它的设备适用现场控制使它具有区别于普通计算机的特点。它们之间主要区别如下:PLC 的工作目的是生产过程自动化,普通计算机主要用于科学计算、数据处理;PLC 的工作环境是工业现场,普通计算机是在机房;PLC 的工作方式是扫描工作方式,普通计算机是中断工作方式;PLC 编程主要是采用梯形图,普通计算机是采用高级语言。还有输入输出设备等都有明显的不同。

1.1.6 可编程序控制器的分类

PLC 分类方法有多种:如按 I/O 点数分为大、中、小型;还可按功能分类,也可按结构分为箱体式和积木式,但通常还是按 I/O 点数来分类。相应的各类性能见表 1-1。

表 1-1 各机型的规模和性能

机型 性能	小 型	中 型	大 型
I/O 能力	256 点以下 (无模拟量)	256 ~ 2048 点 (模拟量 64 ~ 128 路)	2048 点以上 (模拟量 128 ~ 512 路)
CPU	单 CPU 8 位处理器	双 CPU 8 位字处理器和位处理器	多 CPU 16 位字处理器、位处理器和浮点处理器
扫描速度	20 ~ 60ms/K	5 ~ 20ms/K	1.5 ~ 5ms/K
存储器	0.5 ~ 2K	2 ~ 64K	>64K
智能 I/O	无	有	有
联网能力	有	有	有
指令及功能	逻辑运算	逻辑运算	逻辑运算
	计时器 8 ~ 64 个	计时器 64 ~ 128 个	计时器 128 ~ 512 个以上
	计数器 8 ~ 64 个	计数器 64 ~ 128 个	计数器 128 ~ 512 个以上
	标志位 8 ~ 64 个 其中 1/2 可记忆	标志位 64 ~ 2048 个 其中 1/2 可记忆	标志位 2048 个以上 其中 1/2 可记忆
	具有寄存器和触发器功能	具有寄存器和触发器功能	具有寄存器和触发器功能
		算术运算、比较、数制转换、三角函数、开方、乘方、微分、积分、中断	算术运算、比较、数制变换、三角函数、开方、乘方、微分、积分、PID、实时中断、过程监控
编程语言	梯形图	梯形图、流程图、语句表	梯形图、流程图、语句表、图形语言、BASIC 等高级语言

1.2　可编程序控制器的产生与发展

可编程序控制器于20世纪60年代末在美国问世,至今已有40年的历史。当时美国汽车制造工业为了适应生产工艺的不断更新,需要一种使用灵活、交流220V输入、输出信号可以直接进入设备,随工艺要求的改变其控制方式能灵活地变化,操作方便、价格便宜,能适应工作现场恶劣环境的工业自动化控制装置,于是在1969年研制出了世界上第一台可编程序控制器。从那时起,美国的可编程序控制器技术得到很快的发展,欧洲各国也相继投入一定力量研制可编程序控制器。日本凭借着本国集成电路技术的发展优势,进一步提高了可编程序控制器的集成度。

到70年代中期,随着半导体技术的发展,各种位片机和八位微处理器相继问世。由于CPU的引入,使可编程序控制器技术产生了飞跃发展,成为工业控制计算机的一个重要分支。可编程序控制器在原有逻辑运算功能的基础上,增加了数值运算、闭环调节功能,提高了运算速度,扩大了输入输出规模,并开始与网络和小型机相连,构成以可编程序控制器为重要部件的初级分散系统。目前可编程序控制器在冶金、石化、轻工等工业过程控制中得到广泛应用。

70年代末和80年代,可编程序控制器进入成熟阶段,向大规模、高速度、高性能方面继续发展。90年代,可编程序控制器仍迅速发展,各公司进一步完善自己的原有产品并开发新的产品系列,与局部网建成整体分布系统,不断向上发展并与计算机系统兼容。

西门子公司在其SIMATIC S5系列的基础上,又推出了微型高性能的SIMATIC S7系列。它包括小型S7－200、中型S7－300和大型S7－400系列,软硬件上提高了集成度,提高了性能价格比。它的小型机每K语句执行时间达到0.8～1.3ms,达到了过去大型机的速度。

三菱电机可编程序控制器在F1、FX2、A系列的基础上推出了小型遥控的FX2C系列,基本指令处理速度加快到0.48ms/K,控制距离达100m(最远可达400m)。还有超薄型的FXON系列。

国际上可编程序控制器迅速发展,并出现PLC热,引起了国内技术人员的极大兴趣和关注,许多部门积极推广应用,引进其技术设备,并积极消化、移植和开展应用研究。

80年代初我国几个大的钢铁厂首先在控制上最繁琐的高炉继电器控制系统中采用PC－584和S5－115U可编程序控制器,并取得明显效果。在宝钢、武钢等企业引进的设备中,带有大量的PLC。不仅在生产线上PLC越来越多地代替原有的继电器控制线路,而且在单机自动化设备如龙门刨床、电梯等控制中也常采用PLC控制。

80年代中期在成套设备和整机引进的同时,我国一些部门进行开发和应用研究,引进了生产PLC的生产线,建立生产PLC的合资企业,继而开发自己的产品。如1982年天津自动化仪表厂与美国哥德公司(Gould Modicon)签订PC－584散件组装和专有技术转让的协议。1986年,辽宁无线电二厂与德国西门子公司签订建立一条S5－101U和S5－115U可编程序控制器的生产线引进协议。1988年,在厦门经济特区建立了与美国A－B公司合资生产可编程序控制器的工厂。1989年,在无锡建立与日本光洋公司合资生产SR等系列(相当于GE系列)可编程序控制器。

目前国际上生产可编程序控制器的厂家很多,遍及美国、日本和欧洲各国。可编程序控制器的品种繁多,目前在我国市场上常见的可编程序控制器系列有:三菱公司生产的FX系列(FX1N、FX2N、FX1S、FX0N)、Q系列和A系列;西门子公司生产的SIMATIC S5系列(S5－90U、S5－95U、S5－100U、S5－100U、S5－115U)和S7系列(S7－200、S7－300、S7－400);欧姆龙公司生产的C60P、C20、C200、C500、CPM1A和SP系列;美国通用电气公司生产的GE系列(Fanuc90－30、Fanuc90－70);法国施耐德MODICON公司生产的Modicon Quantum、Modicon Premium、Modicon Momentum、施耐德 140 昆鹏;松下电工生产的 FPe、FP0、FP1、FPΣ、FP2、FP3、FP10 等系列。

可编程序控制器是工业过程控制中的重要装置,它将促进我国对传统电气设备的改造,缩小设备体积,提高系统性能。现有的控制室和操作站,都有大量继电器、接触器的盘箱柜,运行起来噪声大,故障多,维护工作量大,如果这些盘箱柜中的继电器逻辑控制线路用 PLC 代替,功率驱动部分用双向可控硅交流开关代替,可以想像:此时控制室或操作站将是无声的,而且故障少,维护也容易。工艺改变时,也只要修改 PLC 用户程序或参数,就可很容易地改变其控制方式和参数,可以取得很好的效益。今后 PLC 技术将会在我国取得越来越广泛的应用。

复习思考题

1-1 可编程序控制器与普通计算机的主要区别。

1-2 可编程序控制器的扫描工作方式及其扫描周期。

1-3 大、中、小型可编程序控制器的区分主要根据哪些方面?

1-4 目前常见的 PLC 产品系列及其厂家。

2 继电接触器控制线路

2.1 概述

在冶金、机械、矿山等工业部门普遍采用电力拖动生产机械，这些生产机械受自动控制系统的控制，使被控对象按一定规律进行工作，这些系统称为自动控制系统。按其控制方式它们可分为断续控制与连续控制两大类。断续控制是有级控制，其系统所用的主要元件是继电器、接触器。断续控制与控制对象的物理变化过程无关，而只考虑其跳变值，所以控制元件都是两态元件。继电接触器控制系统属于断续系统。连续控制反映物理量变化的整个过程，被控对象也是连续量。

继电接触器控制系统是由继电器、接触器、按钮、开关等常用控制电器组成，按一定规律自动进行工作的系统。系统由四部分组成：

(1)输入环节。控制指令和控制信号是由输入环节输入，它主要由主令元件（如按钮、主令控制器等）和反映控制信号物理量变化的检测元件（如行程开关、电压继电器、电流继电器、温度继电器、压力继电器等）组成。

(2)控制环节。按生产工艺要求，对各信号及动作的记忆和联锁，控制信号和被控对象的联系和联锁，各被控对象之间的相互联锁和制约，各工作程序之间的联系与转换等均由控制环节实现其逻辑运算和控制。所以它是控制系统的主要部分，也是线路设计的重点，所用的元件主要是中间继电器。

(3)执行环节。执行环节是直接控制被控对象动作和工作的部分，它的主要元件是接触器、电磁阀等。

(4)被控对象。它是带动生产机械运动的部分，如电动机、液压缸、电磁铁、电热器、电灯等设备。这四部分与生产机械的工艺要求紧密相连，它们是有机结合起来完成一定控制要求。

工矿企业拥有大量的继电接触器控制线路，它们安装在现场、电磁站或控制室。运行起来其电磁铁接点冲击噪声大，维护工作量大，可靠性低。随着半导体技术、计算技术的发展和应用，继电接触器控制线路将被无触点开关所组成的系统所取代，更有被可编程序控制器所替换的可能。

学习本章是为掌握继电接触器线路打好基础，也为采用可编程序控制器改造原有控制系统做好准备。

2.2 常用控制电器

常用控制电器种类很多，按其工作电压可分为低压电器和高压电器。所谓低压电器是指它的工作电压低于1200V的电器。常用控制电器按其功能作用分为接触器、继电器、按钮、开关等。

2.2.1 接触器

电磁式的接触器是利用电磁吸力的作用使主触点闭合或断开电动机电路或负载电路的控制电器。用它可以实现频繁的远距离操作，它具有比工作电流大数倍的接通和分断能力。接触器最主要的用途还是控制电动机的启动、正反转、制动和调速等。因此，它是电力拖动控制系统中最重要的也是最常用的控制电器。

接触器按其主触点控制的电路中的电流分为直流接触器和交流接触器。

2.2.1.1 接触器结构及工作原理

电磁式接触器结构包括以下几部分,如图2-1所示。

(1)电磁机构。它由线圈、铁芯和衔铁组成。

(2)主触点及灭弧系统。根据主触点的容量大小,有桥式触点和指形触点之分。

(3)辅助接点。有常开和常闭辅助触点之分。接点容量较小,主要用于控制电路中起联锁、逻辑运算作用,所以它没有灭弧装置,一般不用来分合主回路。

(4)弹簧机构。

(5)支架和底座。

下面分别加以说明。

A 触点

主触点是用来接通和分断被控电路。触点由动触点与静触点构成,其结构形式主要有桥式触点和指形触点,如图2-2所示。

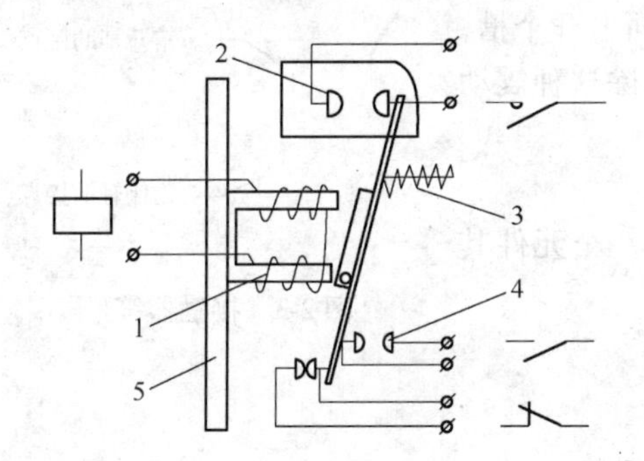

图2-1 接触器工作原理

1—电磁系统;2—主触点及灭弧罩;3—释放弹簧;4—辅助触点;5—底座

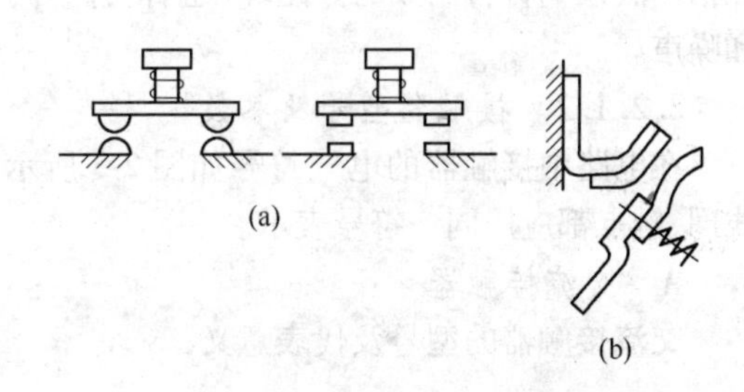

图2-2 触点结构形式

(a)桥式触点;(b)指形触点

为了使动、静触点接触紧密,减少接触电阻,在触点上装有弹簧以增加触点间的压力。桥式触点有两个断口,增加断弧距离,造成电动力将电弧拉长,使电弧易于熄灭。指形触点在动、静触点的接触过程中有一个滚动过程,可使触点表面的氧化层脱落,所以接触电阻小,可以通过较大的电流。

触点有主触点和辅助触点之分。主触点尺寸较大,并附有灭弧装置,接在主电路中。由于主触点是切换主电路,它就可能在大于额定电流的情况下接通或断开负载电路,所以接触器的技术数据对它切换能力加以规定。辅助触点用于控制电路,通过较小的电流。

触点按其动作状态可分为常开触点和常闭触点。常开触点是指在其线圈不通电状态下,该接点是断开状态;当其线圈通电时,该接点就闭合。故常开接点又称动合接点。另一种是常闭触点,是指其线圈不通电状态,该接点是闭合的;当其线圈通电时,该接点断开,常闭接点又称动断接点。

B 灭弧

当接触器接点切断电路时,如果电路中电压超过10~12V和电流超过100mA,此时两个触点之间将产生火花,产生气体放电现象,通常称为电弧。所谓气体放电,就是气体中大量带电质点作定向运动。当触点分离瞬间触点间形成很强的电场强度,就会引起冲撞电离,甚至产生热电子发射和热电离,产生电子流,从而形成电弧。电弧可能灼伤触点表面,甚至使触点熔焊而不能正常工作。为减少电弧的危害,常采用灭弧装置,使电弧迅速熄灭。

灭弧的方法有:在直流接触器中常在主触点电路中串入吹弧线圈,形成磁吹式灭弧装置;在交流接触器中主触点部分常用灭弧罩、灭弧栅、多点灭弧等。

C　电磁机构

电磁机构是接触器的主要组成部分之一。它由线圈和磁路两部分组成。当线圈通电,在电磁铁中产生磁场,使衔铁产生转动时,带动主接点和辅助接点动作。

接触器的线圈有直流线圈和交流线圈。线圈的电流类型与主触点的电流类型可以相同,也可以不同。由于直流线圈是采用直流电源供电,它工作可靠,适合频繁启动和重要场合,但需要直流电源。交流线圈采用交流电源供电,在启动时,衔铁尚未吸合,线圈中的启动电流可达正常电流的 5 ~6 倍。此时如果由于某种原因,衔铁较长时间不能吸合,线圈就可能被烧毁。交流线圈的电源容易得到。交流线圈由于交流电每一周波过零,使衔铁产生震动和噪声,特别是单相交流线圈,其震动和噪声更加严重,甚至无法工作。为此,单相交流电磁机构中在其铁芯端面上开个槽,在槽中嵌入铜材料制成的分磁环(也称短路环)以消除这种震动和噪声。

2.2.1.2　接触器型号及参数

在电路中接触器的电气符号如图 2-3 所示。同一个元件其线圈、触点都应用同一符号表示。

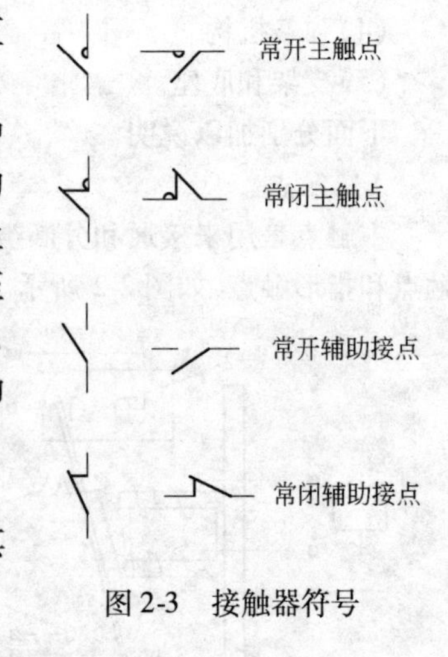

图 2-3　接触器符号

A　交流接触器

交流接触器的型号及代表意义:

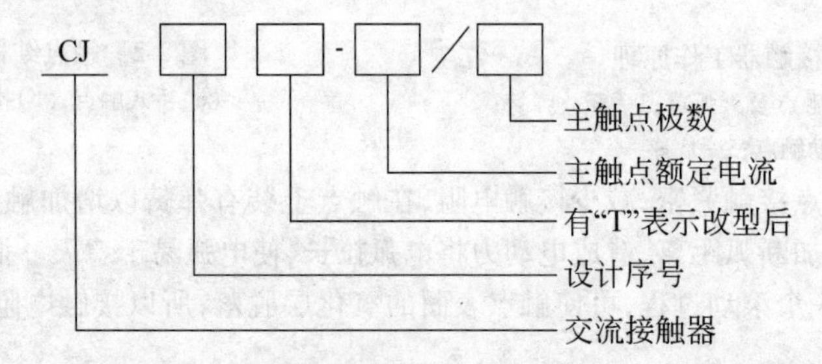

由于目前交流电路的使用场合比直流广泛,交流电动机在工厂中使用的比重也大,所以交流接触器的品种和规格更为繁多,常用的有 CJ0、CJ10、CJ12 和 CJ20 等系列交流接触器。

CJ0 系列是专为机床配套的产品,全系列分为 10A、20A、40A 及 75A 四个等级。

CJ10 系列是应用最广泛的一个系列,它用于交流 500V 及其以下电压等级。全系列有 5A、10A、20A、40A、60A、100A 及 150A 七个等级。其中 40A 及其以下各等级的电磁机构是采用 E 形直动式,为了提高机械和电气寿命,还采用迎击式的结构方式。主、辅接点均采用桥式触点,且由衔铁直接带动作直线运动。这种结构形式的交流接触如图 2-4 所示。由图可见,这种结构属于立体布置方法。它的结构特征是:上部是主触点和灭弧系统以及辅助触点组件,下部是电磁机构。主触点的灭弧装置因电流等级而异,10A 及其以下的采用半封闭式灭弧罩或相间隔弧板,20A、40A 的则采用半封闭式窄缝陶土灭弧罩。

当主触点的额定电流在 60A 以上时,电磁机构采用 E 形拍合式,主、辅触点为桥式触点。这是一种平面布置式结构，电磁机构居右，主触点及灭弧系统居左。衔铁经转轴借助杠杆与主触点相连。当衔铁作拍合动作时，经过杠杆的传动使主触点实现直线运动，与此同时，也带动辅助触点动作。与前述直动式相仿，也采用了迎击式结构方式，主触点的灭弧装置仍采用陶土材料制成的半封闭式灭弧罩。

CJ10 系列交流接触器的主触点均做成三极的，辅助触点则做成二常开二常闭方式。这种接触器为一般性负荷的接触器，它主要用于控制笼型电动机启动和运行中的断开。CJ10 系列交流接触器的基本技术数据如表 2-1 所示。

CJ12 系列交流接触器的结构采用条架平面布置，所有零部件都装置在一条供安装用的扁钢条上，电磁机构居右，主触点和灭弧系统居中，而辅助触点居左。主触

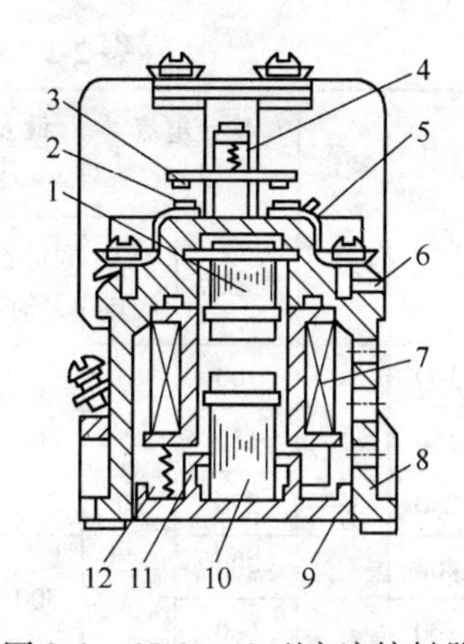

图 2-4　CJ10－40 型交流接触器

1—衔铁；2—静触点；3—动触点；4—触点弹簧；5—动触点支架；6—灭弧罩；7—线圈；8—外壳；9—底板；10—铁芯；11—悬架；12—缓冲弹簧

表 2-1　CJ10 系列交流接触器的基本技术数据

型　号	额定电压值/V	额定电流值/A	可控制电动机最大功率值/kW			最大操作频率/次·h^{-1}	1.05 倍额定电压及功率因数为 0.35 ± 0.05 时的通断能力值/A		机械寿命/万次	电寿命/万次
			220V	380V	500V		380V	500V		
CJ10－5		5	1.2	2.2	2.2		50	40		
CJ10－10		10	2.2	4	4		100	80		
CJ10－20	380	20	5.5	10	10	600	200	160		
CJ10－40	500	40	11	20	20		400	320	300	60
CJ10－60		60	17	30	30		600	480		
CJ10－100		100	30	50	50		1000	800		
CJ10－150		150	43	75	75		1500	1200		

点是用紫铜材料制成指形触点，灭弧装置为带有磁吹的窄缝陶土灭弧罩。主触点分为双极、三极、四极和五极四种，主触点的额定电流分为 100A、150A、250A、400A 和 600A 五个等级。辅助触点为桥式触点共六对，可按五常开一常闭、四常开二常闭及三常开三常闭方式组合。线圈有交流和直流两种。五极的产品一般采用直流线圈，并为之专门设计了直流电磁系统。

CJ12 系列交流接触器是一种能承受较重负荷的 AC2 使用类别产品，它主要用于控制绕线式电动机的启动、停车和转子电路电阻的切换等，在冶金、矿山及起重设备中得到广泛应用。另外，它也适用于交流电压至 380V，电流至 600A 的电力系统，供远距离接通和分断电路用。CJ12 系列交流接触器的基本技术数据如表 2-2 所示。

我国规定 100A 及其以上等级的交流接触器必须采取节能措施，为此，厂家开始生产节能型交流接触器。所谓节能型交流接触器，就是使接触器处于节能方式下运行。一般交流接触器从衔铁产生吸合动作开始到吸合状态保持，均采用线圈通交流电的方式，即称为交流启动交流保持。而节能型交流接触器则是衔铁产生吸合动作时，线圈通交流电，衔铁吸合状态保持时，则线圈通直流电，即称为交流启动直流保持，所谓节能方式是上述后者与前者比较而言。

表 2-2　CJ12 系列交流接触器的基本技术数据

<table>
<tr><th rowspan="3">型　号</th><th rowspan="3">额定电压/V</th><th colspan="2">额定电流/A</th><th colspan="2">最大操作频率/次·h⁻¹</th><th rowspan="3">机械寿命/万次</th><th rowspan="3">额定电压为 380V 通电持续率为 40% 时的电寿命/万次</th><th colspan="2">通断能力(以额定电流倍数表示)</th><th rowspan="3">热稳定性</th><th rowspan="3">电动稳定性</th></tr>
<tr><th rowspan="2">主触点</th><th rowspan="2">辅助触点</th><th rowspan="2">额定容量时</th><th rowspan="2">短时降低容量时</th><th rowspan="2">接通</th><th rowspan="2">分断</th></tr>
<tr></tr>
<tr><td>CJ12 - 100</td><td rowspan="5">380</td><td>100</td><td rowspan="5">10</td><td rowspan="3">600</td><td rowspan="3">2000</td><td rowspan="3">300</td><td rowspan="3">15</td><td rowspan="2">12</td><td rowspan="2">10</td><td rowspan="5">7 倍额定电流 10s</td><td rowspan="5">20 倍额定电流</td></tr>
<tr><td>CJ12 - 150</td><td>150</td></tr>
<tr><td>CJ12 - 250</td><td>250</td><td rowspan="3">10</td><td rowspan="3">8</td></tr>
<tr><td>CJ12 - 400</td><td>400</td><td rowspan="2">300</td><td rowspan="2">1200</td><td rowspan="2">200</td><td rowspan="2">10</td></tr>
<tr><td>CJ12 - 600</td><td>600</td></tr>
</table>

B　直流接触器

直流接触器的型号及代表意义：

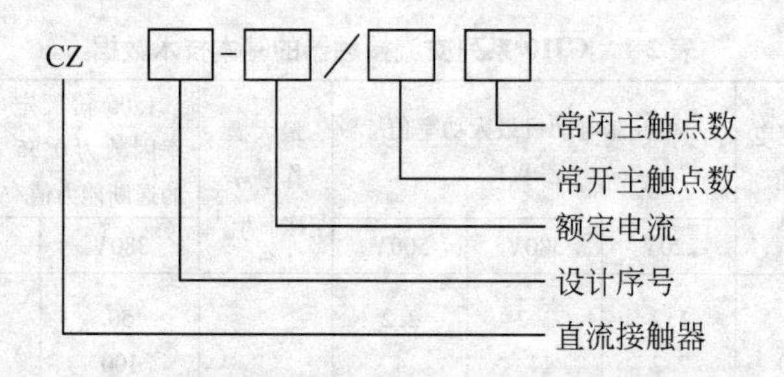

直流接触器是用于远距离控制电压至 400V 和电流至 600A 的直流电路，以及频繁地操作和控制直流电动机的一种控制电器。

目前常用的是 CZ0 系列的直流接触器。该系列的主触点额定电流有 40A、100A、150A、250A、400A 及 600A 等六个等级。从结构上来看，150A 及其以下电流等级的接触器为立体布置的整体式结构，如图 2-5 所示。而 250A 及其以上电流等级的接触器为平面布置的整体式结构，如图 2-6 所示。它们均采用 U 形拍合式的电磁机构，且铁芯和衔铁均用电工软铁制成。

立体布置整体式结构的接触器，主触点为桥式触点，在铜质的动触点上镶有纯银块，且动触点作直线运动。主触点的灭弧装置由串磁吹线圈和横隔板式陶土灭弧罩组成，100A 及 150A 两个等级产品的灭弧罩还装有灭弧栅片，以防电弧喷出。

平面布置整体式结构的接触器，主触点为指形触点，有单极和双极之分，灭弧装置由串联磁吹线圈和双窄缝的纵隔板陶土灭弧罩构成。

上述两种结构形式的接触器，辅助触点均制成组件，由透明罩盖着以防尘。CZ0 系列直流接触器基本技术数据如表 2-3 所示。

2.2.2　继电器

继电器按结构可分为电磁式继电器和非电磁式继电器。

电磁式继电器的结构组成和工作原理与电磁式的接触相似，它也是由电磁机构和触点系统两个主要部分组成。电磁机构由线圈、铁芯、衔铁组成。触点系统由于其触点都接在控制电路中，且电流小，故不装设灭弧装置。它的触点一般为桥式触点，有常开和常闭两种形式。另外，为

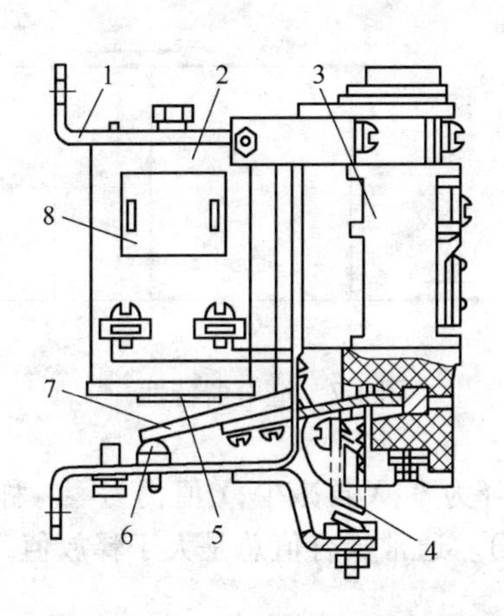

图 2-5 CZ0-100/01 型直流接触器

1—铁轭；2—线圈；3—触点及灭弧装置；4—释放弹簧；5—铁芯柱；6—止块；7—衔铁；8—线圈标牌

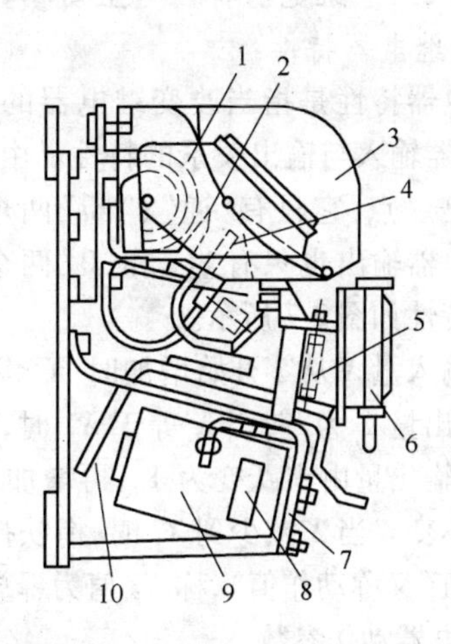

图 2-6 CZ0-250/20 型直流接触器

1—磁吹线圈；2—静触点；3—灭弧罩；4—动触点；5—释放弹簧；6—辅助接点；7—铁轭；8—线圈标牌；9—线圈与铁芯柱；10—衔铁

表 2-3 CZ0 系列直流接触器基本技术数据

型 号	额定电压值 U/V	额定电流值 I/A	最大操作频率 /次·h^{-1}	主触点极数		最大分断电流值 I/A	辅助触点型式及数目		吸引线圈电压值 U/V	吸引线圈消耗功率值 P/W
				动合	动断		动合	动断		
CZ0-40/20	440	40	1200	2	—	160	2	2	24、48、110、220	22
CZ0-40/02		40	600	—	2	100	2	2		24
CZ0-100/10		100	1200	1	—	400	2	2		24
CZ0-100/01		100	600	—	1	250	2	1		24
CZ0-100/20		100	1200	2	—	400	2	2		30
CZ0-150/10		150	1200	1	—	600	2	2		30
CZ0-150/01		150	600	—	1	375	2	1		25
CZ0-150/20		150	1200	2	—	600	2	2		40
CZ0-250/10		250	600	1	—	1000	5（其中 1 对动合，另 4 对可任意组合成动合或动断）			31
CZ0-250/20		250	600	2	—	1000				40
CZ0-400/10		400	600	1	—	1600				28
CZ0-400/20		400	600	2	—	1600				43
CZ0-600/10		600	600	1	—	2400				50

了实现继电器动作参数的改变，继电器一般还具有改变释放弹簧松紧和改变衔铁开后气隙大小的装置。

2.2.2.1　继电器特性与主要参数

A　继电器特性

继电器特性是指当改变继电器的输入量时，继电器输入与输出关系的特性。由于继电器输出是触点，它只有“通”、“断”两个状态，所以继电器输出也只有“1”和“0”两个状态。继电器特性如图2-7所示。

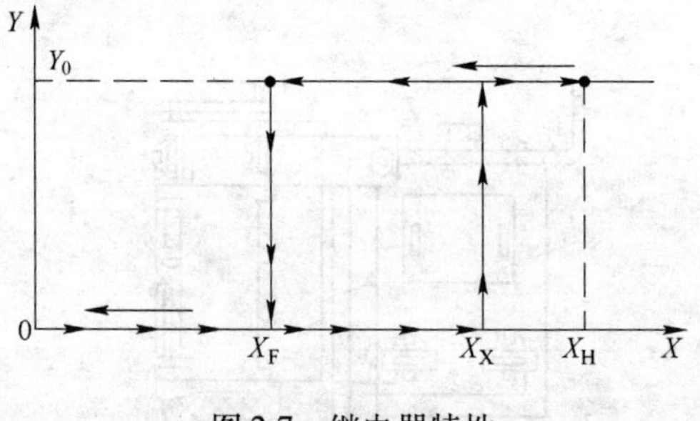

图2-7　继电器特性

当输入量X从零开始增加时，$X < X_X$的过程中，输出量Y为零；当X等于X_X时，衔铁闭合，触点输出量由零跃变为Y_0，再增加X时，Y值保持不变。当X减少到X_F时，衔铁打开，输出量Y突降为零，X再减少，Y值仍为零。称X_X值为吸合值（又称动作值），称X_F值为释放值（又称返回值）。通常吸合值总是大于释放值。X_X和X_F是继电器动作参数。

B　返回系数

继电器的释放值与吸合值的比值K_F称为继电器返回系数。K_F值大小表示X_F与X_X值的接近程度，是继电器的重要参数，K_F是可以调节的。作为欠电压保护的继电器要选用高返回系数，即选K_F大于0.6。

C　额定参数

额定参数是指线圈和触点在正常工作时的电压或电流的允许值。

D　整定参数

整定参数是指根据电路要求，对动作参数（X_X，X_F）的人为调整值。

E　动作时间

动作时间分吸合时间和释放时间。吸合时间是指线圈通电瞬间起到触点闭合所经过的时间；释放时间是指线圈断电瞬间起到触点恢复打开状态所经过的时间。一般继电器动作时间为0.05～0.15s，快速继电器动作时间可达0.005～0.05s，它的大小影响着继电器的操作频率。

2.2.2.2　电磁式继电器

电磁式继电器可分电压继电器和电流继电器。它们在电路图中的符号如图2-8所示。

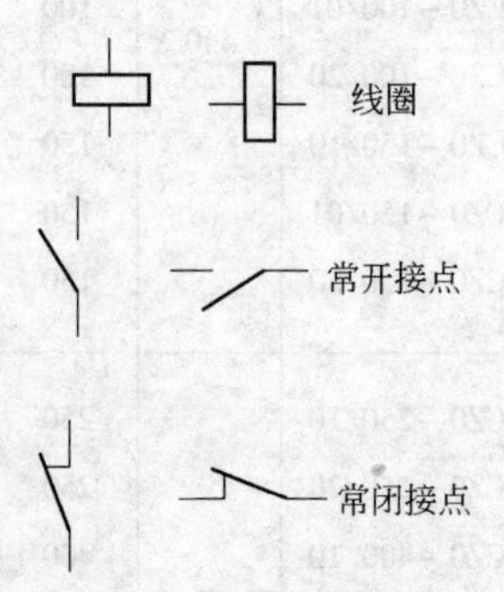

图2-8　继电器符号

A　电磁式电压继电器

电压继电器是指其触点的动作与否和线圈的动作电压大小有关的继电器。它在电力拖动控制系统中起电压保护和控制作用。按其线圈电流种类又分为交流电压继电器和直流电压继电器。按其吸合电压大小又可分为过电压继电器和低电压继电器。

过电压继电器的线圈在额定电压时，衔铁不动作，只有线圈的吸合电压高于额定电压时衔铁才吸合动作。

低电压（又称欠电压）继电器，当线圈的吸合值低于其额定电压时衔铁就产生吸合动作。运行中的电气设备一旦出现电压过低不能正常工作时，应用欠电压继电器检测回路电压，低过某一定值，欠电压继电器发生动作（也就是到达低电压继电器的释放值），用它的接点切断电源或发出声光报警。直流低电压继电器的吸合电压和释放电压调节范围分别为$U_X=(0.3\sim0.5)U_e$和

$U_F=(0.07\sim0.2)U_e$，而交流低电压继电器的吸合值和释放值调整范围分别为 $U_X=(0.6\sim0.85)U_e$ 和 $U_F=(0.1\sim0.35)U_e$。

B 电磁式电流继电器

电流继电器是指其触点动作与否与线圈中动作电流大小有关的继电器。根据线圈的电流类型可分为交流电流继电器和直流电流继电器。通常交流过电流继电器的吸合值调整在 $I_X=(1.1\sim4)I_e$，而直流过电流继电器的吸合值调整在 $I_X=(0.7\sim3.5)I_e$。低电流继电器（又称欠电流继电器）其吸合值调整在 $I_X=(0.3\sim0.65)I_e$，释放值 $I_F=(0.1\sim0.2)I_e$。

C 电压和电流继电器型号及参数

a JT3 系列直流继电器型号及代表意义

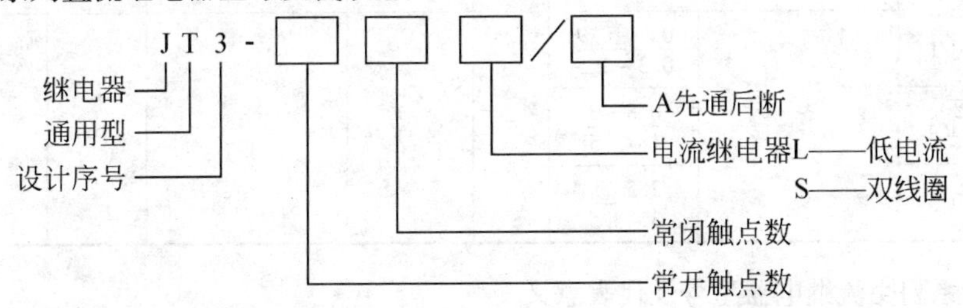

JT3 系列直流继电器的结构组成如图 2-9 所示。电磁机构为 U 形拍合式，触点为桥式触点，且做成组件式。通过调节螺母可以改变释放弹簧的松紧，通过调节螺钉可改变衔铁打开后的气隙大小。这种继电器当安置不同的线圈时，可以做成直流电压、直流电流及直流中间继电器；如果在铁芯柱上套装阻尼环，又可作为时间继电器。因此，从结构上来看它具有通用性，所以称之为通用继电器。JT3 系列直流继电器的型号规格技术数据如表 2-4 所示。

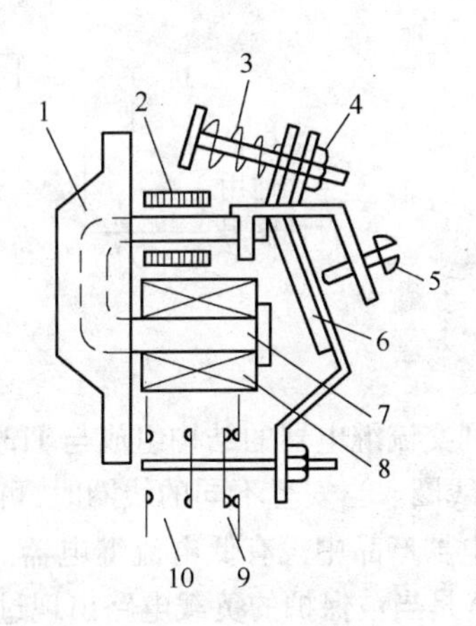

图 2-9 JT3 系列直流继电器
1—铝基座；2—阻尼环；3—释放弹簧；4—调节螺母；5—调节螺钉；6—衔铁；7—铁芯；8—线圈；9—常闭触点；10—常开触点

表 2-4 JT3 系列直流继电器的型号规格技术数据

继电器类型	型 号	可调参数调整范围	延时可调范围/s	标准误差	触点数量	吸引线圈 额定电压或电流	吸引线圈 消耗功率/W	机械寿命/万次	电寿命/万次	质量/kg
电压	JT3-□□/A	吸合电压（30% ~ 50%）U_e 或释放电压（7% ~20%）U_e	—		一常开、一常闭或二常开、二常闭	直流 12、24、48、110、220 和 440V 共 6 种规格	20			2.5
	JT3-□□									

续表 2-4

继电器类型	型　号	可调参数调整范围	延时可调范围/s	标准误差	触点数量	吸引线圈		机械寿命/万次	电寿命/万次	质量/kg
						额定电压或电流	消耗功率/W			
电流	JT3-□□L	吸合电流(30%~65%)I_e或释放电流(10%~20%)I_e	—	±10%		直流 1.5、2.5、5、10、25、50、100、150、300、600A 共10种规格		100	10	2.7
时间	JT3-□□/1		0.3~0.9 0.3~1.5				16			2.5
	JT3-□□/3		0.8~3 1~3.5							2.1
	JT3-□□/5		2.5~5 3~3.5							2.5

b　JT4 系列交流继电器型号及代表意义

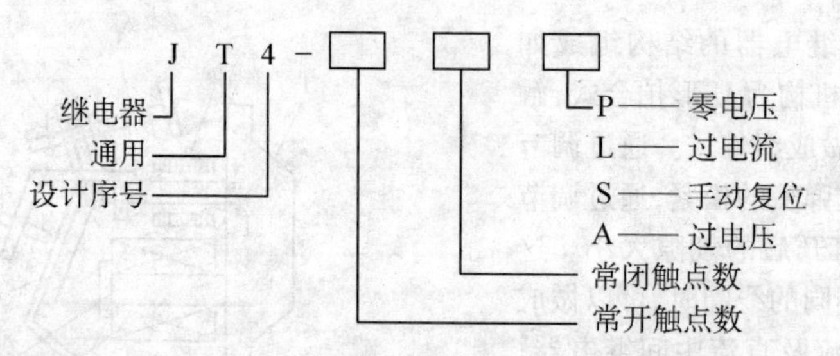

JT4 系列交流继电器的结构组成与 JT3 系列相似,但铁芯和衔铁均用硅钢片叠制而成,它的线圈为交流线圈。当安置不同的线圈时,可以做成交流电压、交流电流及交流中间继电器用。在 JT4 系列继电器产品中没有低电流继电器。JT4 系列继电器有手动和自动两种复位方式。自动复位方式,就是当被保护的负载电路出现过电压或过电流的故障时,衔铁吸合,其触点使接触器线圈断电,从而切断负载电路。这时,继电器线圈的过电压或过电流消失,衔铁也打开,其触点也自动恢复原来状态。而手动复位方式则是指当负载电路出现上述故障时,手动复位机构不能使衔铁打开,只有在故障排除并负载电路恢复正常之后,才允许用手触动复位机构使衔铁打开,使触点恢复到原来状态。也就是说,自动复位方式在衔铁上没有复位机构,而手动复位方式则有复位机构。JT4 系列交流继电器型号规格技术数据如表 2-5 所示。由表中看出,只有交流过电流继电器才有手动复位方式。具有手动复位方式的过电流继电器一般用于比较重要的对人身和设备有直接影响的场合。

c　JL12 系列过电流延时继电器

它由螺管式电磁机构、阻尼装置和触点三部分组成。电磁机构由线圈、铁轭、圆柱形衔铁和封口塞组成。阻尼装置为甲基硅油装于导管口内,触点采用微动开关。当线圈中的电流为正常值时,衔铁静止于硅油下面,当线圈中的电流为过载电流并达到动作值时,衔铁在吸力作用下,克服硅油的阻力而上移,推动顶杆使微动开关中的常闭触点打开,接触器线圈断电,从而使负载电路断电。继电器线圈断电时,衔铁便因自身的重力而返回原位。这种系列的继电器用于交流绕线式电动机或直流电动机的过电流保护。线圈的额定电流有 5~300A 等 12 级。

表 2-5 JT4 系列交流继电器型号规格技术数据

继电器类型	型 号	可调参数调整范围	标称误差	返回系数	触点数量	吸引线圈		复位方式	机械寿命/万次	电寿命/万次	质量/kg
						额定电压或电流	消耗功率				
电压	JT4-□□A	吸合电压 (105% ~120%)U_e	±10%	0.1 ~0.3	一常开 一常闭	110、220、380V	75VA	自动	1.5	1.5	2.1
	JT4-□□P	吸合电压 (60% ~85%)U_e 或释放电压 (10% ~35%)U_e		0.2 ~0.4	一常开、一常闭或二常开、二常闭	110、127、220、380V			100	10	1.8
电流	JT4-□□L	吸合电流 (110% ~350%)I_e		0.1 ~0.3		5、10、15、20、40、80、150、300、600A	5W	手动	1.5	1.5	1.7
	JT4-□□S										

由于硅油的阻尼作用,继电器从出现吸合电流到触点动作要经过一段时间,利用这种反时限保护特性还可以防止电动机启动过程发生误动作。

2.2.2.3 时间继电器

凡是感测元件通电或断电后,触点经过一段时间才动作的继电器都称为时间继电器。为了获得触点的延时动作时间,对继电器采用不同的措施而得到不同类型的时间继电器,如电磁阻尼式、空气阻尼式、电动机式和晶体管式等时间继电器。

时间继电器应用范围很广,在电路中起着控制动作时间的作用,尤其是在电力拖动控制系统中占有重要地位。例如电动机启动和控制等一般都是依靠时间继电器自动完成。

时间继电器符号及波形如图 2-10 所示。

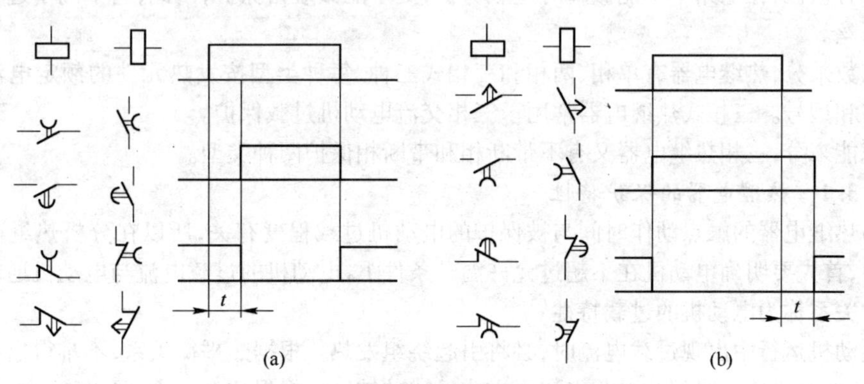

图 2-10 时间继电器符号与波形
(a)通电延时;(b)断电延时

空气阻尼式时间继电器的优点是延时范围大(0.4 ~180s),但延时误差大(±10% ~20%),常用的空气阻尼时间继电器 JS7-A 系列技术参数如表 2-6 所示。

表 2-6　JS7-A 系列时间继电器技术数据

型　号	线圈额定电压/V	触点参数								延时范围/s	重复误差	最大操作频率/次·h⁻¹
		数　量						380V 及 $\cos\varphi$=0.3~0.4 时通断电流/A				
		通电延时		断电延时		瞬动						
		常开	常闭	常开	常闭	常开	常闭	接通	分断			
JS7-1A	交流:24、36、110、127、220、380、420	1	1					3	0.3	分 0.4~60 及 0.4~180 两级	<15%	600(通电持续率为 40% 时)
JS7-2A		1	1			1	1					
JS7-3A				1	1							
JS7-4A				1	1	1	1					

2.2.2.4　中间继电器

在控制电路中起信号传递、放大、翻转和分路作用的继电器称为中间继电器。从工作原理上看,中间继电器也就是电压继电器,但中间继电器的触点数量较多,而且没有动作电压调整问题。常用的中间继电器有 JZ7、JZ11、JZ14 及 JZ15 等系列,其中 JZ7 为交流中间继电器。

2.2.3　热继电器

电磁式低压电器中感测元件接受的是电压或电流信号,但许多低压电器其感测元件的信号是发热、温度、转速、压力等各种形式的非电量信号。这些不同形式的信号和感测元件就组成了不同于电磁式的电器元件,如热继电器、温度继电器、速度继电器、按钮、行程开关等。

在电力拖动控制系统中,当三相交流电动机出现长期带负荷欠压下运行或长时间过载运行或长时间单相运行等不正常情况时,会导致电动机绕组严重过热乃至烧坏。为了充分发挥电动机的过载能力,保证电动机的正常启动和运行,而当电动机一旦出现长期过载时又能自动切断电路,保护电动机,出现了随过载程度而改变动作时间的电器,这就是热继电器。由于热继电器中发热元件有惯性,在电路中不能做瞬时过载保护,更不能做短路保护,因此,它不同于过电流继电器和熔断丝。

按相数来分,热继电器有单相、两相和三相式三种,每种类型按发热元件的额定电流又分不同的规格和型号。三相式热继电器常用于三相交流电动机过载保护。

按职能来分,三相热继电器又有不带断相和带断相保护两种类型。

2.2.3.1　热继电器的保护特性

因为热继电器的触点动作时间与被保护的电动机过载程度有关,所以在分析热继电器工作原理之前,首先要明确电动机在不超过允许温升条件下,电动机的过载电流与电动机通电时间关系。这种关系称为电动机的过载特性。

当电动机运行中出现过载电流时,必将引起绕组发热。根据热平衡关系,不难得出在允许温升条件下,电动机通电时间与过载电流平方成反比的结论。根据这个结论,可以得出电动机的过载特性,如图 2-11 中曲线 1 所示。由图中看出,在允许温升条件下,当电动机过载电流小时,允许电动机过载的时间长些,反之,允许过载时间要短,即具有反时限特性。

为了适应电动机的过载特性而又起到过载保护作用,要求热继电器也应具有如同电动机过载特性那样的反时限特性。为此,在热继电器中必须具有电阻发热元件,利用过载电流通过电阻发热元件产生的热效应使感测元件动作,从而带动触点动作来完成保护作用。热继电器中通过的过载电流与热继电器触点的动作时间关系,称为热继电器的保护特性,如图 2-11 中的曲线 2。

考虑各种误差的影响,电动机的过载特性和热继电器的保护特性都不是一条曲线,而是一条带。显而易见,带越宽,误差越大;带越窄,误差越小。

由图2-11中曲线1可知,电动机出现过载时,工作在曲线1的下方是安全的。为了充分发挥电动机的过载能力又能实现可靠保护,要求热继电器的保护特性应在电动机过载特性的下方。这样,当发生过载时,热继电器就会在电动机未达到其允许过载极限之前动作,切断电动机电源,使之免遭损坏。

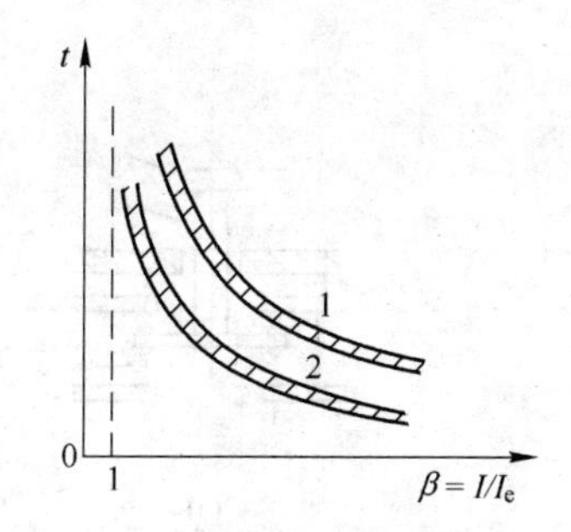

图2-11　电动机的过载特性和热继电器的保护特性及其配合
1—电动机的过载特性;
2—热继电器的保护特性

2.2.3.2　热继电器工作原理

热继电器的感测元件,一般采用双金属片。双金属片就是将两种线膨胀系数不同的金属片用机械碾压方式使之形成一体。若上面金属膨胀系数小,下面金属膨胀系数大,在双金属片受热的情况下,它将向上弯,当温度越高,时间越长,双金属片上弯曲越厉害,到了一定程度就会脱开扣杆,使连杆动作,推动触点动作,用该触点可以切断电动机回路,使电机得到保护。热继电器工作原理如图2-12所示。

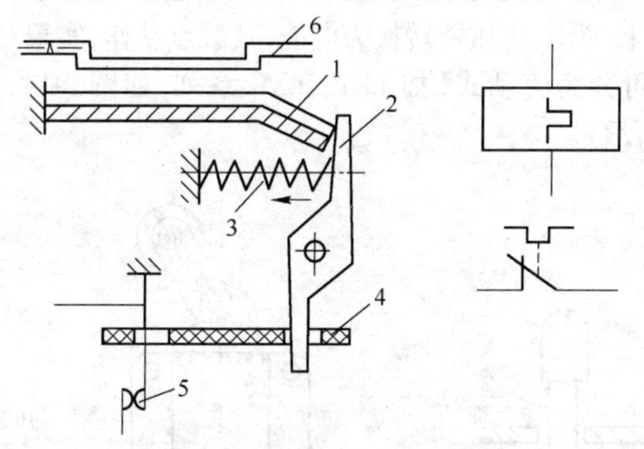

图2-12　热继电器工作原理图
1—双金属片;2—扣杆;3—释放弹簧;4—连杆;5—触点;6—发热元件

常见热继电器有JR16系列和JR20系列。如JR16-20/3型号表示热继电器额定电流为20A,三相式。

2.2.4　其他控制电器

在各种生产机械设备的电气控制线路里广泛地应用按钮、行程开关、万能开关、主令控制器、自动开关等。

2.2.4.1　控制按钮

控制按钮简称按钮。在控制电路中作远距离手动控制电磁式继电器用,也可以用来转换各种信号电路和电气联锁等。

控制按钮一般由按钮、复位弹簧、触点和外壳等部分组成,其结构示意图如图2-13(a)所示,其电气符号如图2-13(b)所示。一个按钮一般具有一对常开触点,一对常闭触点。有的按钮还带有信号灯。按钮的型号用LA表示。

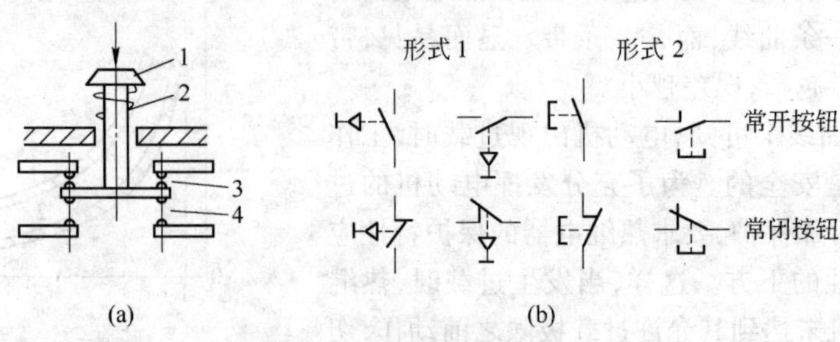

图 2-13　按钮结构及符号
(a)结构示意图;(b)电气符号
1—按钮;2—复位弹簧;3—常闭触点;4—常开触点

2.2.4.2　行程开关

行程开关是一种根据运动部件的行程位置切换电路的器件。它的作用原理与按钮类似,所不同的是按钮由人按动,而行程开关由机械挡块或顶标碰撞而动作。

若行程开关安装在生产行程终点处以限制其行程,则称该行程开关为限位开关、终点开关或极限开关。行程开关广泛用于各类机床、起重机等以控制这些机械行程。当机械到达某预定位置时,行程开关可动部分被撞击,机械能转换为电能,其触点动作,实现对生产机械的电气控制。

行程开关按其结构可分为直动式(如 LK1、JLXK 系列,如图 2-14 所示)、滚动式(如 LX2、JLXK1 系列,如图 2-15 所示)。

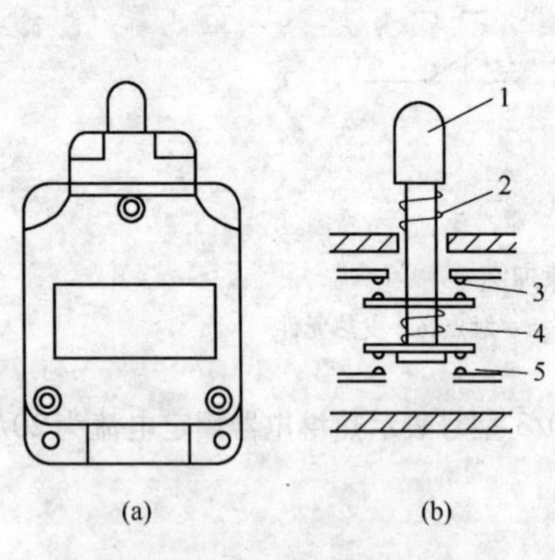

图 2-14　直动式行程开关
(a)外形图;(b)结构原理图
1—顶杆;2—弹簧;3—常闭触点;
4—触点弹簧;5—常开触点

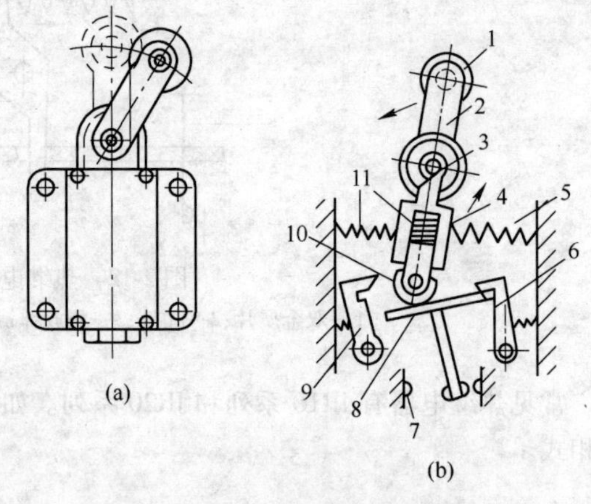

图 2-15　滚轮式行程开关
(a)外形图;(b)结构原理图
1—滚轮;2—上轮臂;3,5,11—弹簧;4—套架;
6,9—压板;7—触点;8—触点推杆;10—小滑轮

行程开关的电气符号如图 2-16 所示。

上述行程开关是机械式的,由机械挡块碰撞或压合而引起触点动作。另一种是无触点行程开关,由半导体元件磁性元件组成,有高频振荡型、感应电桥型、霍尔效应型、光电型等类型。其中高频振荡型的行程开关由感应头、振荡器、开关器、输出器

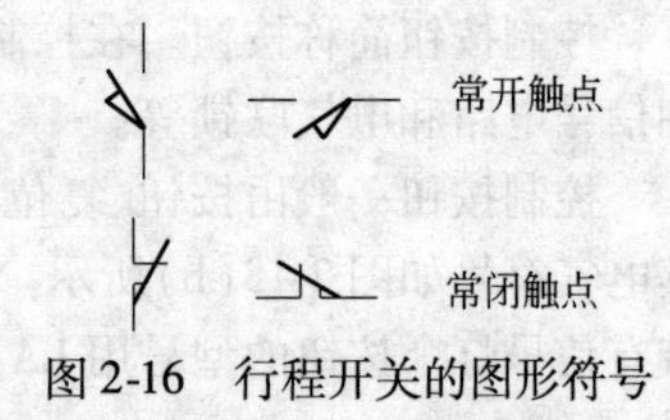

图 2-16　行程开关的图形符号

和稳压器等组成。当装在生产机械上的金属检测体(通常为铁磁元件)接近行程开关时,由于感应的作用使开关中振荡器停止原来的振荡,晶体管开关就导通,并通过输出电路输出信号(三极管输出或继电器触点输出)以控制电路的通断。半导体无触点行程开关定位精度高,耐冲击,操作频率高,寿命长,因而在工业生产中将逐渐得到推广应用。

2.2.4.3 万能转换开关

万能转换开关是由多组相同结构的触点组件叠装而成的多回路控制器。它由操作机构、定位装置和触点等三部分组成。

触点的通断由凸轮控制。触点为双断点桥式结构,目前用得最多的万能转换开关产品有LW5、LW6系列。LW5的结构如图2-17所示。

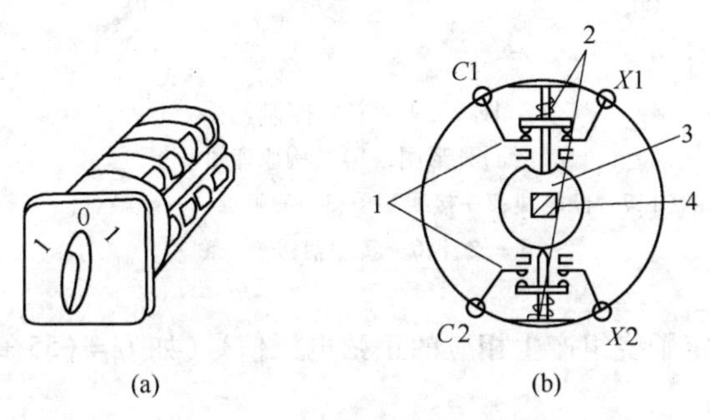

图2-17 LW5系列万能转换开关

(a)外形图;(b)结构原理图

1—触点;2—触点弹簧;3—凸轮;4—转轴

万能转换开关手柄放在不同位置,它多层开关接点通断情况也不同,在图2-17中手柄为三个位置:左、零、右,控制着四层接点通断。操作手柄的位置与多层触点通断的逻辑关系可用真值表(也称接通表)表示,如图2-18(b)所示,其中触点接通用☒表示;也可以用电路图表示,如图2-18(a)所示,其中打“●”表示手柄在该位置时,该触点接通。

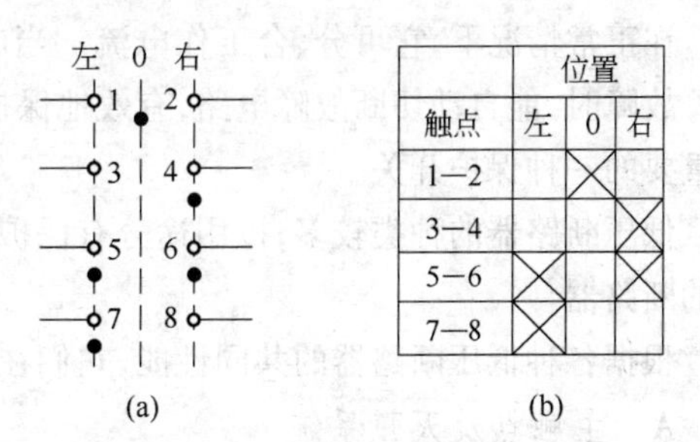

	位置		
触点	左	0	右
1—2		☒	
3—4			☒
5—6	☒		☒
7—8	☒		

图2-18 万能转换开关的图形符号

(a)画“●”标记表示;(b)附以接通表表示

2.2.4.4 主令控制器

如果说万能开关主要是用来转换各层触点通断的设定状态,那么主令控制器是用来较为频繁地切换复杂的多回路控制器。它们共同点是操作手柄在不同位置,控制多层触点通断状态不同。主令控制器结构如图2-19所示。

主令控制器的操作手柄位置与多层触点通断之间逻辑关系的表示方法(真值表或线路图)与万能转换开关相同。

主令控制器主要用于轧钢及其他生产机械的电力拖动控制系统中以及大型起重机的电力拖动控制系统中的电动机启动、制动和调速等远距离控制。常用的主令控制器有LK5和LK6系列。

为了实现对电路输出模拟量的主令信号的控制,出现了无触点的主令控制器(也称无级主令控制器)。它的内部为一自整角机,操作手柄与其转子相连,当手柄位置不同使转子与其定子

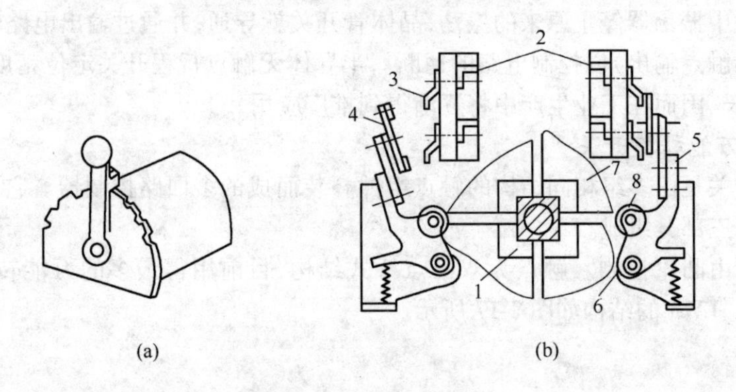

图2-19　主令控制器
(a)外形图;(b)结构原理图
1,7—凸轮块;2—接线端子;3—静触点;4—动触点;
5—支杆;6—转动轴;8—小轮

间产生空间角差(θ)时,定子绕组产生相应的正弦电压信号(如 $U=(55\pm2)\sin\theta$)。无触点主令控制器有 WLK 系列。

2.2.4.5　低压断路器

低压断路也称为空气断路器,简称自动开关。在功能上它相当于闸刀开关、过流继电器、低压继电器、过热继电器的组合。低压断路器用于低压配电电路、电动机或其他用电设备的电路中。在正常情况下,它可分、合工作电流。当电路中发生严重过载(即过热)、短路、过流以及失压等故障时,能自动切断故障电路,有效地保护串联于它后面的电气设备。因此,低压断路器是很重要的一种保护开关。

低压断路器的种类较多,按用途分有保护配电线路用、保护电机用、保护照明用及漏电保护用的断路器。

根据各种低压断路器的共同性能,它们在结构上有下述三个基本组成部分。

A　主触点及灭弧系统

主触点及灭弧系统是断路器的执行部件,用于接通和断开主电路,为增强分断能力,在主触点处装有灭弧栅片或灭弧罩。

B　各种脱扣器

脱扣器是断路器的感测元件,当电路发生故障时,脱扣器接到信号后,经自己脱扣机构使触点分开。根据所接受的信号种类,分为不同的脱扣器。它有如下几种:

(1)分励脱扣器。它是用于远距离分闸的脱扣器,所以它的线圈只有在分闸时通电,而分闸后线圈应断电。

(2)失压脱扣器。失压脱扣器相当于一个没有触点的电压继电器,其线圈并在电路上,正常时,其衔铁吸合,当电路电压过低或消失时,衔铁打开,带动自由脱扣器机构使断路器跳闸,从而达到失压保护的目的。

(3)过流脱扣器。过流脱扣器实际上是一个没有触点的过电流继电器,其线圈是串接在电路上。当电路出现瞬时过电流或短路电流时衔铁动作,并带动自由脱扣机构使断路器跳闸,从而达到电流保护或短路保护的目的。

(4)过载脱扣器。过载脱扣器实际上是一个没有触点的热继电器,当电路出现过载电流并达到一定时间,由双金属片带动自由脱扣机构动作而使断路器跳闸,从而达到过载保护的目的。

必须指出:并非每种类型的断路器均具有上述四种脱扣器,有的只具有其中一种、两种脱扣器。

C　自由脱扣器和操作机构

自由脱扣器和操作机构是断路器的机械传动部件,其作用是由脱扣器接受信号后由它实现断路器的自动跳闸和手动合闸任务。

低压断路器工作原理如图 2-20(a)所示,外形如图 2-20(b)所示。

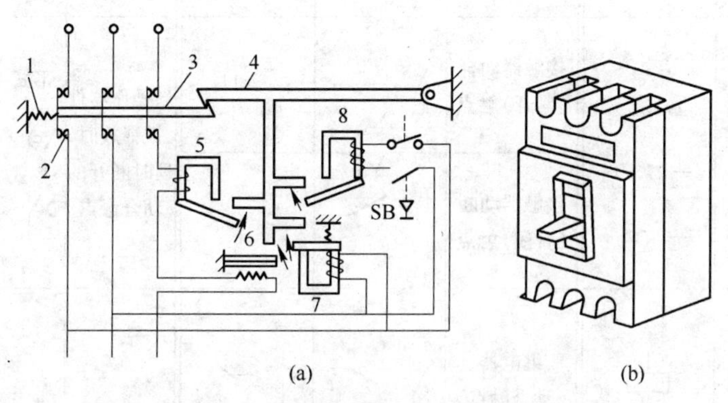

图 2-20　低压断路器的工作原理图

(a)工作原理图;(b)外形图

1—分闸弹簧;2—主触点;3—传动杆;4—锁扣;5—过电流脱扣器;
6—过载脱扣器;7—失压脱扣器;8—分励脱扣器

继电器控制线路中电器元件图形符号及常用基本文字符号可查阅表 2-7 ~ 表 2-9。

表 2-7　常用图形符号

名　称	图形符号		名　称	图形符号		名　称	图形符号	
	GB4728	GB312—64		GB4728	GB312—64		GB4728	GB312—64
三相鼠笼型电动机	M		缓慢吸合继电器(通电延时)线圈			当操作器件被吸合时延时闭合的动合触点	形式 1 形式 2	
三相绕线型电动机			缓慢释放继电器(断电延时)线圈					

续表 2-7

名称	图形符号 GB4728	图形符号 GB312—64	名称	图形符号 GB4728	图形符号 GB312—64	名称	图形符号 GB4728	图形符号 GB312—64
串励直流电动机			快速继电器线圈			当操作器件被吸合时延时断开的动断触点	形式 1 形式 2	
并励直流电动机			热继电器的驱动器件					
换向绕组 补偿绕组 串励绕组 并励或他励绕组			接触器动合（常开）触点			当操作器件被释放时延时断开的动合触点	形式 1 形式 2	
			接触器动断（常闭）触点					
电动机扩大机			继电器动合触点			当操作器件被释放时延时闭合的动断触点	形式 1 形式 2	
操作器件一般符号 接触器线圈一般继电器线圈			继电器动断触点					
电磁铁			热继电器触点			三极刀开关		
按钮开关动合触点	形式 1 形式 2		按钮开关动断触点	形式 1 形式 2		位置开关的动合触点		
						位置开关的动断触点		
主令控制器	暂用 GB312—64 规定符号		自动复归控制器	暂用 GB312—64 规定符号		自动空气开关		

表 2-8 常用基本文字符号

元器件种类	元件名称	基本文字符号			元器件种类	元件名称	基本文字符号		
		GB7159—87		GB315—64			GB7159—87		GB315—64
		单字母	双字母				单字母	双字母	
变换器	测速发电机	B	BR	SF	控制	控制开关	S	SA	KK
电容器		C		C	电路	按钮开关		SB	AK
保护器件	熔断器	F	FU	RD	开关	限位开关		SQ	XK
	过流继电器		FA	GLJ	器件				
	过压继电器		FV	GYJ					
	热继电器		FR	RJ					
发电机	同步发电机	G	GS	F	电阻器	电位器	R	RP	R
	异步发电机		GA	F					W
信号器件	指示灯	H	HL	LD		压敏电阻		RV	YR
接触器	接触器	K	KM	C	变压器	交流互感器	T	TA	
继电器	时间继电器		KT	SJ		电压互感器		TV	
	中间继电器		KA	ZJ		控制变压器		TC	
	速度继电器		KV	SDJ		电力变压器			
	电压继电器		KV	YJ					
	电流继电器		KA	LJ					
电抗器		L		DK	电子管	二极管	V		D
电动机		M		D	晶体管	晶体管			T
	可做发电机用		MG	DF		晶闸管			K
	力矩电动机		MT	DM		电子管		VE	
电力电路		Q		K	操作器件		Y		
开关器件	断路器		QF	DL		电磁铁		YA	M
	自动开关		QM	ZK		电磁制动器		YB	MT
	隔离开关		QS	GK		电磁阀		YU	CT
	闸刀开关		QS	DK					

表 2-9　常用辅助文字符号

名称	文字符号		名称	文字符号		名称	文字符号	
	GB 7159—87	GB 315—64		GB 7159—87	GB 315—64		GB 7159—87	GB 315—64
电流	A	L	上	U	S	负载	LD	fZ
电压	V	Y	下	D	X	转矩	T	M
直流	DC	ZL	控制	C	K	测速	BR	CS
交流	AC	JL	反馈	FD	F	升	H	S
速度	V	SD	励磁	E	L	降	F	J
启动	ST	Q	平均	ME	P	大	L	D
制动	B (BRK)	T	附加	ADD	FJ	小	S	X
			导线	W	L	补偿	CO	B
向前	FW	XQ	保护	P	B	稳定	SD	W
向后	BW	XH	输入	IN	Sr	等效	EQ	D
高	H	G	输出	OUT	SC	比较	CP	BJ
低	L	D	运行	RUN		电枢	A	D
正	F	Z	闭合	ON	BH	动态	DY	DT
反	R	F	断开	OFF	DK	中线	N	N
时间	T	S	加速	ACC	SS	分流器	DA	FL
自动	A (AUT)	ZD	减速	DEC	JS	稳压器	VS	WY
			左	L	Z	并励	E	BL
手动	M (MAN)	SD	右	R	Y	串励	D	QL
吸合	D	Xh	中	M	Z			
释放	L	SF	额定	RT	ed			

注:数字符号是区别具有相同项目文字符号的不同项目,例如继电器 K_1、K_2 等。

2.3　继电接触器控制线路

继电接触器控制是应用最早的控制系统,它是由继电器、接触器、按钮、行程开关等组成的控制系统。它具有结构简单、容易掌握、维护调整简便、价格低等优点,在生产机械、自动化生产线上一直得到广泛应用。

继电接触器控制线路有的也简称继电器控制线路,它是用导线将电机、电器、仪表等元件连接起来,并实现特定的控制要求,用特定的电气图形符号和文字符号进行绘制。线路分为主电路和控制线路两类。主电路是指电动机、发电机及其相连的电器元件通过大电流的电路;控制电路是指接触器线圈、继电器及联锁电路、保护电路、信号电路等。

绘制继电器控制系统图时常用两种方法:一种是原理图,另一种是安装图。原理图是根据线路工作原理用规定的图形符号绘制,能清楚地表明电路功能,便于分析、了解系统工作原理,其中主回路用粗线绘制,控制回路用细线绘制。而安装图是按电器元件实际布置和实际连线用规定的图形符号绘制,以便于安装和检修时使用。

绘制继电器控制电路时,其图形符号应符合《电气图用图形符号》(GB4728—84)的规定,但目前工矿企业图纸上符号大部分仍是根据 GB312—64 和原一机部 JB860—66 规定绘制的,为此在表 2-7 中列出了新旧符号对照表,以便查阅。

下面介绍几种继电器控制线路,借以说明继电器控制线路组成的基本规律和设计方法。

2.3.1 笼型电动机启、停保护线路

图 2-21 是最常见的笼型电动机单向直接启动继电器控制线路。启动电动机前,先合上刀开关 QS,而后按启动按钮 SB2,接触器 KM 线圈得电,其主触点接通电动机电源而直接启动。其辅助接点 KM 并联于启动按钮,当 SB2 松开后,KM 线圈仍通过其辅助触点继续保持通电,故称该辅助触点为“自锁”或“自保”触点。由于自锁触点的存在,当电网电压消失(如停电)而又重新恢复来电时,此时,只有重新按启动按钮,电动机才会重新被启动。这自锁电路就构成了电动机的失压保护环节。在启动后和运行期间,若按停止按钮 SB1 或者电动机由于长期过载发热,使热继电器 FR 动作,其常闭触点断开 KM 线圈供电回路,接触器失电,电动机停止。

图 2-21(a)与(b)两线路功能相同,所不同的是当同时按下启动、停止两按钮时:(b)图的电动机被启动,故称之“启动优先”;而(a)图的电动机被停止,故称之“停止优先”线路。

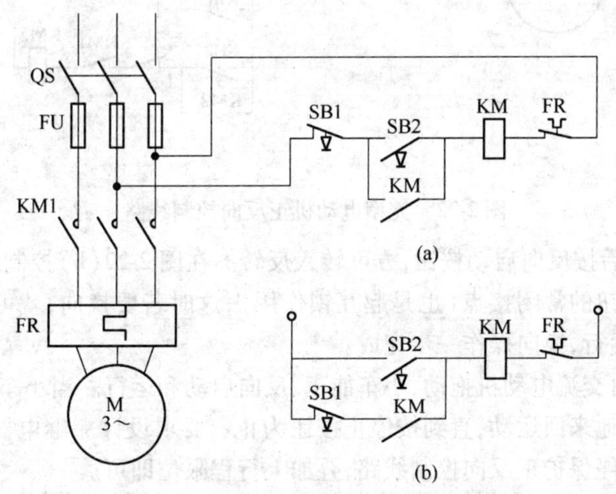

图 2-21 笼型电动机启、停保护线图

2.3.2 电动机正反转控制线路

各种生产机械常常要求具有上、下、左、右、前、后等方向相反的运动,这就要求拖动它的电动机能够正、反转工作。三相交流电动机的正反转可借助于两个正、反向接触器改变定子绕组三相中任意两相的相序来实现。

在电动机单方向直接启动的线路基础上增加一套反向控制线路。正转接触器 KM1,反转接触器 KM2,正反转控制线路如图 2-22 所示。

在图 2-22(a)中并联于 SB1 的常开触点 KM1 为正向自锁触点,并联于 SB2 的常开触点 KM2 为反向自锁触点。串联于 KM1 接触器线圈的 KM2 常闭触点称为反向对正向的互锁触点,它的任务是当反向接触器通电时,其常闭触点断开正向接触器回路,以避免正、反向接触器同时得电而导致主电路相间短路。同理,与 KM2 线圈串联的 KM1 常闭触点称为正向对反向的互锁触点。由此可知,若在两个接触器线圈电路中相互串入对方的常闭触点时,则二者相互制约,不能同时动作,即起互锁作用。

在图 2-22(a)控制线路中,若先在某个方向运行(如正转 KM1 得电)时,要改变其转向,则要

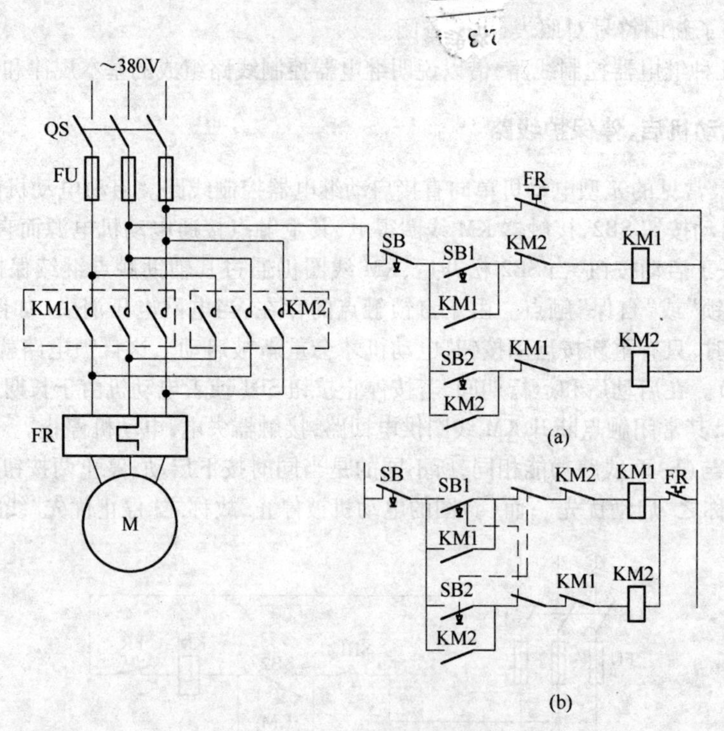

图 2-22　笼型电动机正反向控制线路

先按停止按钮 SB,然后按反向启动按钮,方可转入反转。在图 2-22(b)控制线路中,增加了在对方线路中串入启动按钮的常闭接点(也是起互锁作用),这时若要换向,就可以直接按反向启动按钮,直接进入反向运行,换向操作一步完成。

若有一小车,它由交流电动机拖动,小车能正、反向启动和运行。当小车从某一方向启动后,它就自动往返甲乙两地来回运动,直到按停止按钮为止。要求设计一继电器控制线路满足上述要求。这可以借鉴启停保护正反向控制线路,叠加上行程限位即可。

在甲地设置 SQ1 行程开关,当小车到达甲地时,小车上挡块压合 SQ1,使它改变状态,即 SQ1 的常开触点闭合,常闭触点断开。使用该常闭触点断开反转接触器,停止反向;用其常开触点接通正向启动回路,转入正向运动,小车驶向乙地。同样,在乙地设置行程开关 SQ2,当小车到达乙地时,压合 SQ2 开关,使电动机再次改变转向,小车返回甲地。这样就完成了小车自动在甲乙两地往返运动,控制线路如图 2-23 所示。

2.3.3　顺序工作联锁控制

在生产实践中,常要求各种部件之间或生产机械之间能按顺序工作。

例如有两条运输皮带串级运输,要求实现启动时 1 号皮带电动机先启动,停车时 2 号皮带先停的顺序控制。控制线路如图 2-24 所示。图中将 1 号皮带电动机的接触器 KM1 常开触点串入 2 号皮带机接触器 KM2 的线圈回路,实现 1 号机先启动,2 号机后启动;图中 2 号皮带机接触器 KM2 的常开触点并联于 1 号机的停止按钮两端(SB1),即当 2 号机启动后,1 号机的停止按钮被短接,不起作用;直至 2 号机停车,KM2 断电后,1 号机停止按钮才生效,这就保证了先停 2 号机,然后才能停 1 号机的要求。

图 2-24(b)改接线后,可省去 KM1 常开触点。

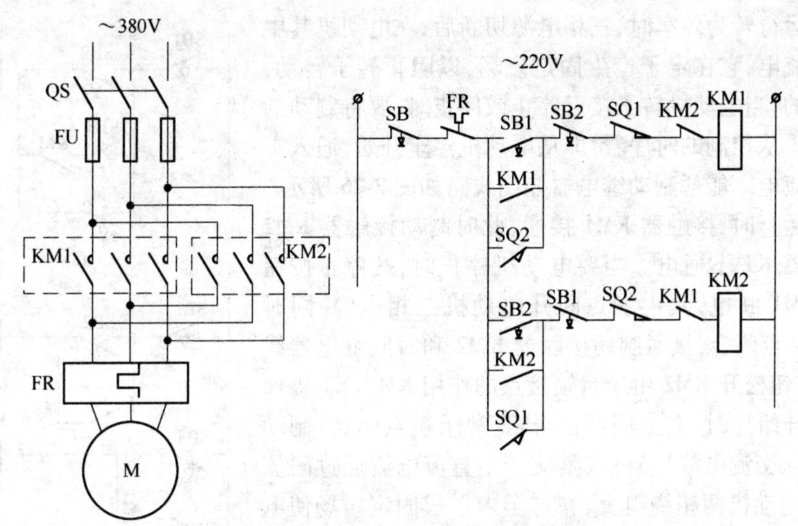

图 2-23 小车往返甲乙两地控制线路

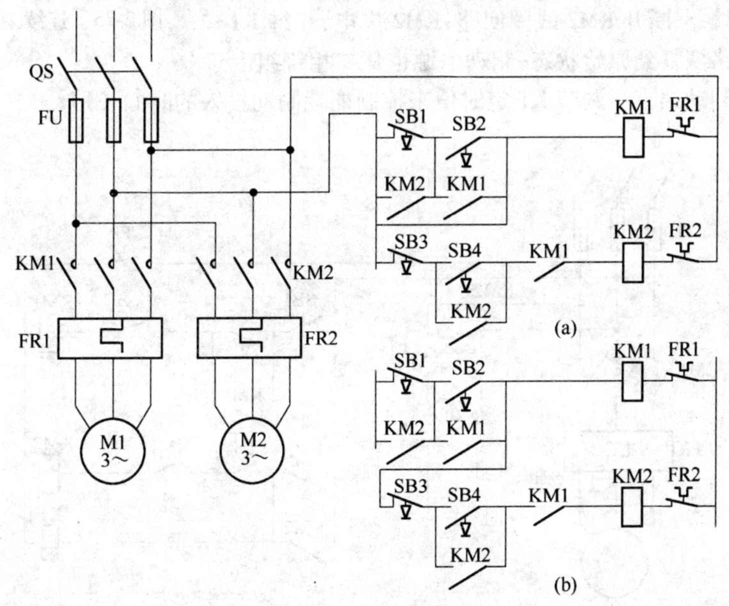

图 2-24 顺序控制的电路

2.3.4 连续工作与点动的联锁控制

生产机械常要求既要连续工作又能实现调整时的点动，如连轧机运行时连续工作制，穿带时要求轧机点动工作。

图 2-25(a)所示电路中，将点动按钮 SB3 的常闭触点串联在接触器 KM 的自锁回路，当按启动按钮 SB2 时，接触器 KM 通电并自锁而连续工作。当点动时，按点动按钮 SB3，其常开触点接通 KM 接触器，由于 SB3 常闭触点断开 KM 自锁回路，所以手一离开 SB3 按钮，KM 就断电，从而实现了点动控制。

2.3.5 异步电动机能耗制动线路

对于要求快速而准确停车的生产机械，可以采用能耗制动进行停车。能耗制动的工作原理：

当电动机从运行转为停车时，三相电源切断后，在电动机其中两相通入直流电，它在定子产生固定磁场，以阻止转子转动，达到制动目的，当电动机转子接近停止或停止时，要将制动的直流电切断。从控制的时序看，即从电动机停车开始，通入一定时间的直流电。能耗制动继电器控制线路如图 2-26 所示。

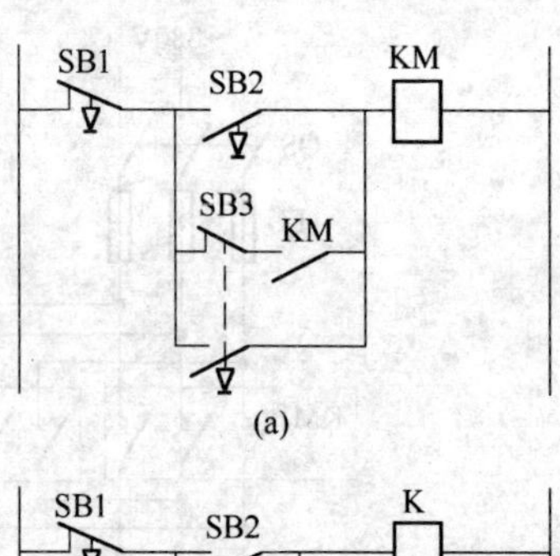

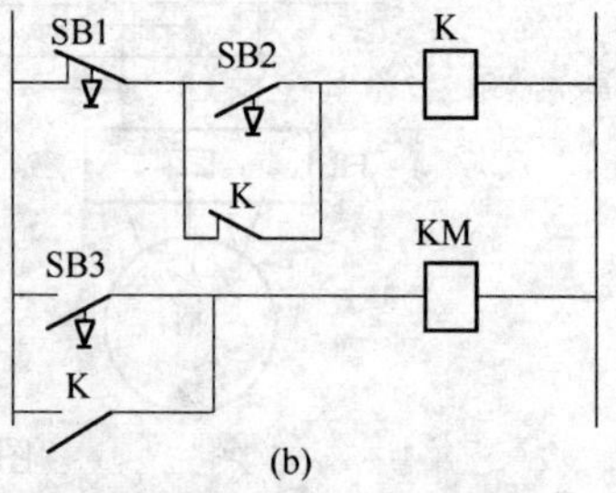

图 2-25　连续工作与点动

电动机运行时，接触器 KM1 接通，此时制动接触器 KM2 和时间继电器 KT 不通电。当要电动机停止时，按停止按钮 SB1，因而 KM1 断电，其主触点断开电动机三相电源，同时 SB1 的常开接点闭合，接通制动接触器 KM2 和时间继电器线圈，若停止按钮松开 KM2 由于自锁接点的作用 KM2，KT 仍保持通电，KT 开始计时，在主回路由 KM2 常闭触点闭合，制动变压器 T 接入交流电源，经桥式整流产生直流电流通过限流电阻 R 加到电动机两相绕组上，在定子内形成固定磁场使电动机尽快停下。当 KT 定时（也就是预设定的能耗制动时间）时间到，KT 常闭触点断开 KM2 线圈回路，KM2 失电，相继 KT 也失电，控制回路恢复到原始状态，制动电源也从二相绕组上切除下来，能耗制动结束。调节 KT 定时值来控制能耗制动投入的时间长短。

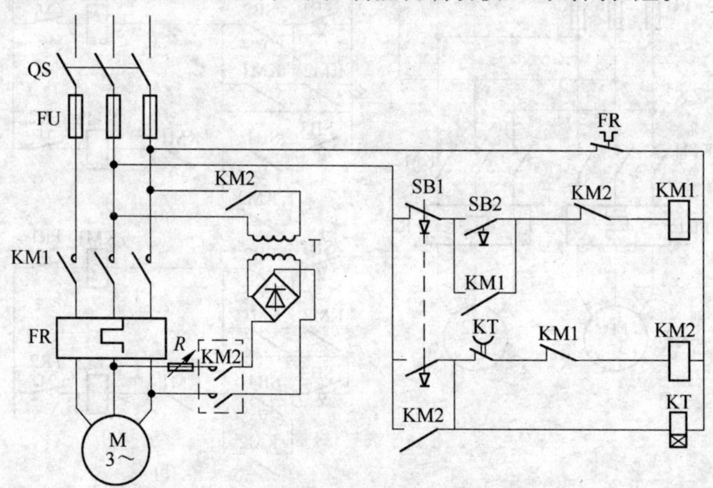

图 2-26　能耗制动

能耗制动能量耗损小，制动电流小，制动准确，但需要整流电源，制动速度较慢，适用于要求平稳制动的场合。

2.3.6　星/三角形降压启动线路

笼型电动机启动时，为了限制启动时冲击电流，以减小对电网的影响，可以采用在其定子回路串入电阻实现降压启动。该方法可以提高功率因数，改善电网质量，控制线路简单，缺点是在电阻上的功率损耗大，所以这种方法只适用中小容量电动机不经常启制动的场合。本节介绍一种星/三角形启动控制线路，如图 2-27 所示。启动时，将电动机定子绕组接成星形，此时加在电动机每相绕组上的电压为额定电压的 $1/\sqrt{3}$，从而减轻了启动电流对电网的影响。待启动后，按预先整定好的时间继电器 KT 动作，将定子绕组换接成三角形，使电动机绕组在额定电压下正常工作。这种星/三角形二级电压启动，没有串电阻启动的电阻上耗损问题。但是这种电动机定子的三个绕组的六个端子都必须有引出端。

图2-27线路中合上闸刀开关QS准备启动。按下启动按钮SB2，接触器KM、KMY和时间继电器KT同时得电。接触器KMY主触点将电动定子绕组接成星形，并经KM主触点接向电网，电动机以星形接法降压启动。经KT延时，其接点断开KMY线圈回路，而将KMD接触器线圈回路接通并自锁，KMD主触点将电动机绕组换接三角形，满压继续加速启动到稳定值。星/三角形启动的优点是：第一阶段启动电流只有三角形接法的1/3，启动电流小，结构简单，价格便宜。缺点是启动转矩也是原三角形接法的1/3，启动转矩小。本线路只适用于电网电压为380V、星/三角形接法的电动机、轻载启动的场合。

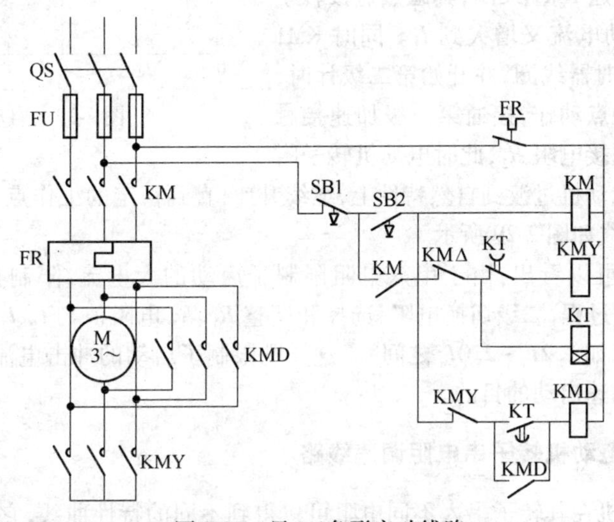

图2-27 星/三角形启动线路

2.3.7 绕线式异步电动机按时间原则串电阻启动线路

异步电动机启动时，电流大，一般可达到5～7倍的额定电流。控制要求在启动时既要限制启动时的大电流，又要保持一定的启动电流（一般可取1.2～2.0倍额定电流）以保证能加速启动。笼型电动机可采用在定子回路采用串电阻降压、串自耦变压器降压或星/三角形降压等方式降压限流启动。绕线式异步电动机就可采用在转子回路串电阻、串频敏电阻等方法限制启动电流。

绕线式异步电动机按时间原则串电阻启动线路（单向）如图2-28所示。

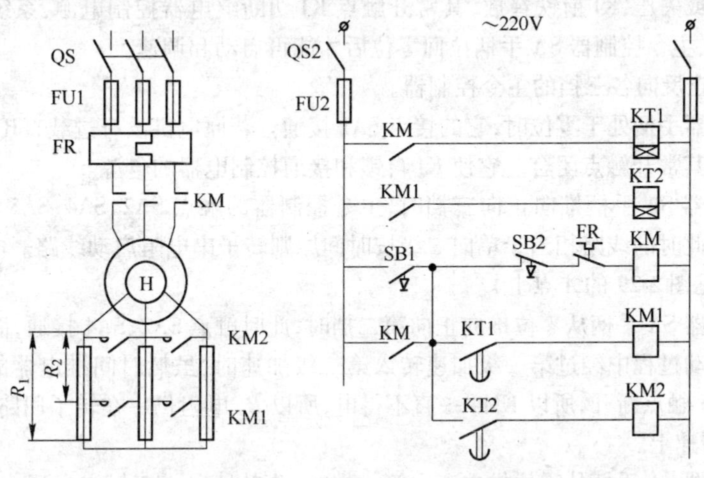

图2-28 转子串电阻启动线路

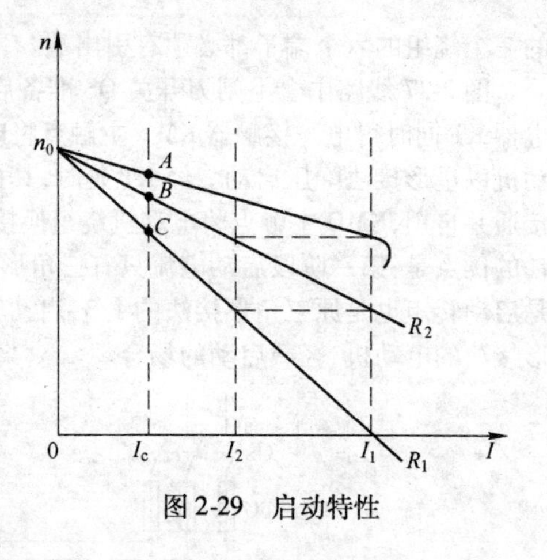

图 2-29 启动特性

初始状态，主接触器 KM，第一级加速接触器 KM1，第二级加速接触器 KM2，时间继电器 KT1，KT2 的线圈均断电。启动时，按启动按钮 SB1，KM 线圈接通，其主触点接通电动机电源，电动机启动，此时由于 KM1，KM2 主触点都断开，所以电动机转子回路的电阻全串入(R_1)，限制启动电流(设为 I_1)。与此同时 KM 辅助触点闭合，KT1 线圈得电，开始计时，经 t_1 秒后，KT1 常开触点接通 KM1 线圈，其触点短接转子回路的一段电阻，启动电流又增大到 I_1。同时 KM1 辅助触点接通 KT2 定时器线圈，并开始第二级计时，经 t_2 秒后 KT2 常开触点动作，接通第二级加速接触器线圈，它的主触点短接电阻 R_2，此时电动机转子附加电阻全部被短接，电动机过渡到自然特性上，继续升速，直到稳定的工作点 A 上。启动过程二级切换电阻的特性曲线如图 2-29 所示。

从特性曲线图上可以看出：由于串入电阻限制了启动的大电流，限制在 I_1 以内(I_1 可取 $1.5I_e \sim 2.0I_e$)，在启动过程，二级切换电阻，选择和调整 R_1、R_2 电阻值与 t_1、t_2 定时值，使启动电流在 $I_1 \sim I_2$ 之间摆动(如 $1.2I_e \sim 2.0I_e$ 之间)。这样既限制了启动的冲击电流，又保证有足够大的启动电流，以达到加速启动的目的。

2.3.8 绕线式异步电动机转子串电阻调速线路

绕线式异步电动机在其转子串入不同电阻可以得到不同的特性曲线，它与负载特性 $n(I_c)$ 相交得到不同的转速 A、B、C(见图 2-29)。若电动机转子串入固定电阻 R_1，其特性曲线与负载相交于 C 点的转速。同理，若串入固定电阻 R_2，就得到 B 点的转速，附加电阻全部切除就得到 A 点的转速。采用主令控制器，它的手柄放在不同位置，多层触点接通不同的加速接触器，使转子回路串入不同的电阻，得到不同的速度，达到调速的目的。

绕线式异步电动机转子串电阻正反向调速控制线路如图 2-30 所示。

图中 KM1、KM2 为电动机正反向接触器。KM3、KM4 为第一级、第二级加速接触器(或称第一级、第二级速度接触器)。KJ 为综合保护继电器，当电动机主回路过载(FR 动作)或者控制线路电源电压过低或失压，KJ 衔铁释放，其常开触点 KJ 切断继电器控制电源，系统工作停止。只有在故障排除后，主令控制器 SA 手柄拉回零位后才能再启动和调速。

SA 是五层、正反向各三挡的主令控制器。

当主令控制器手柄处于零位时，它的接点 SA1 接通。若原电机没有过载，FR 正常，此时综合继电器 KJ 得电，其常开触点闭合。它使 KJ 自锁和接通控制电器的电源。

当主令控制器 SA 手柄推向正向三挡时，主令控制器的触点 SA2、SA4、SA5 闭合，其他触点 SA1、SA3 断开。此时的线路相当于单向二级按时间原则转子串电阻启动线路。电动机最后稳定在正向最高速(见图 2-29 的 A 点上)。

若主令控制器 SA 手柄从零位推向正向第二挡时，此时触点 SA2、SA4 接通，而 SA1、SA3、SA5 触点断开。在启动过程中经过第一级加速转入第二级加速时，虽然时间继电器的常开触点 KT2 闭合，但由于 SA5 触点断开，所以 KM4 一直不得电，所以 R_2 电阻仍串在转子回路中，最后稳定在 R_2 特性的 B 点转速上。

若主令控制器 SA 手柄从零位推向正向第一挡时，此时只有 SA2 触点导通，只有正向接触器

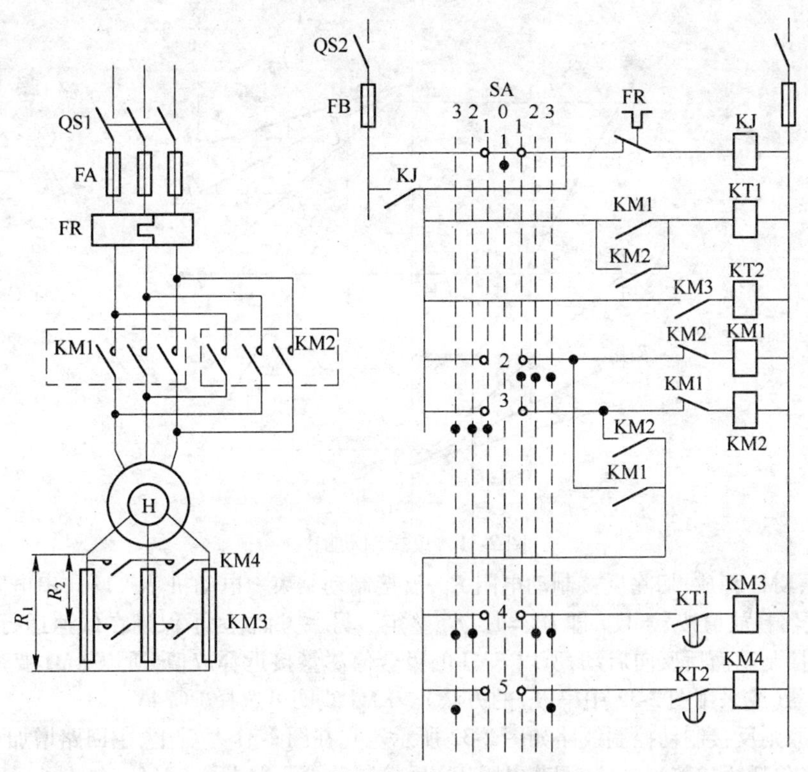

图 2-30 转子串电阻正反向调速线路

KM1 得电,KM3,KM4 断电,电动机转子串入全部电阻 R_1,电动机最后稳定在低速 C 点上。

主令控制器 SA 推向反向第 3 挡,其工作原理同正向工作相同,不同的是 SA3 触点接通,电动机进入反转运行状态。

2.3.9 按转速原则反接制动控制线路

对于绕线式异步电动机的正、反向启动,仍用转子串电阻,按时间原则控制;而在电动机反接制动时,采用转速原则(或称反电势原则)进行控制。

当电动机正向运行在 A 点(见图 2-31),主令控制器直接从正向第 3 挡推向反向第 3 挡时,由于惯性,转子的转速仍近似为 n_A,而电动机电源反向,进入第Ⅲ象限的特性曲线(R_1),从图中可看出此时反向的制动电流远大于由电阻 R_1 所限制的 $-I_1$ 电流。为此,要求在这反接制动期间多串入一段电阻 R_F(即总串入电阻为 R_1+R_F),将反接制动电流限制在 $-I_1$ 以内(即第Ⅱ象限特性的 D 点上)。

何时串入反接制动电阻 R_F,何时切除,根据什么原则进行控制呢? 从电机拖动原理可知,电动机转子电势 E_{2s} 为

$$E_{2s} = s \cdot E_{2o}$$

式中 E_{2o}——转子开口电势(即堵转时的电势);

s ——转子转差率。

当电动机稳定运行时 $s<1$,而且其值很小;当电动机刚启动瞬间,转子不转时,$s=1$;而反接制动期间 $1<s<2$。也就是说在反接制动期间转子的电势 E_{2s} 大于转子刚启动时的转子电势(E_{2o})。根据这个特点,可设置一电压继电器 KMJ,使它在反接制动期间使 KMJ 动作,以保证反接制动电阻 R_F 串入,限制反接制动电流。当反接制动其转子转速接近于零时(即 s 接近于 1,E_{2s}

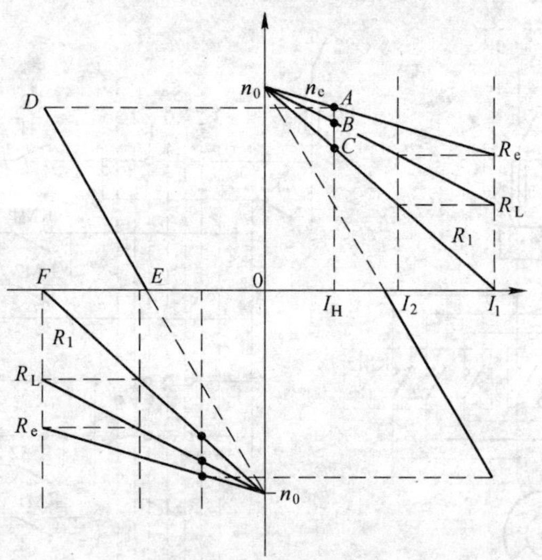

图 2-31 反接制动特性

接近 E_{2o}时)，KMJ 释放，切除反接制动电阻 R_F，反接制动结束。电动机转入反向串电阻启动。一般 KMJ 继电器释放值按 $s=1.1$ 即 $U_F=1.1E_{2o}$整定。另一方面，为了保证在低速运行时反向，也能先进行反接制动而后反向启动，所以 KMJ 的吸合值尽量接近释放值，所以 KMJ 要选择高返回系数的继电器(或采用图 2-32 中串 R_K 的方法)。KMJ 线圈可选择 DC24V。

按转速原则反接制动控制线路如图 2-32 所示。它在图 2-31 基础上，主回路增加了转子反电势检测环节，包括桥式整流电路，调节电阻 R_J，反接制动检测继电器 KMJ。在转子回路增加了反接制动电阻 R_F，由反接制动接触器 KMF 控制。在控制回路上 KT1 时间继电器线圈改为由 KMF 常开触点控制，增加反接制动接触器 KMF，它的线圈由反接制动继电器 KMJ 的常闭触点控制。

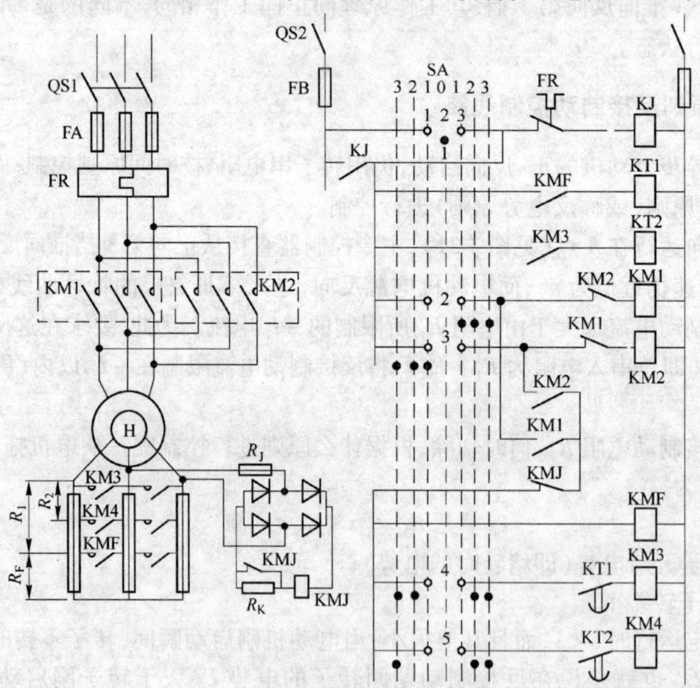

图 2-32 按转速原则反接制动

电动机从反向运行转入正向的反接制动工作过程类似于上述过程。

2.3.10 龙门刨床横梁升降控制线路

龙门刨床的工件安装在工作台上,工作台放置在床身导轨上作前后往返直线运动(主运动)。而刀具是安装在横梁或侧刀架上作垂直于工件运动方向的进给运动(辅助运动)。

工件在加工之前要调整好刀具与工件的相对位置(即对刀)。对刀时横梁必须上下移。横梁升降是由一安装在龙门顶上交流电动机 H 通过蜗轮蜗杆和立柱上两根丝杆,带动横梁上升或下降。横梁升降调整完毕,横梁必须夹紧在立柱上,以免在加工切削时横梁产生位移而影响加工精度。为此设置夹紧机构,夹紧电机 J 安装在横梁背面,J 电机的正转,通过连杆带动两个"爪子"将横梁夹抱在立柱上。夹紧的程度采用 J 电机主回路串上过电流继电器 KMJ 的过电流值来调整。J 电机的反转,使"爪子"松开,只有松开后横梁才能自由升降,松开的程度用行程开关 LK 位置来调整。横梁升降和横梁夹紧放松电力拖动主回路如图 2-33 所示。

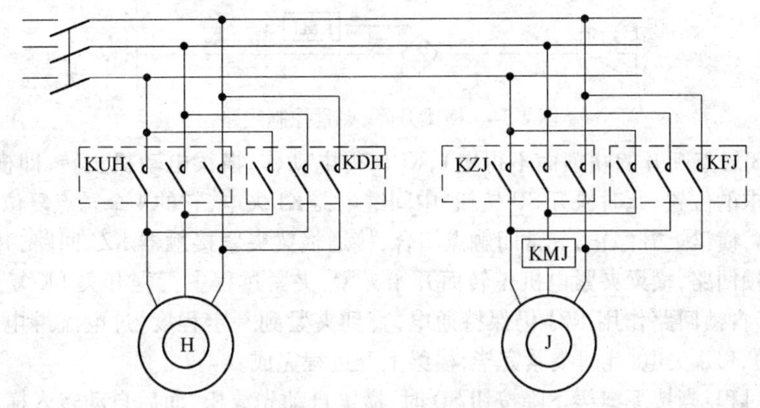

图 2-33 横梁升降、夹紧主回路

横梁升降拖动电动机 H 由上升接触器 KUH 和下降接触器 KDH 控制。横梁夹紧/放松电机 J 由夹紧接触器 KZJ 和放松接触器 KFJ 控制。在 J 主回路中串入过电流继电器 KMJ 以控制夹紧程度。

横梁自动控制的要求:按横梁上升按钮时,首先使横梁先放松,放松到碰行程开关,放松才告完毕,此时自动转入横梁上升。松开横梁上升按钮时,横梁上升立即停止,并自动转入横梁夹紧,夹紧到过流继电器动作,夹紧完毕,该过程全部结束。

当按横梁下降按钮时,首先使横梁放松,然后自动转入横梁下降。松开下降按钮,横梁下降停止并自动转入横梁夹紧,与此同时,横梁正转一定时间,以消除丝杆与横梁螺母之间的齿隙(即横梁回升)。回升用时间原则控制。当横梁夹紧到过流继电器动作,横梁下降全过程结束。

为满足上述控制要求,设计的横梁升降、夹紧控制线路,如图 2-34 所示。

控制线路中 KJ 是中间继电器,KUH、KDH 为横梁升、降接触器。KZJ、KFJ 为横梁夹紧、放松接触器,L 是横梁运行指示灯,KMT 是横梁下降末回升时间继电器,LK 是横梁放松行程限位开关,KMI 是夹紧过流继电器。SU、SD 为横梁升、降控制按钮。

横梁上升工作过程:当按横梁升按钮 SU 时,中间继电器 KJ 得电,它的三个常开触点闭合为接通 KUH、KDH、KFJ 线圈创造条件,而它的一个常闭触点断开了夹紧 KZJ 线圈回路。由于 LK 行程开关处于原始状态(如图 2-34 中状态),其常开触点断开 KUH、KDH 回路,其常闭触点接通 KFJ 回路,KFJ 线圈得电,夹紧电机 J 首先反转,即放松,放松一定程度"爪子"碰撞限位开关 LK、LK 动作,其常闭触点断开 KFJ 回路,放松结束;其常开触点接通横梁上升接触器 KUH 回路(而

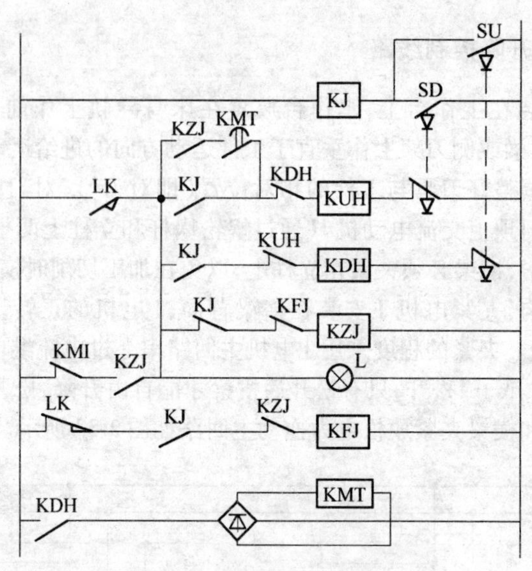

图 2-34　横梁升降、夹紧控制线路

KDH 因 SU 常闭触点断开的联锁而不得电），KUH 得电动作，横梁电动机正转，即横梁上升。若横梁上升到要求的位置，此时松开 SU 按钮，中间继电器 KJ 失电，它的 4 个触点复位，其常开触点断开 KUH 回路，横梁上升停止，其常闭触点闭合，接通横梁夹紧接触器 KZJ 回路，并通过它的常开触点接通自锁回路，横梁夹紧电机正转而开始夹紧，夹紧过程中行程开关 LK 复位，其常开触点断开，但由于自锁回路作用 KZJ 仍保持通电，直到夹紧到一定程度，过电流继电器动作（KMI 常闭触点断开），KZJ 失电，此时夹紧完毕，横梁上升过程完成。

横梁下降过程：当按下横梁下降按钮 SD 时，横梁自动先放松，而后自动转入横梁下降，其过程与上升过程类似。所不同的是：在放开 SD 时，横梁下降停止，转入夹紧的同时多产生一个回升的动作。在横梁下降期间 KDH 常开触点接通回升时间继电器 KMT，其常开触点闭合为接通 KUH 回升作准备，当横梁下降结束，夹紧接触器 KZJ 动作，夹紧开始，其常开触点闭合，回升回路接通 KUH，横梁上升电动机正转，从横梁下降结束开始，KMT 断电，开始计时，KMT 延时断开 KUH 线圈，回升停止。同时夹紧也在进行，直到夹紧到一定程度，过流继电器动作，KMI 常闭触点断开，夹紧工作结束。横梁下降过程全部结束。

复习思考题

2-1　交流接触器与直流接触器有何区别？

2-2　说出交流线圈接触器与直流线圈接触器的特点和使用场合。

2-3　单相交流电磁机构中的短路环作用是什么？

2-4　什么是继电器特性和继电器返回系数？

2-5　如何选择欠电压继电器返回系数值？

2-6　电压和电流继电器在电路中各起何种作用，它们的线圈各有何特点？

2-7　时间继电器有哪几种，它的线圈与触点通断关系如何？

2-8　试述热继电器工作原理及其作用。

2-9　行程开关、万能开关、主令控制器在电路中各起什么作用，线路中表示方法有哪些？

2-10　低压断路器在电路中的作用是什么？

2-11　试设计具有短路、过载、失压保护的笼型电动机直接启动的电机主回路及其控制线路。

2-12 试设计电动机正反转控制的主回路和控制线路。

2-13 试设计小车自动往返甲乙两地的控制线路。

2-14 试设计绕线式异步电动机按时间原则启动的主回路与控制回路。

2-15 在绕线式异步电动机串电阻调速线路中，当主令控制器手柄在不同位置时各电器动作情况。若该线路在运行中，突然控制电源电压下降到设定允许值以下，而后又恢复正常，试问此时电路中各电器动作情况如何？

2-16 反接制动中转子电压检测环节作用、原理、R_F 的作用，何时串入，何时切除？

2-17 试分析龙门刨床横梁升降控制线路的工作过程。

3 三菱可编程序控制器

日本三菱公司生产的可编程序控制器有大、中、小各种类型。A3A、A3N 系列为大型机，A2A、A2N 系列为中型机，它们都是积木式结构；F、F1、F2、FX2 系列为小型机，为紧凑式结构。F2 是 20 世纪 80 年代中期推出的过渡产品，它保留了原 F 系列 PLC 的全部指令，增加了步序阶梯指令(step ladder instruction)。在 1987 年又推出了 F1 系列，除保留原 F、F2 功能外，增加了大量的数据运算功能的指令系统，使得 F1 系列 PLC 配上三菱公司模拟量单元 F2 - 6A(4 路 A/D 输入，2 路 D/A 输出)便可实现模拟量运算。F1 系列 PLC 不仅可以完成继电器逻辑控制，还可以完成连续变化的输入信号的控制，大大地扩充了小型 PLC 功能和用途。三菱公司还推出高速度的小型 PLC - FX2 系列。该系列每运行 1000 步只需 0.74ms。之后又推出超薄型的 FX0 系列和遥控型的 FX2C 系列。其遥控距离最远可达 400m。

三菱公司的 PLC 指令是向下兼容。本章将以 FX2 系列为例，介绍小型机的结构、硬件配置、指令及其编程。

三菱公司的可编程序控制器各种系列的外形如图 3-1 所示。

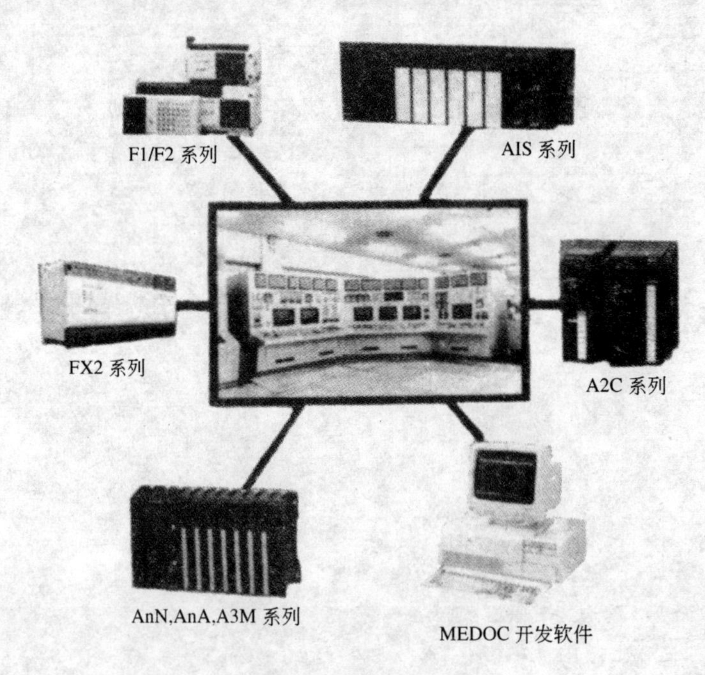

图 3-1　三菱 PLC 系列

3.1　FX2 系列硬件及其参数

3.1.1　FX2 的组成

FX2 系列是小型 PLC，它的欧洲型号为 FX。

FX2 由基本单元(主机型)、扩展单元、扩展模块和特殊适配器等类型组成。仅使用基本单元或与上述部件组合使用均可。最大 I/O 点可达到 256 点。

基本单元(M)即主机型。其内包括有中央处理器(CPU)、内存储器 ROM 和 RAM、编程器接口、开关量输入输出接口、总线驱动扩展接口等。基本单元是用户的最小系统。

扩展单元(E)只有输入输出接口,不含 CPU,因此只能与基本单元配合使用,以增加主机的 I/O 点数。

基本单元和扩展单元的输入、输出点数都是 1:1。如 FX2-16MR,其 I/O 总点数为 16 点,其中输入输出各占 8 点。

扩展模块,它类似扩展单元也只有输入输出接口。所不同之处,它是以 8 点为单元扩充 I/O 点数的部件。有全输入、全输出或混合 I/O 模块。主要用于改变系统 I/O 点数的配比。如 FX2-16MR 接上 FX2-8EXR 扩展模块,即扩展 8 点输入,此时系统 I/O 点数配比为 2:1。而其他系列的 PLC 如 F1 系列其 I/O 点数的配比固定为 3:2。

特殊适配器包括光缆适配器、连接适配器、电位器适配器、RS422/RS232C 转换器等类型。

基本单元(M)外观如图 3-2(a)所示(以 FX2-16MR 为例)。上面一排是输入及其代码(X0~X7)和 LED 指示灯。下面一排是输出及其代码(Y0~Y7)和 LED 指示灯。左下的小方框是编程器插座。在基本单元左侧插座可连接特殊适配器。在基本单元右侧插座是连接扩展单元和扩展模块,如图 3-2(b)所示。

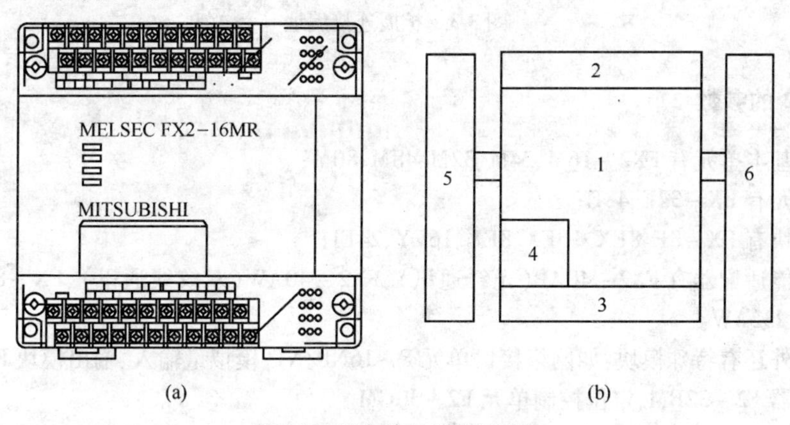

图 3-2 基本单元外观及连接

(a)基本单元外观;(b)连接

1—基本单元;2—输入端子;3—输出端子;4—编程器插座;5—特殊适配器;

6—扩展单元或扩展模块

FX2 型号基本格式如下:

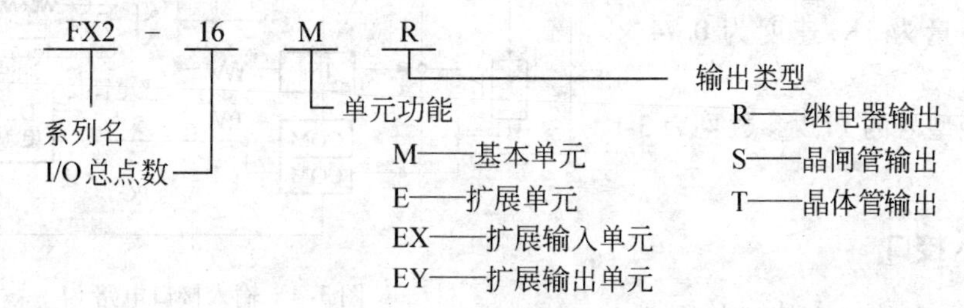

3.1.2 FX2 的 I/O 编址

FX2 输入、输出编址都是以 8 进制安排其号码。除此之外的辅助继电器等均以 10 进制编号。例如 FX2－32MR，其 I/O 点数为 32 点，其中输入 16 点，号码为 X0～X7、X10～X17。X 为输入标志符，号码从 0 开始编址。同理输出也为 16 点，号码为 Y0～Y7、Y10～Y17。Y 为输出标志符，而且是继电器型输出。

如果基本单元有带扩展单元或扩展模块，则它的输入、输出号码是接着基本单元的号码连续编号，如图 3-3 所示。

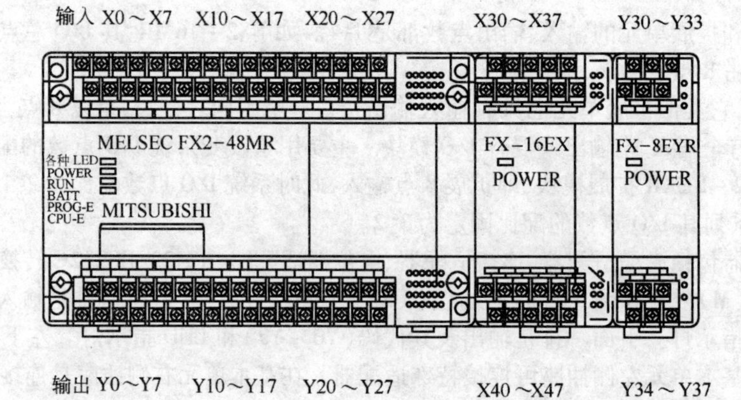

图 3-3　扩展连接编址

3.1.3　FX2 的参数

可选的基本单元有 FX2－16M、24M、32M、48M、80M；

扩展单元有 FX－32E、48E；

扩展模块有 FX－8E、8EX、16EX、8EY、16EY、24EI；

特殊功能适配器有 FX2－40AP(光纤通讯)、FX2－40AW(双绞线通讯)、FX－8AV(电位器设定)、FX－232AW。

除此之外还有特殊模块：如网络接口单元 F－16NP/NT，模拟量输入、输出模块 F2－6A，可编程凸轮控制器 F2－32RM，定位控制单元 F2－30GM。

以 FX2－16M 为例介绍其有关参数。输入点 8 点代码 X0～X7；输出点 8 点代码 Y0～Y7；辅助继电器 M0～M499；状态器 S0～S499；定时器 200 个，代码 T0～T199，定时范围 0.1～3276.7s；计数器 200 个，代号 C0～C199 加计数器，计数范围 1～32767；数据寄存器 D0～D199；嵌套指针 8 层，代号 N0～N7。内存容量为 2K，速度为 0.74×10^{-6}s/步。

FX 几种型号的 PLC 参数见表 3-1 所示。

3.1.4　输入接口

FX2 每一点的输入接口如图 3-4 所示。

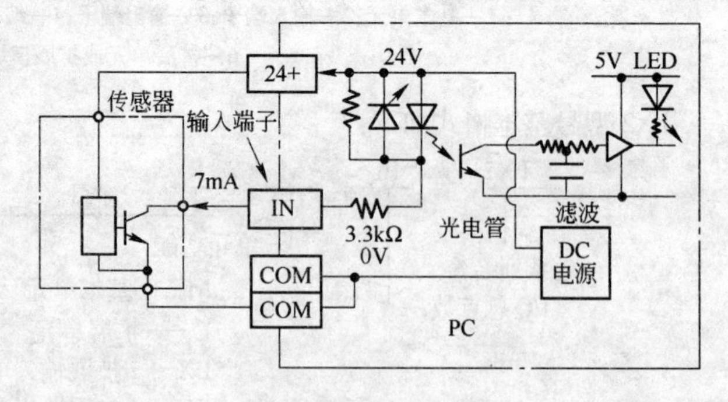

图 3-4　输入接口电路

表 3-1 FX2 元素号码一览表

元件								
继电器输入 X	X0 ~ X7 8 点 FX2 – 16M	X0 ~ X13 12 点 FX2 – 24M	X0 ~ X17 16 点 FX2 – 32M	X0 ~ X27 24 点 FX2 – 48M	X0 ~ X37 32 点 FX2 – 64M	X0 ~ X47 40 点 FX2 – 80M	X0 ~ X177 128 点 带扩充	输入输出合计 128 点
继电器输出 Y	Y0 ~ Y7 8 点 FX2 – 16M	Y0 ~ Y13 12 点 FX2 – 24M	Y0 ~ Y17 16 点 FX2 – 32M	Y0 ~ Y27 24 点 FX2 – 48M	Y0 ~ Y37 32 点 FX2 – 64M	Y0 ~ Y47 40 点 FX2 – 80M	Y0 ~ Y177 128 点 带扩充	
辅助继电器 M	M0 ~ M499 500 点 一般用		M500 ~ M1023 524 点 键用 通讯连接用：主→子 M800 ~ M899；子→主 M900 ~ M999				M8000 ~ M8255 256 点 特殊用	
状态 S	S0 ~ S499 500 点 一般用 初始状态 S0 ~ S9；原点复归 S10 ~ S19			S500 ~ S899 400 点 键用		S900 ~ S999 100 点 外部故障诊断用		
定时器 T	T0 ~ T199 200 点 100ms 例行程序用 T192 ~ T199		T200 ~ T245 46 点 10ms		T246 ~ T249 4 点 1ms 运算		T250 ~ T255 6 点 100ms 运算	
计数器 C	16 位 向上		32 位 可逆		32 位 高速可逆 最大 6 点			
	C0 ~ C99 100 点	C100 ~ C199 100 点 键用	C200 ~ C219 20 点	C220 ~ C234 15 点 键用	C235 ~ C245 1 相 1 输入	C246 ~ C250 1 相 2 输入	C251 ~ C255 2 相 2 输入	
数据寄存器 D、V、Z	D0 ~ D199 200 点 一般用	D200 ~ D511 312 点 键用 通讯连接用：主→子 D490 ~ D499；子→主 D500 ~ D509			D1000 ~ D2999 2000 点 文件寄存器	D8000 ~ D8255 256 点 特殊用	VZ 2 点 下标用	
嵌套指针	N0 ~ N7 8 点 主控制用		P0 ~ P63 64 点 转移子程序 分支指针用		I0 × × ~ I5 × × 6 点 输入中断指针		I6 × × ~ I8 × × 3 点 定时器中断指针	
常数 K	16 位 – 32768 ~ 32767				32 位 – 2147483648 ~ 2147483647			
常数 H	16 位 0 ~ FFFFH				32 位 0 ~ FFFFFFFFH			

输入信号应接在输入端子与 COM 之间。输入信号可以用触点、按钮、开关或者是 NPN 集电极开路晶体管作为输入。

当输入信号为“1”,如果按钮将该回路接通,或者三极管饱和导通,此时内部电源 DC24V 经发光二极管,3.3kΩ 限流电阻到输入端 IN,通过外接按钮接点到 COM 端(即 24V 零线)。该回路接通形成大约 7mA 的电流,它使光电隔离中发光二极管足够亮,使得光敏三极管饱和导通,经 T 型 RC 滤波,经放大器,使面板上指示灯 LED 亮,同时该信号经锁存器存入输入缓冲区(输入映像区),并记入“1”信号。同理,若该输入的按钮断开使得输入回路不通,发光二极管不亮,光敏三极管截止,LED 熄灭,从锁存器采到缓冲区的信号就为“0”。外面输入信号与缓冲区中对应位的状态相对应。由于采用光电隔离,使得计算机内部与外部完全隔离,提高系统的可靠性。

多点外部输入时,其中的一端接入对应的输入端,信号的另一端全部接在一起并与输入端 COM 相连。

基本单元带有扩展单元时,要将两者的 24V 电源相连。各输入信号接在一起的一端与基本单元的 COM 端相连,如图 3-5 所示。

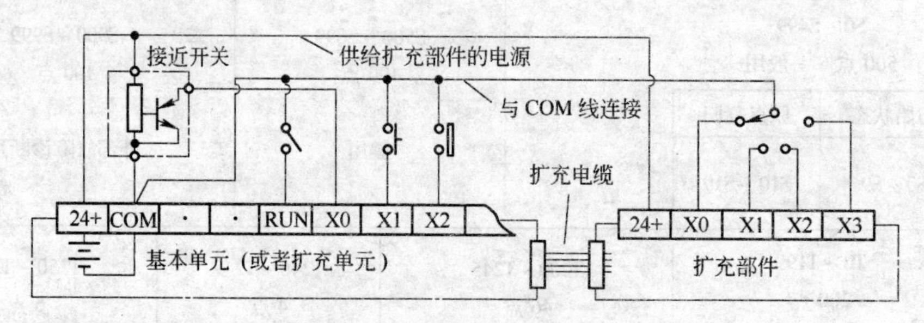

图 3-5　扩展时外部连接

3.1.5　输出接口

FX2 输出有三种类型:继电器输出、双向晶闸管输出、晶体管输出。

继电器型输出类型(R):由于输出为继电器,其线圈与触点相隔离,因而 PLC 内部电路与外部负载电路之间在电气上是绝缘的。输出触点有两种类型:一种为全分离型,即每个触点有两条线输出到端子,其中一个称为 COM 端子;另一种为组合型,即触点两条线中的一条线(COM)每 4 ~8 个输出点连接成一个 COM 端子(这些端子编号为 COM1 ~ COM7),从而每 4 ~ 8 个形成一组。各 COM 组单位可使用不同电压的负载。继电器型输出动作响应时间约为 10ms,其输出对交、直流负载(如 AC220V、AC110V、DC24V 等)均可使用。在 AC250V 以下电压时每 1 点能通过纯电阻负载 2A 电流对于电感负载能驱动 80VA 以下,对于灯泡负载能驱动 100W 以下。为了提高输出触点使用寿命,对于直流电感性负载,需在负载两端并联续流二极管。对于交流负载,则在负载两端并联阻容吸收电路(电容 0.1μF,电阻 100Ω)。继电器型输出外部连接例子如图 3-6 所示。

晶闸管输出类型(S):PLC 内部通过发光二极管与光敏双向晶闸管元件进行光电隔离。晶闸管的输出一般驱动交流负载,每一点允许通过电流 0.3A。晶闸管输出及其外部接线实例如图 3-7 所示。

晶体管输出类型(T):PLC 内部通过光电隔离,经复合管放大 OC 门形式输出,如图 3-8 所示。驱动负载用电源可以是机内 DC24V 电源,也可以是机外 DC5 ~ 30V 电源。每一个输出允许通过 0.5A 电流。晶体管输出的外部连接实例如图 3-9 所示。

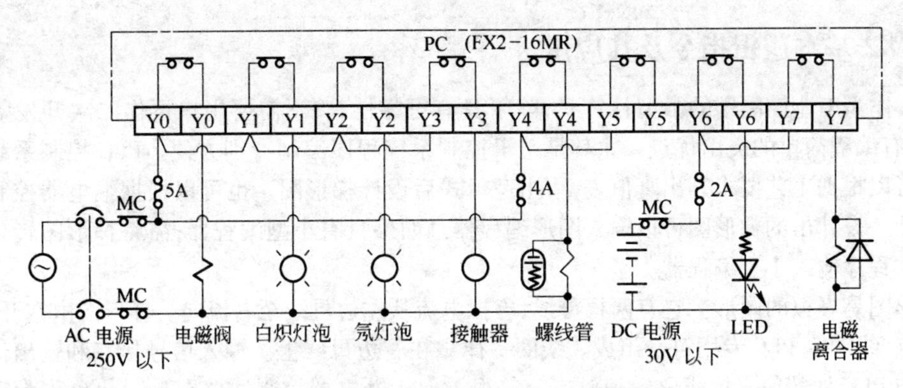

图 3-6 继电器型输出外部连接例子

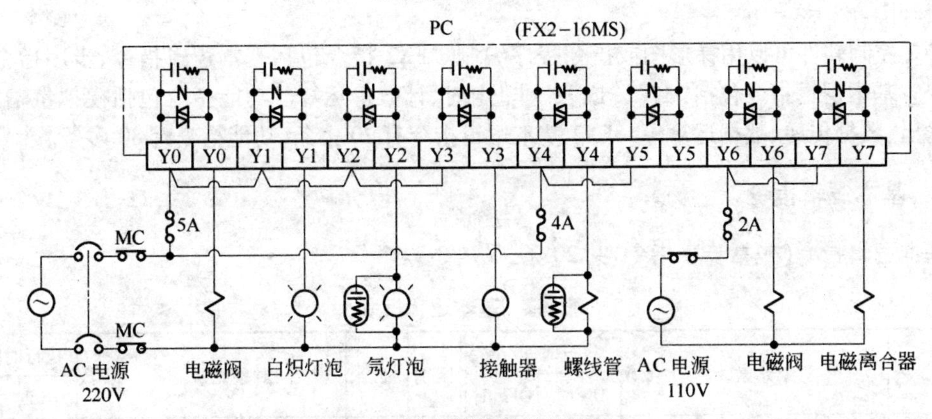

图 3-7 晶闸管输出外部连接

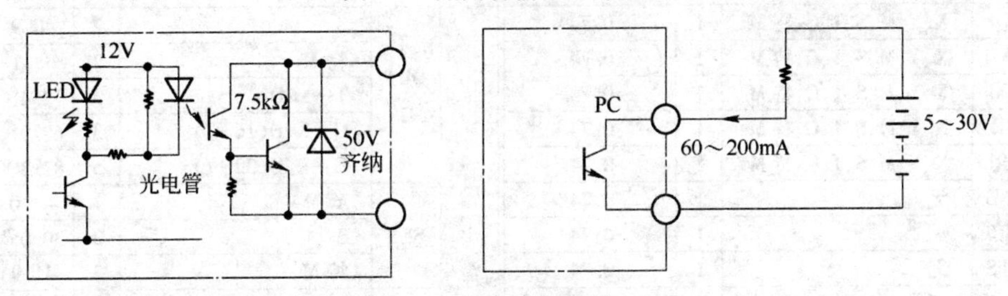

图 3-8 晶体管输出接口

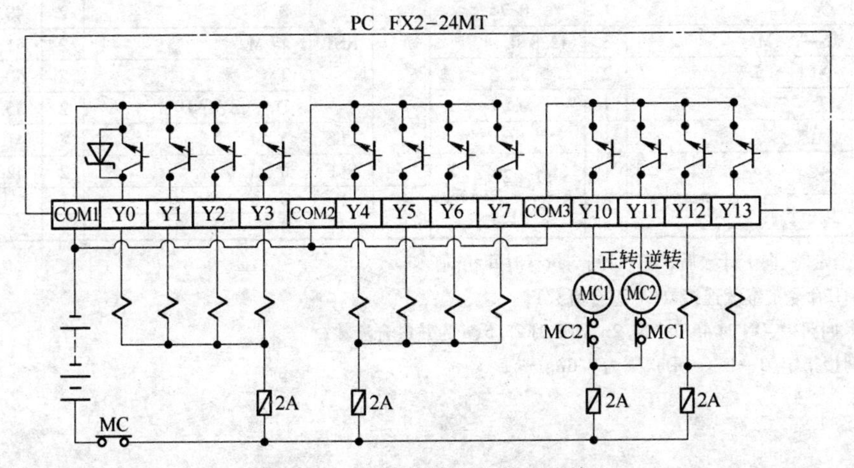

图 3-9 晶体管输出的外部连接

3.2　FX2 基本逻辑指令及其应用

PLC 作为工业控制用的微型计算机，除了具有可靠性高，不需要用户再作二次开发等优点外，还具有编程简单的突出优点。尤其是逻辑控制系统程序编制特别方便。PLC 控制系统软件的设计可以根据工艺要求列出真值表，写出逻辑式后设计梯形图。也可以根据继电器控制线路进行设计。设计出的梯形图可以输入图形编程器。如果只有小型编程器，需将梯形图转化为相应指令式程序输入小型编程器。

梯形图是虚拟的图形。它有两根母线，虚拟电流从左边母线至右流向。梯形图由常开接点、常闭接点、线圈等 PLC 专用符号组成。线圈一律靠在右边母线上。输入信号接点和输出信号线圈号码与 PLC 外部信号接线位置相对应。它很类似于继电器控制线路图。因此也称为继电器线路展开图。

FX2 控制软件可以用梯形图或指令程序编制。FX2 指令包括基本逻辑指令、步序指令和功能指令。基本逻辑指令包括“与”、“或”、“非”定时、计数等运算。功能指令包括模拟量输入、模拟量输出、数据传递、数据运算等。FX2 基本逻辑指令有 20 多条，功能指令有 80 多条。

3.2.1　基本逻辑指令

基本逻辑指令（包括步序指令）共 20 条，见表 3-2。

表 3-2　基本逻辑指令

区别	命令	对象元素	步数	执行时间/μs ON 时	执行时间/μs OFF 时
接点命令	LD	X、Y、M、S、T、C、特 M	1	0.74	
	LDI	X、Y、M、S、T、C、特 M	1	0.74	
	AND	X、Y、M、S、T、C、特 M	1	0.74	
	ANI	X、Y、M、S、T、C、特 M	1	0.74	
	OR	X、Y、M、S、T、C、特 M	1	0.74	
	ORI	X、Y、M、S、T、C、特 M	1	0.74	
结合命令	ANB	无	1	0.74	
	ORB	无	1	0.74	
	MPS	无	1	0.74	
	MRD	无	1	0.74	
	MPP	无	1	0.74	
其他命令	MC	N—Y、M	3	42.8	47.8
	MCR	N(嵌套)	2	30.5	
	NOP	无	1	0.74	
	END	无	1	960	
步序梯形命令	STL	S	1	39.1 + 21.4n①	
	RET	无	1	31.1	

区别	命令	对象元素	步数	执行时间/μs ON 时	执行时间/μs OFF 时
输出命令	OUT	Y、M	1	0.74	
		S	2	40.9	39.1
		特 M	2	38.1	38.8
		T—K、D	3	72.4③	52.6
		C—K、D(16 位)	3	67.9③	40.3
		C—K、D(32 位)	5	82.3③	40.3
	SET	Y、M	1	0.74	
		S	2	39.0②	25.5
		特 M	2	41.9	28.5
	RST	Y、M	1	0.74	
		S	2	40.5	25.5
		特 M	2	41.8	28.9
		T、C	2	50.1	38.3
		D、V、Z、特 D	2	35.5	25.5
	PLS	Y、M	2	41.9	41.5
	PLF	Y、M	2	42.7	40.6
标志	P	0 ~ 63	1	0.74	
	I	0 * * ~ 8 * *	1	0.74	

注：在向上定时、向下计数后，OFF 时间与执行时间相同。

①n 为 STL 命令的继续连接数（并进合流数）；

②在 STL 回路内，ON 时 45.2 + 14.2n，OFF 时 25.5，n 为并进合流数；

③若是间接指定（T—D、C—D），则为 7.6μs。

FX2 梯形图符号为：

指令格式如下：

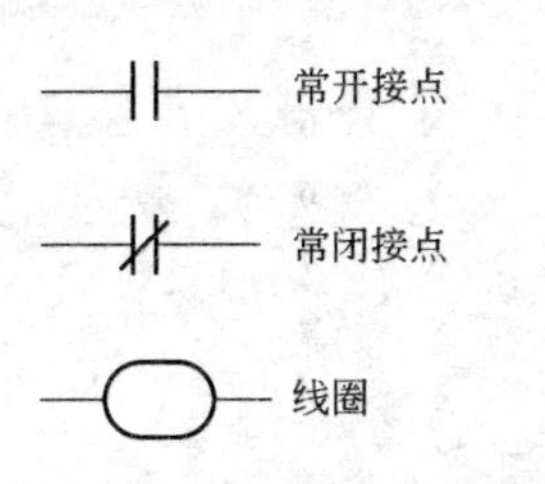

操作码	操作数	
	标志符	参数
如 LD	X	400

3.2.2 “与”、“或”、“非”逻辑运算指令

3.2.2.1 LD、LDI、OUT

与母线或与临时母线相接的常开接点用 LD 表示，常闭接点用 LDI 表示，逻辑运算结果输出用 OUT 表示。

梯形图

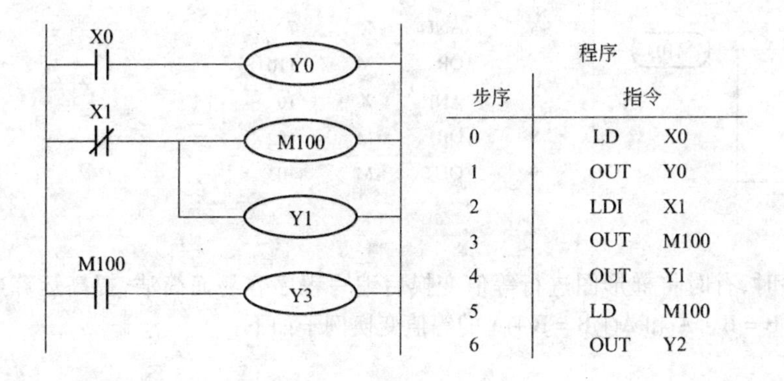

程序

步序	指令	
0	LD	X0
1	OUT	Y0
2	LDI	X1
3	OUT	M100
4	OUT	Y1
5	LD	M100
6	OUT	Y2

从程序可看出逻辑运算结果输出给线圈（M100），其结果没有被冲，所以仍可对并联线圈继续输出。

双重输出即对同一线圈可允许二次输出，其结果后者优先。程序例子如下：

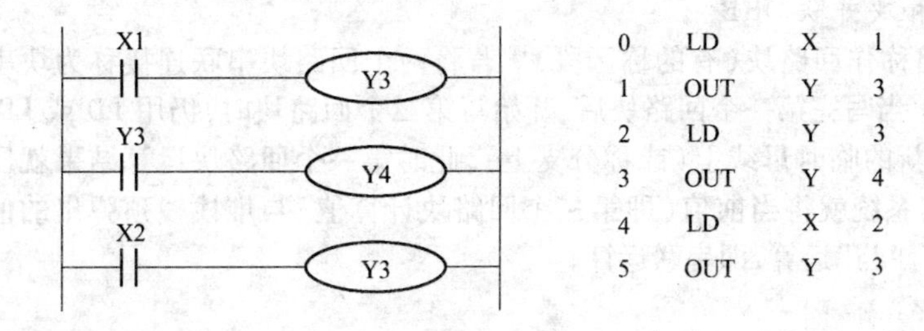

0	LD	X	1
1	OUT	Y	3
2	LD	Y	3
3	OUT	Y	4
4	LD	X	2
5	OUT	Y	3

当 X1 = 1、X2 = 0 执行上述程序后，Y3 双重输出，其结果为 Y3 = 0，Y4 = 1。

3.2.2.2 AND、ANI

与前面串联的常开接点和常闭接点分别使用 AND 和 ANI 表示。

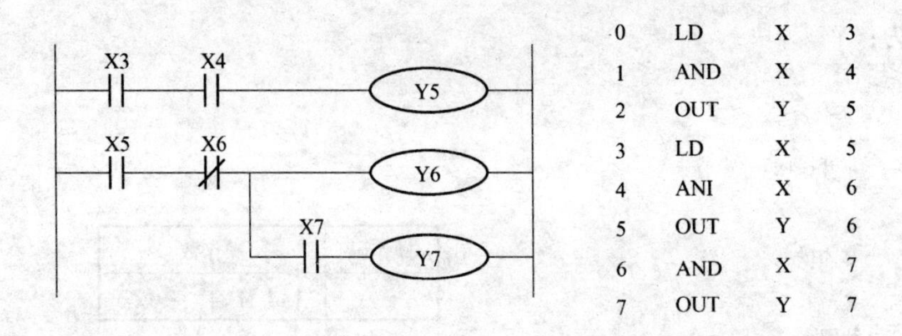

3.2.2.3 OR、ORI

与前面运算的结果进行并联的常开接点和常闭接点用 OR 和 ORI 表示。

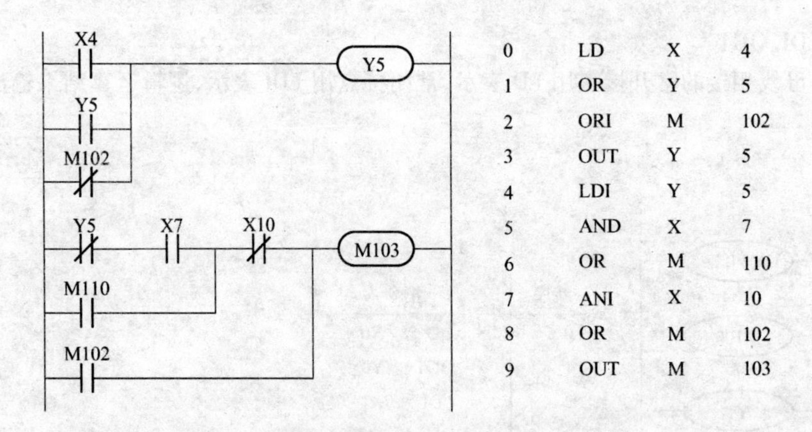

根据梯形图写出程序时，有时将梯形图进行等值变换后编写程序容易而简洁，提高运算速度。运用逻辑运算中 A·B = B·A 和 A⊕B = B⊕A 的等值变换例子如下：

3.2.2.4 块串联 ANB 和块并联 ORB

两个以上的接点联成回路称作回路块（有的称区段）。若将两个回路块串联连接称为块串联，记为 ANB，它没有操作数。当写完第一个回路块后，开始写第二个回路块时，仍用 LD 或 LDI 开始，相当于第二回路块联在新的临时母线上（或称分支上），此时第一个回路块运算结果就压入堆栈。当写上 ANB 时，操作系统就将当前值（即第二个回路块计算值）与堆栈栈顶弹出的值（即第一个回路块计算值）进行“与”运算，即串联运算。

例

```
0 LD  X 0
1 OR  X 1
2 LD  X 2
3 AND M 100
4 OR  Y 0
5 ANB
6 OUT Y 0
```

若将两个回路并联连接称为块并联，记为 ORB，它没有操作数。在开始写第二个回路块时，作为新的临时母线（当然也是用 LD、LDI 为开始），操作系统自动将第一回路块的计算值压入堆栈，当写完第二回路块时写上 ORB，此时操作系统就将当前值与堆栈顶弹出的值进行“或”的运算。

例

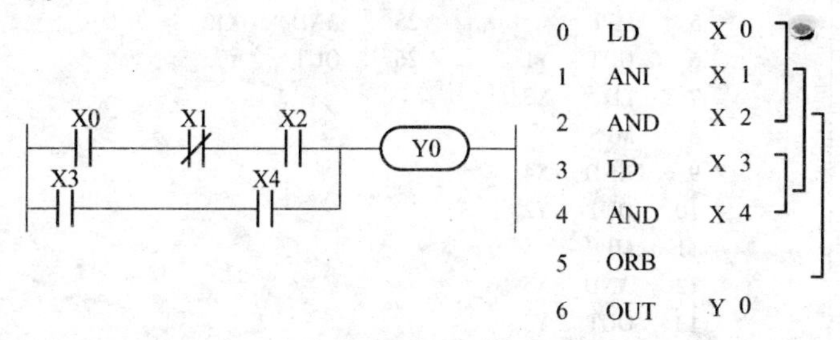

ANB 和 ORB 可以连续使用，但次数不得超过 8 次。

例

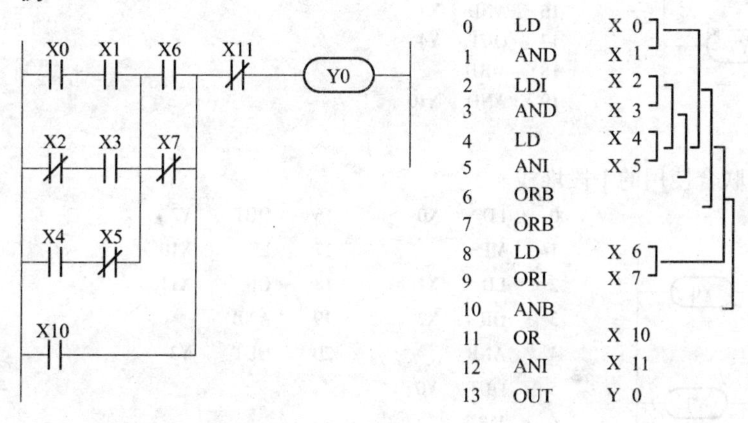

3.2.3　多重输出回路指令

多重输出回路指令用于多个输出都通过许多公共的接点，使程序简捷。它有三条指令：

MPS　压入堆栈，即将当前值压入堆栈，栈内的数向下顺移一位。

MRD　读堆栈，即读堆栈顶的该数值，堆栈内的数不动。

MPP　弹出堆栈，即将堆栈顶的值弹出，参与运算，栈内的数向上顺移一位。

指令示意如下：

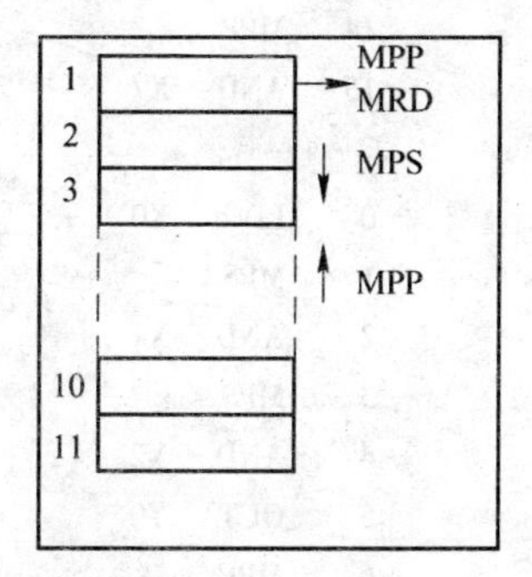

下面举例说明。

例　1 段堆栈

本例仅用了堆栈中的第一个存储单元。

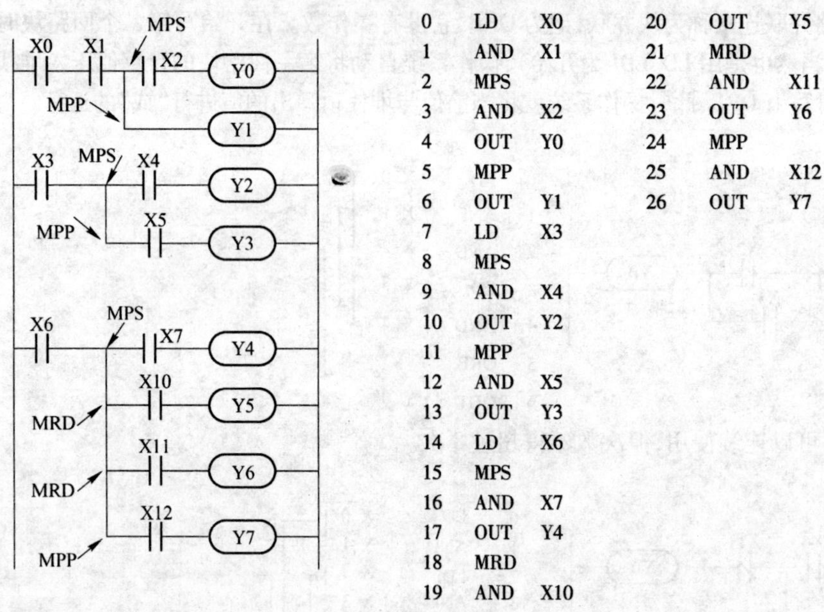

0	LD	X0	20	OUT	Y5
1	AND	X1	21	MRD	
2	MPS		22	AND	X11
3	AND	X2	23	OUT	Y6
4	OUT	Y0	24	MPP	
5	MPP		25	AND	X12
6	OUT	Y1	26	OUT	Y7
7	LD	X3			
8	MPS				
9	AND	X4			
10	OUT	Y2			
11	MPP				
12	AND	X5			
13	OUT	Y3			
14	LD	X6			
15	MPS				
16	AND	X7			
17	OUT	Y4			
18	MRD				
19	AND	X10			

例　1段堆栈

本例为与ANB、ORB联合使用的1段堆栈。

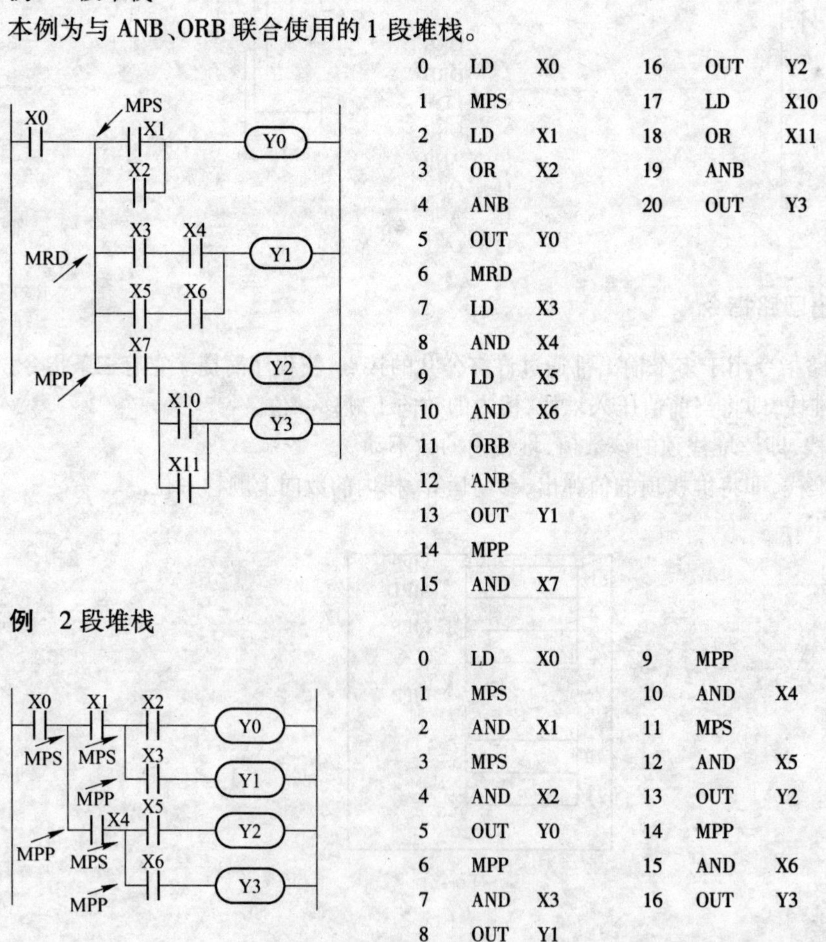

0	LD	X0	16	OUT	Y2
1	MPS		17	LD	X10
2	LD	X1	18	OR	X11
3	OR	X2	19	ANB	
4	ANB		20	OUT	Y3
5	OUT	Y0			
6	MRD				
7	LD	X3			
8	AND	X4			
9	LD	X5			
10	AND	X6			
11	ORB				
12	ANB				
13	OUT	Y1			
14	MPP				
15	AND	X7			

例　2段堆栈

0	LD	X0	9	MPP	
1	MPS		10	AND	X4
2	AND	X1	11	MPS	
3	MPS		12	AND	X5
4	AND	X2	13	OUT	Y2
5	OUT	Y0	14	MPP	
6	MPP		15	AND	X6
7	AND	X3	16	OUT	Y3
8	OUT	Y1			

例 4 段堆栈

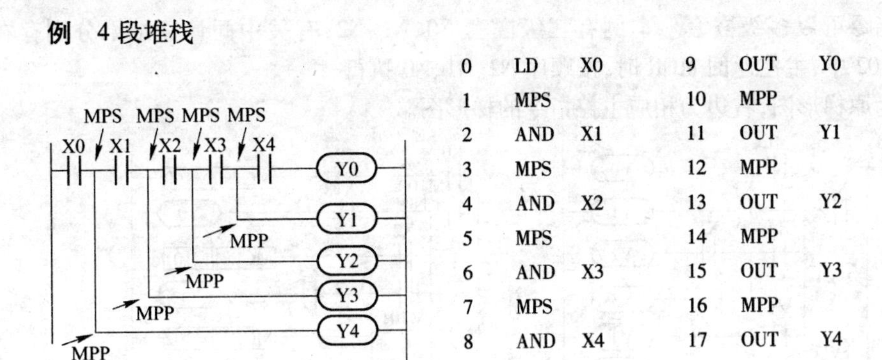

3.2.4 主控指令

主控指令有两条:主控 MC 和主控复位 MCR。

主控指令可记忆多输出回路所通过的公共回路值。用 MC 命令后,要开辟一个单元(M 或 Y)以寄存前面的运算值,而后面形成新的临时母线,连接此线上的接点都使用 LD、LDI 指令。在该回路运算完毕后必须用 MCR 指令,以将该临时母线清除,返回到原母线上。主控指令可以 N 次使用,N 称为嵌套级,其范围为 0 ~ 7。主控指令必须成对使用,其级数也应一致,即在使用 MC 指令时,顺序加大嵌套级 N 的数值,在使用 MCR 返回时,则嵌套级从大到小逐步解除。

指令格式:

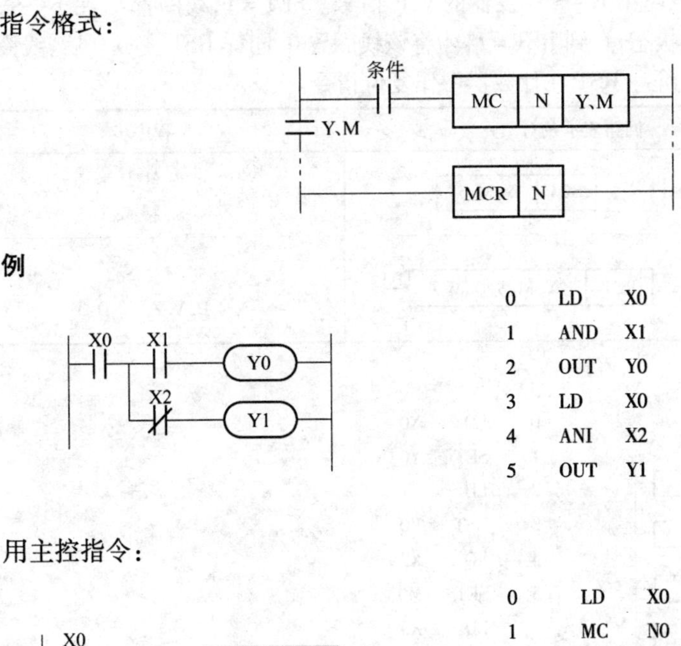

用主控指令:

X0 MC N0 M100
M100 X1 Y0
N0 X2 Y1

```
0    LD    X0
1    MC    N0
     (SP)  M100
4    LD    X1
5    OUT   Y0
6    LD    X2
7    OUT   Y1
8    MCR   N0
```

例　主控指令可以多级嵌套。本例有三级嵌套 N0、N1、N2，有关中间计算结果分别存在 M100、M101、M102 中，主控返回 MCR 时，按顺序 N2、N1、N0 执行。

下面左边为原梯形图，右边为相应主控指令的梯形图。

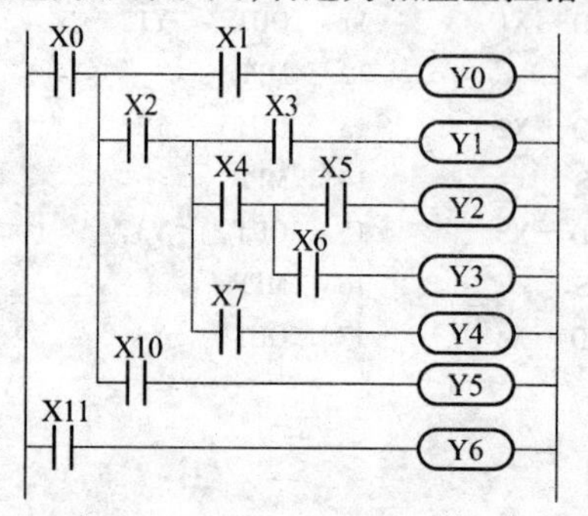

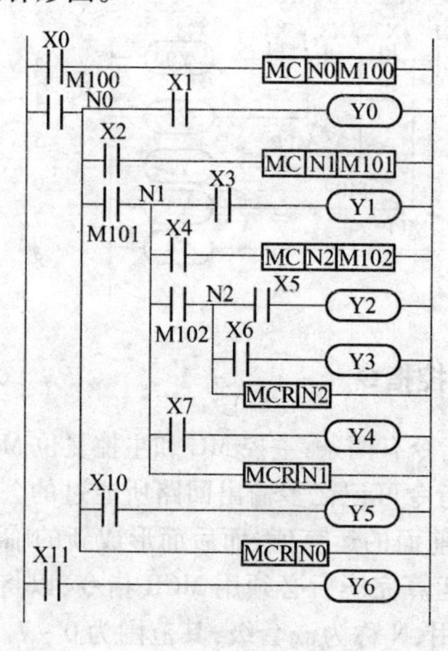

3.2.5　自保持指令和解除指令

SET 和 RST 相当于数字电路中 R－S 触发器的 S、R 信号。SET＝1，线圈置 1，在下一扫描周期 SET＝0，线圈仍保持原"1"状态，直到 RST＝1，才将该线圈置 0，同样 RST 变成 0 后，线圈仍保持 0，相当于 R－S 触发器的功能。RST 在计数器中作复位指令。

符　号	功　能	回路表示及对象元素	程序步
SET	动作 保持	SET　Y、M、S	M：1 S. 特 M：2
RST	解除 动作 保持	RST　Y、M、S、D、V、Z	M：1，S：2 D. V. Z. 特 D：3

例

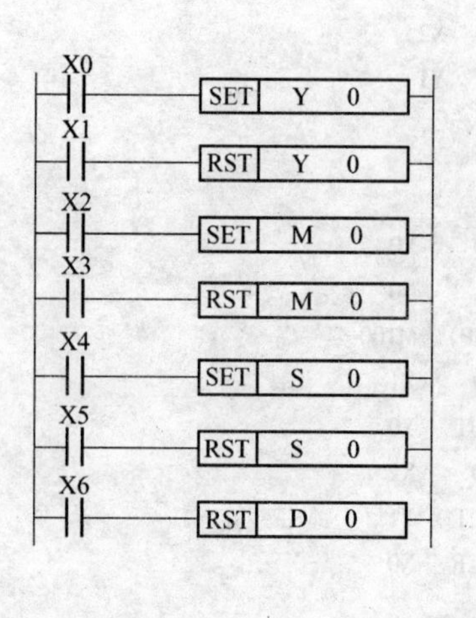


```
0   LD   X0
1   SET  Y0
2   LD   X1
3   RST  Y0
4   LD   X2
5   SET  M0
6   LD   X3
7   RST  M0
8   LD   X4
9   SET  S0
10  LD   X5
11  RST  S0
12  LD   X6
13  RST  D0
```

对 Y0 控制的波形如图 3-10 所示。

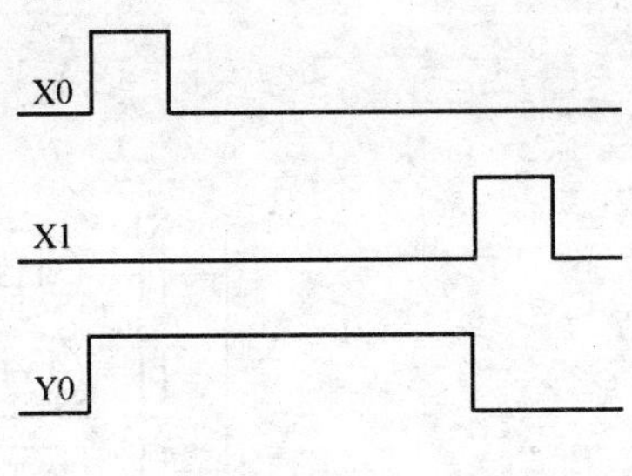

图 3-10 Y0 波形图

3.2.6 定时器

FX2 内设软件定时器,是根据时钟脉冲累计计时的。定时器共有三种类型,其时钟脉冲分别为 1ms、10ms、100ms(见表 3-1)。当时标计数值达到设定值时,其输出接点动作。

定时器可以用用户程序内的常数 K 作为设定值,也可以将数据寄存器(D)的内容作为设定值。

3.2.6.1 非累计型定时器 T0 ~ T245

非累计型定时器线圈只有一个输入端子控制。其中 T0 ~ T199 时标为 10ms,定时范围 0.1 ~ 3276.7s,T200 ~ T245 时标为 10ms,定时范围 0.01 ~327.67s,内部原理图如图 3-11 所示。

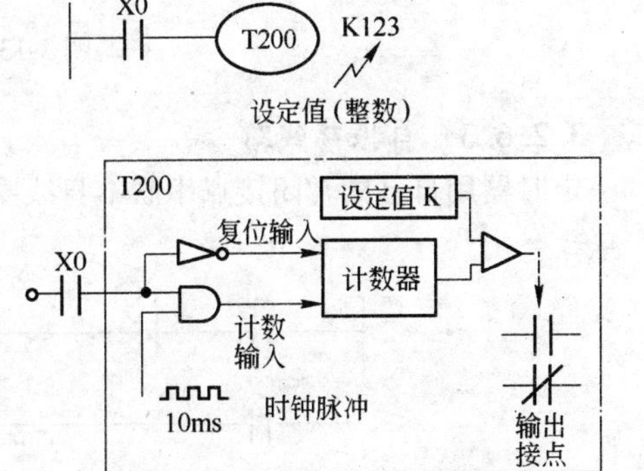

图 3-11 非累计型定时器原理图

当 X0 = 1 时,T200 线圈接通,当前值计数是对时钟(如 10ms)进行累识计数,当该值与设定值 K(K123)相等时,定时器的接点动作,即输出接点是在驱动线圈延时后 1.23s 时动作。

当驱动线圈 X0 断开或停电时,计数器复位,其接点也复位。

3.2.6.2 累计型定时器 T246 ~ T249、T250 ~ T256

累计型定时器 T246 ~ T249(4 点)时标为 1ms,定时范围 0.001 ~ 32.767s 中断型。累计型定时器 T250 ~ T256(7 点)时标为 100ms,定时范围 0.1 ~ 3276.7s。

累计型定时器电气原理图如图 3-12 所示。

所谓累计型定时器就是当控制接点 X1 接通定时器线圈时,当前值计数器开始累计时标脉冲个数,当该值与设定值相等,定时器输出接点接通,当计数器中途由于 X1 断开或发生停电,定时器当前值仍然保持,当 X1 再接通或恢复供电时,计数器继续进行,其累计时间达到设定值时,接点动作。

累计型定时器还有一输入端即复位输入。当复位输入 RST 为 1,则计数器复位,其触点也复位。

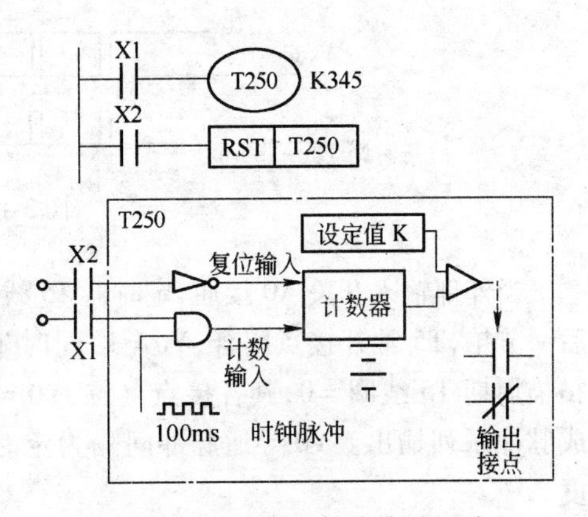

图 3-12 累计型定时器原理图

定时器时序如图 3-13 所示。

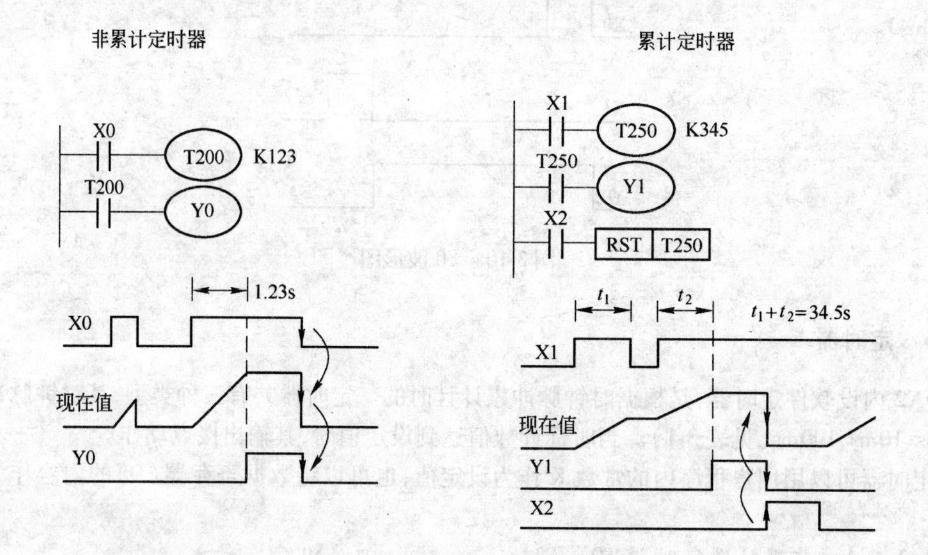

图 3-13　定时器时序图

3.2.6.3　自振荡线路

定时器用自己的常闭接点串联本身线圈回路中组成自振荡线路。如图 3-14 所示。

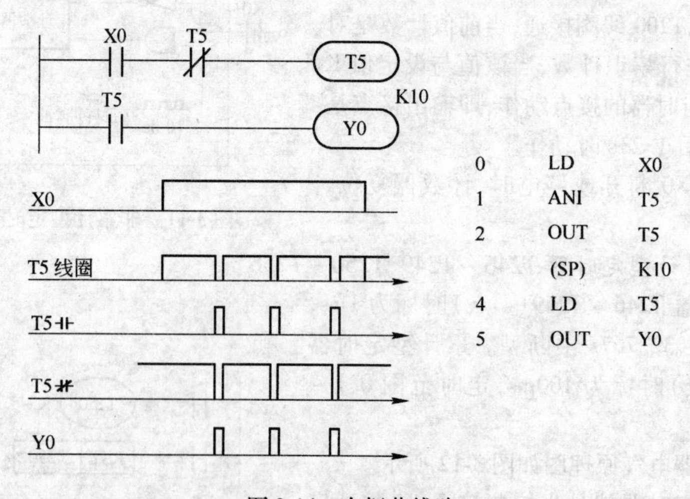

图 3-14　自振荡线路

当外部输入开关 X0 接通，定时器 T5 线圈得电，经过延时 1s 其接点动作，即在扫描过程的最后一节拍，T5 常开接点闭合，Y0 = 1，同时 T5 常闭接点断开 T5 线圈，定时器复位。在下一个扫描周期 T5 线圈 = 0，其各接点复位，Y0 = 0，T5 线圈回路又接通，又开始延时，重复进行，形成脉冲系列输出。Y0 导通脉冲间隔为定时器定时时间即 1s，脉冲宽度为一个扫描周期的宽度。

3.2.6.4　断电延时回路

FX2 的定时器只有通电延时的功能。若线路中要求断电延时，就需要借助于线路的配合达到断电延时的效果。图 3-15(a)继电器线路中 C1、C2 接触器导通时是同时，而 C1 断电时通过断电延时继电器 T1，使 C2 延时 1.5s 后断电，其波形图如图 3-15(b)所示。

如用 FX2 控制，设计出梯形图见图 3-15(c)所示。图中 T0 是通电延时的定时器。该回路完成 Y0 通电 Y1 也接通，当 Y0 断开时，Y1 延时 1.5s 断开。工作过程：当 X0 接通，则 Y0 接通并自锁，Y0 的常开接点使 Y1 也同时接通，并且由 Y0 常闭接点断开 T0 线圈回路，使 T0 常闭接点瞬时闭合，接通 Y1 的自锁回路。若 X1 动作，断开 Y0，此时 Y1 通过其自锁回路仍接通。在 Y0 断电时，其常闭接点闭合，T0 线圈得电，其接点延时 1.5s 动作，此时 T0 常闭接点断开 Y1 自锁回路，Y1 断电。因此该线路用通电延时定时器达到断电延时的效果。其波形图如图 3-15(d)所示。

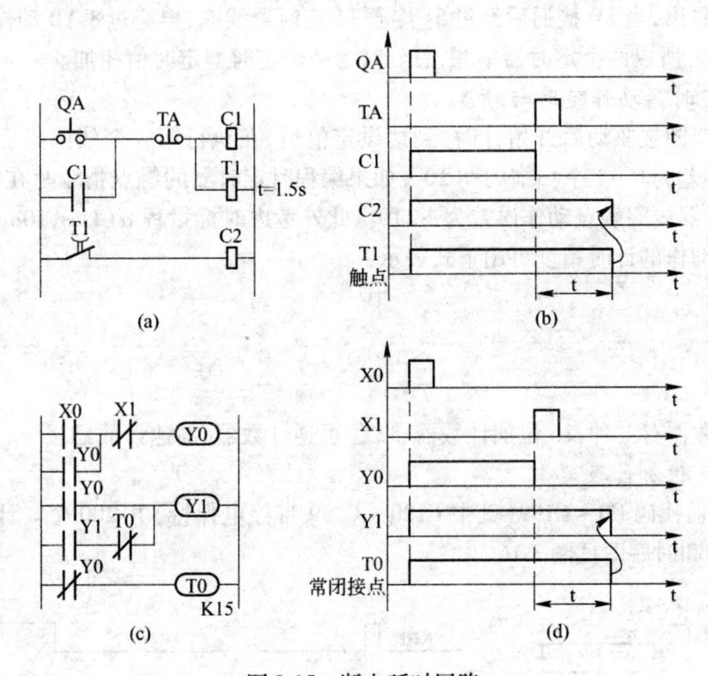

图 3-15　断电延时回路

控制程序如下：

```
0    LD     X0
1    OR     Y0
2    ANI    X1
3    OUT    Y0
4    LD     Y1
5    ANI    T0
6    OR     Y0
7    OUT    Y1
8    LDI    Y0
9    OUT    T0
     (SP)   K15
```

3.2.6.5　两定时器串联

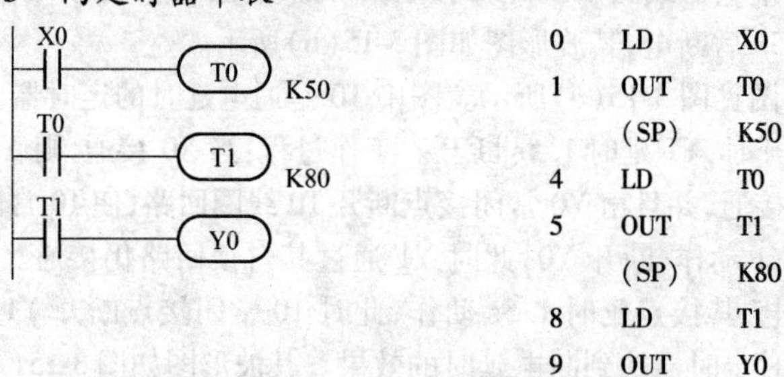

从梯形图可看出,当 X0 接通后经过 5s 接通 T1 定时器线圈,再经过 8sY0 动作,因而 X0 接通 13s 后 Y0 才接通。所以两个定时器串联,总延时为两个定时器定时值相加。

3.2.6.6　定时器动作延时与精度

定时器在其线圈被驱动后开始计时,到达设定值后,在执行第一个线圈指令时输出触点动作,期间的定时误差为 0 ~ 1 个扫描周期 T0。如果编程时定时器的触点指令写在线圈之前,在最坏的情况下,定时器线圈触点动作误差为 +2T0。此外考虑时标量程 α(1ms,10ms,100ms),所以驱动线圈到触点动作的计时精度可用下式表示:

$$T^{+T0}_{-\alpha}$$

3.2.7　计数器

FX2 内部计数器有三种:16 位加计数器、32 位可逆计数器、高速计数器。

3.2.7.1　16 位加计数器

16 位加计数器代码 C0 ~ C199(其中 C100 ~ C199 带停电保持)共 200 个。计数设定值范围 1 ~ 32767。梯形图和时序图见图 3-16。

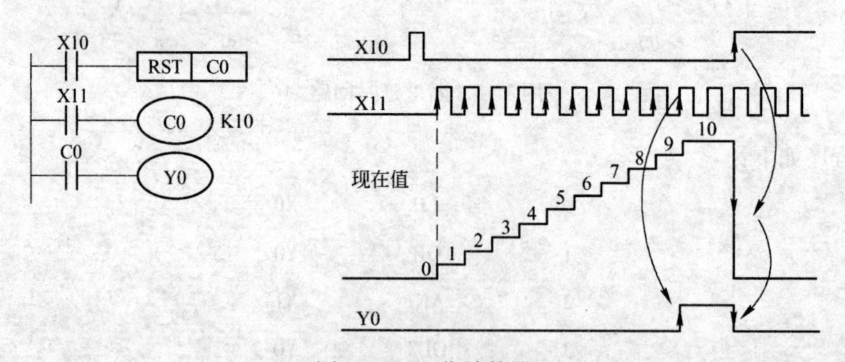

图 3-16　16 位计数器

图中对 C0 线圈的驱动就是计数器脉冲输入端即 X11。正跳变时将计数器现行值加 1。当计数器的现行值等于设定值时则输出接点动作,其后 X11 再输入脉冲,其当前值保持不变。当计数器的复位端 X10 闭合,执行 RST 指令,它将计数器状态清零复位,其接点也复位。

计数器的设定值可以用常数(如 K10),还可以用数据寄存器指定。例如指定 D0,若 D0 中的内容为 123,则与 K123 意义相同。

3.2.7.2　32 位可逆计数器

符号 C200 ~ C234 共 35 个,其中 C220 ~ C234 带停电保持,计数范围为 -2,147,483,648 ~ +2,147,483,647,其计数方向(加计数/减计数)由特殊内部继电器 M8200 ~ M8234 设定。其梯

形图和时序图见图 3-17。

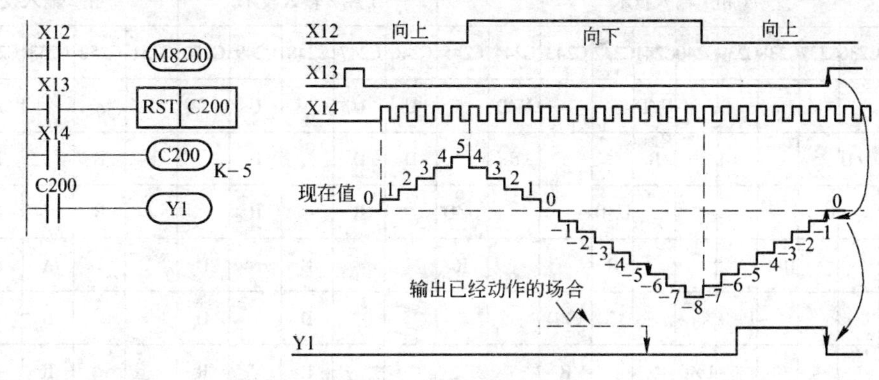

图 3-17　32 位可逆计数器

计数器有三路控制，计数器脉冲输入端（如图 3-17 中的 X14），计数器复位清零端（如图 3-17 中的 X13），计数器方向控制端由特殊辅助继电器 M8200 ~ M8234 控制。如图 3-17 中 C200 计数器，其方向用 M8200 指定，M8200 由 X12 控制，X12 = 0，即 M8200 = 0，将对输入脉冲作加计数，若 X12 = 1 时作减计数。当 K 值为 −5 时，计数器当前值从 −6→ −5 增加时，输出接点被置位，而由 −5→ −6 减少时输出接点被复位，即当前值大于等于设定值时接点动作，当前值小于设定值时接点复位。当复位端输入 X13 = 1 时，计数器当前值成为零，输出接点复位。

图中梯形图相应的程序如下：

```
0    LD     X   12
1    OUT    M   8200
2    LD     X   13
3    RST    C   200
4    LD     X   14
5    OUT    C   200
     (SP)   K   -5
8    LD     C   200
9    OUT    Y   1
```

3.2.7.3　高速计数器

普通计数器，由于受系统扫描周期时间长短的影响，因而要求计数脉冲具有一定的宽度、频率，否则频率太高、脉冲太窄，计数器将不予响应。所以这类计数器脉冲频率只能低于 1.3kHz。高速计数器（C235 ~ C255）共 21 个，但它们共享同一个 PLC 的 6 个高速计数输入端（X0 ~ X5），也就是最多同时用 6 个高速计数器。

高速计数器均为 32 位可逆计数器，我们必须根据需要来选择计数器的类型以及高速输入的端子。各种高速计数器的类型和对应的输入端子如表 3-3 所示。

高速计数器是按中断原则进行计数（输入端为 X0 ~ X5），因而它独立于扫描周期。

表 3-3　高速计数器号码一览表

中断输入	1 相 1 输入技术											1 相 2 输入技术					2 相 2 输入技术				
	C235	C236	C237	C238	C239	C240	C241	C242	C243	C244	C245	C246	C247	C248	C249	C250	C251	C252	C253	C254	C255
X0	U/D						U/D			U/D		U	U		U		A	A		A	
X1		U/D					R			R		D	D		D		B	B		B	
X2			U/D					U/D			U/D		R		R			R		R	
X3				U/D				R			R			U		U			A		A
X4					U/D				U/D					D		D			B		B
X5						U/D			R					R		R			R		R
X6										S					S					S	
X7											S					S					S

注：U—向上输入；D—向下输入；A—A 相输入；B—B 相输入；R—复位；S—启动输入。

注意：(1)输入 X0 ~ X7 不能重复使用，例如：若使用 C251，则 C235、C236、C241、C244、C246、C247、C249、C252、C254、I0 * *、I1 * * 或这些输入的 SPD 命令不能使用。

(2)计数速度：1 相计数器，每点 10kHz 以下；2 相计数器，每点 2kHz 以下。

(3)X0、X2、X3 请在 10kHz 以下使用；X1、X4、X5 请在 7kHz 以下使用。

例

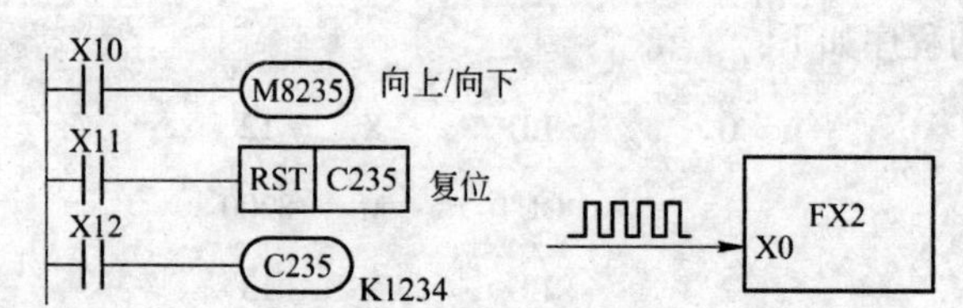

在 X12 = 1 时，由中断输入 X0 在正跳变中进行计数。若此时 X10 = 0，即 M8235 = 0，则作加计数，反之作减计数。当 X11 = 1，则计数器复位。

2 相 2 输入高速计数器，多与可逆光电脉冲传感器相配合。可逆光电脉冲传感器的性能是：有二路脉冲输出(A 相、B 相)，当传感器正转时，A 相超前 B 相脉冲相位 90°，反转时，A 相落后 B 相脉冲相位 90°。而 2 相 2 输入高速计数器的性能是：当 A 相为“1”，且 B 相输入由“0”→“1”时，则作加计数，而 B 相输入由“1”→“0”时，作减计数。从图 3-17 中传感器的波形图可看出，若传感器正转，计数器作加计数，传感器反转，计数器作减计数。这可用于位置控制。当然 A 相为“0”时，对 B 相脉冲不计数。

图 3-18 中梯形图表示 C255 计数器在 X13 = 1 时，若 X7 = 1，则 C255 开始计数。计数脉冲从 X3(A 相)、X4(B 相)输入。C255 可以用外部输入 X5 直接复位，也可以用 X12 通过程序复位。计数器的设定值在 D0 和 D1 中。

3.2.7.4　循环计数器

计数器可以使用外部输入信号使其值清零复位，然后对输入脉冲进行计数。当脉冲数达到和超过设定值后，计数器接点动作并保持。如果将该计数器的常开接点连接到自己计数器的复位端(RST)，此时，当输入脉冲数达到设定值时，在将计数器状态输出的同时又将计数器当前值

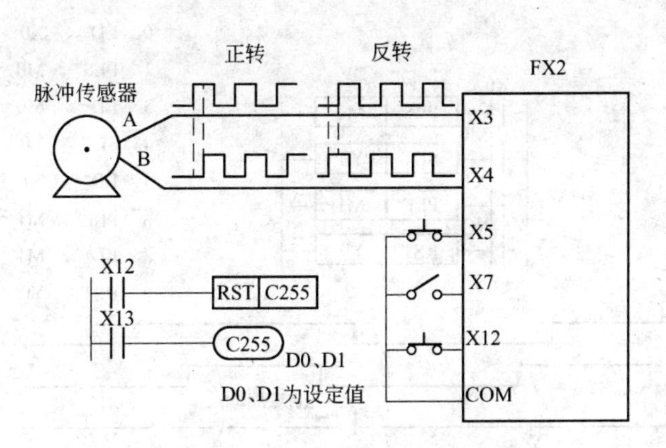

图 3-18　2 相 2 输入可逆计数器

清零、复位,而且输出是一脉冲,其宽度是扫描周期的宽度,并对后来的脉冲重复计数。故称之循环计数器。其示意图为:

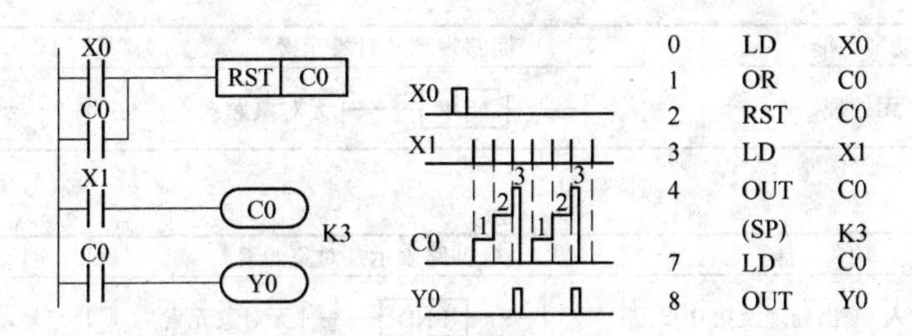

3.2.7.5　计数器串联

若将两个自循环计数器串联连接,第二级输出与第一级脉冲数输入关系为两个计数器设定值的乘积。这种线路可以用于扩大计数范围,以及输入脉冲数相关联的多路控制。

如果将定时器与自循环计数器串行连接,可以扩大定时范围。

有关梯形图、程序,读者自行分析画出和写出。

3.2.8　脉冲输出指令

脉冲输出指令也称脉冲微分指令,FX2 有对脉冲上升沿进行微分 PLS 和对脉冲下降沿进行微分 PLF 两种指令。微分输出的脉冲宽度均为一个扫描周期宽度的脉冲。

符　号	功　能	回路表示及对象元素	程序步
PLS	上升沿微分输出	─┤├─[PLS Y、M]─ 特 M 除外	2
PLF	下降沿微分输出	─┤├─[PLF Y、M]─ 特 M 除外	2

举例

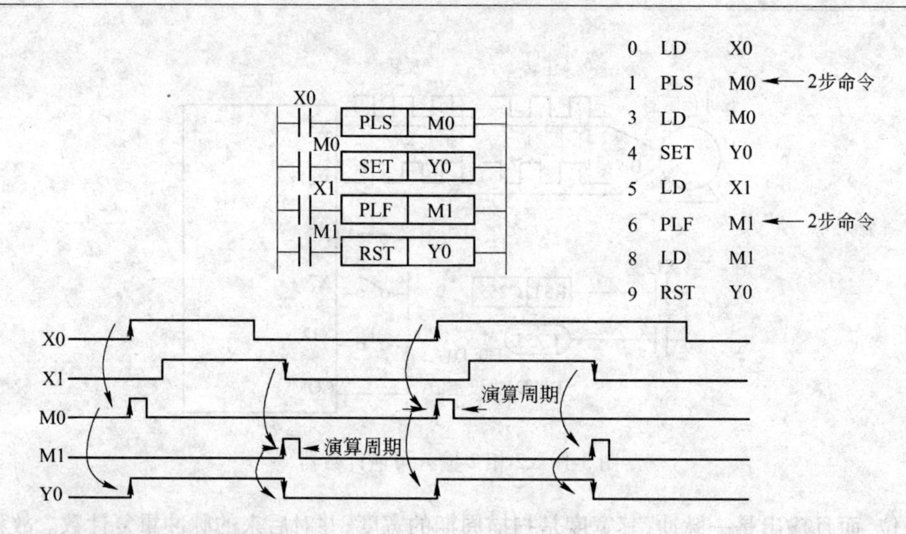

3.2.9　空操作指令和结束指令

空操作指令：

符号	功　能	回路表示及对象元素	程序步
NOP	无处理	─[NOP]─┤ 无对象元素	1

结束指令：

符号	功　能	回路表示及对象元素	程序步
END	返回输入、输出处理及第 0 步	─[END]─┤ 无对象元素	1

PLC 是按输入处理、执行程序、输出处理三大部分顺序地反复循环来实现控制目标。若在程序的最后写上一条 END 指令，则 PLC 跳过余下的 NOP 步序，直接进行输出处理。另外，在调试程序时，可顺序将 END 指令插入到各程序块之间，能依顺序扩大检查各程序块的动作。此时，当前面的回路块调试完毕后，请注意取消相应的 END 指令。

在执行 END 指令时，也同时运行监视时钟（检查演算周期是否过长的定时器）和刷新。

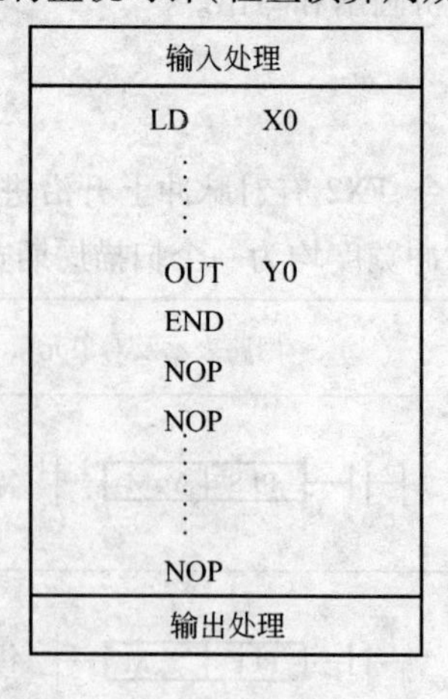

3.2.10　步序指令

步序指令又称步进顺序指令、工序梯形指令等。

要用继电器梯形图编制顺序控制程序需要有些经验。这里介绍一种称为“状态”的软元件,它是构成状态转移图的重要元件。采用这种状态转移图对顺序控制的程序能很方便地进行编制。

FX2 共有 900 个状态元件(S0 ~ S899),其中 S0 ~ S19 作为特殊用途。例如 S0 ~ S9 称为初始状态元件。

使用步序指令编程的步骤是:(1)根据工艺流程划分出 N 个状态,即 N 个状态步,画出状态转移图;(2)由状态转移图画出梯形图;(3)写出程序。

(1)状态转移图。状态 S0 ~ S19 只作为初始化用,它们可以由其他状态来驱动,也可以由状态以外的来驱动。而初始化以外的一般状态(S20 及以上)只能用状态来驱动,不存在其他驱动方式。

一个工艺流程可以划分 N 个步骤来完成,即 N 个状态。在每一个状态下完成若干工作,驱动若干个线圈。在每一个状态结束时要设计转移到下一个状态的条件。

例

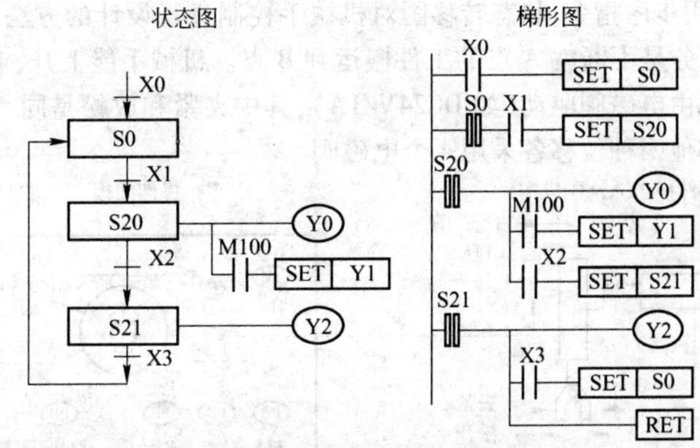

状态图中 S0 是初始化部分,它由外输入开关 X0 来驱动。当启动开关 X1 动作,状态就转移到正式工作的第一步 S20 状态。在这个状态中,Y0 = 1、若 M100 = 1,则 Y1 = 1。该状态转移条件是 X2,当 X2 = 1 时,则转移到下一步 S21 状态,Y2 = 1,此时 S20 状态自动复位,Y0 = 0,而 Y1 由于是置 1 指令,所以 Y1 仍保持“1”状态。当转移条件 X3 = 1,就转移到下一步 S0,即返回原来状态,此时 S21 复位,Y2 = 0。

(2)梯形图。根据状态图画出梯形图。步序指令的梯形图中每一步(或每个状态)用—▯▯—表示,其指令为 STL S × × ×。该步的接点左边一定连在主母线上,其右边形成新的母线(副母线)。每一状态步中要安排转移条件通过 SETS × × × 指令转移到下一步。如 X2 = 1,就转移到 S21。一旦转移到 S21,其上一步 S20 自动复位、断开。步序程序的最后一步要安排 RET 指令。若没有 RET 指令时,在扫描周期重复中就会将 S0 步的 LD 指令(本是主母线上)连接在 STL 21 副母线上,从而引起逻辑错误。

(3)程序:

0	LD	X0
1	SET	S0
2	STL	S0
3	LD	X1
4	SET	S20
5	STL	S20

6	OUT	Y0
7	LD	M100
8	SET	Y1
9	LD	X2
10	SET	S21
11	STL	S21
12	OUT	Y2
13	LD	X3
14	SET	S0
15	RET	

下面举例说明采用步序指令、状态转移图对机械手控制进行设计的方法。机械手结构如图3-19(a)所示。它的任务是不断就A点的工件搬运到B点。机械手能上升、下降、左移、右移、夹紧和放松,每个动作都由电磁阀驱动(如DC24V/1A),其中夹紧和放松是同一电磁阀,得电时夹紧,失电自动放松。其他四种位移各采用4个电磁阀。

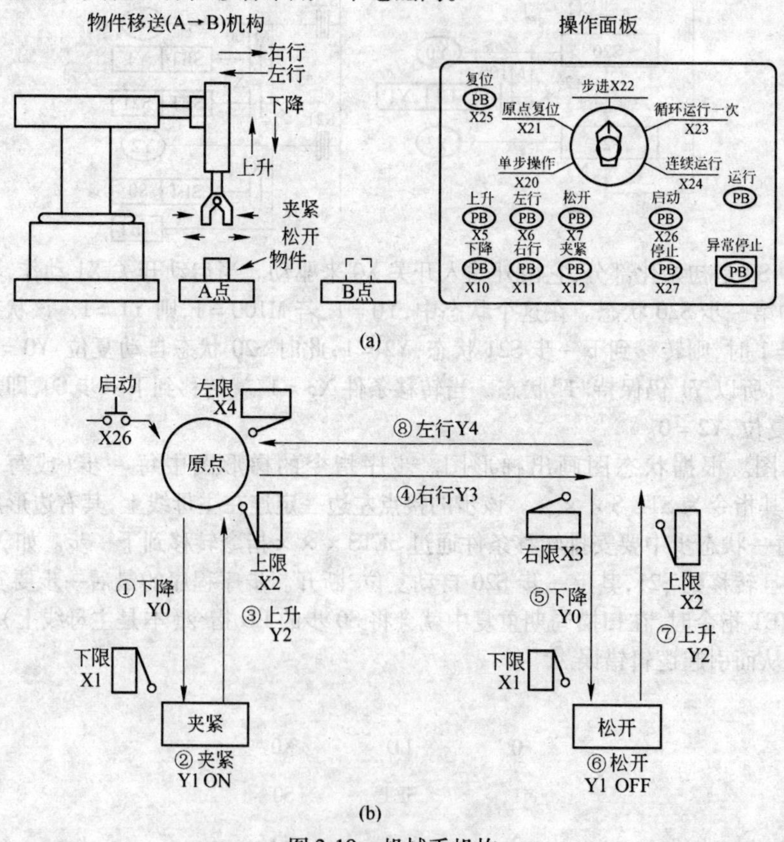

图3-19　机械手机构

(a)机械手结构;(b)工作过程

机械手自动循环工作要从原点开始(若不在原点,则采用手动控制返回原点位置),即上限位和左限位处。启动后机械手工作过程如图3-19(b)所示。从图中可看出整个工作循环分8个步序完成。为了得到每个行程的位置,采用了限位行程开关以检测限位信号。即上限位、下限位、左限位、右限位。夹紧和松开采用定时控制。

机械手输出控制 5 个电磁阀(DC24V/1A),即上升、下降、左移、右移、夹紧/松开,以及原点指示灯共 6 路开关量输出。

机械手输入信号有上限位、下限位、左限位、右限位、启动按钮共 5 路。采用 FX2 - 16MR 作控制。外部原理接线图如图 3-20 所示。

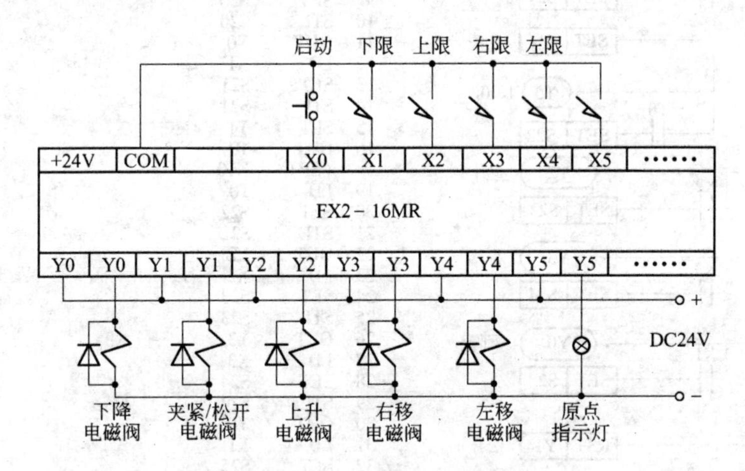

图 3-20 PLC - 机械手控制原理图

根据工艺要求和 PLC 控制原理图画出状态转移图,如下图所示。图中 S2 为自动运行部分的初态。M8041 是内部特殊继电器,它在自动运行时从起始步开始转移。M8044 原点条件,此处由左限 X4、上升 X2 和松开 Y1 控制。机械手自动循环共用八个步序完成即 S20 ~ S27。其中除夹紧、松开的状态转移采用时间原则外,其他状态转移都采用行程原则。按状态转移图就可以编写出相应的梯形图。

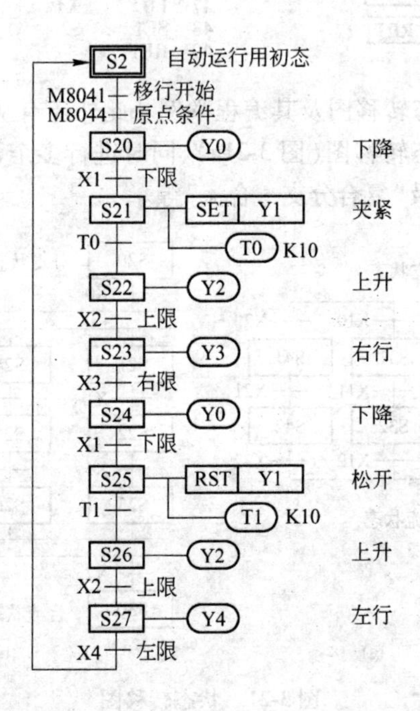

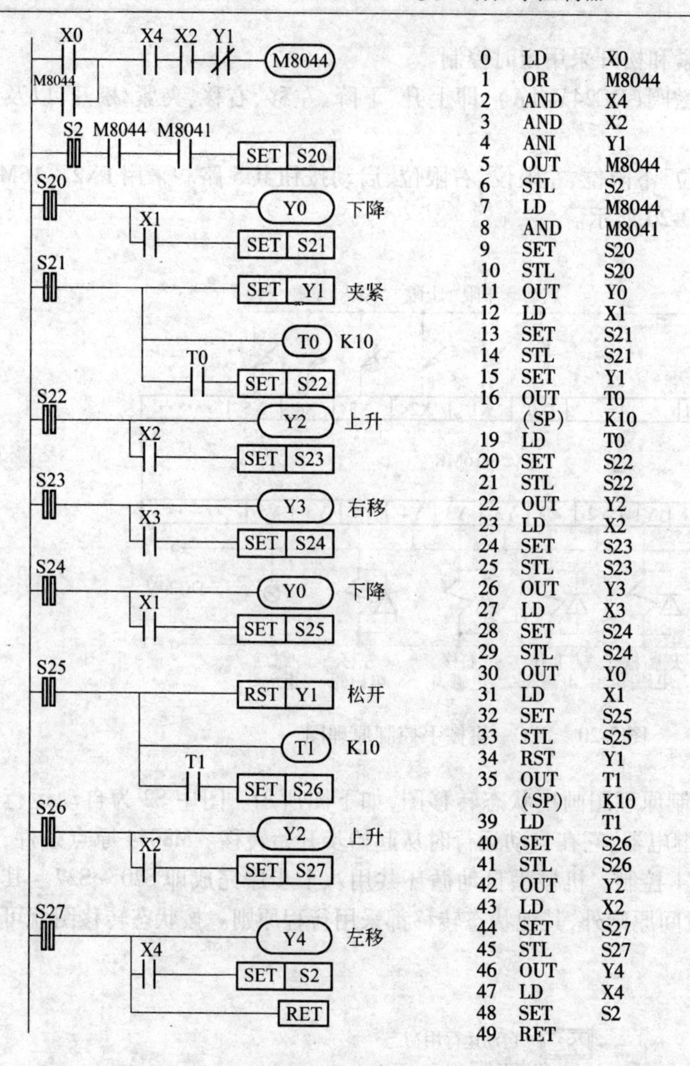

上述是“单一流向”的状态转移图及其编程举例。此外还有从多个流向中选择任何一个流向的“选择性分支·合流”状态转移图（图3-21a）、同时进行多个流向的分支的“并行分支·合流”状态转移图（图3-21b）以及“复合分支·合流”等。

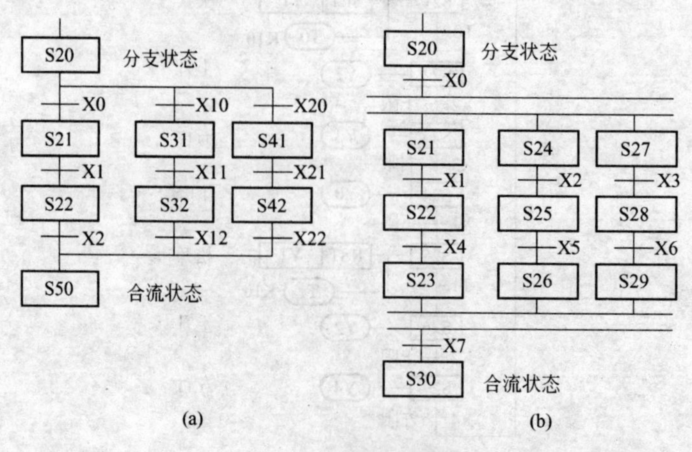

图3-21　状态转移图

（a）选择性分支·合流；（b）复合分支·合流

3.3 功能指令

FX2 除用于处理开关量运算的 20 条基本逻辑指令外，还有用于处理数据传送、比较、四则运算等 90 多条功能指令。

3.3.1 功能指令概述

3.3.1.1 功能指令格式

功能指令按功能号有 FNC00～FNC99。每一条指令都有助记符。例如 FNC45 的助记符“MEAN”，这是求平均值指令。

梯形图的格式：

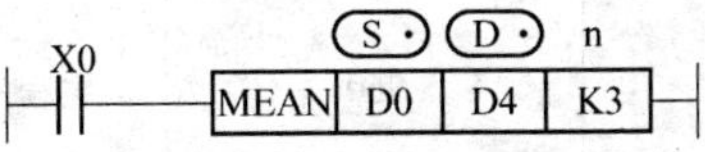

X0	MEAN	D0 (S·)	D4 (D·)	K3 (n)

该程序表示：当条件满足 X0=1 时，进行下列操作：将源操作数 D0 为首地址的 3 个数（D0、D1、D2 内的数据）求平均值(((D0)+(D1)+(D2))/3)，然后储存到 D4 单元内。指令上边[S·]表示对应位是源操作数，[D·]表示对应位是目的操作数，n 是其常操作数。

程序格式：

步序	指令	
0	LD	X0
1	MEAN	45
		D0
		D4
		K3
8	…	…

功能指令参见表 3-4～表 3-13。

表 3-4 程序功能指令

D / P	指令和结构	执行时间/μs ON 时	执行时间/μs OFF 时	备注
无 / 有	FNC 00 CJ, (S·) P0～P63; CONDITIONAL JUMP	46.6	27.4	条件 转移 P63 和 END 步同意义
无 / 有	FNC 01 CALL, (S·) P0～P62; SUB ROUTINE CALL	49.5	27.4	子程序调用嵌套 5 重以下
无 / 无	FNC 02 SRET; SUB ROUTINE RETURN	34.0		子程序返回在 FEND 后编程
无 / 无	FNC 03 IRET; INTERRUPTION RETURN	36.7		中断返回在 FEND 后编程

续表 3-4

D / P	指令和结构	执行时间/μs ON 时	执行时间/μs OFF 时	备　注
无 / 无	FNC 04 EI INTERRUPTION ENABLE	62.6		中断允许
无 / 无	FNC 05 DI INTERRUPTION DISENABLE	37.7		中断禁止
无 / 无	FNC 06 FEND FIRST END	960		主程序终了
无 / 有	FNC 07 WDT WATCH DOG TIMER	35.9	25.1	监视定时器刷新
无 / 无	FNC 08 FOR　(S·) W4 FOR	39.9		循环操作范围开始嵌套 5 重以下
无 / 无	FNC 09 NEXT NEXT	29.1		循环操作终了

注：▯不通过接点而直接被驱动。

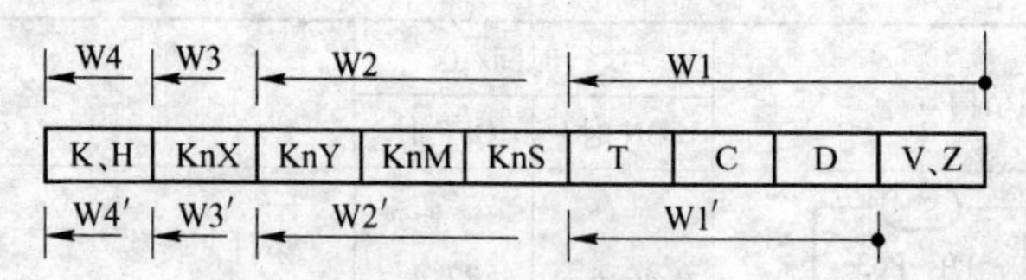

表 3-5　传递、比较等指令

D / P	指令和结构		执行时间/μs ON 时	执行时间/μs OFF 时	备　注
有 / 有	FNC 10 CMP　(S1·) W4　(S2·) W4　(D·) B COMPARE		161.8	33.3	比较 S1· ≷ S2· → D·
		D	189.0	39.9	
有 / 有	FNC 11 ZCP　(S1·) W4　(S2·) W4　(S·) W4　(D·) B ZONE COMPARE		186.9	33.3	带域比较 S1· ~ S2· ≷ S· → D·
		D	220.8	39.9	

续表 3-5

D	P	指令和结构	执行时间/μs ON时	执行时间/μs OFF时	备注
有	有	FNC 12 MOV [S· W4] [D· W2] MOVE	78.4 D 98.4	33.3 39.3	传送 S· → D·
无	有	FNC 13 SMOV [S· W3] [m1· K、H] [m2· K、H] [D· W2] [n· K、H] SHIFT MOVE	302.9	33.3	数位移动 m1、m2、n = 1 ~4
有	有	FNC 14 CML [S· W4] [D· W2] COMPLEMENT	74.0 D 95.9	33.3 39.9	求反传送 S· → D·
无	有	FNC 15 BMOV [S· W3] [D· W2] [n· K、H] BLOCK MOVE	180.5 +17.1n	33.3	成组传送(n点→n点)
无	有	FNC 16 FMOV [S· W4] [D· W2] [n· K、H] FILL MOVE	107.6 +5.3n	33.3	多点传送(1点→n点) n≤512
有	有	FNC 17 XCH [S· W2] [D· W2] EXCHANGE	90.3 D 113.8	33.3 39.8	数据交换 D1· ↔ D2·
有	有	FNC 18 BCD [S· W3] [D· W2] BINARY CODED TO DECIMAL	130.9 D 342.0	33.3 39.9	BCD 变换 S· → D· BIN BCD 16,32bit 4,8bit 正数
有	有	FNC 19 BIN [S· W3] [D· W2] BINARY	135.4 D 314.3	33.3 39.9	BIN 变换 S· → D· BCD BIN 4,8bit 正数 6,32bit

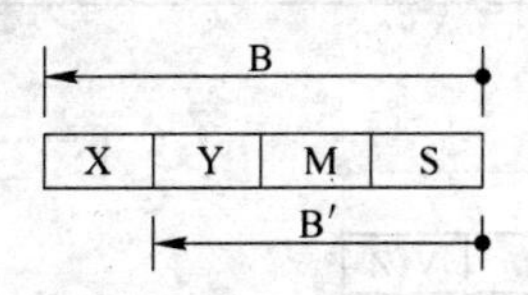

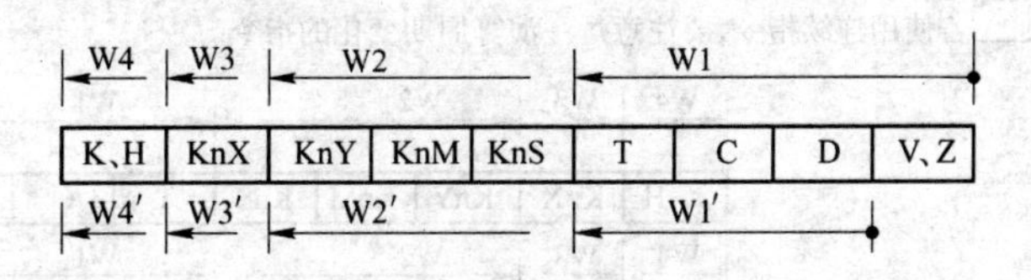

表 3-6　四则运算、逻辑运算指令

Z:M8020　Br:M8021　CY:M8022　F:M8029

D / P	指令和结构	执行时间/μs ON 时	执行时间/μs OFF 时	备注
有 / 有	FNC 20 ADD (S1· W4, S2· W4, D· W2) Z CY Br — ADDITION BINARY	115.5 / D 144.5	33.3 / 39.9	BIN 加法运算 S1· + S2· → D·
有 / 有	FNC 21 SUB (S1· W4, S2· W4, D· W2) Z CY Br — SUBTRACTION BINARY	116.6 / D 146.5	33.3 / 39.9	BIN 减法运算 S1· − S2· → D·
有 / 有	FNC 22 MUL (S1· W4, S2· W4, D· W2) — MULTIPLICATION BINARY	133.4 / D 185.0	33.3 / 39.9	BIN 乘法运算 S1· × S2· → D· +1 D·
有 / 有	FNC 23 DIV (S1· W4, S2· W4, D· W2) — DIVISION BINARY	139.5 / D 804.8	33.9 / 39.9	BIN 除法运算 S1· ÷ S2· → D· … D· +1（被除数 除数 商 余数）
有 / 有	FNC 24 INC (D· W2) — INCREMENT BINARY	55.3 / D 65.4	33.3 / 34.4	BIN 增加 D· +1 → D·
有 / 有	FNC 25 DEC (D· W2) — DECREMENT BINARY	55.4 / D 65.1	33.3 / 34.4	BIN 减少 D· −1 → D·
有 / 有	FNC 26 WAND (S1· W4, S2· W4, D· W2) — WORD AND	108.0 / D 135.4	33.3 / 39.9	逻辑与 S1· ∧ S2· → D·
有 / 有	FNC 27 WOR (S1· W4, S2· W4, D· W2) — WORD OR	107.9 / D 135.5	33.3 / 39.9	逻辑或 S1· ∨ S2· → D·
有 / 有	FNC 28 WXOR (S1· W4, S2· W4, D· W2) — WORD EXCLUSIVE OR	106.5 / D 133.9	33.3 / 39.9	逻辑异或 S1· ∀ S2· → D·
有 / 有	FNC 29 NEG (D· W2) — NEGATION	55.1 / D 65.5	33.3 / 34.4	2 的补数 D· +1 → D·

注：◥若使用连续指令，要注意每一演算周期变化的指令。

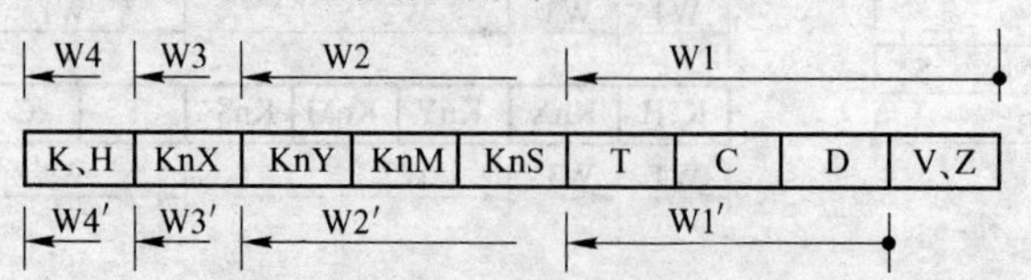

表 3-7 旋转、移位指令

D / P	指令和结构	执行时间/μs ON 时	执行时间/μs OFF 时	备注
D 有	FNC 30 ROR ［D·: W2］［n: K、H］ CY	91.9 +3.0n	33.3	右旋转(n位) n≤16 或 32
P 有	ROTATION RIGHT	D 113.8 +3.5n	39.9	
D 有	FNC 31 ROL ［D·: W2］［n: K、H］ CY	91.9 +3.0n	33.3	左旋转(n位) n≤16 或 32
P 有	ROTATION LEFT	D 113.8 +3.5n	39.9	
D 有	FNC 32 RCR ［D·: W2］［n: K、H］ CY	99.0 +1.4n	33.3	带进位的右旋转(n位) n≤16 或 32
P 有	ROTATION RIGHT WITH CARRY	D 120.8 +1.8n	39.9	
D 有	FNC 33 RCL ［D·: W2］［n: K、H］ CY	99.0 +1.4n	33.3	带进位的左旋转(n位) n≤16 或 32
P 有	ROTATION LEFT WITH CARRY	D 120.8 +1.8n	39.9	
D 无	FNC 34 SFTR ［S·: B］［D·: B′］［n1: K、H］［n2: K、H］	n2 = 4 180.8 +70.0n1	33.3	对 n1 位的 D· 进行 n2 位的右移位指令 S· 为 n2 bit n2≤n1≤1024
P 有	SHIFT RIGHT			
D 无	FNC 35 SFTL ［S·: B］［D·: B′］［n1: K、H］［n2: K、H］	n2 = 4 180.8 +70.0n1	33.3	对 n1 位的 D· 进行 n2 位的左移位指令 S· 为 n2 bit n2≤n1≤1024
P 有	SHIFT LEFT			
D 无	FNC 36 WSFR ［S·: W3R］［D·: W′2］［n1: K、H］［n2: K、H］	n2 = 4 218.6 +18.0n1	33.3	对 n1 字的 D· 进行 n2 字的右移位指令 S· 为 n2 个字 n2≤n1≤512
P 有	WORD SHIFT RIGHT			
D 无	FNC 37 WSFL ［S·: W′3］［D·: W′2］［n1: K、H］［n2: K、H］	n2 = 4 218.6 +18.0n1	33.3	对 n1 字的 D· 进行 n2 字的左移位指令 S· 为 n2 个字 n2≤n1≤512
P 有	WORD SHIFT LEFT			
D 无	FNC 38 SFWR ［S·: W4］［D·: W′2］［n: K、H］ CY	n = 2 ~ 512 138.1	33.3	FIFO 写入 D· 为 n 字 n = 2 ~ 512
P 有	SHIFT REGISTER WRITE			
D 无	FNC 39 SFRD ［S·: W′2］［D·: W2］［n: K、H］ Z	143.1 +6.8n	33.3	FIFO 读出 S· 为 n 字 n = 2 ~ 512
P 有	SHIFT REGISTER READ			

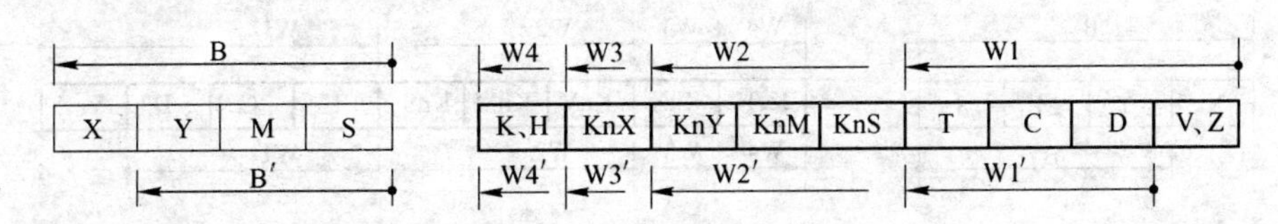

表 3-8　数据处理指令

D / P	指令和结构	执行时间/μs ON 时	执行时间/μs OFF 时	备注
无 / 有	FNC 40 ZRST 〔D1·〕W′1 B′ 〔D2·〕W′1 B′ ZONE RESET	161.3 + K(D2 − D1)	39.9	成组复位，对 D1· 号码≤D2· 号码之间全部复位
无 / 有	FNC 41 DECO 〔S·〕B、K、H W1 〔D·〕B′ W′1 〔n〕K、H DECODE	114.8	28.8	译码 n = 1 ~ 8 位的 S· 的 BIN 值并驱动 D·
无 / 有	FNC 42 ENCO 〔S·〕B、W1 〔D·〕W1 〔n〕K、H ENCODE	125.6	28.8	S· 中 n = 1 ~ 8 位编码的 BIN 值并接收 D·
有 / 有	FNC 43 SUM 〔S·〕W4 〔D·〕W2 Z SUM	133.5 D 196.6	33.3 39.9	ON bit 数将 S· 中 1 的个数送至 D·
有 / 有	FNC 44 BON 〔S·〕W4 〔D·〕B′ 〔n〕K、H BIT ON CHECK	n = 0 ~ 15　168.9 D n = 0 ~ 31　177.6	33.3 39.9	当 S· 的 n bit 数 ON 时，D· 为 ON n = 0 ~ 15 或 0 ~ 31
无 / 有	FNC 45 MEAN 〔S·〕W′3 〔D·〕W2 〔n〕K、H MEAN	133.4 + 12.2n	33.3	平均值(n = 1 ~ 64)将 S· 的 n 点累加并用 n 除的商送至 D·
无 / 无	FNC 46 ANS 〔S·〕T 〔D·〕K 〔n〕S ANNUNCIATOR SET	192.6	165.6	当 S· 中指定的定时器达到设定值 m(1 ~ 32767)时 D· 置位
无 / 有	FNC 47 ANR ANNUNCIATOR RESET	86.5	25.5	优先复位 S900 ~ S999 中的小号码
	FNC			
	FNC			

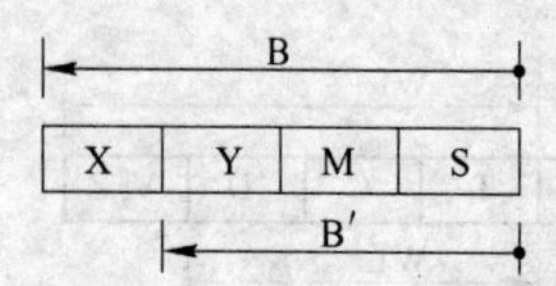

W4 | W3 | W2 | W1

K、H	KnX	KnY	KnM	KnS	T	C	D	V、Z

W4′ | W3′ | W2′ | W1′

表 3-9 高速处理指令

D P	指令和结构		执行时间/μs ON 时	执行时间/μs OFF 时		备 注
无 有	FNC 50 REF〔D·: X、Y〕〔n: K、H〕 REFRESH		145.3 +3.6n	33.3		输入、输出刷新 D: X0、X10、…, Y0、Y10、…; n=8、16、24、…,128
无 有	FNC 51 REFF〔n: K、H〕 REFRESH AND FIL TER ADJUST		56.0 +4.9n	33.3		滤波调整 X0~X7 的滤波常数 n=0~60ms
无 无	FNC 52 MTR〔S·: X〕〔D1·: Y〕〔D2·: Y、M、S〕〔n: K、H〕 F MATRIX		n=2~8 87.3	39.9		矩阵输入※分时读入 n 到 8 点的输入并关至 D2 n=2~8
有 无	FNC 53 HSCS〔S1·: W4〕〔S2·: C〕〔D·: B′〕 SET BY HIGH SPEED COUNTER	D	175.0	39.9	同时驱动命令6点以下	比较置位(高速计数器)当 S1· = S2· 时对 D· 置位,对 Y 进行中断输出
有 无	FNC 54 HSCR〔S1·: W4〕〔S2·: C〕〔D·: B、C〕 RESET BY HIGH SPEED COUNTER	D	175.0	39.9		比较复位(高速计数器)当 S1· = S2· 时对 D· 复位,对 Y 进行中断输出, D· 为 C 时自己复位
有 无	FNC 55 HSZ〔S1·: W4〕〔S2·: W4〕〔S·: C〕〔D·: B′〕 ZONE COMPARE FOR H.S.C	D	240.3	39.9		带域比较(高速计数器)对 S1· ~ S1· ≦ S· 直接驱动 D·
无 无	FNC 56 SPD〔S1·: X0~X5〕〔S2·: W4〕〔D·: W1〕 SPEED DETECT		164.4	163.0		脉冲密度 在 S2· 指定的 ms 时间内计数 S1· 中的输入脉冲并送至 D·
有 无	FNC 57 PLSY〔S1·: W4〕〔S2·: W4〕〔D·: Y〕 F (S1·: 1~1000) PULSE Y	 D	154.5 154.5	173.6 173.6		脉冲输出※ 以频率 S1· 将脉冲量 S2· 并送入 D· S1· 为 1~1.000Hz
无 无	FNC 58 PWM〔S1·: W4〕〔S2·: W4〕〔D·: Y〕 PULSE WIDTH MODULATION		139.8	171.0		脉冲幅值调节※ 周期 S2· =1~32767ms 时 ON 脉冲幅值 S1· =0~32767ms
—	FNC					

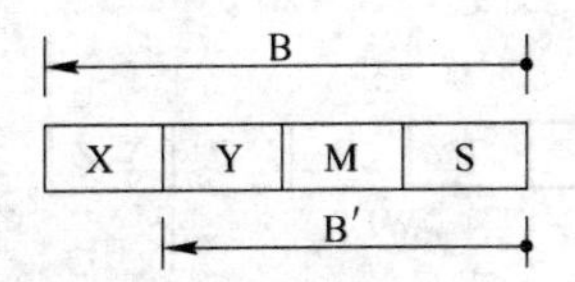

W4	W3	W2			W1			
K、H	KnX	KnY	KnM	KnS	T	C	D	V、Z
W4′	W3′	W2′			W1′			

表 3-10 方便指令

D/P	指令和结构	执行时间/μs ON 时	执行时间/μs OFF 时	备注
无/无	FNC 60 IST [S·: X、Y、M] [D1·: Si] [D2·: Sj] INITIAL STATE	272.9	33.3	初态※ S· 指定输入状态 8 点 D1· ~ D2· 自动运行状态 S 20≤Si≤Sj≤S 899
无/无	FNC 62 ABSD [S1·: W3] [S2·: C] [D·: B] [n: K、H] ABSOLUTE DRUM SEQUENCE	141.4 +61.4n	33.3	磁鼓顺序※ 产生 n≤64 点的输出模式(绝对方式)
无/无	FNC 63 INCD [S1·: W3] [S2·: C] [D·: B] [n: K、H] F INCREMENT DRUM SEQUENCE	n=1~64 208.8	39.9	磁鼓顺序※ 产生 n≤64 点的输出模式(相对方式)
无/无	FNC 64 TTMR [D·: D] [n: K、H] TEACHING TIMER	n=0~2 81.3	69.6	教学用定时器 对应于 n=0、1、2,将指令驱动时间的 1、10、100 倍值(s)送 D·
无/无	FNC 65 STMR [S·: T] [m: K、H] [D·: B′] SPECIAL TIMER	176.6	167.8	特殊定时器 对 100ms 定时器 S· 设定常数 m=1~32767 在 D· 中得以单触发,闪烁定时器
无/有	FNC 66 ALT [D·: B′] ALTERNATE	105.6	33.3	交替输出 每驱动指令一次,则 D· 反转一次
无/无	FNC 67 RAMP [S1·: D] [S2·: D] [D·: D] [n: K、H] F RAMP	n=1~32767 181.8	134.5	倾斜信号 在 n 次扫描中, D· 值从 S1· 变化至 S2· n=1~32767
无/无	FNC 68 ROTC [S·: D] [m1: K、H] [m2: K、H] [D·: B′] ROTARY TABLE CONTROL	m1=2~32767 m2=0~32767 232.5	209.1	捷径控制※ m1=2~32767 区数 m2=0~32767 低速区间 m1≥m2
—	FNC 69			

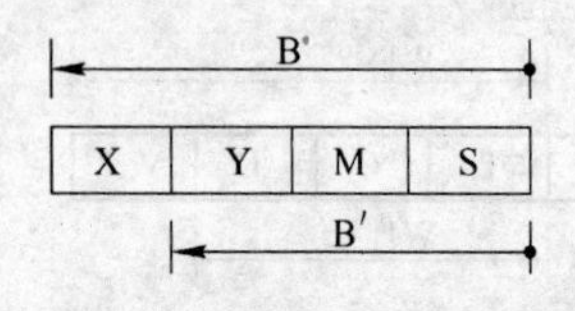

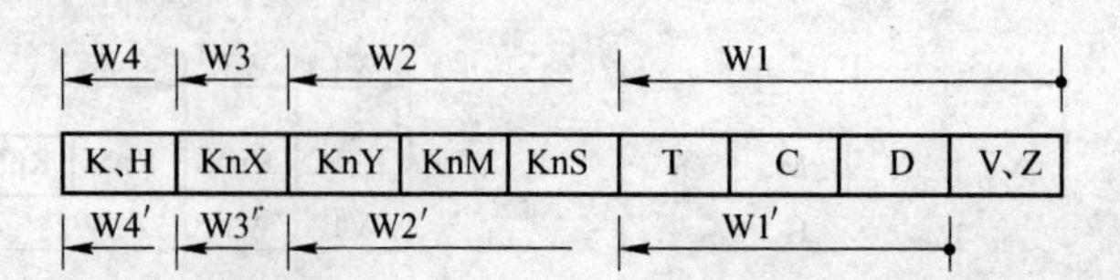

表 3-11 外部 I/O 设备指令

D	P	指令和结构		ON 时	OFF 时	备注
	有	FNC 70 TKY (S·: B) (D1·: W2) (D2·: B′) TEN KEY		245.7	33.3	数字键输入※ 从 S· 输入数字键将其送至 D1·，并在 D2· 中读出
	无		D	229.1	39.9	
	有	FNC 71 HKY (S·: X) (D1·: Y) (D2·: W1) (D3·: B′) F HEXA DECIMAL KEY		318.8	39.9	16 键输入※ 在 S· D1· 中接收 16 键矩阵输入将其送至 D2· 并在 D3· 中读出
	无		D	338.0	45.5	
	无	FNC 72 DSW (S·: X) (D1·: Y) (D2·: W1) (n: K、H) F DIGITAL SWITCH		n=1 205.8 n=2 208.1	39.9	数字开关※ 将 4 位 1 组(n=1)或 2 组(n=2)的数据分时读入并送到 D2·
	无					
	无	FNC 73 SEGD (S·: W4) (D·: W2) SEVEN SEGMENT DECODER		142.1	33.3	7 段译码器 将 S· 下 4 位的 BIN 数据译码成 7 段并送到 D· 输出
	有					
	无	FNC 74 SEGL (S·: W4) (D·: Y) (n: K、H) F SEVEN SEGMENT WITH LATCH		1 组时 209.7 2 组时 246.9	33.3	7 段分时显示※ 4 数位 1 组或 2 组用 n=0~7
	无					
	无	FNC 75 ARWS (S·: B) (D1·: W1) (D2·: Y) (n: K、H) ARROW SWITCH		n=0~3 285.4	33.3	箭头开关※ 以 S· 输入控制 D·，用 D2· 显示输出其结果 n=0~3
	无					
	无	FNC 76 ASC (S·: 英数8文字以下) (D·: W′1) ASCII CODE		130.9	33.3	ASC 变换 将 S 内容进行 ASC 变换，并送至 D·
	无					
	无	FNC 77 PR (S·: W′1) (D·: Y) PRINT		打印过程中 207.1 打印终止后 112.1	112.6	ASC 代码打印输出※ 将 S· 中的 ASC 代码由 D· 输出
	无					
	有	FNC 78 FROM (m1: K、H) (m2: K、H) (D·: W2) (n: K、H) FROM		170+406n	45	由单元 No. m1 的缓冲存储器 BFM# m2 读出 n 个字向 D· 传送
	有		D	200+800n	45	
	有	FNC 79 TO (m1·: K、H) (m2·: K、H) (S·: W4) (n: K、H) TO		151+480n	45	由 S· →单元 No. m1 的缓冲存储器 BFN#m2 传送 n 个字
	有		D	200+936n	45	

X	Y	M	S		K、H	KnX	KnY	KnM	KnS	T	C	D	V、Z

B: X, Y, M, S　B′: Y, M, S

W4: K、H　W3: KnX　W2: KnY, KnM, KnS　W1: T, C, D, V、Z

W4′: K、H　W3′: KnX　W2′: KnY, KnM, KnS　W1′: T, C, D

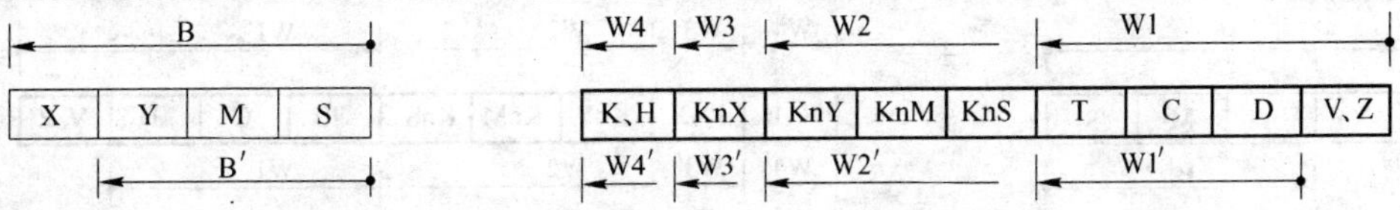

表 3-12　外部 SER 设备指令

D / P	指令和结构	执行时间/μs ON 时	执行时间/μs OFF 时	备　注
	FNC			
有 / 有	FNC 81 PRUN (S·: KnM, KnX) (D·: KnY, KnM) PARALLEL RUNNING	137.1 +53.5n	33.3	数据传送 传送 8 进制数据 n=1~8
		D 154.5 +49.3n	33.3	
	FNC			
	FNC			
	FNC			
无 / 有	FNC 85 VRRD (S·: K、H) (D·: W2) VOLUME READ	308.1	33.3	卷读出 将卷号 S· =0~7 的值以 8 位 BIN 向 D· 读出
无 / 有	FNC 86 VRSC (S·: K、H) (D·: W2) VOLUME SCALE	319.1	33.3	卷分度 将卷号 S· =0~7 的分度 0~10 以 BIN 形式送到 D·
	FNC			
	FNC			
	FNC			

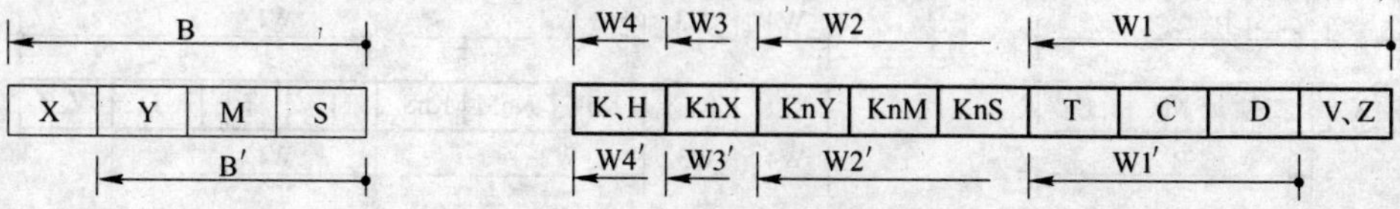

B: X, Y, M, S；B′: Y, M, S

W4	W3	W2			W1			
K、H	KnX	KnY	KnM	KnS	T	C	D	V、Z
W4′	W3′	W2′			W1′			

表 3-13 外部 F2 设备指令

D / P	指令和结构	执行时间/μs ON 时	执行时间/μs OFF 时	备注
无 / 有	FNC 90 MNET S·: X D·: Y MELSEC NET/MINI	634.9	25.5	F-16NP/NT S D 是 FX2-24EI 的起始输入输出号码
无 / 有	FNC 91 ANRD S·: X D1·: Y D2·: W2 n: K、H ANALOG READ	1.137	33.3	F2-6A 读出 n=10~13 为输入通道 S D1 起始输入输出号码 D2· 先接收的 8 bit 数据
无 / 有	FNC 92 ANWR S1·: W4 S2·: X D·: Y n: K、H ANALOG WRITE	1.387	470.9	F2-6A 写入 S1·=8 bit BIN 源数据 n=0 1 输出通道 S2 D 起始输入输出号码
无 / 无	FNC 93 RMST S·: X D1·: Y D2·: B n: K、H RM-START	948.8	950.0	F2-32RM 启动/情报 n=存储单元 0、1 S D1 起始输入输出号码 D2·=起始传送状态
有 / 有	FNC 94 RMWR S1·: B S2·: X D·: Y RM-WRITE	2.214 D 4.235	33.3 39.9	F2-32RM 禁止输出 S1·=禁止输出情报 S2 D=起始输入输出号码
有 / 有	FNC 95 RMRD S·: X D1·: Y D2·: B RM-READ	1.684 D 3.168	33.3 39.9	F2-32RM 输出读出 S D1 起始输入输出号码 D2·=首先接收的 ON/OFF 情报
无 / 有	FNC 96 RMMN S·: B D1·: X D2·: W2 RM-MONITOR	1.589	33.3	F2-32RM 监视 S D1 起始输入输出号码 D2·=首先接收的旋转数或当前值数据
无 / 有	FNC 97 BLK S1·: W4 S2·: X D·: Y BLOCK	672.4	669.3	F2-30GM 成组指定 S1·=成组号码 0~31 S2 D=起始输入输出号码
无 / 有	FNC 98 MCDE S·: X D1·: Y D2·: B MACHINE CODE	740.3	33.3	F2-30GMM 代码读出 S D1 起始输入输出号码 D2·=首先传送的 M 代码

B (B′)				W4 (W4′)	W3 (W3′)	W2 (W2′)			W1 (W1′)			
X	Y	M	S	K、H	KnX	KnY	KnM	KnS	T	C	D	V、Z

3.3.1.2 数据长度和指令执行形式

A　16 位和 32 位

功能指令可处理 16 位和 32 位数据。指令中附有(D)表示处理 32 位数据,否则就是处理 16 位数据。

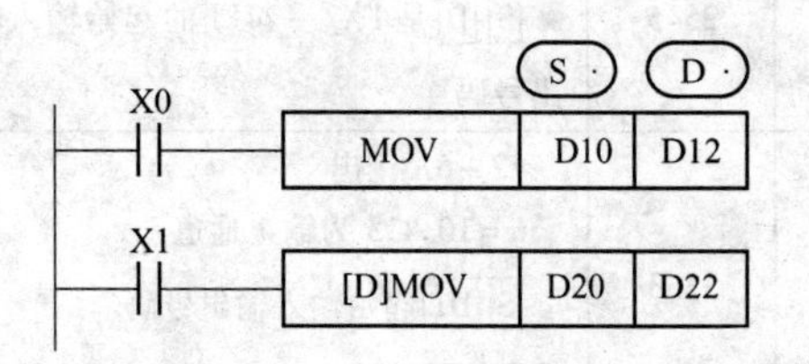

将 D10 的数据送到 D12(16 位)

将 D21、D20 中的 32 位数送到 D23、D22

B　连续执行/脉冲执行

在指令助记符后附有符号P的表示脉冲执行,即允许条件逻辑从 0→1 扫描周期中执行该程序,其他周期不执行。使用该方法可以缩短程序处理周期。若不带(P)符号的表示连续执行,即条件成立时,在每个扫描周期都执行该指令。

脉冲执行指令如:

C　位元件和字元件

处理开关量状态的元件,如 X、Y、M 和 S 称为位元件。其他处理数字数据的元件,如 T、C 和 D 称为字元件。

但多位位元件组合起来也可以处理数字数据。位元件每 4 位(即 4bit)为 1 组单元,位元件组合由 Kn 加首元件号表示。

例 1　K2M0,它表示 n = 2 有二组位组合单元,每组合单元是 4bit,该数为 4 × 2 = 8 位,其首元件号为 M0,该数为 M0 ~ M7 位元件组合的数据。

16 位操作数 K1 ~ K4,32 位操作数 K1 ~ K8。

例 2

由外输入的 X4 ~ X13 组成的 2 位 BCD 码数转换成二进制数送到 D0 中。

D　变址寄存器

变址寄存器在传送、比较指令中用来修改(或称修饰)操作对象的元件号,其他操作方式与普通数据寄存器一样。

表示操作对象:

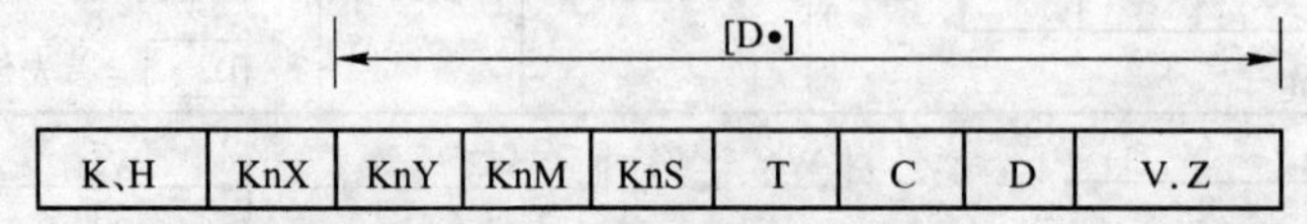

上图表示从 KnY 到 V,Z 都可作为功能指令的目标元件。在[D ·]中的点[·]表示可以加变址寄存器。对于 32 位指令,V 作为高 16 位,Z 作为低 16 位,若 32 位指令中用到变址寄存器时,只需指定 Z,这时 Z 就代表 V 和 Z。

例

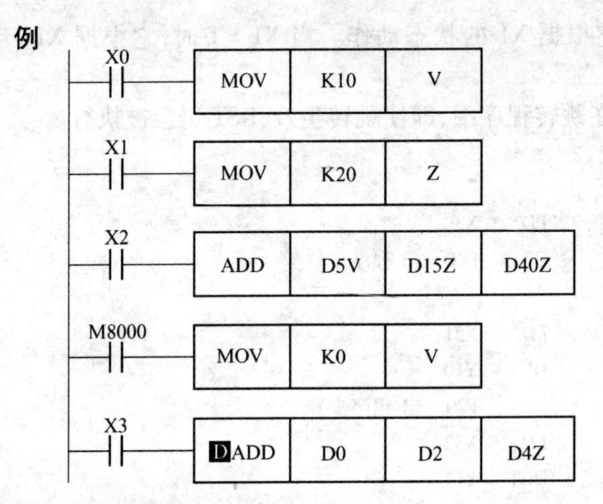

给变址寄存器 V 且赋值(V) =10

给变址寄存器 Z 且赋值(Z) =20

(D5V) + (D15Z)→(D40Z)

变址运算(D15) + (D35)→(D60)

变址寄存器(V) =0,即(Z)仍为0

32 位运算指令

(D1D0) + (D3D2)→(D25D24)

3.3.2 功能指令的使用

功能指令(见表3-4)包括有程序流控制、传送、比较、四则、逻辑运算、循环移位、数据处理、高速处理、方便指令、FX 外部 I/O 设备、特殊单元等 90 多条指令。下面列举一些常用的指令说明其用法。

3.3.2.1 条件跳转指令 CJ(FNC 00)

操作元件:标号 P0 ~ P63(P63 相当于 END)。

下面例子中,当 X0 = 1 时,程序从第一步跳到第 36 步(标号 P8 的下一步),被跳过的那一部分指令不执行。当 X0 = 0 时,不跳转,按原顺序向下执行。

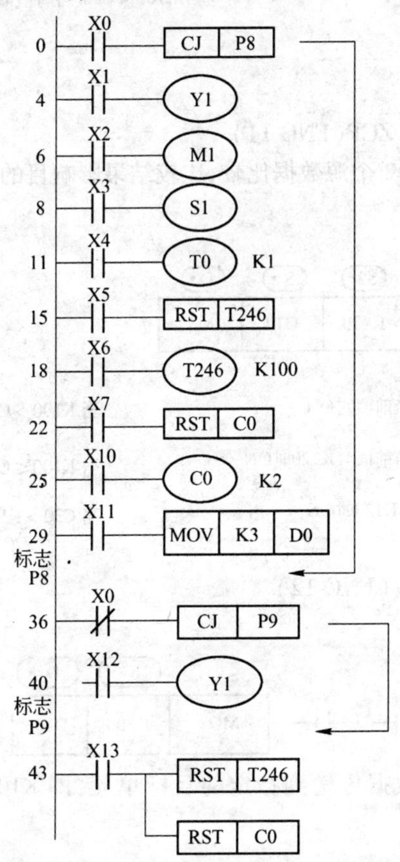

Y1 为双线圈，当 X=0 时，顺序执行，它根据 X1 的状态动作。当 X1=1 时，它根据 X12 动作。

对于累计定时器或计数器的复位指令在跳转程序中，即使跳转生效，RST 仍会被执行。

将下述跳转梯形图写出程序。

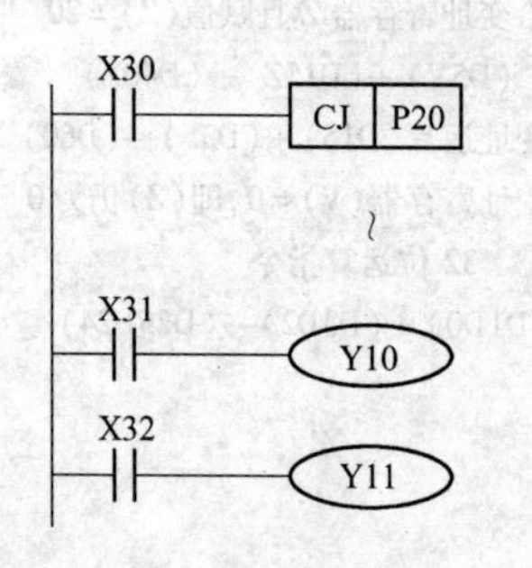


```
LD    X30
CJ    P20  （3 程序步）
  ~
LD    X31
OUT   Y10
      P20  （1 程序步）
LD    X32
OUT   Y11
```

3.3.2.2　比较指令 CMP[P](FNC 10)

例

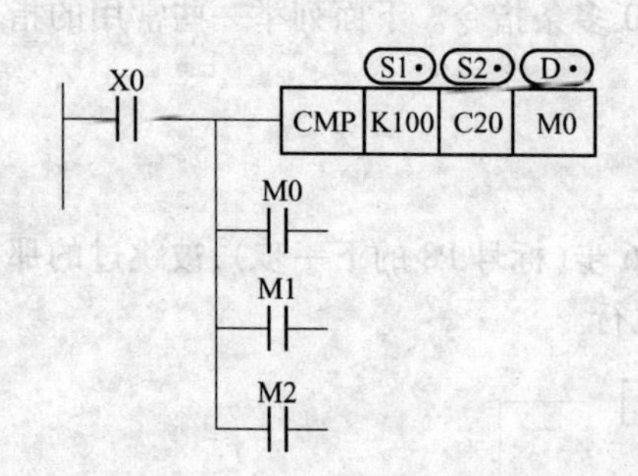

源[S1·]和[S2·]的数比较其结果送到目的[D·]中。

当 K100 > C20 当前值时为“1”；

当 K100 = C20 当前值时为“1”；

当 K100 < C20 当前值时为“1”。

3.3.2.3　区间比较指令 ZCP(FNC 11)

ZCP 指令是将 1 个数据与 2 个源数据比较，比较结果影响目的数据状态。

例

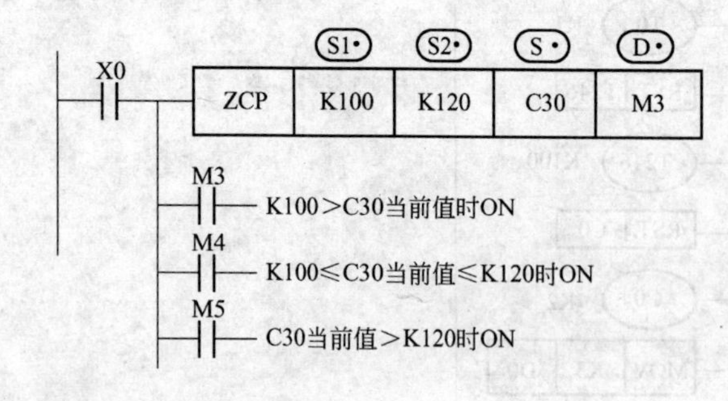

当 K100 > C30 时，则 M3 = 1；

当 K100 ≤ C30 < K120 时，则 M4 = 1；

当 C30 > K120 时，则 M5 = 1。

3.3.2.4　传送指令 MOV(FNC 12)

例

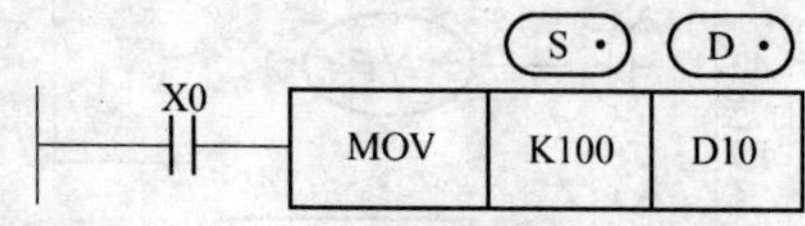

当 X0 = 1 时，执行将源数据传送到指定的目标单元，即 K100 自动转换成二进制数送入(D10)。

3.3.2.5 BCD变换指令(FNC 18)

例

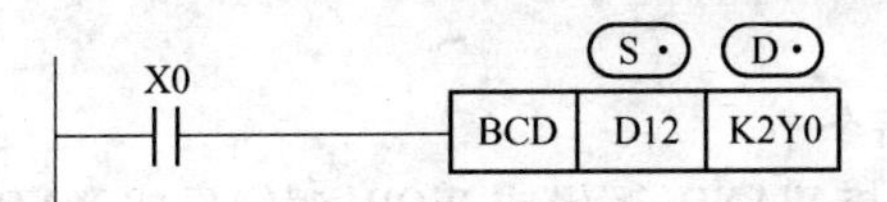

当X0=1时,将源元件(D12)中的二进制转换成BCD码送到目的元件(Y0~Y7)。

3.3.2.6 BIN变换指令(FNC 19)

例

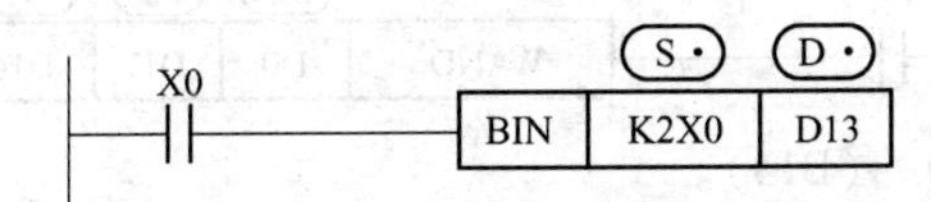

当X0=1时,将源元件X0~X7的二位BCD码的数转换成二进制数送到目的元件(D13)的低8位中。

3.3.2.7 加法指令ADD(FNC 20)

例

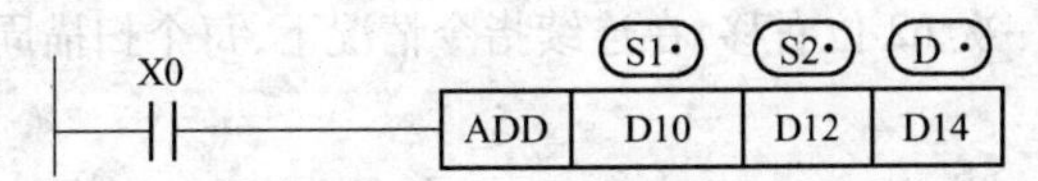

指定的二个源元件中的二进制数相加,结果送到指定的目的元件,即(D10)+(D12)→(D14)。每个数的最高位bit作为符号位(0为正,1为负)。运算为代数运算,16位和32位运算均可。

在加法运算中用M8020=1时表示运算结果为0,用M8022=1表示运算结果是进位或借位。

3.3.2.8 减法指令SUB(FNC 21)

指定二个源元件中的二进制数相减,其结果送到指定的目的元件,运算为代数运算,16位和32位运算均可。

例

32位运算(D1,D0)-1→(D1,D0)。

3.3.2.9 乘法指令MUL(FNC 22)

两个源操作数的乘积送到目的单元。若源是16位数,则乘积为32位数,若源是32位数,则乘积为64位数。

例

当X0=1时,则(D0)×(D2)→(D5D4)。

3.3.2.10 除法指令DIV(FNC 23)

用[S1·]指定的被除数,[S2·]除数,商送到目的[D·],余数在[D·]的下一个单元。

例

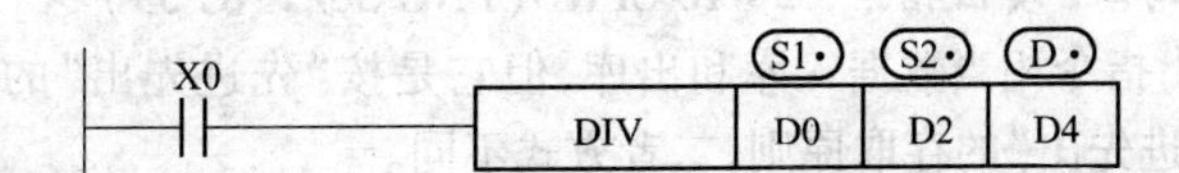

当 X0 = 1 时，则（D0）÷（D2）→（D4）…… 余数（D5）。

该指令也可以对 32 位数进行运算，此时商和余数也都是 32 位，在连续的 4 个地址单元存放。

3.3.2.11　逻辑运算指令

逻辑运算指令包括逻辑与 WAND，逻辑或 WOR，逻辑异或 WXOR（即 FNC 26，FNC 27，FNC 28）。它们都是将二组 16 位数的对应位进行逻辑运算。

例

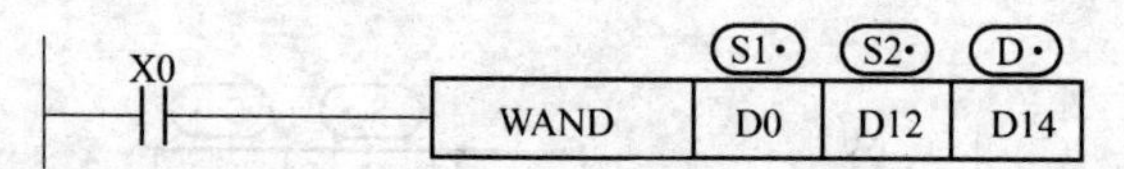

该指令将（D0）∧（D12）→（D14）。

3.3.2.12　位移指令

位右移指令 SFTR（FNC 34）

位左移指令 SFTL（FNC 35）

对于 n1 位的位设备（下例 M0 ~ M15）每次进行 n2 位右移的指令。在脉冲指令情况下，当驱动每次为正跳变时，进行一次 n2 位右移，在连续指令情况下，每个扫描周期移位一次。

〈bit 右移位〉

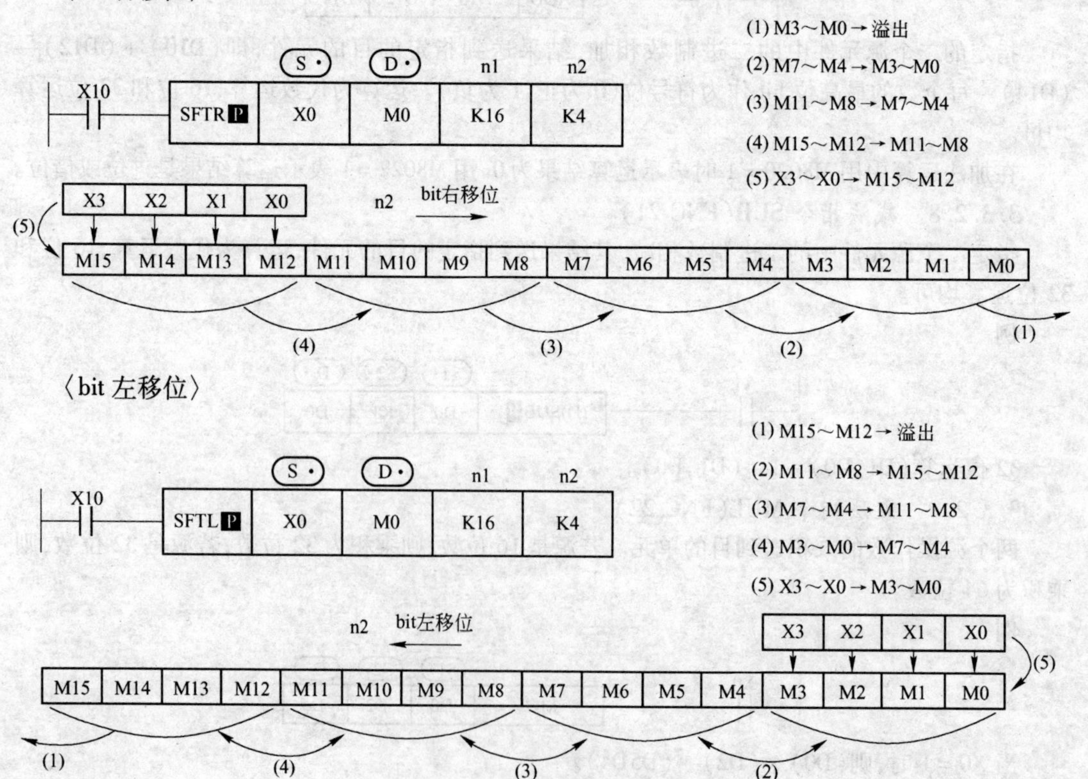

还有字右移指令 WSFR（FNC 36）和字左移指令 WSFL（FNC 37）。其工作原理与上述指令相似。

3.3.2.13　移位写入/读出指令 SFWR/SFRD（FNC 38/FNC 39）

FX 移位写入/读出指令相当数据入库和出库，但它是按“先进先出”的原则，而计算机堆栈是按“先进后出”、“后进先出”的存取原则，二者方式不同。

例 写入指令

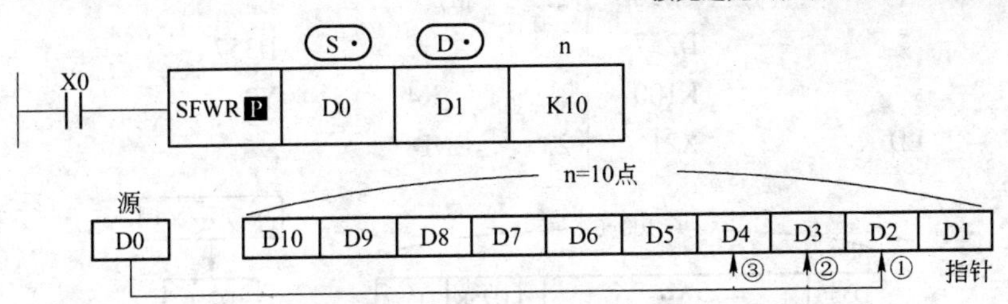

当X0正跳变时,在源D0中的数据写入D2,D1指针变为1。D0的数据改变后,X0再次正跳变时,则D0数据写入D3,D1指针变为2,其余类推,源D0的数据依次写入寄存器(或称为库)。源数据写入的次数(指针D1)不能大过(n-1),若大过则不允许处理和执行,并将进位标志M8022置1。

如果是连续工作方式,则每扫描周期入库操作一次。

例 读出指令

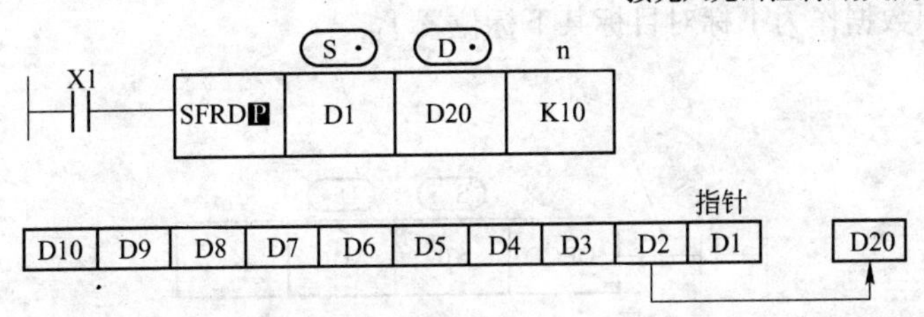

当X1正跳变时,D2数据送到D20,同时指针(D1)减1,数据右移一个字,数据总是从D2位置读出。当指针减到0时,不再执行上述处理,此时零标志M8020置1。

例

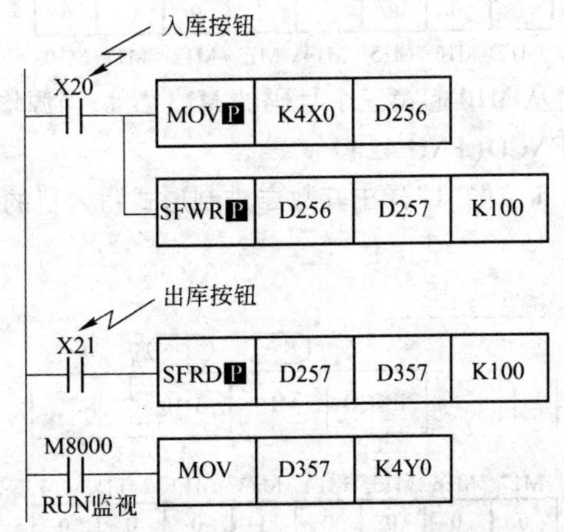

X20为入库操作按钮,X21为出库操作按钮。数据驱动可用下图表示。

程序:	Y		14	SFRD(P)
0	LD	X20		
1	MOV(P)	12		D257
	K4	X0		D357
		D256		K100

6	SFWR(P)		21	LD	M8000
		D256	22	MOV	12
		D257			D357
		K100		K4	Y0
13	LD	X21	23	END	

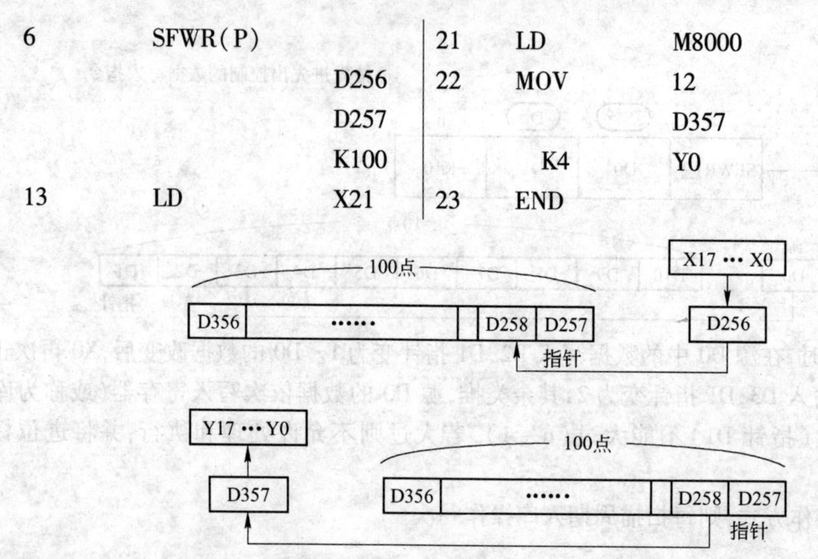

3.3.2.14　译码指令 DECO(FNC 41)

该指令是将源数据作为下标对目标某下标位置 1。

例

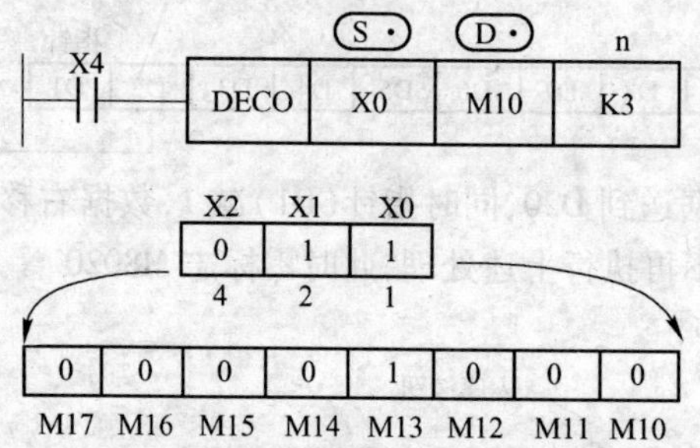

由于源是 1 + 2 = 3，故将从 M10 起第三个号码的 M13 置 1；当源均为零时将 M10 置 1。

3.3.2.15　编码指令 ENCO(FNC 42)

该指令是将源数据的第 n 位的“1”译出其数二进制形式写入目的数据中。

例

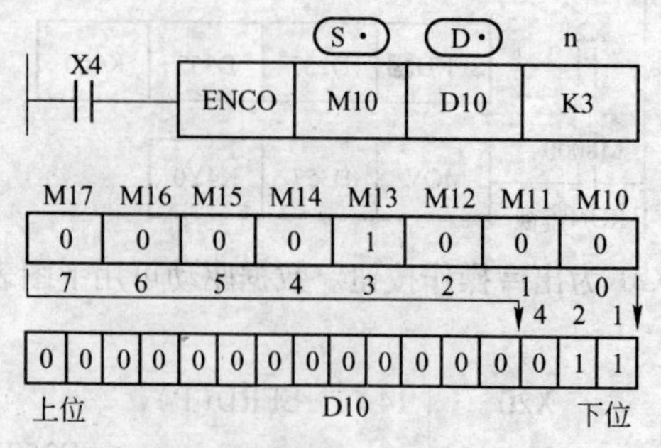

由于源中从 M10 起第三个号码为 1，故将 D10 的值为 1 + 2 = 3。

3.3.2.16　矩阵输入指令 MTR(FNC 52)

利用 MTR 指令，可用连续排列的 8 点输入与“n”点输出组成 8 列输入“n”行的输入矩阵。

例

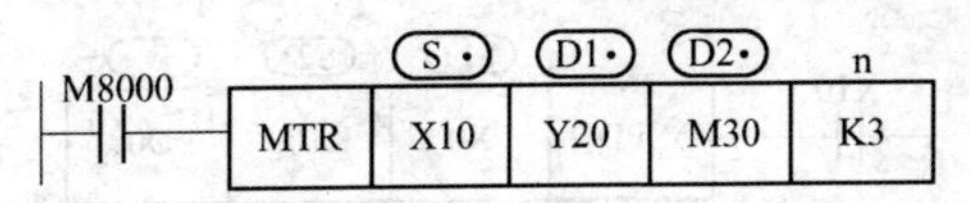

使用8点输入和n点输出，以顺序读取8点n列的输入信号的命令。

图3-22为拨码盘开关量输入电路。其中X10～X17为8点输入，Y20、Y21、Y22为三点输出，三点依次轮流输出。当Y20=1时，读入第一行的输入状态并存入M30～M37。当Y21=1时，读入第二行的输入状态并存入M40～M47。当Y22=1时，读入第三行的输入状态并存入M50～M57。其余类推，如此反复进行。

上述程序是配合6位BCD码的拨码开关设定值从X10～X17读入电路使用。

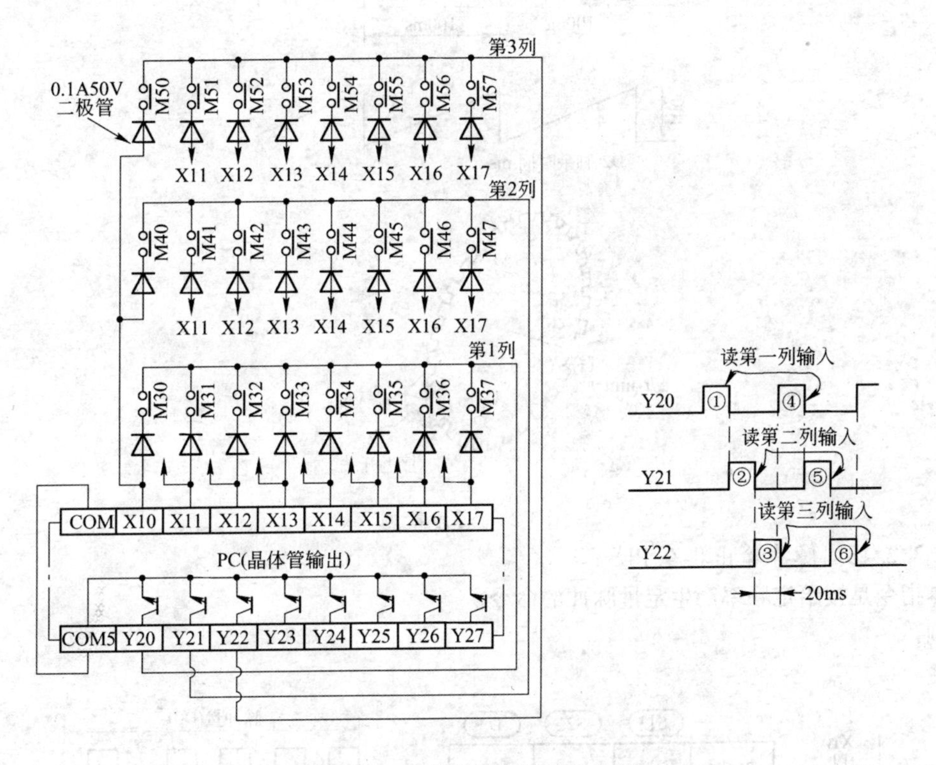

图3-22 拨码盘开关量输入电路

3.3.2.17 速度检测指令SPD(FNC 56)

例

由[S1·]指定输入脉冲(本例脉冲从X0输入)，由[S2·]指定时间间隔(单位为ms)计数，将其结果送到[D·]中指定的单元。反复操作该命令，[D·]中就得脉冲密度(正比转速的值)。[D·]占用3个元件。

图3-23中，若X10=1，每当X0正跳变时，由D1对其脉冲计数，经100ms，将其结果存入D0中，同时D1复位，重新对X0脉冲计数。D2用作测定剩余时间。

为了测量转速，设转盘一圈n个孔，[S2·]中指定为t(ms)，则转速N为：

$$N=\frac{60(\mathrm{D0})}{n\cdot t}\times10^3$$

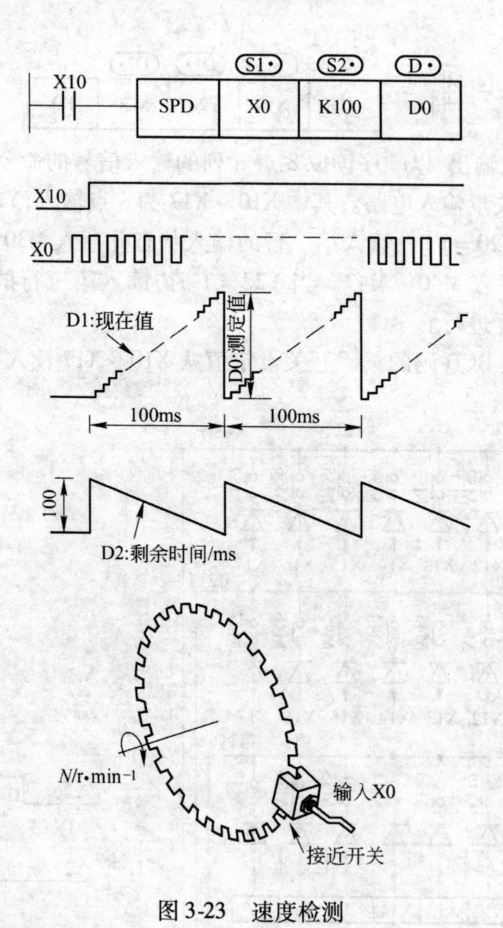

图 3-23　速度检测

3.3.2.18　脉冲输出指令 PLSY

本指令是按给定频率产生定量脉冲的命令。

例

S1·　S2·　D·

X10　PLSY　K1000　D0　Y0

脉冲量(D0)

1kHz

用[S1·]给定输出脉冲的频率(1～1000Hz)。用[S2·]设定产生脉冲量,在 16 位命令中能设定 1～32767 个脉冲,在 32 位命令中能设定 1～2147483647 个脉冲。若设定为 0,则无限地产生脉冲。用[D·]指定输出脉冲的号码,脉冲占空比为 1,以中断方式输出。

对于(D)PLSY,设定值用(D1D0)。当脉冲数达到设定值时,脉冲输出停止,标志 M8029 动作。

X10 = 1,脉冲开始输出,若中途 X10 = 0,脉冲输出停止。若 X10 再次为 1 时,防冲从头开始计数。

本指令只能使用一次,并请用晶体管输出型。

3.3.2.19　脉冲调制指令 PWM(FNC 58)

本指令是控制输出脉冲占空比。用[S1·]设定 1 电平时间 t(0～32767ms),用[S2·]设定整个周期时间 T0(1～32767ms),[D·]指定输出元件号。

例

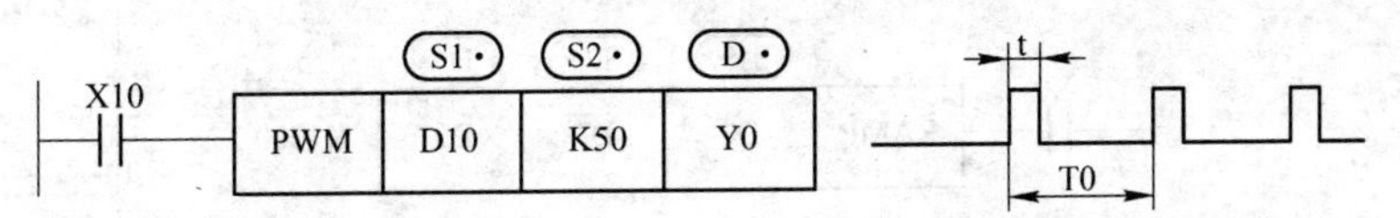

上例用 T0 = 50ms，若（D10）的内容在 0 ~ 50 之间变化，则 Y0 输出脉冲的占空比从 0 ~ 1 变化。

3.3.2.20 凸轮顺控指令 ABSD（FNC 62）

凸轮顺控（绝对方式）指令是应用计数器的当前值制造多个输出模式的命令。

例

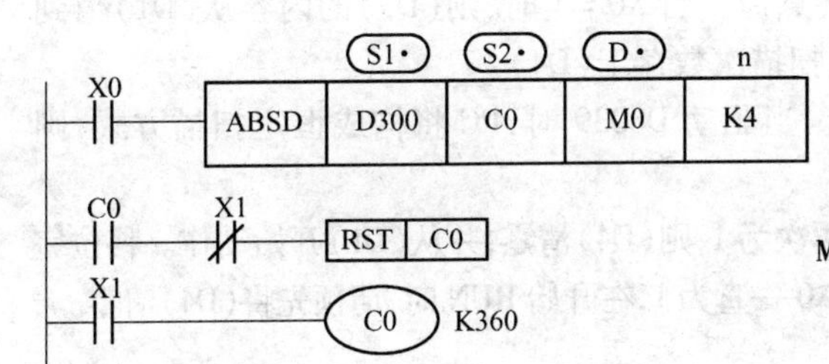

对应于计数器的当前值，制造多个输出模式的命令

当 C0 计数 360 个脉冲时，则通过自身接点复位，同时 M0 ~ M3 的输出从头开始

1 度 1 个脉冲信号

上升沿点	下降沿点	输出对象
D300 = 40	D301 = 140	M0
D302 = 100	D303 = 200	M1
D304 = 160	D305 = 60	M2
D306 = 240	D307 = 280	M3

上升沿数据送入偶数号码的元素中；下降沿数据送入奇数号码的元素中。

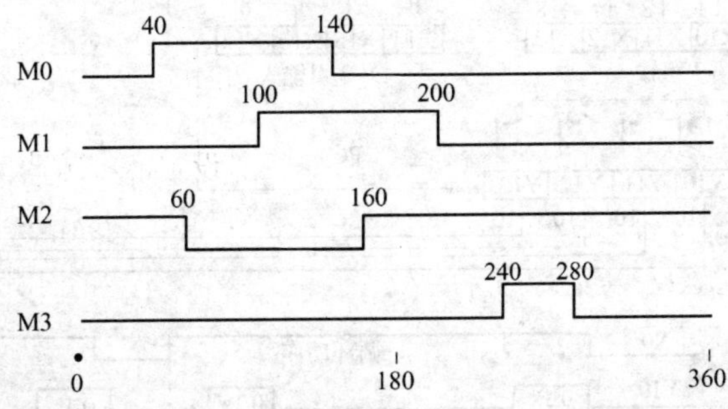

应用 C0 计数器，计数范围 0 ~ 360，并组成循环计数器。上例有四路输出 M0 ~ M3。四路输出状态与计数值关系如波形图所示。相应数值预先送入 D300 为首址的偶数单元。

当 X0 = 1 时，则 M0 ~ M3 如上图变化，各上升沿点、下降沿点是根据写在 D300 ~ D307 中的数据分别变化。

由 n 值确定作为对象的输出点数。当 X0 = 0，输出也不变化。

3.3.2.21　斜波信号指令 RAMP(FNC 67)

例

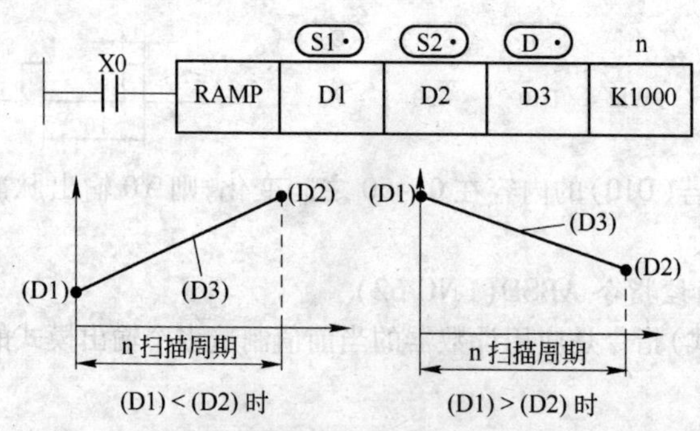

预先在(D1)(D2)中写入斜波的初始值和终点值。当 X0 = 1 时,则(D3)的内容从(D1)值到(D2)值慢慢变化,所需要时间为 n 个扫描周期,扫描次数存于(D4)。

在 D8039 中写入确定的扫描周期,如 20ms。当驱动 D8039 时,PC 将构成恒定扫描方式,则上例中(D1)到(D2)变化时,(D3)值到 20s。

动作过程中 X0 = 0,则停止执行状态。若 X0 再次为 1,则(D4)清零,并从(D1)开始动作。移位完毕,标志 M8029 动作,(D3)的值归复至(D1)值,若 X0 一直为 1,在开始 RUN 时,请预先将(D4)清零。

3.3.2.22　数字开关指令 DSW(FNC 72)

本指令用外部设备拨码开关设定输入,它由一组 X 端子输入配合一组 Y 控制进行。如图 3-24 所示。

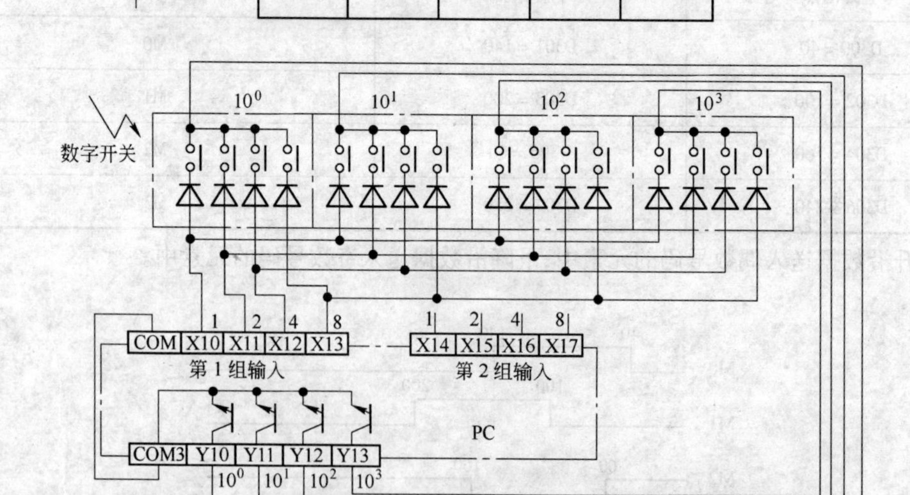

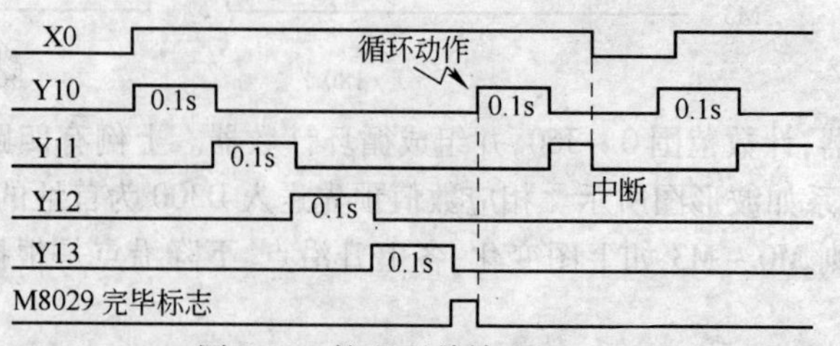

图 3-24　拨码开关输入

上图是一组4位BCD码拨码开关输入线路。它从X10～X13读数,4位数用Y10～Y13选通输入。数据输入后自动转换二进制数送入D0。本例n=1,表示一组4位BCD码拨码开关输入。

若有二组4位BCD码拨码开关输入时,即K2,就要增加第二组的输入,它安排在X14～X17输入,选通信号任用Y10～Y13。

顺序循环读数一次后,完毕标志M8024动作。

3.3.2.23 七段译码指令SEGD(FNC 73)

该指令将源数据[S·]的低位二进制数译成字模型送到[D·]中去,如Y0～Y7。外部线路要用7位才驱动一位数码管。表3-14所示为七段译码表。

例

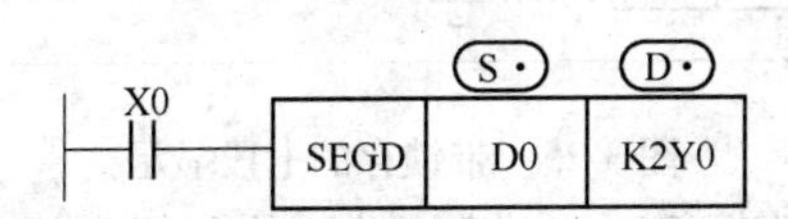

表3-14 七段译码表

S· 16进数	S· bit结构	七段结构	D· B7	B6	B5	B4	B3	B2	B1	B0	数据显示
0	0000	B0 B5 B1 B6 B4 B2 B3	0	0	1	1	1	1	1	1	0
1	0001		0	0	0	0	0	1	1	0	1
2	0010		0	1	0	1	1	0	1	1	2
3	0011		0	1	0	0	1	1	1	1	3
4	0100		0	1	1	0	0	1	1	0	4
5	0101		0	1	1	0	1	1	0	1	5
6	0110		0	1	1	1	1	1	0	1	6
7	0111		0	0	1	0	0	1	1	1	7
8	1000		0	1	1	1	1	1	1	1	8
9	1001		0	1	1	0	1	1	1	1	9
A	1010		0	1	1	1	0	1	1	1	A
B	1011		0	1	1	1	1	1	0	0	b
C	1100		0	0	1	1	1	0	0	1	C
D	1101		0	1	0	1	1	1	1	0	d
E	1110		0	1	1	1	1	0	0	1	E
F	1111		0	1	1	1	0	0	0	1	F

3.3.2.24 带锁存的七段显示指令SEGL(FNC 74)

对于一组4位或二组4位的BCD码输入锁存的七段显示器,可使用本指令操作。线路如图3-25所示。

例

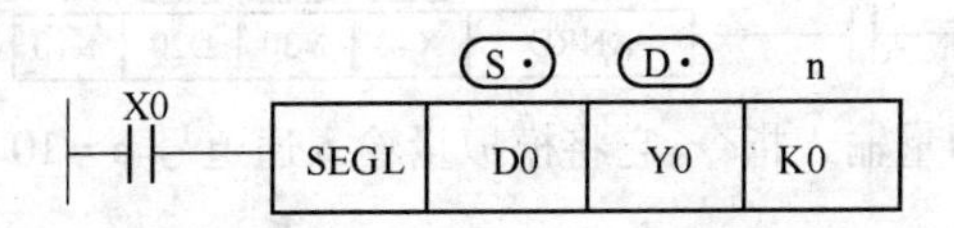

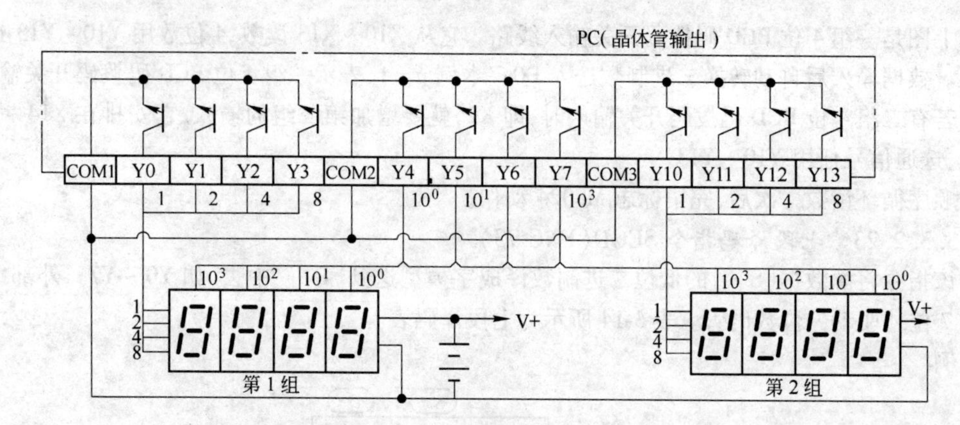

图3-25　带锁存的七段显示

对于一组4位显示,其源数据D0(二进制数据)执行指令后自动转换成BCD码顺序送到Y0～Y3,Y4～Y7依次为各组的选通锁存信号。此时参数n选择0～3,n的数码取决于数据与选通电平的正负逻辑选择。本指令必须占用12倍扫描周期,4位输出完毕后,标志M8029动作。

对于二组4位显示时,D0数据送Y0～Y3,D1数据送Y10～Y13,锁存选通信号均用Y4～Y7,n参数在4～7选择。

3.3.2.25　模拟量输入指令ANRD(FNC 91)

模拟量输入/输出要配合F2－6A模拟量输入输出模块。F2－6A模块具有4路模拟量输入,它的输入通道号分别为K010～K013。2路模拟量输出,它的输出通道号分别为K000～K001。输入/输出信号可采用0～5V,0～10V或0～10mA,4～20mA。

F2－6A要通过特殊接口部件FX2－24EI与主机相连。FX2－24EI特殊接口部件具有16点输入,8点输出。FX2－24EI扩展连接的地址就是其相连的F2－6A模块的地址。

如图3-26所示,三块F2－6A模拟量输入/输出模块分别通过三个FX2-24EI接入PLC,因而它们的输入/输出地址分别为NO.1(X,Y)＝X40,Y30,NO.2(X,Y)＝X60,Y40,NO.3(X,Y)＝X100,Y50。

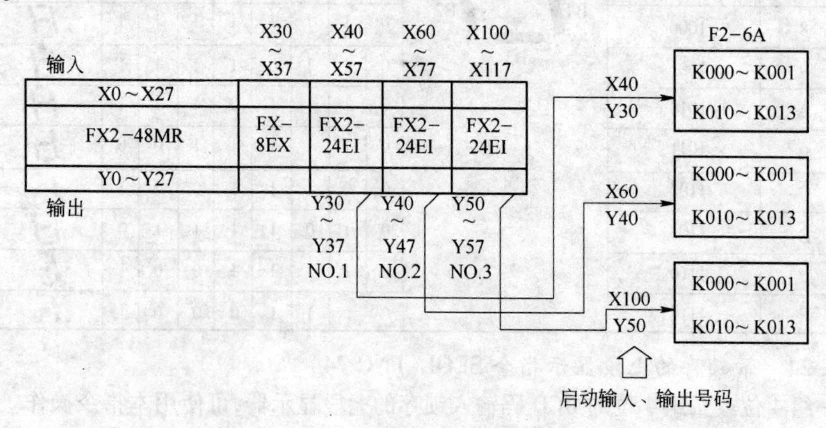

图3-26　PC与F2-6A连接

例

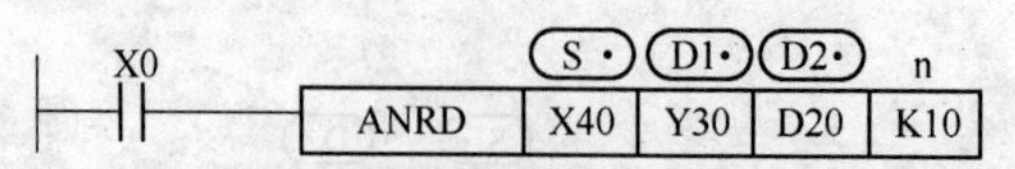

当X0＝1时,执行模拟量输入指令,它将模拟量输入通道号n＝10的模拟量通过A/D转换、

光电隔离、经特殊模块 FX2-24EI 适配器(根据具体位置)X40,Y30 送入主机,存入[D2·],即 D20 接收 8 位二进制数。

例 为了减少模拟量输入的变动,求以 100ms 为单位的三次采样值的平均值,并存入 D10 单元中。

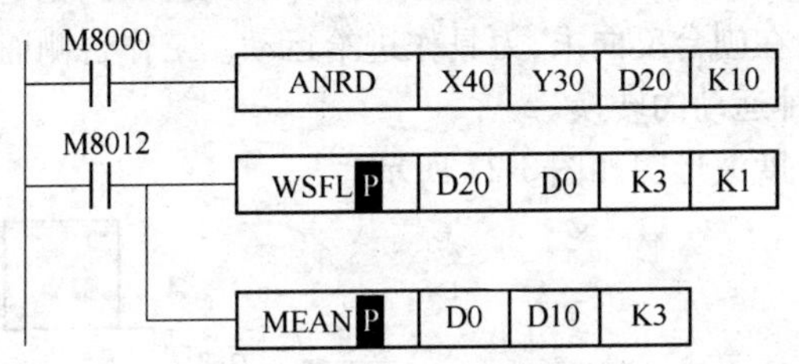

当 M8000 接通,将 F2-6A 中 010 通道的模拟量通过 A/D 转换成 8 位二进制数,经 FX2-24EI(X40,Y30)送入主机存入 D20 中。M8012 是每 100ms 接通一次,WSFL P是脉冲式移位指令,它将源数据(D20)每 100ms 移一次,顺移到 D0,D1,D2。上式中 K1 表示每次移一个字,K3 表示共有三位目的字 D0,D1,D2。

MEAN P是脉冲式求平均值指令。将源数据首址开始的 D0,D1,D2 三个字数据(K=3)相加求平均值存入(D10)中。

3.3.2.26 模拟量输出指令 ANWR(FNC 92)

例

X0 — ANWR (S1·) D310 (S2·) X40 (D·) Y30 n K0

本指令是将 D310 中的 8 位二进制通过 FX2-24EI(X40,Y30)接口送入 F2-6A 进行 D/A 转换,从其 0 通道(K=0)模拟量输出。

3.4 龙门刨床 FX2 控制系统

本节讲述 FX2 在龙门刨床控制中的应用,并介绍 PLC 设计步骤。

PLC 控制系统设计可按下列几个步骤进行:

(1)分析系统工艺对电气控制的要求,画出控制流程图,归纳出控制量的输入、输出点数。

(2)系统硬件设计:根据输入、输出点数和控制要求选择 PLC 机型,画出 PLC 外部接线图。

(3)控制系统软件设计:可以根据工艺要求列出体现输入、输出因果关系的真值表,按最小项法写出逻辑表达式并进行简化,画出梯形图。若是改造项目,可以根据继电器控制线路原理图转换成梯形图。

(4)若没有图形输入器,就要将梯形图编写成助记符式的程序。

(5)对硬件和软件进行调试、修改。

下面以龙门刨床控制系统改造设计为例进行说明。

3.4.1 龙门刨床的工艺要求和继电器控制线路

龙门刨床加工时,工件固定在工作台上作前进、后退的直线往返运动(主运动),而刀具固定在刀架上作垂直于主运动方向的周期性进给运动(相对运动)。龙门刨床主运动刨台由两台直流电动机(容量为 2×60kW)拖动,电动机在电气上串联,机械上并联。电动机由晶闸管逻辑无环流系统供电,刨床的速度给定控制、横梁升降、垂直刀架、左右刀架等均由 PLC 控制。

龙门刨床刀具切入工件时,要求刨台作低速运动(v_{QJ}),以便刀具以低速切入工件,而后升速到正向前进速度（v_{QO}），到前进末，为了防止刀具将工件边缘剥落和减少正向越位，也要前进末减速。当挡块碰行程开关 QHXK 时，刨台经过一定越位（惯性引起），从正向进入反向启动，一直升速到后退速度（v_{HO}）。反向末，挡块碰 HSXK 行程开关，进入反向末减速（v_{HJ}），当挡块碰行程开关 HQXK 时，刨台经反向越位后进入正向低速。当 DQXK 复位时，前进初低速段结束转正向速度。如此反复循环进行。在刨台反向末，刀具作进给运动。工作台侧面有两个挡块 A 和 B，它不断碰撞行程开关，实现各种运动的转换。

龙门刨床示意图和速度波形图如图 3-27 所示。

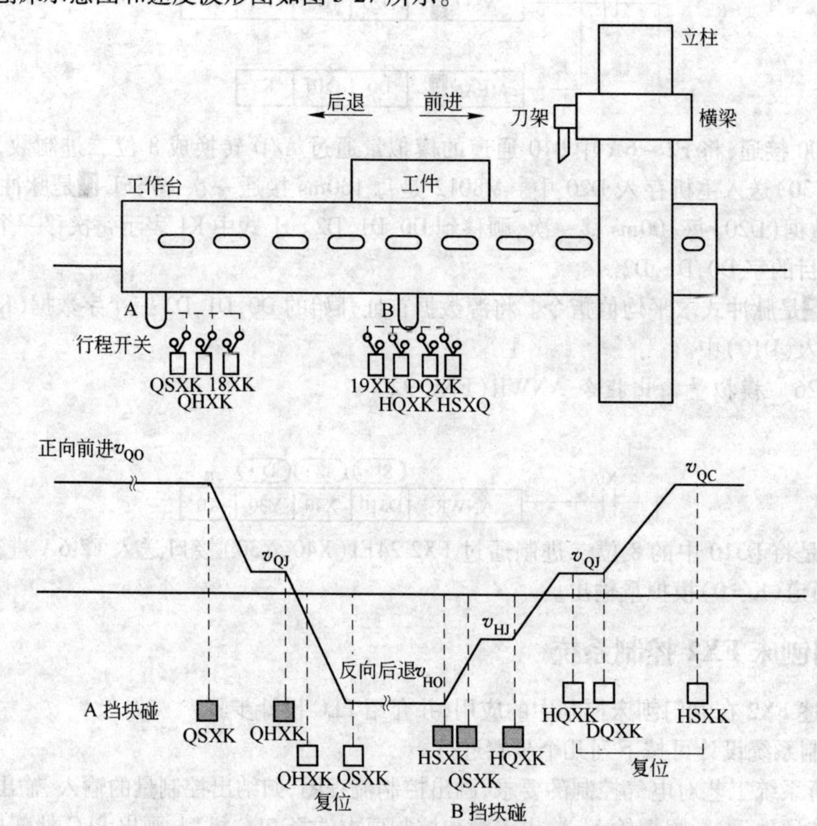

图 3-27 龙门刨床示意图和速度波形图

刨台拖动直流电机是由逻辑无环流可控硅整流装置供电。改变晶闸管的速度给定（v_G），就可以得到要求的速度波形。龙门刨床主传动继电器控制线路如图 3-28 所示。

在图 3-28 中的速度给定部分（v_G）是由 W1 ~ W6 中的一个电位器取得电压信号。电位器的选择是由继电器的接点进行。各继电器符号说明如下：

FKJ ——综合继电器；

SJ1 ——刨床电源分闸时，延时断电时间继电器；

CF ——刨床电源控制接触器；

ZDC——能耗制动联锁接点；

QJ ——刨台前进继电器；

HJ ——刨台后退继电器；

JJ ——刨台自动往返继电器；

IQJ——刨台后退换前进继电器；

IHJ——刨台前进换后退继电器；

J——刨台减速继电器；

QHXK——刨台前进换后退行程开关；

HQXK——刨台后退换前进行程开关；

QSXK——刨台前进末减速行程开关；

HSXK——刨台后退末减速行程开关；

DQXK——刨台低速切入行程开关；

1AN、5AN——刨台点动进、点动退按钮；

3AN、6AN——刨台自动进、自动退按钮；

RDJ、ZHJ、YLJ、RJ——故障联锁接点。

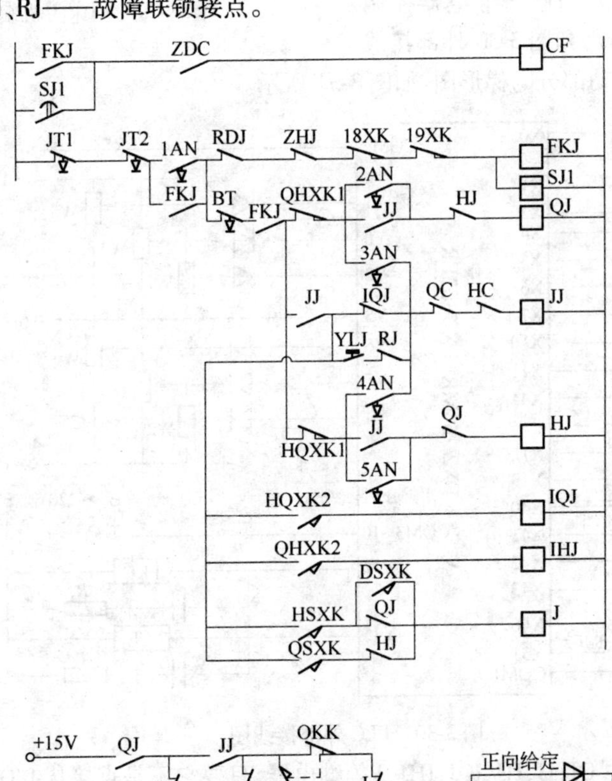

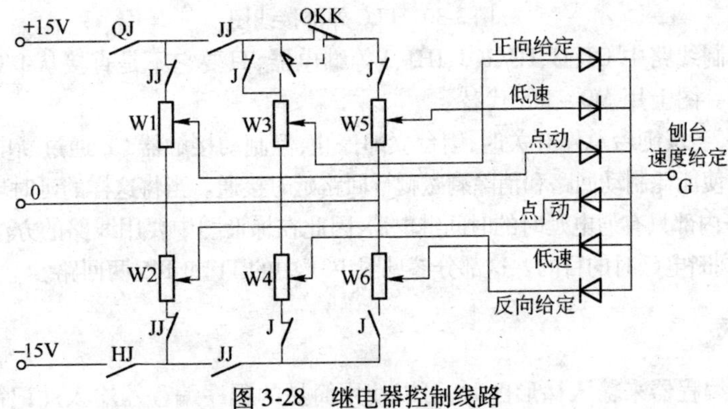

图 3-28　继电器控制线路

3.4.2　输入、输出信号与 PLC 的连接(即 PLC 外部接线图)

将所有的外部输入信号和输出信号理出，并确定它与 PLC 连接的端子编号(即接点参数)。至于互相联锁和不涉及到与外部连接的接点、线圈的关系,均使用 PLC 内部继电器(辅助继电器)处理。

龙门刨床输入、输出的总点数为 80 点,可选用 FX2-64MR 和 FX2-32ER 型 PLC。它们的地址是连续的,如图 3-29 所示。

刨台主运动控制部分的外部接线图如图 3-30 所示。图中从“G”、“0”两个端子连接控制电压接到可控硅装置的速度给定端,控制其刨台运动速度的变换。

输入	X0~X37	X40~X57
	X0~X37	X0~X17
	FX2-64MR	FX2-32ER
	Y0~Y37	Y0~Y17
输出	Y0~Y37	Y40~Y57

图 3-29　刨床主机编址

3.4.3　梯形图设计

根据图 2-28 所示的龙门刨床继电器控制线路图,结合 FX2 端子编码和图 3-30 外部接线图,就可以设计刨床主运动部分的梯形图,如图 3-31 所示。

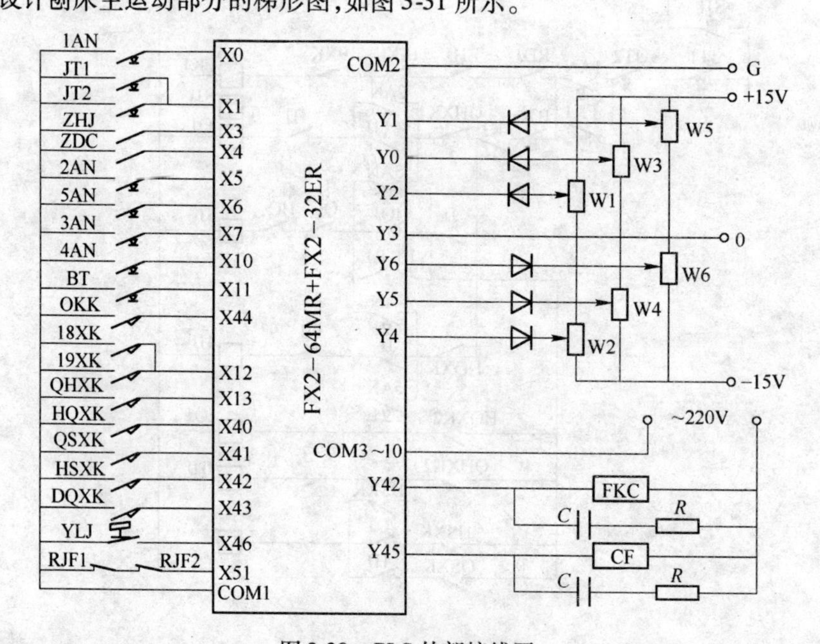

图 3-30　PLC 外部接线图

原继电器控制线路中 QJ、JJ、HJ、IQJ、IHJ、J 等继电器,只要它不是直接从 I/O 点输出,均可用内部继电器取代。图上用 M0 ~ M5 代替。

在图 3-28 中,当按刨台总停开关时,刨台立即停止,但制动接触器 CF 通过断电延时时间继电器 SJ1 延时切断 CF,使能耗制动回路和消除剩磁爬行回路延时接通。当将这样的延时环节转换成梯形图时,由于 FX2 设备内部只有通电延时的时间继电器,因此在梯形图中要用线路的方法采用通电延时的时间继电器来达到断电延时的目的。这部分参见图 3-31 中的 T1 和 T45 两回路。

3.4.4　编写程序

若没有图形编程器来输入梯形图时,可以使用简易的程序编程器输入助记符的程序,这时就要将梯形图编写成程序。

1.	LD	Y42
2.	OUT	T1
3.	(SP)	K5
4.	LD	Y45

```
5.   ANI   T1
6.   OR    Y42
7.   ANI   X4
8.   OUT   Y45
9.   LD    X0
10.  OR    Y42
11.  ANI   X1
12.  MPS
13.  ANI   M6
14.  ANI   X3
15.  ANI   X12
16.  OUT   Y42
17.  MPP
18.  ANI   X11
19.  AND   X42
20.  MPS
21.  LD    X46
22.  AND   X51
23.  ORI   M3
24.  AND   M1
25.  MPS
26.  AND   X07
27.  ORI   X13
28.  ANB
29.  LD    X5
30.  OR    M1
31.  ANB
32.  ANI   M2
33.  ANI   X10
34.  OUT   M0
35.  MPP
36.  AND   X10
37.  ORI   X40
38.  MRD
39.  ANB
40.  LD    X6
41.  OR    M1
42.  ANB
43.  ANI   M0
44.  ANI   X7
45.  OUT   M2
46.  MRD
47.  LD    X46
48.  AND   X51
49.  ORI   M3
50.  AND   M1
51.  LDI   X13
52.  AND   X07
53.  ORB
54.  LDI   X40
55.  AND   X10
56.  ORB
57.  ANB
58.  ANI   Y52
59.  ANI   Y53
60.  OUT   M1
61.  MPP
62.  AND   M1
63.  MPS
64.  AND   X40
65.  OUT   M3
66.  MRD
67.  AND   X13
68.  OUT   M4
69.  MPP
70.  LD    X43
71.  ORI   M0
72.  AND   X42
73.  LD    X40
74.  ANI   M2
75.  ORB
76.  ANB
77.  OUT   M5
78.  LD    M0
79.  ANI   M1
80.  OUT   Y2
81.  LD    M0
82.  AND   M1
83.  MPS
84.  AND   M5
85.  ANI   X44
86.  OUT   Y1
87.  MPP
88.  LDI   M5
89.  OR    X44
90.  ANB
91.  OUT   Y0
92.  LD    M2
```

93.	ANI	M1	101.	AND	M5
94.	OUT	Y4	102.	OUT	Y6
95.	LD	M2	103.	LDI	M0
96.	AND	M1	104.	ANI	M1
97.	MPS		105.	ANI	M2
98.	ANI	M5	106.	OUT	Y3
99.	OUT	Y5	107.	END	
100.	MPP				

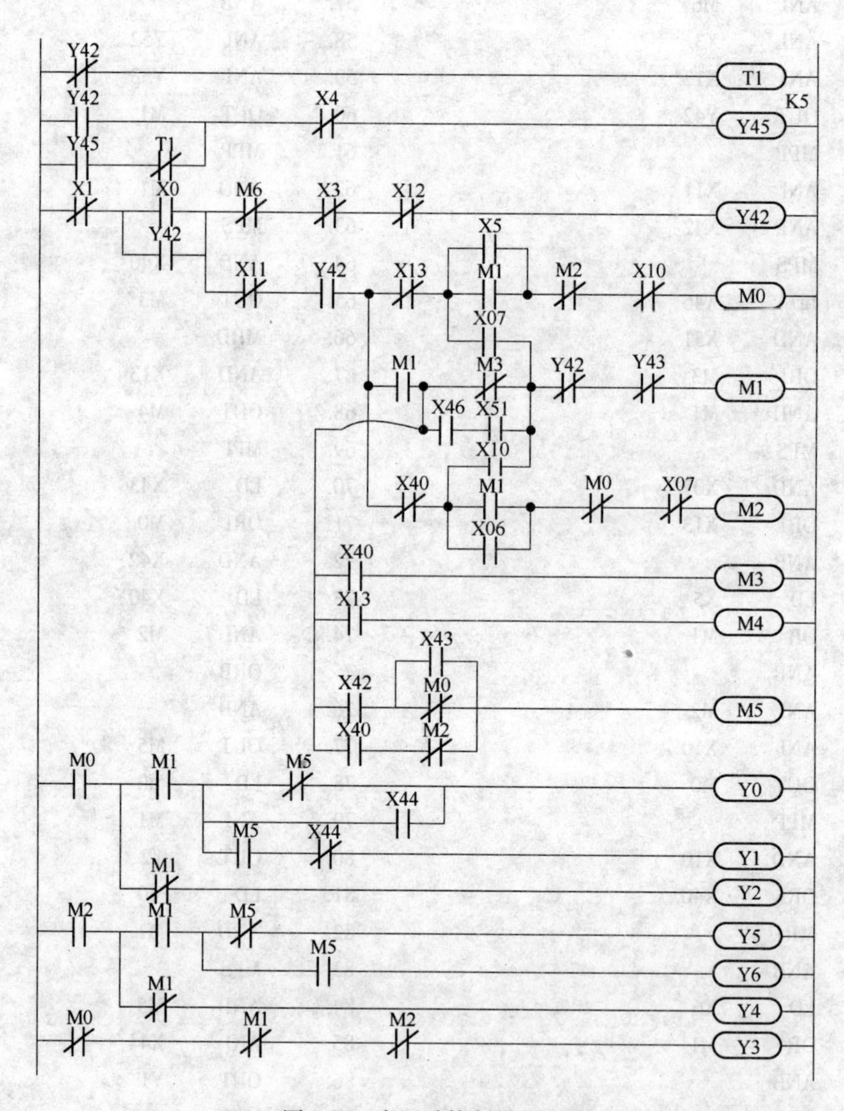

图 3-31　主运动控制梯形图

复习思考题

3-1 一般 FX2 系统由哪些单元、部件组成?

3-2 FX2 与外部输入、输出元件连接时,它的 I/O 地址如何确定?如系统中有 FX2-48MR、FX-8ET、FX-8EXT,各点的 I/O 地址为多少?其中继电器输出和晶体管输出类型各多少点?

3-3 FX2 基本逻辑指令功能,掌握其编写程序。

3-4 两定时器串联总定时时间如何确定?

3-5 两计数器串联,后一级计数器动作与第一级脉冲输入之间关系如何确定?其中第一级计数器若不是自循环计数器时,情况如何?若第二级计数器不是自循环计数器时,情况又如何?

3-6 试画出 4 路模拟量输入、2 路模拟量输出的 FX2 系统组成硬件图,并指出输入、输出 I/O 地址。

3-7 将第 2 章中电动机正反转继电器控制线路改用 FX2 控制,并设计其硬件线路,编制控制软件。

3-8 将第 2 章中异步电动机能耗制动继电器控制线路改用 FX2 控制,并设计其硬件线路,编制控制软件。

3-9 将第 2 章中绕线式异步电动机按时间原则串电阻启动,继电器控制线路改用 FX2 控制,并设计其硬件线路,编制控制软件。

3-10 试就本章中龙门刨床 FX2 控制系统中的速度给定环节(v_{GO})改用模拟量输入输出控制,请画出增加的部件及线路和更改的部分梯形图。

4 OMRON 的 C 系列 PLC

日本 OMRON(立石)公司生产的 C 系列 PLC 中有 C20、C20P、C500、C2000 等,其输入、输出点数和结构形式如表 4-1 所示。

表 4-1 C 系列 PLC 输入、输出点数和结构形式

项 目	SYSMAC C20P/28P/40P	SYSMAC-C20	SYSMAC-C500	SYSMAC C1000H/C2000H
特 点	紧 凑	用于小规模系统很理想	积木式型	标准积木式型:Duplex system 适合于 C2000H
外形/mm	250 110 100	21 26	480 250	480 250 100
程序系统	梯形图	梯形图	梯形图	梯形图
程序容量	1194 地址	512 地址或 1194 地址	6.6K 地址	C1000H:C2000H: 32K 地址 32K 地址
输入和输出点数	输入 输出 C20P 12 8 C28P 16 12 C40P 24 16 (扩展至 112)	28 ~ 140	512(最大)	C1000H: 最大 1024 C2000H: 最大 2048
电源电压	100 ~ 240VAC 50/60Hz 24VDC	100/120,200 到 240VAC 或 24VDC	110/120/220/240VAC	100 ~ 120/200 ~ 240VAC, 50/60Hz,24VDC
耗电量	40VA(AC)20W(DC)	30VA,20W	50VA	150VA(AC)55W(DC)

4.1 C20 可编程序控制器

4.1.1 C20 的性能

C20 有两种型号,一是基本型,另一是扩展型。基本型容量为 1194 个程序语句,28 个 I/O 点及 136 个内部辅助继电器;扩展型除了 I/O 点能增加到 140 个以外,其他功能与基本型相同。

C20 可以根据选用的模块,构成:(1)16 点输入,12 点输出;(2)32 点输入,24 点输出;(3)48 点输入,36 点输出;(4)64 点输入,48 点输出;(5)80 点输入,60 点输出。

C20 共有 48 个定时器/计数器。每个定时器的范围是 0.1 ~ 999.9s,每个计数器的计数范围 1 ~ 9999。C20 还有高速定时功能,定时范围是 0.01 ~ 999.9s。C20 除了具有一般小型 PC 所具备的逻辑运算指令、定时指令、计数指令和联锁指令以外,还具有数值计算指令,例如加法、减法、比较、移位等指令,能适应较为复杂的开关量控制。

C20 机的编程容量为 1194 个指令地址。PC 既可运行 RAM 中的用户程序,也可以运行 EPROM 中的用户程序,基本操作灵活,当使用 RAM 时用户的程序可以修改和重新写入,而

EPROM又可以对已经定型的程序加以固化。表4-2为C20性能表。

表4-2 C20性能表

项目		不可扩展型	可扩展型
控制系统		程序存储系统	
主控单元		MPU,CMOS-LSI,COM-IS,LS-TTL	
编程系统		梯形图	
指令	指令字长	6位/地址	
	指令数	27	
编程容量		512地址	1194地址
执行时间		10μs/地址	
I/O继电器数		I:16点(000~0015) O:12点(0500~0511)	I:80点(0000~0415) O:60点(0500~0911)
内部继电器	内部辅助继电器数	136点(1000~1807)	
	计时器、计数器数	48个(TIM/CNT00~47) TIMER:0.1~999.9s(高速0.01~99.99s) COUNTER:0~9999次	
	保持继电器	160点(HR000~915)	
	微分输出	48个(DIFU/DIFD指令)	
	暂存继电器	8点(TR0~7)	
	特殊辅助继电器	1808 电池故障出现时ON	
		1809	
		1810	
		1811 常闭(常OFF)	
		1812	
		1813	
		1814	
		1815 程序执行一扫描周期后ON	
		1900 0.1s时钟	
		1901 0.2s时钟	
		1902 1s时钟	
		1903 运算结果不以BCD码输出时ON	
		1904 运算结果有进位时ON	
		1905 比较结果(>)ON	
		1906 比较结果(=)ON	
		1907 比较结果(<)ON	
指示灯	POWER(红)	POWER ON:亮;POWER OFF:灭	
	RUN(红)	PC RUN状态:亮;PC STOP状态:灭	
	ERR(红)	故障:亮;正常:灭	
	ALARM(红)	故障不引起PC停:闪;正常:灭	
电池寿命		室温下5年(用户最大存储容量)	
继电器程序保持功能		断电时,保持继电器和计数器保持当前数据	
自诊功能	RUN/MONITOR状态	CPU故障 NO END指令 电池故障 存储器错误 I/O BUS故障	
	PROGRAM状态	END指令检查 不正确指令状态检查	

4.1.2　C20 的选件和配置

4.1.2.1　C20 的选件

C20 采用模块结构,每个模块的体积都很小,安装方便。主要有以下几种选件:

(1)3G2C7-CPU44E。它为可展开的主模块。它的外型尺寸为 210mm × 250mm × 59.5mm。在这个模块上有微处理器、RAM/ROM、16 点输入和 12 点输出。还有可编程序控制台(3G2A6-PRO15E)或 EPROM 写入器(3G2A5-PRW04E)相连的接口。该模块是必选模块。

(2)3G2C7-MC223。它为 I/O28 点扩展模块。它的外型尺寸为 210mm × 250mm × 59.5mm。该模块有 16 点输入,12 点输出。它通过扁平电缆与主模块相连。

(3)3G2C7-MC224。它为 I/O56 点扩展模块。它的外型尺寸为 210mm × 250mm × 59.5mm。该模块有 32 点输入,24 点输出。它通过扁平电缆与主模块相连。

(4)3G2A6-PRO15E。它是编程控制台,可直接插到主模块上,不占安装位置。它主要用于输入或修改用户程序,监控 PC 的运行状态。

(5)3G2A5-PRW04E。它是 EPROM 写入器,可直接插入主模块上,不占安装位置。它主要用于将 PC 存储器中的用户程序写入 EPROM,或将 EPROM 中的用户程序读到 PC 的 RAM 用户程序区。

4.1.2.2　C20 的配置

由于 C20 采用模块式结构,用户可以根据实际需要选购相应的模块,使成本降到最低。例如一个单位需要购置多台 C20,就可以只购买一台编程器和一台 EPROM 写入器。

用户根据需求,可以选择如下配置:(1)16 点输入,12 点输出,只购置主模块;(2)32 点输入,24 点输出,主模块 + I/O56 点扩展;(3)48 点输入,36 点输出,主模块 + I/O56 点扩展;(4)64 点输入,48 点输出,主模块 + I/O56 点扩展;(5)80 点输入,60 点输出,主模块 + I/O56 点扩展。

4.1.3　C20 的通道和继电器

C20 有位运算指令,例如逻辑运算指令、保持指令、定时指令和计数指令,也有字运算指令,例如加法、减法、比较传递等。为了完成这些指令功能,C20 将输入输出和内部变量单元分为通道和继电器。

4.1.3.1　通道——CHANNEL

C20 有 CH00 ~ CH04　　5 个输入通道
CH05 ~ CH09　　5 个输出通道
CH10 ~ CH17　　8 个内部通道
HR00CH ~ HR09CH　　10 个保持通道

每个通道由 16 个继电器构成。

数值运算指令的操作对象是通道。

4.1.3.2　内部继电器

继电器号一般由两个部分组成:

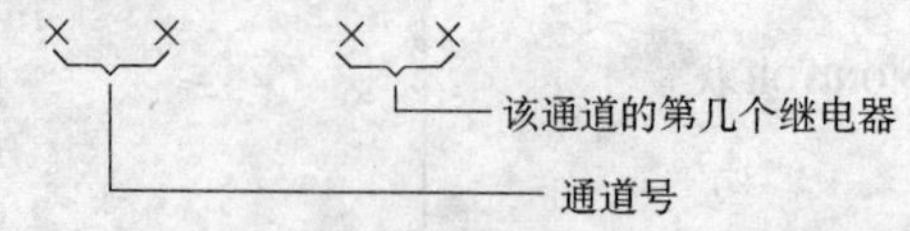

例如:1015,表示第十通道的第 16 个继电器;HR000,表示通道的第一个继电器。

C20 共有 80 个输入继电器,80 个输出继电器(仅有 60 个与输出端相连),136 个内部辅助继电器,16 个专用继电器,160 个保持继电器,48 个定时器/计数器等。

4.1.4　C20 的专用继电器

C20 设置以下专用继电器:(1)电池异常时为 ON:1808;(2)常 OFF:1809 ~ 1812、1814;(3)常 ON:1813;(4)运行单脉冲:1815;(5)T = 0.1s 的连续脉冲:1900;(6)T = 0.2s 的连续脉冲:1901;(7)T = 1s 的连续脉冲:1902;(8)数值运算时操作数不是 BCD 码时为 ON:1903;(9)数值运算进位/借位:1904;(10)数值比较时 > 为 ON:1905; = 为 ON:1906; < 为 ON:1907。

4.1.5　工作原理和组成

事先要将生产过程控制的要求编成程序,并输送到程序存储器。运行时,PC 机就可根据输入检测信号(受控对象的状态)和程序得出判断,通过输出电路去控制受控对象。

C20 与其他的典型可编程序控制器一样的三个部分组成:

(1)输入/输出部分。由接线和接口继电器组成,将 PC 与被控设备连接起来的部件。

(2)微处理机(MPU)。包括 CPU 控制回路及存储器,它存储着控制方案,以指导受控设备的动作,这部分也是 PC 的心脏。用扫描控制方法,按输入状态组织控制器的活动,完成特定要求的输出。

(3)编程装置。该装置的作用是将控制方案送入存储器,操作者根据设计编排的指令按键操作,就可完成编程工作。继电器梯形图法是最常用的编程方法。

4.1.6　C20 的部件

C20 结构紧凑,能将 I/O 终端与微处理器装在一个箱体内,称为微处理机(MPU)。可分离的编程控制台,能方便地进行编程。另外,外围设备可使主机的功能扩展。

4.1.6.1　MPU

微处理机(MPU)是在 C20 的主机箱内,内部装有微处理器(CPU),其上附有 I/O 终端,可用编程装置将控制程序写入 MPU 内存,并执行程序。外形结构如图 4-1 所示。

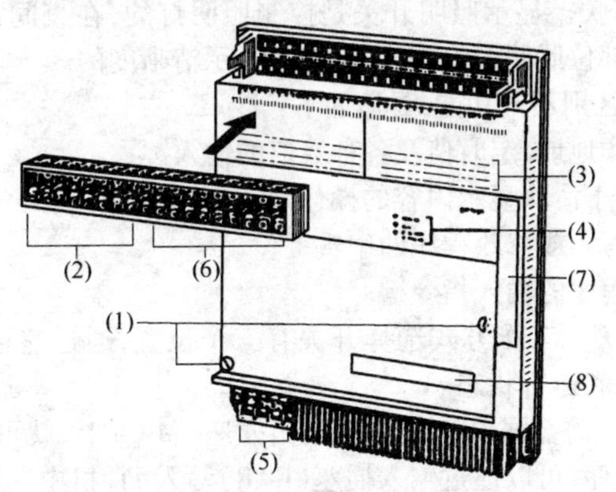

图 4-1　C20 外形结构

图中有编号的器件说明如下:

(1)控制台螺钉。用扁平螺丝刀拆装,便于打开面板,对 PC 机维修调整。

(2)输入终端。这些终端用来连接输入器件和控制装置的传感器。

(3)输入/输出指示灯。LED 可指示每个输入和输出终端信号的状态,当 ON 时为红色,OFF

时为暗。

(4)LED 指示灯(电源、运行、错误/报警)。这些 LED 的亮或灭可表示主电源的供电与否,可表示 C20 是否运行状态;或有无错误发生。

(5)电源终端。这些终端用来连接 AC 或 DC 电源,其接地电阻必须小于 100Ω。

(6)输出终端。输出终端用来连接输出装置,以达到控制的目的。

(7)扩展 I/O 的插口。这个插口只有扩展型 PC 机才有,它用来连接扩展 I/O 以增加 I/O 数目。

(8)外围设备插口。这个插口是接插编程控制台,或者接插其他外围设备的。

4.1.6.2　编程控制台

这是一个用于 C20 的标准编程装置,编好的程序用它写到 MPU 中存储,并进行运行,面板如图 4-2 所示。

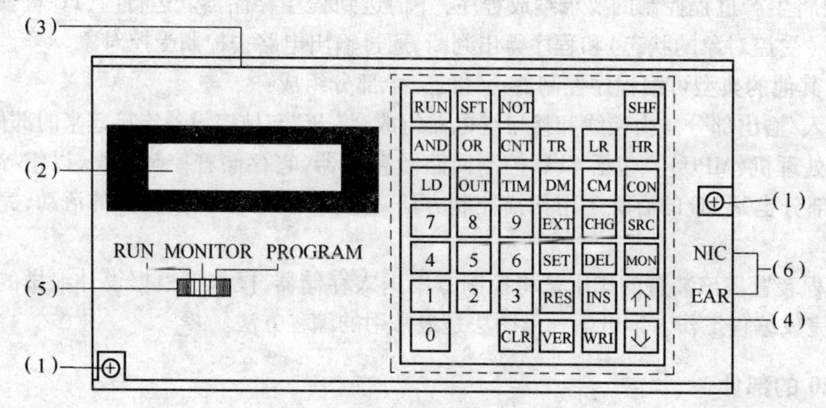

图 4-2　C20 机编程控制台

图 4-2 中有编号的器件说明如下:

(1)安装螺钉。用于将编程器固定在 PC 机上。

(2)液晶显示板。能显示 2 行 16 列字母和数字。当写入程序时,显示写入程序的内容,同时可作为检查和监控程序的执行情况,也可显示信息的错误。

(3)显示照明/对比开关。显示照明开关是控制照明灯的,在夜间或灯光比较暗的环境时,打开此开关,就可使显示部位照明,对比开关是调整显示清晰度的。

(4)键盘。用键色彩区别不同功能,具体如下:

白色键:共 10 个,用作地址、定时值及各种数值的输入键;

红色键:只有 1 个,用于清除显示内容的操作键;

黄色键:共 12 个,是写入或修改程序的编辑键;

灰色键:共 16 个,是程序的输入指令键。

(5)工作方式选择开关。工作方式选择开关有三个位置,通过它可选定 PC 的三种工作状态,即编程状态、监控状态和运行状态。

(6)盒式录音机插座。将盒式录音机接到输出插座(MIC)上,就可将控制程序储存到磁带上。存在磁带上的控制程序,可以通过输入插座(EAR)写入 PC 机中。

4.1.7　基本系统的构成

在图 4-3 中表示了用 C20 的典型控制系统。如果是直流输入型非扩展 PC 机,每个系统只有 28 个 I/O 点,而对交流输入型,则为 26 点。

对直流输入型扩展 PC 机,I/O 点可增加到 56 点、84 点、112 点或 140 点,这只要使用两个扩展 I/O 点就能做到;对交流型,I/O 点可做到 52 点、78 点、104 点或 130 点。

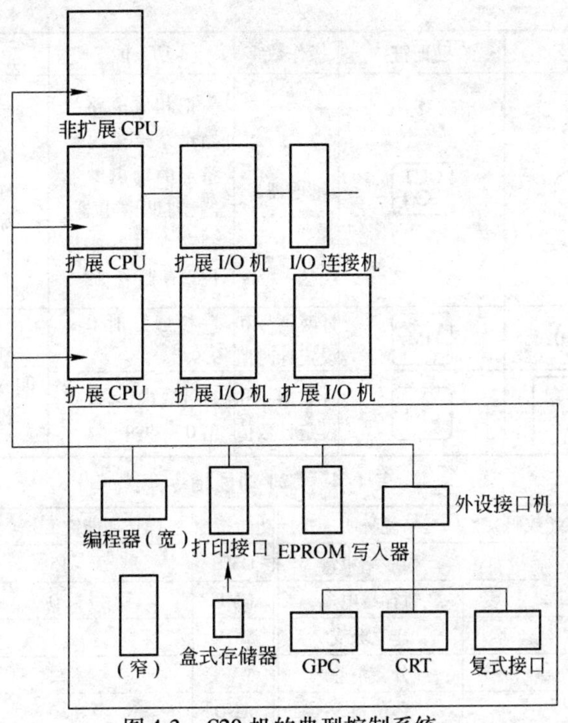

图 4-3 C20 机的典型控制系统

4.2 C 系列指令

C20 机使用 C 系列机的共用指令。C20 基本指令有 11 条,功能指令 16 条,共 27 条指令,如表 4-3、表 4-4 所示。

4.2.1 基本指令

C 系列机基本指令梯形图如表 4-5 所示。

表 4-3 C 系列机基本指令

指 令	符 号	助记符	操作数字	功 能	数 据
LD(LD)		LD	继电器号	以常开接点开始的操作符号	电器编号 输入、输出继电器 0000 ~ 0915 辅助继电器 1000 ~ 1907 保持继电器 HR000 ~ HR915 计时器 TIM00 ~ TIM47 设定时间 0 ~ 999.92 计数器 CNT00 ~ CNT47 设定值 0 ~ 9999 暂存继电器 TR0 ~ TR7(TR 只用在 LD 指令)
LD NOT		LD NOT	继电器号	以常闭接点开始的操作符号	
AND		AND	继电器号	逻辑"与"操作,即串联常开接点	
AND - NOT		AND NOT	继电器号	将常闭接点串联	
OR		OR	继电器号	并联常开接点	
OR - NOT		OR NOT	继电器号	并联常闭接点	
AND - LOAD		AND LD		块串联连接两组接点	
OR - LOAD		OR LD		块并联连接两组接点	

续表 4-3

指　令	符　号	助记符	操作数字	功　能	数　据
OUT	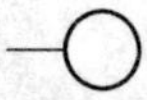 —○	OUT —○—	继电器号	把相应电路的操作结果输出给指定的输出继电器、辅助继电器、锁存继电器或移位寄存器中	继电器编号 输出继电器 0500 ~ 0915 辅助继电器 1000 ~ 1807 保持继电器 HR000 ~ HR915 暂存继电器 TR0 ~ TR7
TIM	 —(TIM)	TIM	计时器号和设定计时值	接通延时 0 ~ 999.9s	计数器和计时器编号均为 00 ~ 47 设定值为 0000 ~ 9999
CNT	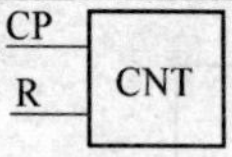 CP, R — CNT	CNT	计数器号和设定计数值	减计数操作，设定值 0 ~ 9999	

表 4-4　C20 功能指令

功能指令	操作功能键 FUN(数码)	说　明	功能指令	操作功能键 FUN(数码)	说　明
END	01	程序结束键	TIMH	15	高速定时器
OUT TR		暂存继电器	CMP	20	比较指令
IL	02	建立分支	MOV	21	传送指令
ILC	03	分支消除	MVN	22	取反传送指令
SFT	10	移位指令	ADD	30	加法指令
KEEP	11	R-S 触发器	SUB	31	减法指令
DIFU	13	脉冲前沿微分指令	STL	40	进位位置 1 指令
DIFD	14	脉冲后沿微分指令	CLC	41	进位位清零指令

表 4-5　C 系列机基本指令梯形图

基本指令	代码表	说　明	动作示意图
(LD、AND、OR、OUT) 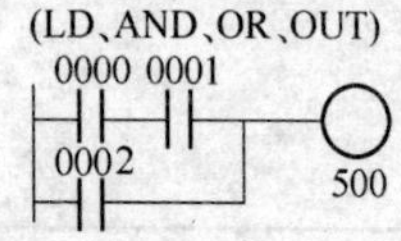 0000 0001 0002 500	LD0000 AND0001 OR0002 OUT500	输入 0000 和 0001ON 时或输入 0002ON 时，继电器 500 都 ON	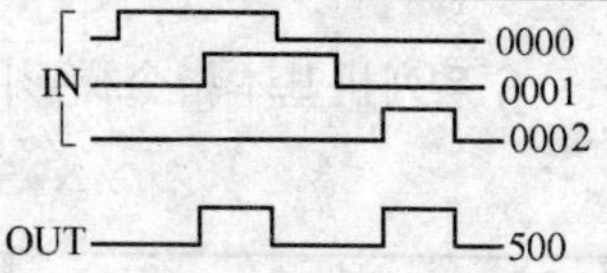 IN 0000 0001 0002 OUT 500
(LD NOT、AND NOT、OR NOT)  0000 0001 0002 500	LD NOT[①] 0000 AND NOT[①] 0001 OR NOT[①] 0002 OUT 500	输入 0000 和 0001 都 OFF 时或输入 0002 OFF 时，继电器 500 都 ON	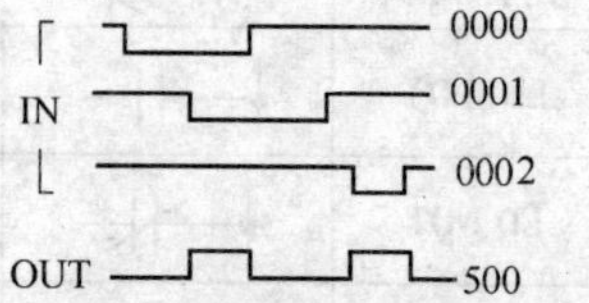 IN 0000 0001 0002 OUT 500
(AND LD) 0000 0002 0001 0003 500 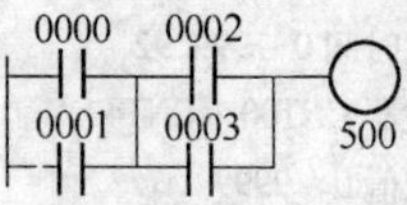	LD0000 OR0001 LD0002 OR0003 AND LD OUT 500	输入 0000 和 0002 ON 或 0000 和 0003 ON 或 0001 和 0002ON 或 0001 和 0003ON 时，继电器 500 都 ON	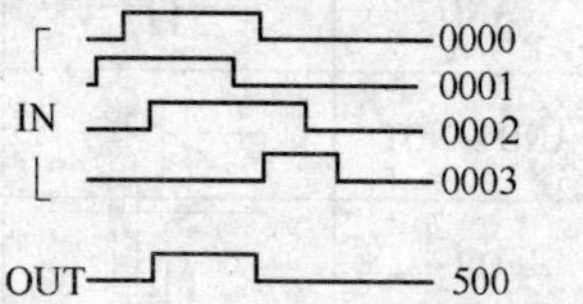 IN 0000 0001 0002 0003 OUT 500
(ORLD) 0000 0001 0002 0003 500 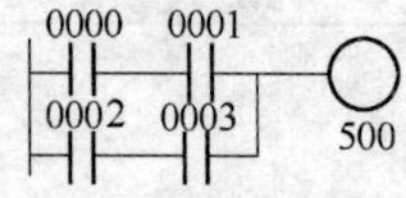	LD0000 AND0001 LD0002 AND0003 OR LD OUT 500	输入 0000 和 0001 ON 或 0002 和 0003 ON 时，继电器 500 都 ON	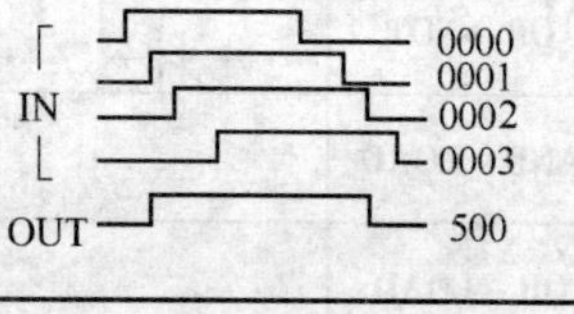 IN 0000 0001 0002 0003 OUT 500

续表 4-5

基本指令	代码表	说　明	动作示意图
(TIMER) 0000 0001 TIM 00 #0075 T00 500	LD0000 AND NOT① 0001 TIM 00 #0075 LD TIM00 OUT 500	输入 0000 和 0001 时闭合时（即 0000 ON 和 0001 OFF），7.5s 后 TIM 闭合，继电器 500 都 ON	0000 0001 IN TLM00 7.5s 500 OUT
(CNTER) 0000 0001 CNT 00 #0003 CNT00 500	LD0000 LD0001 CNT00 #0003 LD CNT00 OUT 500	输入 0000 通断 3 次时使 CNT 接通，继电器 500 ON，当 0001 接通时，CNT 复位	0000 0001 IN CNT00 500 OUT

①如果 0000、0001 或 0002 等接点是从输入接线端子引入的外接开关，那么代码表就应该以现实状态为准。例如，引入的就是一个常闭按钮或常闭接点，编码时，梯形图中的闭合接点就不要用 NOT，而常开接点才用 NOT。

4.2.2 专用指令

除了那些自己的键指令外，C20 还提供若干专用指令，这些指令都要用到 FUN 键。为了在程序安排一条专用指令，按

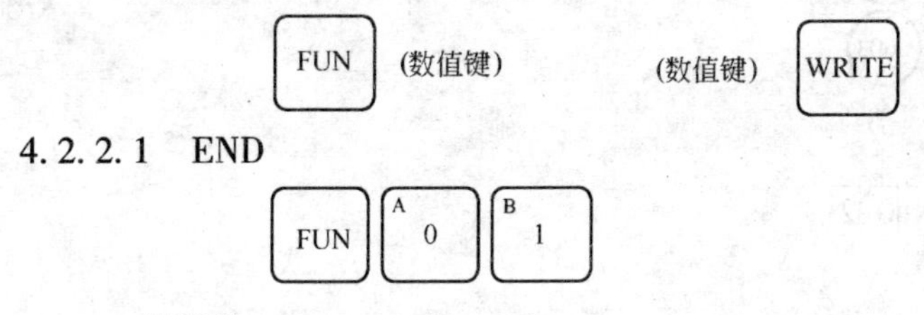

4.2.2.1 END

符号：—[END]

功能：表示程序的结束。

说明：本指令总是程序的最后一条指令，表示程序的结束。若程序线没有此指令，在运行或监视程序时，显示器将显示出 NO END INST 错误信息。示例如下：

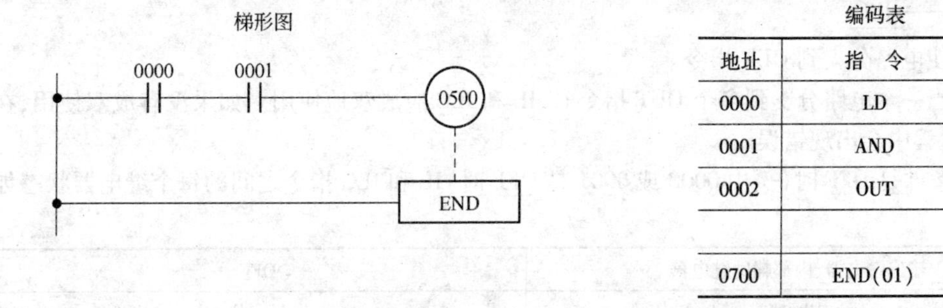

编码表

地址	指　令	数据
0000	LD	0000
0001	AND	0001
0002	OUT	0500
0700	END(01)	

4.2.2.2 暂存继电器(TR) [OUT] [TR] (继电器号)或 [LD] [TR] (继电器号)

功能：相当于暂存继电器。

说明：为编一个暂存继电器的程序，TR 指令必须与 OUT 或 LD 指令连用。

当梯形图不能用连锁指令编程时,要利用 TR 指令。在由多个接点组成的输出分支电路中,在每个分支点上要用暂存继电器。这种暂存继电器在同一组内不能重复使用,但可在不同的组中使用。继电器可在 0~7 范围内,示例如下:

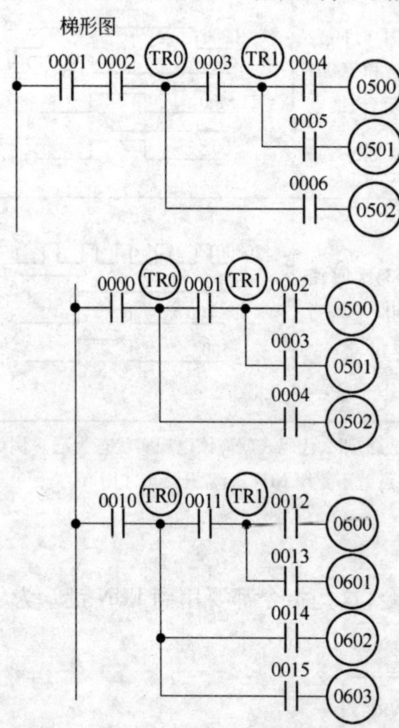

编码表

地址	指　令	数据
0200	LD	0001
0201	AND	0002
0202	OUT	TR0
0203	AND	0003
0204	OUT	TR1
0205	AND	0004
0206	OUT	0500
0207	LD	TR1
0208	AND	0005
0209	OUT	0501
0210	LD	TR0
0211	AND	0006
0212	OUT	0502

4.2.2.3　建立分支 IL FUN 0 2

符号:—IL

功能:使电路有一个新的分支起点。

说明:IL 与 ILC 应配合使用,当 IL 未接通时,IL 与 ILC 之间的输出都为 OFF,当 IL 接通时,IL 与 ILC 之间的电路正常工作。

4.2.2.4　分支消除 ILC FUN 0 3

符号:——ILC

功能:使电路分支到 OUT 指令。

说明:当一个电路分支到多个 OUT 指令时,IL 和 ILC 应成双地使用。如果没有成双使用,在程序检查过程中会出现错误。

当 IL 条件是 OFF 时(例中 0000 或 0001 是 OFF 时)IL 和 ILC 指令之间的每个继电器状态如下:

输出继电器、内部辅助继电器	OFF
定时器	复　位
计数器、移位寄存器、保持继电器	保持当前状态

当 IL 的条件是 ON 时,每个继电器的状态与没有使用 IL/ILC 指令时的原继电器电路中的状态相同。示例如下:

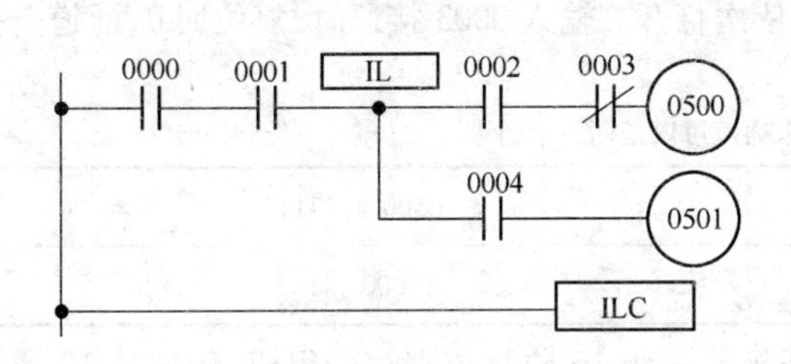

编码表

地址	指 令	数据
0200	LD	0000
0201	AND	0001
0202	IL(02)	—
0203	LD	0002
0204	AND-NOT	0003
0205	OUT	0500
0206	LD	0004
0207	OUT	0501
0208	ILC(03)	—

梯形图的内容是：当0000、0001、0002、0003（常闭）都闭合时，输出0500接通。当0000、0001、0004都闭合时，输出0501接通。

4.2.2.5 移位指令SFT [FUN] [1] [0]（首通道号）（末通道号）

符号：IN CP R SFT

功能：相当于一个串行输入移位寄存器。

说明：移位寄存器必须按照输入、时钟、复位和SFT指令的顺序（首通道到末通道）编程。每一条SFT必须有若干16位的单元来作为其移位数据。本例中，传递16位是从0500到0515。

利用被指令通道的继电器号，可把移位寄存器的16位内容一位一位地输出。

当复位信号输入到移位寄存器时，所有16位同时复位。

数据在输入时钟的前沿移位。

若使用了保持继电器，则在电源故障期间，在时钟或复位输入到来之前数据会得以保存。示例如下：

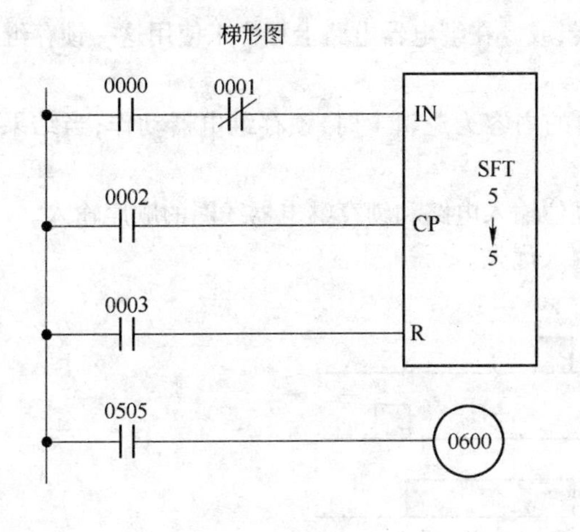

编码表

地址	指 令	数据
0200	LD	0000
0201	AND-NOT	0001
0202	LD	0002
0203	LD	0003
0204	SFT(10)	05
		05
0205	LD	0505
0206	OUT	0600

当输入 0002 在上升沿时，把输入 0000 和 0001 的串联状态向输出继电器（或内部辅助继电器）通道中传送，本例中 0000 和 0001 的输入为 ON，开始（0002 第 1 次 ON 时）0500 闭合，而后 0002 每 ON 1 次，依次 0501、0502、…、0515 闭合，并保持下来，当 0000 和 0001 的输入改为 OFF 时，时钟 0002 每 ON 1 次，0500、0501、…、0515 依次打开。输入 0003 接通时，复位回 0，通道全打开。该例中当 0505 闭合时，输出 0600 接通。

通道内容（首通道和末通道可以是同一个通道）

输出继电器、内部辅助继电器	0500 到 1715
保持继电器	HR000 到 915

若需要大于 16 位的移位寄存器，可以由两级或多级 16 位移位寄存器组成，例如从 10 通道再转入 11 通道。如下例：

梯形图

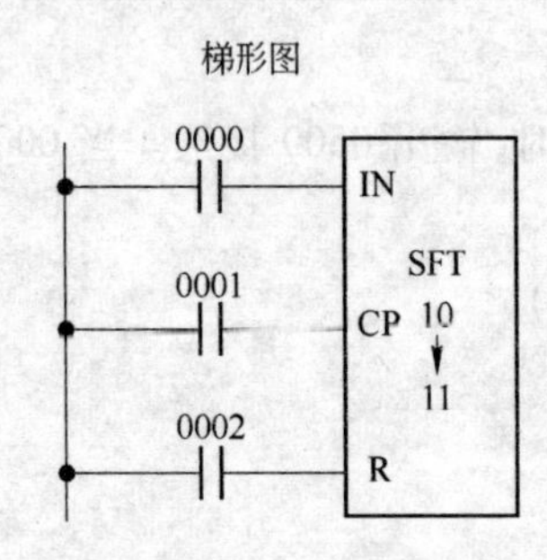

编码表

地址	指　令	数据
0200	LD	0000
0201	LD	0001
0202	LD	0002
0203	SFT(10)	10
		11

此例是一个从 1000 到 1115 的 32 位移位寄存器。

4.2.2.6　保持继电器 KEEP（继电器号）FUN B 1 B 1

符号：

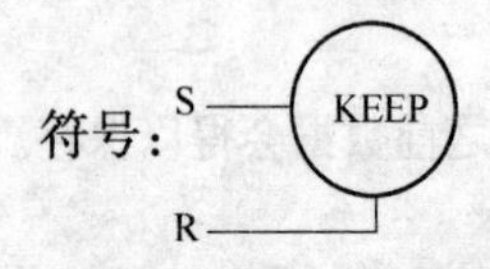

功能：相当于一个锁存器。

说明：本指令可以用来形成一个锁存继存器，或像在继电器电路上那样来使用这一锁存继电器。

当结果寄存器的内容是逻辑 0、堆栈寄存器的内容为逻辑 1 时，锁存继电器动作；当结果寄存器的内容是逻辑 1 时，锁存继电器释放。

锁存继电器程序必须按照置位输入电路、复位输入电路和锁存继电器线圈的顺序输入。

当置位输入和复位输入同时到达时，复位输入优先。

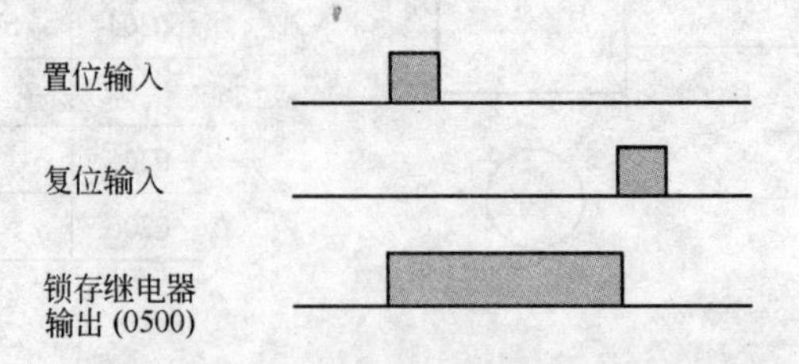

若将保持继电器当作为锁存继电器使用，则在电源出现故障时存储器中的数据将保持到置位或复位输入信号到来之前。示例如下：

梯形图

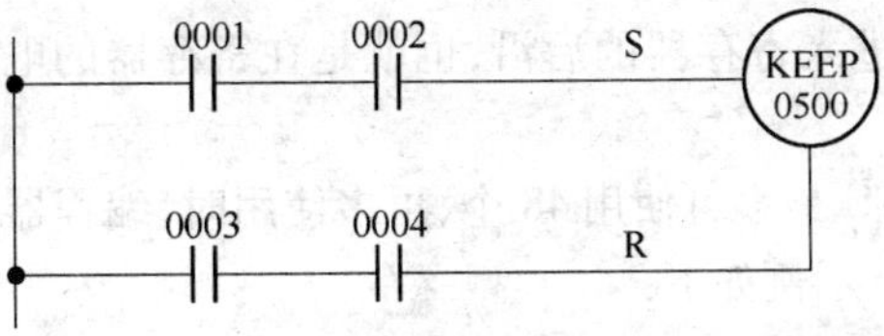

编码表

地址	指　令	数据
0200	LD	0001
0201	AND	0002
0202	LD	0003
0203	AND	0004
0204	KEEP(11)	0500

数据内容

输出继电器，内部辅助继电器	0500 到 1807
保持继电器	HR000 到 915

当输入 0001 到 0002 都闭合时，继电器 0500 即接通，并保持下来（0001 或 0002 断开时 0500 仍接通），只有当 0003 和 0004 都闭合时，继电器 0500 才释放。

4.2.2.7 脉冲前沿微分指令 DIFU [FUN] [B 1] [D 3]（继电器号）

符号：DIFU

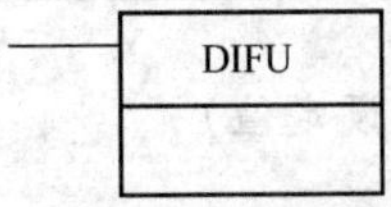

功能：输入脉冲前沿使继电器动作一下，又复原。

说明：本指令用来在每次扫描时把输入状态的微分输出到指定的继电器。

本指令必须这样来安排，即在一次扫描时间内，在进入寄存器的前沿，也就是在寄存器的电平从 0 跳到 1 时产生输出。

在 PC 启动之后，微分指令执行自己操作，以响应输入的变化。示例如下：

梯形图

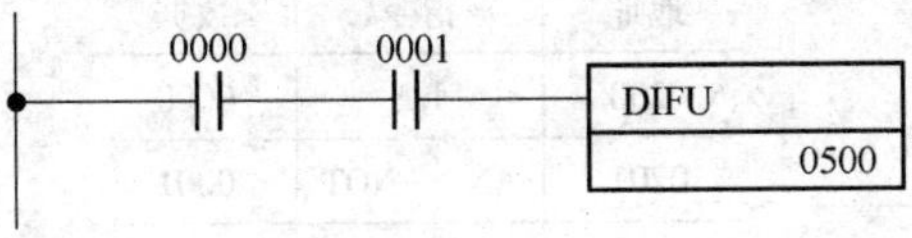

编码表

地址	指　令	数据
0200	LD	0000
0201	AND	0001
0202	DIFU(13)	0500

当 0000 和 0001 串联闭合时，在闭合的前沿，0500 闭合一个扫描周期的时间，而后又打开。

数据内容

输出继电器	0500 ~ 1807
保持继电器	HR000 ~ HR915

4.2.2.8　脉冲后沿微分指令 DIFD FUN B 1 E 4 (继电器号)

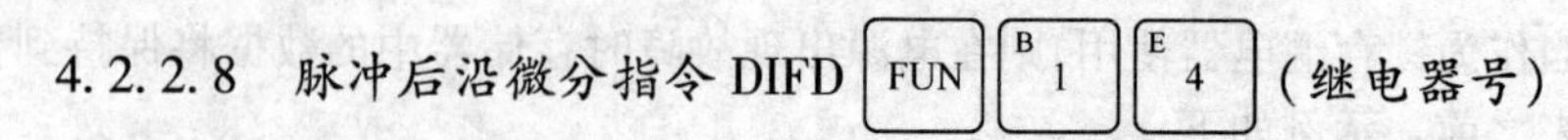

符号：

DIFD

功能：输入脉冲后沿使继电器动作一下，又恢复。

说明：本指令用来在每次扫描时把输入状态的微分输出到指定的继电器。

本指令必须这样来安排，即在一次扫描时间内，在进入寄存器的后沿，也就是在寄存器的电平从 1 跳到 0 时产生输出。

在与 DIFU 指令同时使用时，可编程的 DIFD 和 DIFU 最多可使用 48 个，再多使用时，编程器将显示“DIF OVER”，并把第 49 个 DIFU 或 DIFD 作废。示例如下：

梯形图

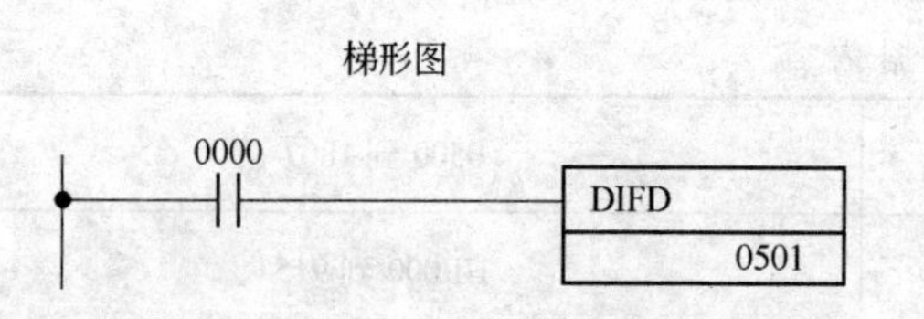

编码表

地址	指令	数据
0200	LD	0000
0201	DIFD(14)	0501

当 000 开始处于闭合状态，再释放打开时，在打开的后沿（即打开瞬时），使 0501 闭合一个扫描周期时间，而后又打开。

数 据 内 容

输出继电器	0500 ~ 1807
保持继电器	HR000 ~ HR915

4.2.2.9　高速定时器 TIMH FUN B 1 F 5 (继电器号)(设定值)

符号：

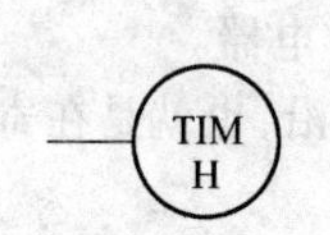

功能：执行高速定时器操作。

说明：本指令可作高速导通延时定时用。可像一个延时继电器那样使用这一定时器。设定时间在 00.00 ~ 99.99s 范围内，时间增量为 0.01s。延时继电器号可在 00 ~ 47 范围内设定。不能把同一个号分配给多个定时器和计数器。

梯形图

0000　0001　TIMH 10　1.50s

TIM10　0500

编码表

地址	指令	数据
0200	LD	0000
0201	AND—NOT	0001
0202	TIMH(15)	10
		#0150
0204	LD	TIM10
0205	OUT	0500

本指令的操作条件与操作内容同定时器指令相同。若扫描时间超过 10ms，此定时操作可能不准确。本例数据 0150 表示 1.5s（如果是普通定时器，0150 表示 15s）。

4.2.2.10　比较指令 CMP FUN C 2 A 0 (S1)(S2)

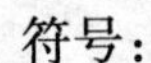
符号:

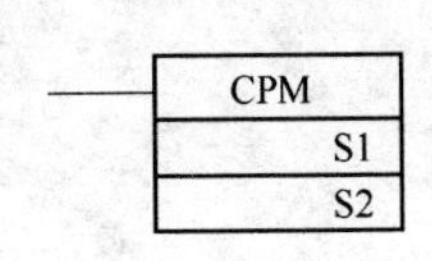

功能:将通道数据或4位数常数(S1)与另一通道数据或4位数(S2)进行比较。

说明:CMP指令用来把通道数据或4位常数(S1)与另一通道数据或4位数(S2)进行比较,S1S2中至少要有一个是通道的内容(不是常数)示例如下:

梯形图

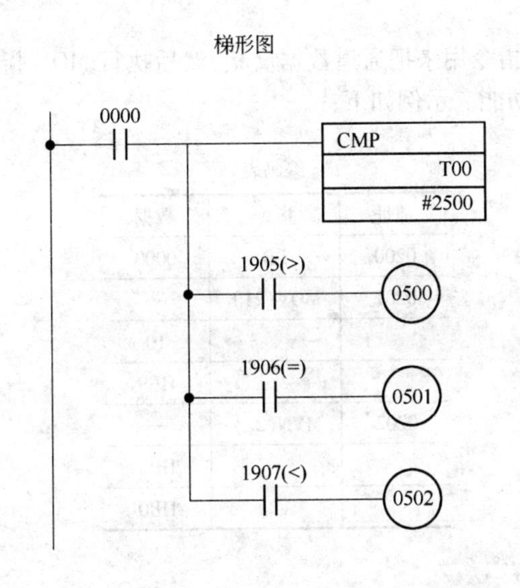

编码表

地址	指令	数据
0200	LD	0000
0201	OUT	TR0
0202	CMP(20)	
0203		TIM00
0204		#2500
0205	LD	TR0
0206	AND	1905
0207	OUT	0500
0208	LD	TR0
0209	AND	1906
0210	OUT	0501
0211	LD	TR0
0212	AND	1907
0213	OUT	0502

数据内容(S1、S2)

输入/输出继电器、内部辅助继电器	CH00~17
保持继电器	HR0~9CH
定时器/计数器	TIM/CNT00~47
常　数	#0000~FFFF

在本例中,若S1大于S2,1905接通;若S1等于S2,1906接通;若S1小于S2,1907接通。当结果寄存器的内容是逻辑0时,本指令不被执行。因此,比较的结果是专用辅助继电器1905~1907保持原状态不变,在END指令执行之后,这些继电器全被清0。当进入寄存器的内容是逻辑1时,CMP指令被执行。

在上例中,程序执行时,TIM00的运行数据与2500相比较,其结果输出到专用辅助继电器结果区1905~1907。比较结果为:

项　　目	1905	1906	1907
TIM>2500	1	0	0
TIM=2500	0	1	0
TIM<2500	0	0	1

梯形图的内容是:当输入000通道时,输入TIM00的数据与2500比较,如果大,输出0500(ON),如果小,输出0502(ON),如果相等,输出0501(ON)。其中1905、1906、1907是辅助继电接点。

4.2.2.11　传送指令 MOV [FUN] [C 2] [1]　(S)　(D)

取反传送指令 MVN [FUN] [C 2] [C 2]　(S)　(D)

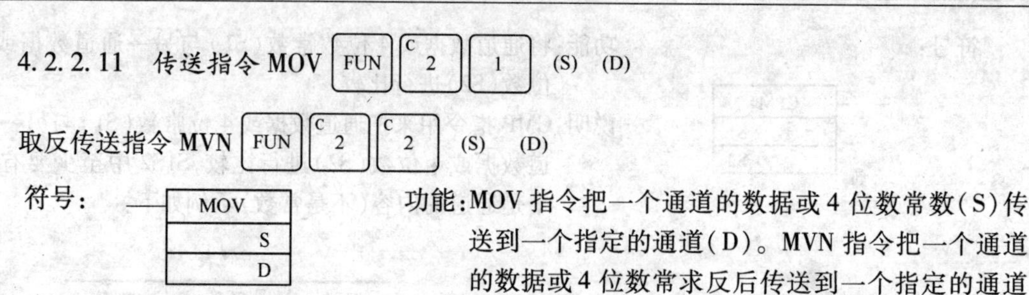

符号：

梯形图

功能：MOV 指令把一个通道的数据或 4 位数常数(S)传送到一个指定的通道(D)。MVN 指令把一个通道的数据或 4 位数常求反后传送到一个指定的通道(D)。

说明：MVN 指令用来把通道数据反相，然后执行 MOV 指令的功能。示例如下：

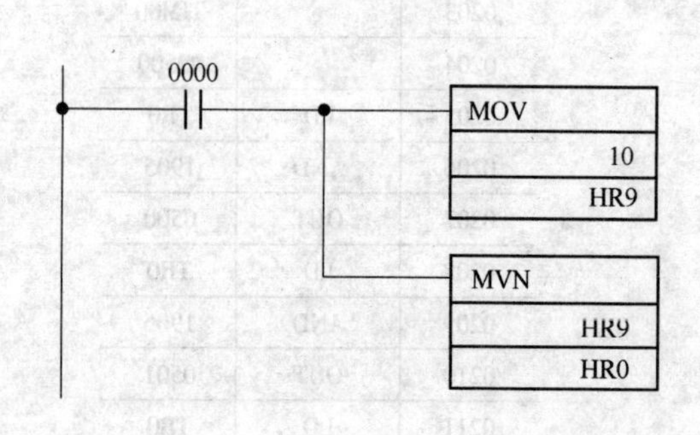

编码表

地址	指令	数据
0200	LD	0000
0201	MOV(21)	—
		10
		HR9
0202	MVN(22)	—
		HR9
		HR0

数 据 内 容

项　目	S	D
输入/输出继电器内部辅助继电器	00 ~ 17	05 ~ 17
保持继电器	HR0 ~ 9	
定时器/计数器	TIM/CNT ~ 47	
常　数	#0000 ~ FFFF	

注：若被传送数据全是 0，则专用辅助继电器 1906 接通。结果寄存器是逻辑 1 时，MOV 或 MVN 在每次扫描中均被执行，把数据送出或反相送出，为了只执行一次，需要为输入编入一个微分程序。当结果寄存器为逻辑 0 时，上述指令不被执行。

上例为程序执行时 CH10(1000 ~ 1015)的 16 位数据传送到 HR9CH(HR9CH ~ HR915)，然后反相，再传送到 HR0CH(HR000 ~ HR015)

传输的结果：　　HR0CH = 0→1906 = 1

　　(HR0) ≠ 0→1906 = 0

通常的做法是传送 4 位数数据或者将数据反相后再传送。

梯形图的内容是：当 000 接通时，MOV 把 CH10 的数据传给 HR9，如果 CH10 为接通，HR9 即为接通。MVH 反相传送数据，现在 HR9 为接通，则 HR0 为断开。

4.2.2.12　ADD [FUN] [D 3] [A 0]　(S1)　(S2)　(D)

符号：

ADD
S1
S2
D

功能：将一个通道的数据(S1)或 4 位数常数与指定通道数据(S2)相加，然后把结果输出到指定通道(D)。

说明：本指令用于两个 4 位数数据的相加。

在执行ADD指令之前,程序上必须安排一条CLC指令来清进位标志(1904)。在结果寄存器为逻辑1时,每次扫描都执行数据相加。为了只执行一次ADD,应为输入编一个微分电路程序。示例如下:

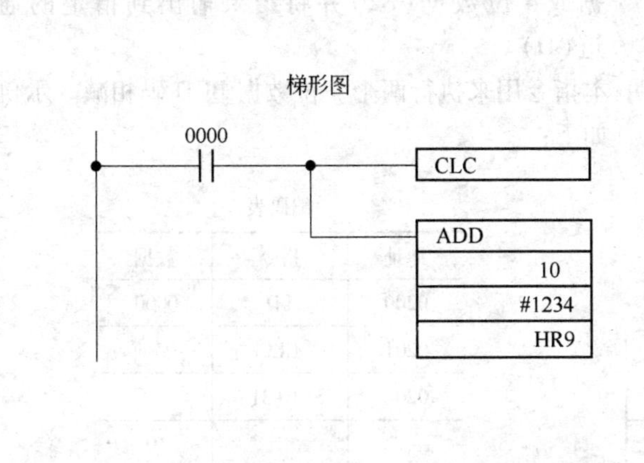

编码表

地址	指令	数据
0200	LD	0000
0201	CLC	—
0202	ADD(30)	—
		10
		#1234
		HR9

数据内容

项目	S1S2	D
输入/输出继电器、内部辅助继电器	00~19	05~17
保持继电器	HR0~9	
定时器/计数器	TIM/CNT~47	—
常数	#0000~9999	—

解释:如果0000为逻辑0时,指令不执行,若为1时,执行一个4位BCD数据与另一个4位BCD数据带进位相加。若相加结果为0000,则1906接通。若有进位,1904接通。本例中CH10(1000~1015)的16位内容以4位BCD数据形式与4位数字常数1234带进位(1904)相加,相加结果输出到HR9CH(HR900~HR915)的16位地址中。若相加结果有进位,1904接通;若相加结果为0000,1906接通。

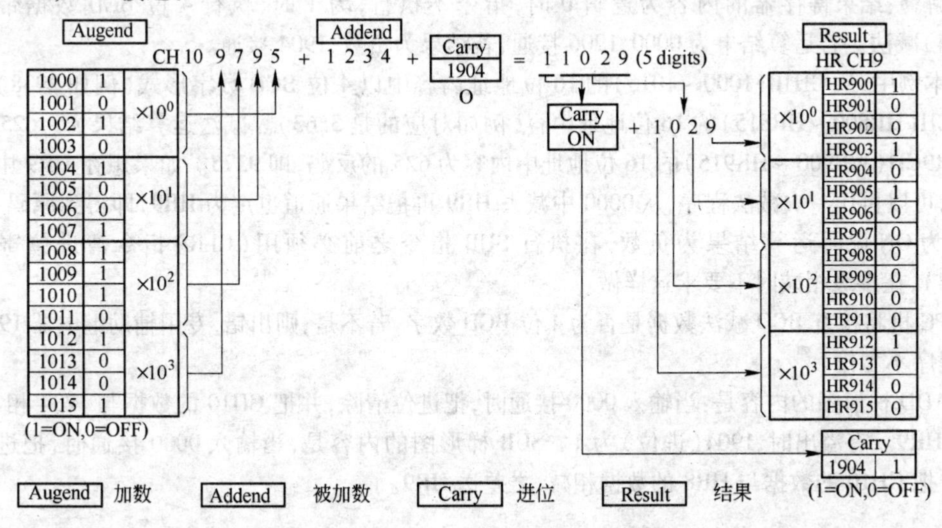

4.2.2.13　减法指令 SUB

符号：

SUB
S1
S2
D

功能：从指定通道的数据（S1）中减去另一个通道数据或 4 位数据（S2）并将结果输出到指定的通道（D）。

说明：本指令用来执行两个 4 位数据 BCD 码相减。示例如下：

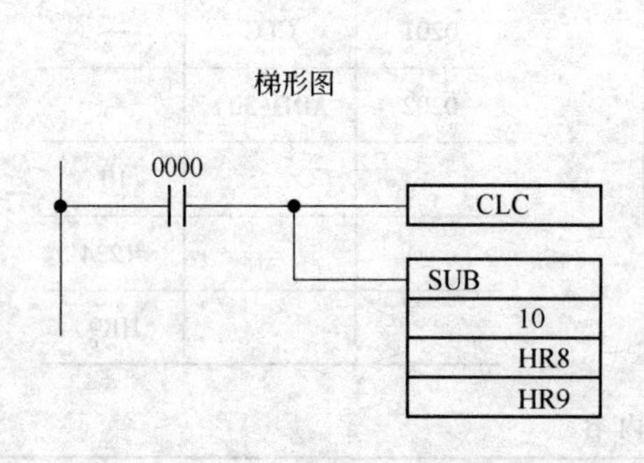

编码表

地址	指令	数据
0200	LD	0000
0201	CLC	
0202	SUB(31)	
		10
		HR8
		HR9

数 据 内 容

项　目	S1S2	D
输入/输出继电器、内部辅助继电器	00～19	05～17
保持继电器	HR0～9	HR0～9
定时器/计数器	TIM/CNT00～47	—
常　数	#0000～9999	—

在执行 SUB 指令之前，程序上必须排一条 CLC 指令来清进位标志（1904）。在结果寄存器为逻辑 1 时，每次扫描都执行 BCD 减指令。为了只执行一次 SUB，应为输入编一个微分电器程序。

解释：结果寄存器的内容为逻辑 0 时，指令不执行，为 1 时，执行 4 位 BCD 数据带进位（1904）减法。若运算结果为 0000，1906 接通，若结果为负数，1904 接通。

本例中，从 CH10（1000～1015）的 16 位地址内容中以 4 位 BCD 数字形式（例如 2938）减去 HR8CH（HR800～HR815）的 16 位地址内容（例如对应的是 3563）。减法运算结果为 -625 输出到 HR9CH（WR900～HR915）的 16 位地址中内容为 625 的反码，即 9375。如果想在 HR9 中得到原码，可以再作一次减法程序，从 0000 中减去 HR9 再把结果通道也定为 HR9，即得到原码了，但 1904 为 ON 说明运算结果为负数，在执行 SUB 指令之前必须用（CLR）指令清进位寄位器（1904），在多级相减时不要求这样做。

PC 机将检查 BCD 减法数据是否为 4 位 BCD 数字，若不是，则出错，专用辅助继电器 1903 接通，程序不工作。

ADD 梯形图的内容是：当输入 0000 接通时，把进位清除，并把 CH10 的数据与 1234 相加，之和送 HR9。有溢出时，1904（进位）为 1。SUB 梯形图的内容是，当输入 0000 接通时，把进位清除，并把 CH10 的数据与 HR8 的数据相减，之差送 HR9。

		HR9CH	进位
CH10	HR8CH	反码	1904
2938−3563 ⇨	2938+(10000−3563)=9375		1
		HR9	进位
	HR9	原码	1904
0000−9375 ⇨	0000+(1000−9375)=0625		1
			结果=−625

4.2.2.14 进位位置 1 指令 STC

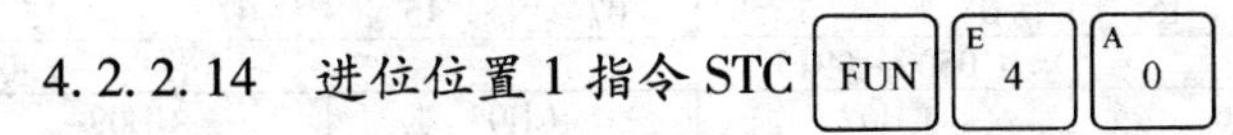

符号：STC

功能：将进位标志（1904）置 ON。即强制 CARRY（CY）为 1 接通。

说明：当结果寄存器内容为逻辑 0 时，不执行此指令。示例如下：

梯形图

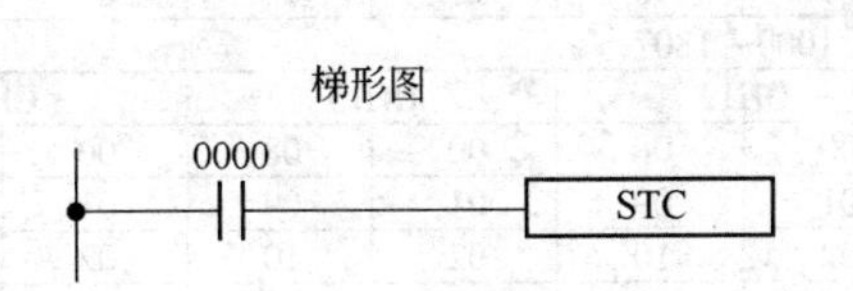

编码表

地址	指令	数据
0200	LD	0000
0201	STC（40）	—

4.2.2.15 清进位指令 CLC FUN E 4 B 1

符号：CLC

功能：将进位标志（1904）置 OFF。即强制 CARRY（CY）为 0 接通。

说明：当结果寄存器内容为逻辑 0 时，不执行此指令。示例如下：

梯形图

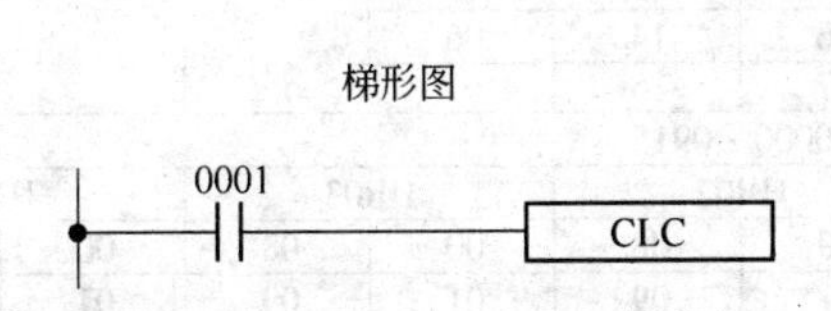

编码表

地址	指令	数据
0200	LD	0001
0203	CLC（41）	—

4.3 I/O 通道和继电器的分配

（1）A-1I/O 通道分配。PC 的输入通道固定为通道 00，而输出通道固定为通道 05。

当一个扩展单元、I/O 连接单元或这两者都连至 PC 时，PC 便自动地对被连 I/O 通道进行分配和记录。

例如，当一个 28 点的 I/O 扩展单元联入时，输入通道 01 使自动地分配给这个扩展单元并由 PC 记录。而 06 被自动地分配给扩展单元的输出通道。

（2）A-2 继电器的分配。输入输出信号（设备）连到 PC 的输入/输出端子。因为 PC 在执行程序时要利用分配给输入/输出的编号，因而需要对输入/输出端子号进行正确的分配和管理。

表 4-6 列出分配给每个继电器的编号。

表 4-6　I/O 通道继电器编号

名称	点数	继电器号									
输入继电器	80	0000～0415									
		CH00		CH01		CH02		CH03		CH04	
		00	08	00	08	00	08	00	08	00	08
		01	09	01	09	01	09	01	09	01	09
		02	10	02	10	02	10	02	10	02	10
		03	11	03	11	03	11	03	11	03	11
		04	12	04	12	04	12	04	12	04	12
		05	13	05	13	05	13	05	13	05	13
		06	14	06	14	06	14	06	14	06	14
		07	15	07	15	07	15	07	15	07	15
输出继电器	60	0500～0915									
		CH05		CH06		CH07		CH08		CH09	
		00	08	00	08	00	08	00	08	00	08
		01	09	01	09	01	09	01	09	01	09
		02	10	02	10	02	10	02	10	02	10
		03	11	03	11	03	11	03	11	03	11
		04	12	04	12	04	12	04	12	04	12
		05	13	05	13	05	13	05	13	05	13
		06	14	06	14	06	14	06	14	06	14
		07	15	07	15	07	15	07	15	07	15
内部辅助继电器	136	1000～1807									
		CH10		CH11		CH12		CH13		CH14	
		00	08	00	08	00	08	00	08	00	08
		01	09	01	09	01	09	01	09	01	09
		02	10	02	10	02	10	02	10	02	10
		03	11	03	11	03	11	03	11	03	11
		04	12	04	12	04	12	04	12	04	12
		05	13	05	13	05	13	05	13	05	13
		06	14	06	14	06	14	06	14	06	14
		07	15	07	15	07	15	07	15	07	15
		CH15		CH16		CH17		CH18			
		00	08	00	08	00	08	00			
		01	09	01	09	01	09	01			
		02	10	02	10	02	10	02			
		03	11	03	11	03	11	03			
		04	12	04	12	04	12	04			
		05	13	05	13	05	13	05			
		06	14	06	14	06	14	06			
		07	15	07	15	07	15	07			
保持继电器	160	0000～0915									
		HR00		HR01		HR02		HR03		HR04	
		00	08	00	08	00	08	00	08	00	08
		01	09	01	09	01	09	01	09	01	09
		02	10	02	10	02	10	02	10	02	10
		03	11	03	11	03	11	03	11	03	11
		04	12	04	12	04	12	04	12	04	12
		05	13	05	13	05	13	05	13	05	13
		06	14	06	14	06	14	06	14	06	14
		07	15	07	15	07	15	07	15	07	15
		HR05		HR06		HR07		HR08		HR09	
		00	08	00	08	00	08	00	08	00	08
		01	09	01	09	01	09	01	09	01	09
		02	10	02	10	02	10	02	10	02	10
		03	11	03	11	03	11	03	11	03	11
		04	12	04	12	04	12	04	12	04	12
		05	13	05	13	05	13	05	13	05	13
		06	14	06	14	06	14	06	14	06	14
		07	15	07	15	07	15	07	15	07	15

(3)输入继电器。PC 有 16 个输入继电器点(一个通道)。通过加接 I/O 扩展单元可将输入点数增加到 80。由于一个通道等于 16 点,这意味着最多可提供 5 个通道(通道 00 ~ 04)。

(4)输出继电器。如同输入继电器那样,PC 还有一个由 16 个继电器点组成的输出通道。但这 16 个点中的 12 号到 15 号是用于执行 PC 内部操作的内部辅助继电器,因此,PC 实际能处理的输出继电器数目是 12 个。

当 PC 加接上 I/O 扩展单元后,可提供 5 个通道(05 ~ 09),最大输出继电器数为 60。

(5)内部辅助继电器。PC 有 136 个内部辅助继电器(NO1000 ~ 1807),构成通道10 ~ 18。

(6)保持继电器(记忆继电器)。PC 有 160 个保持继电器(NO HR000 ~ 915)构成保持继电器通道 0 ~ 9。

(7)定时器/计数器。PC 有 48 点定时器/计数器。TIM/CNT00 ~ 47 全部定时器或计数器都可使用。但定时器和计数器不能分配相同的编号。其分配情况如表 4-7 所示。

表 4-7 定时器/计数器编号

名称	点数	定时器/计数器编号					
		TIM/CNT00 ~ 47					
定时器/计数器	48	00	08	16	24	32	40
		01	09	17	25	33	41
		02	10	18	26	34	42
		03	11	19	27	35	43
		04	12	20	28	36	44
		05	13	21	29	37	45
		06	14	22	30	38	46
		07	15	23	31	39	47

(8)暂存继电器。PC 有 8 个暂存继电器(TR0 ~ 7)。这是些暂存继电器,并可不按顺序进行分配,在同一程序段内不得重复地使用这些继电器的相同的线圈号。但在不同的程序段可以使用相同的线圈号。在用暂存继电器时必须在继电器之前冠以“TR”(如 TR0)。

(9)专用辅助继电器。PC 有 16 个专用辅助继电器。分别表示 PC 的工作状态。说明如下:

1)继电器 1808。干电池发生故障时继电器动作。可以用程序设计一个用此继电器接点逻辑电路,产生一个指示电池故障的报警信号,输出到一个外部设备。专用干电池型号为 G2A9-BAT08。

2)继电器 1809 为常 OFF 继电器。

3)继电器 1810 为常 OFF 继电器。

4)继电器 1811 为常 OFF 继电器。

5)继电器 1812 为常 OFF 继电器。

6)继电器 1813 为常 OFF 继电器。

7)继电器 1814 为常 OFF 继电器。

8)继电器 1815 为常 OFF 继电器。

9)继电器 1890。此继电器用来产生 0.1s 的时钟。当此继电器与一个计数器连用时其功能相当于一个定时器,它在电源发生故障期间能保持其当时值。

注:0.1s 的时钟周期接通时间是 50ms,如果程序的执行要求更长的时间,PC 在读时钟可能失败。

10)继电器 1910。此继电器用来产生 0.2s 的时钟。当此继电器与一个计数器连用时,其功能相当于一个定时器,此定时器在电源发生故障期间能保持其当前值。

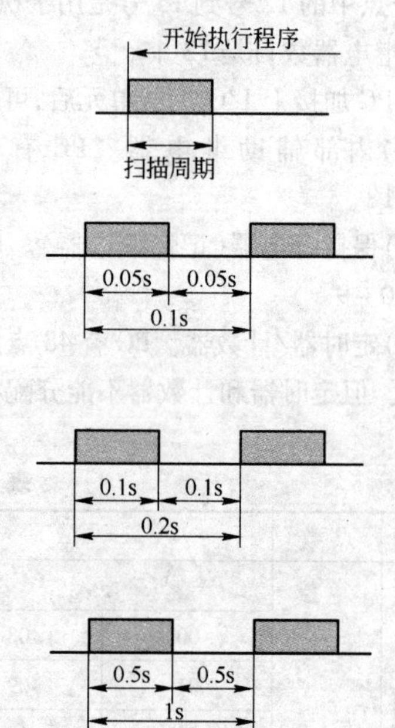

11)继电器 1902。此继电器用来产生 1s 的时钟,当此继电器与一个计数器连用时,其功能相当于一个定时器,此定时器在电源发生故障期间能保持其当前值。

12)继电器 1903。当算术运算结果不以 BCD 码输出时,此继电器接通。

13)继电器 1904。此继电器用作进位标志,根据算术运算结果接通或释放。它还可由 SET-CARRY(STC)指令强迫接通。由 CLEAR CARRY(CLR)指令断开。

14)继电器 1905。此继电器用于 COMPARE(CMP)操作,其结果是">"(大于)时接通。

15)继电器 1906。此继电器在 COMPARE 操作结果是"="(等于)时接通。在算术运算结果为 0 时,它也接通。

16)继电器 1907。此继电器在 COMPARE 操作,其结果是"<"(小于)时接通。

17)专用辅助继电器与指令的关系如表 4-8 所示。

表 4-8　专用辅助继电器与指令的关系

专用辅助继电器与指令关系						
继电器(NO)		1907(<)	1906(=)	1905(>)	1904(CY)	1903(ER)
继电器操作		比较指令执行的结果是"小于",则接通	若比较指令执行的结果是"等于"或是 0000,则接通	若比较指令执行结果是"大于",则接通	若算术运算产生进位,则接通	若 BCD 运算的数据不是 BCD 形式,则接通
被执行的指令	FUN NO					
TIM						
TIMH	15					
CNT						
CMP	20	↕	↕	↕		
MOV	21		↕			
MVN	22		↕			

续表 4-8

专用辅助继电器与指令关系						
继电器(NO)		1907(<)	1906(=)	1905(>)	1904(CY)	1903(ER)
继电器操作		比较指令执行的结果是“小于”，则接通	若比较指令执行的结果是“等于”或是0000，则接通	若比较指令执行结果是“大于”，则接通	若算术运算产生进位，则接通	若 BCD 运算的数据不是 BCD 形式，则接通
被执行的指令	FUN NO					
ADD	30		↕		↕	↕
SUB	31		↕		↕	↕
STC	40				1	
CLC	41				0	
END	01	0	0	0	0	0

注：1. 当专用辅助继电器 1903 接通时 ADD 和 SUB 指令作为不工作处理，其他继电器状态不变。

2. 执行不属于上表的指令，这些专用辅助继电器的状态不变。

3. 表中 ↕ 为状态改变；□状态不变；“1”为接通；“0”为断开。

4.4 C20P、C28P、C40P、C60P 袖珍机

C 系列 P 型机是袖珍机，它虽小巧，仍具有丰富的功能：

(1)体积小。其体积 C20P 及 C28 为 250mm × 110mm × 100mm，C40P 为 300mm × 110mm × 100mm，C60P 为 350mm × 140mm × 100mm，使用它们可大幅度节省空间。

(2)有 2kHz 的高速计数器作为定位控制标准功能件，外部复位信号可使定位更为准确。

(3)带有 4 位 64 个数据存储器、编码、BIN BCD 变换、计数器/定时器的外部设定等功能。

(4)可使用 I/O 链接单元进行分散控制，实现小型 FA 系统，可与其他系统同位机进行 I/O 链接。

(5)能用计算机(如 IBM PC/XT GW0520CH 等)对系统进行监控和管理。

(6)容易维修。可安装在 DIN 导轨上。CPU 单元、I/O 单元的端子都是可拆卸的。输出继电器有插座，便于拆卸。

(7)AC 电源可在 AC100V ~ 240V 电压范围内任意变动。机内装有供输入用 DC24V 电源，电流 C20P ~ C40P 为 0.2A，C60P 为 0.3A。

(8)可以共用编程器、EPROM 写入器、打印接口单元及图形编程器等 C 系列丰富的外围设备。另外，在 C20 上编制的程序，可以原封不动地拿来在 P 型机上使用，即使软件均能兼容。

表 4-9 ~ 表 4-14 以列表形式介绍 C 系列袖珍机的标准模块、一般特性、I/O 链接单元特性、CPU 特性、输入特性、输出特性。

表 4-9　C 系列袖珍机标准模块适配一览表

单元名称	电源电压	输　入	输　出		型　号
C20P CPU	AC100～240V	DC24V,12 点	继电器　2A	8 点	C20P-CDR-A
			晶体管　0.5A		C20-CDT-A
			晶体管　1A		C20P-CDT1-A
			双向晶闸管　0.2A		C20P-CDS-A
			双向晶闸管　1A		C20P-CAS1-A
		DC24V,2 点 AC100V,10 点	继电器　2A		C20P-CAR-A
			双向晶闸管　1A		C20P-CAS1-A
C28P CPU	AC100～240V	DC24V,16 点	继电器　2A	12 点	C28P-CDR-A
			晶体管　0.5A		C28-CDT-A
			晶体管　1A		C28P-CDT1-A
			双向晶闸管　0.2A		C28P-CDS-A
			双向晶闸管　1A		C28P-CAS1-A
		DC24V,2 点 AC100V,14 点	继电器　2A		C28P-CAR-A
			双向晶闸管　1A		C28P-CAS1-A
C40P CPU	AC100～240V	DC24V,24 点	继电器　2A	16 点	C40P-CDR-A
			晶体管　0.5A		C40-CDT-A
			晶体管　1A		C40P-CDT1-A
			双向晶闸管　0.2A		C40P-CDS-A
			双向晶闸管　1A		C40P-CAS1-A
		DC24V,2 点 AC100V,22 点	继电器　2A		C40P-CAR-A
			双向晶闸管　1A		C40P-CAS1-A
C60P CPU	AC100～240V	DC24V,32 点	继电器　2A	28 点	C60P-CDR-A
			晶体管　1A		C60P-CDT1-A
			双向晶闸管　1A		C60P-CAS1-A
		DC24V,2 点 AC100V,30 点	继电器　2A		C60P-CAR-AC
			双向晶闸管　1A		C60P-CAS1-A
C20P 扩展 I/O 单元	AC100～240V	DC24V,12 点	继电器　2A	8 点	C20P-EDR-A
			晶体管　1A		C20P-EDT-A
			晶体管　0.5A		C20P-EDT1-A
		AC100V,12 点	双向晶闸管　0.2A		C20P-EDS-A
			双向晶闸管　1A		C20P-EAS1-A
			继电器　2A		C20P-EAR-AC
			双向晶闸管　1A		C20P-EAS1-A

续表 4-9

单元名称	电源电压	输　入		输　出		型　号
C28P 扩展 I/O 单元	AC100～240V	DC24V,16 点		继电器　2A	12 点	C28P-EDR-A
				晶体管　1A		C28P-EDT-A
				晶体管　0.5A		C28P-EDT1-A
		AC100V,16 点		双向晶闸管　0.2A		C28P-EAS-A
				双向晶闸管　1A		C28P-EAS1-A
				继电器　2A		C28P-EAR-AC
				双向晶闸管　1A		C28P-EAS1-A
C40P 扩展 I/O 单元	AC100～240V	DC24V,24 点		继电器　2A	16 点	C40P-EDR-A
				晶体管　1A		C40P-EDT
				晶体管　0.5A		C40P-EDT1-A
		AC100V,24 点		双向晶闸管　0.2A		C40P-EDS-A
				双向晶闸管　1A		C40P-EAS1-A
				继电器　2A		C40P-EAR-AC
				双向晶闸管　1A		C40P-EAS1-A
C60P 扩展 I/O 单元	AC100～240V	DC24V,32 点		继电器　2A	28 点	C60P-EDA
				晶体管　1A		C60P-EDT1-A
				双向晶闸管　1A		C60-EDS1-A
		AC100V		继电器　2A		C60P-EDR-A
				双向晶闸管　1A		C60P-EAR-A
C16P	AC100～24V	DC24V	16 点			C60P-EDR-A
		DC24V				C16P-ID-A
		DC10V				C16P-ID
	AC100～240V			继电器　2A	16 点	C16P-ID
				晶体管　1A		C16P-OT1-A
				双向晶闸管　1A		C16P-OS1-A
C4K 扩展 I/O 单元		DC24V	4 点			C16P-OS1-A
		AC100V				C4K-ID
				继电器　2A	4 点	C4K-IA
				晶体管　1A		C4K-OR2
				双向晶闸管　1A		C4K-OT2
C4K 模拟定时器		设定时		0.1s～10min	4 点	C4K-OS2

续表 4-9

单元名称	电源电压	输　入	输　出		型　号
扩展 I/O 连接电缆	购置 I/O 单元时，已包括电缆	水平连接	5cm（C□□P 使用）		C4K-TM
		纵向连接	40cm（C□□P 使用）		C20P-C501
I/O 连接电缆	购置 C4KI/O 单元或模拟定时器时已包括电缆	水平连接	5cm（CK 扩展 I/O 单元）模拟定时器使用		C20P-CN411
I/O 连接单元	AC100～240V	16 点	16 点	（光缆 APF/PCF 用）	C4K-CN502
		16 点	16 点	（光缆 PCF 用）	C20-LK011P-P
I/O 连接单元			70m		C20-LK011

表 4-10　系列袖珍机一般特性表

电源电压	－A 型：100～240VAC，50/60Hz －D 型：24VDC
工作电压范围	－A 型：85～264VAC －D 型：20.4～26.4VDC
消耗功率	－AC：最大 40VA －DC：最大 20W
24VDC 输出	0.2A，24VDC ±10%
绝缘电阻	最小 100MΩ（在 500VDC）在 AC 端子与机壳之间
绝缘强度	2000VAC，50/60Hz 1min（在 AC 端子与机壳之间） 500VAC，50/60Hz 1min（在 DC 端子与机壳之间）
抗干扰	1000V_{p-p}，脉宽：100ms～1μs，上升时间：1ns
振　动	10～35Hz，2mm 双倍幅，在 X、Y 和 Z 方向，每向 2h（装于导轨时：16.7Hz，双倍幅，在 X、Y 和 Z 方向，每向 1h）
冲　击	10g 在 X、Y 和 Z 方向，每向 3 次
环境温度	使用：0～55℃ 保存：－20～65℃
湿　度	35%～85% RH（无结露）
接　地	小于 100Ω
保护级别	IEC IP-30（装于箱内）

表 4-11　C 系列袖珍机 I/O 链接单元特性表

电源电压	100～120/200～240VAC50/60Hz
工作电压范围	85～132/170～264VAC
消耗功率	最大 15VA
绝缘电阻	最小 10MΩ（在 500VDC）在 AC 端子与机壳之间
绝缘强度	2000VAC50/60Hz 1min（在 AC 端子与机壳之间）
抗干扰	1000V_{p-p}，脉宽：100ms～1μs，上升时间：1ns

续表 4-11

冲　击	10g 在 X、Y 和 Z 方向，每向 3 次
振　动	10 ~ 35Hz，2mm 双振幅，在 X、Y 和 Z 方向，每向 2h
环境温度	使用：0 ~ 55℃ 保存：-20 ~ 65℃
湿　度	35 转 90% ~ 85% RH（无结露）
接　地	小于 100Ω
保护级别	IEC IP-30（装于箱内）

表 4-12　C 系列袖珍机 CPU 特性表

主要控制元件	MPU，C-MOS，LS-TIL
编程方式	梯形图
指令长度	1 地址/指令　6 字节/指令
指令数	37 种
执行时间	10μs/指令（平均）
存储容量	1194 地址
内部辅助继电器	136 点（1000 ~ 1807），1807 在使用高速计数器时，用做软复位
特殊辅助继电器	16（1808 ~ 1907）常通。常断，电池失效。起始扫描 0.1s 脉冲，0.2s 脉冲，1.0s 脉冲等
保持继电器	160 点（HR000 ~ 915）
暂存记忆继电器	8 点（TR0 ~ 7）
数据记忆通道	64（DNCH00 ~ 63） 使用高速计数器时，DM32 ~ 63 用于上下限设定区
定时器/计数器数	48（TIMH，CNT 和 CNTR 的总和） TIM00 ~ 47（0 ~ 999.9s） TIMH00 ~ 47（0 ~ 99.99s） CNT00 ~ 47（0 ~ 999 个数） CNTR00 ~ 47（0 ~ 9999 个数） 使用高速计数器时，CNT47 用于现行值计数
高速计数器	计数输入：0000 硬复位输入：0001 最高响应频率：24Hz 设定值范围：0000 ~ 9999 输出数：16 点 （高速计数器可由硬复位或软复位）
记忆保存	保持继电器、计数器现行值和数据寄存器内容具有停电记忆功能

续表 4-12

电池寿命	25℃时,使用 5 个 高于 25℃时,使用寿命将缩短 在 ALARM 灯亮后,在一周内更换新电池
自检功能	CPU 失效(监视钟) 存储器失效 I/O 总线失效 电池失效等
程序检查	程序检查(在 CPU 操作开始执行) END 指令丢失 JMP-JME 错误 线圈重复使用 电路错误 DIFU/DIFD 溢出错误 IL/ILC 错误

表 4-13 C 系列袖珍机输入特性表

项　目	DC 输入(光电隔离)	AC 输入(光电隔离)
电源电压	24VDC ±10%	100 ~ 120VAC +10% -15% 50/60Hz
输入阻抗	3kΩ	9.7kΩ(50Hz) 8kΩ(60Hz)
输入电流	7mA	10mA
ON 电压	最大 15VDC	最大 60VAC
OFF 电压	最小 5DC	最小 20VAC
ON 延时	最大 2.5ms(输入继电器 0000 和 0001,015ms)	最大 35ms
OFF 延时	最大 2.5ms(输入继电器 0000 和 0001,015ms)	最大 55ms
电路图	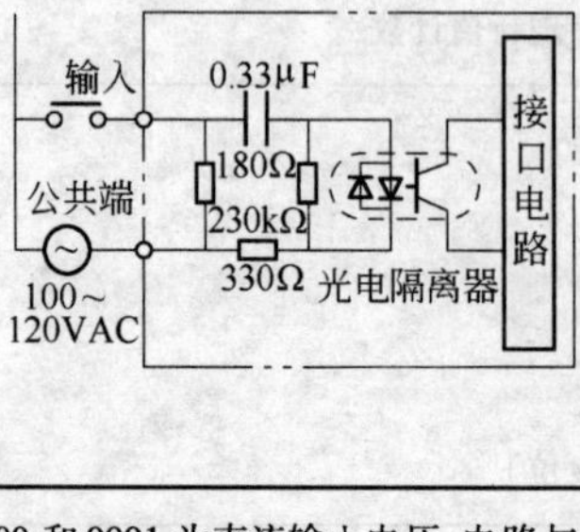 输入 0.33μF 180Ω 230kΩ 330Ω 公共端 100~120VAC 光电隔离器 接口电路	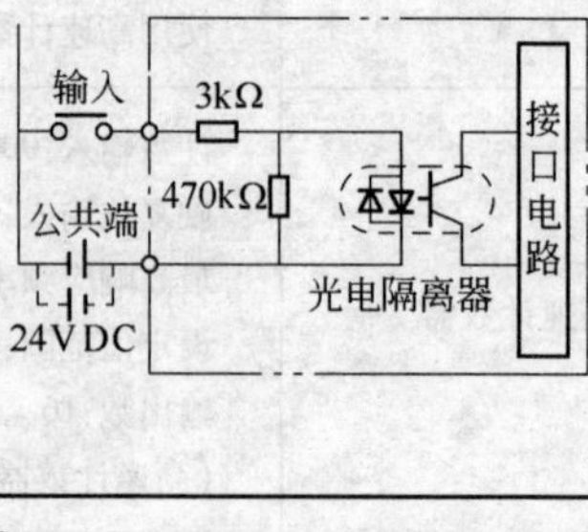 输入 3kΩ 470kΩ 公共端 24VDC 光电隔离器 接口电路

注:输入继电器 0000 和 0001 为直流输入电压,电路与直流输入电路一样。

24VDC 输出端能为外接点提供 0.2A(C20P/28P/40P)、0.3A(C60P)的电流。

表4-14 C系列袖珍机输出特性表

项 目	ON延时	OFF延时	最大开关容量	最小开关容量	电 路 图
继电器（光电隔离）	最大15ms	最大15ms	2A,250VAC, 2A,24VDC （p.f=1） 4A/4公共端 6A/8公共端 12A(C20P) 16A(C28P) 20A(C40P) 28A(60P)/单元	10mA 5VDC	接口电路；输出；公共端；最大值 24VDC 250VAC
晶体管（光电隔离）	最大1.5ms	最大1.5ms	0.5A,5~24VDC	10mA,5VDC, 饱和电压, 1.5VDC	接口电路；输出；公共端；5~24VDC
双向晶闸管（光电隔离）	最大1.5ms	负载频率的1/2最大为1ms	1A/点,85~250VAC,1.6~4A/4公共端	100mA 100VAC 20mA 200VAC	接口电路；输出；公共端；100~120V/200~240VAC；负载使用独立电源

4.5 具有数据处理和通信功能的C500

C500是立石公司生产的一种功能较强的PC,它的特点是：

(1)薄型积木结构C500PC厚度只有100mm,积木结构安装十分方便。

(2)适用于大规模控制场合。基本系统可提供最大512个I/O控制点;用作PC连接系统,I/O点可增至4096。再使用上位连接系统I/O点可达16384,可适于各种大规模控制场合。

(3)采用光纤连接系统。光纤系统具有良好噪声抑制能力,远程I/O单元使数据传输得十分可靠。

(4)可进行高度复杂的控制。先进的硬件,配有12条基本指令,31条应用指令,19条特殊指令,可进行复杂的控制。

(5)指令语句系列兼容。SYSMAC-C500上的用户程序在SYSMAC-C120,SYSMAC-C250中照常运行。同一种用户程序可用于SYSMAC-C系列中的各种机型。

(6)特殊功能的I/O单元。有A/D、D/A转换单元,高速计数单元等各种特殊功能的I/O单元，可适应高水平的系统控制。

(7)外设可以通用。外部设备可通用于 SYSMAC-C 系列的所有机型，表 4-15 列出 C500 组件可选型号。

表 4-15 C500 型机可选组件型号表

类别			规格	最大重量	型号
CPU 架及其附件	CPU 架		最大安装 8 个 I/O 单元	3.0kg	3G2A5-BC081
			最大安装 5 个 I/O 单元	3.0kg	3G2A5-BC051
	CPU			1.0kg	3G2C3-CPU11-E
	CPU 架电源		AC110/120/220/240V	2.2kg	3G2A5-PS221-E
	I/O 控制单元		增 I/O 扩展架时使用	450g	3G2A5-II001
	存储单元	ROM	约 6.6K 地址，没有 EPROM①	80g	3G2A5-MP831
		RAM	约 4.4K 地址带 RAM①	80g	3G2A5-MR431
			约 6.6K 地址带 RAM①	80g	3G2A5-MR831
I/O 扩展架	I/O 扩展架		最大安装 8 个 I/O 单元	3.0kg	3G2A5-BI081
			最大安装 5 个 I/O 单元	3.0kg	3G2A5-BI051
	I/O 扩展架电源		AC110/120/220/240V	1.2kg	3G2A5-PS222-E
	I/O 接口单元			450g	3G2A5-II002
	I/O 连接电缆		电缆长度:13cm	200g	3G2A5-CN111
			电缆长度:50cm	300g	3G2A5-CN511
			电缆长度:500cm	400g	3G2A5-CN121
I/O 单元	输入(I)单元		AC100 ~ 240V，10mA，16 点	450g	3G2A5-IA121
			AC200 ~ 240V，10mA，16 点	450g	3G2A5-IA222
			AC/DC12 ~ 24V，10mA，16 点 PNP/NPN②	450g	3G2A5-IN211
			AC/DC12 ~ 24V，10mA，32 点 PNP/NPN②	500g	3G2A5-IN212
			DC5 ~ 12V，16mA，16 点 NPN③	450g	3G2A5-ID112
			DC12 ~ 24V，10mA，16 点 NPN③	450g	3G2A5-ID213
			DC12 ~ 24C，10mA，32 点 NPN③	450g	3G2A5-ID218
			DC24V，10mA，64 点扫描方式	450g	3G2A5-ID212
	输出(O)单元		继电器：AC250V/DC24V，2A，16 点，带继电器插座	450g	3G2A5-OC221
			晶闸管：AC85 ~ 120V，1A，16 点	55g	3G2A5-OA121
			晶闸管：AC85 ~ 250V，1A(型号 G3CSSR)，16 点④	500g	3G2A5-OA221
			晶体管：DC12 ~ 48V，1A，16 点	500g	3G2A5-OD411
			晶体管：DC12 ~ 48V，0.3A，32 点	530g	3G2A5-OD412
			晶体管：DC24V，0.1A，64 点扫描方式	450g	3G2A5-OD211
			晶体管：DC12 ~ 24V，0.3A，32 点"+"公共端	530g	3G2A5-OD212
	虚拟 I/O 单元		I/O16，32，64 点(公共端)	450g	3G2A5-DUM01
	空单元		充当 3G2A5-II001	150g	3G2A5-SP001
			充当各种 I/O 单元、特殊 I/O 单元和 3G2A5-SP002		

续表 4-15

类　别		规　　格	最大重量	型　号
任选品	EPROM	128K 位(27128)	50g	ROM-I
		128K 位(2764)	50g	ROM-H
	电　池		100g	3G2A9-BAT08
	盖　板	盖板上的 I/O 单元插座	10g	3G2A5-COV01
		盖板上的上位连接单元和 PC 连接单元插座	10g	3G2A5-COV02
		盖板上的 3G2A5-Ⅱ001/002 单元插座	10g	3G2A5-COV03

①详细情况参阅有关资料;

②ON 延迟时间:15ms,OFF 延迟时间:15ms;

③ON 延迟时间:1.5ms,OFF 延迟时间:1.5ms;

④当 CPU 架最右边的三个插槽中有上位连接单元和 PC 连接单元时,此单元不能插在这 3 个位置上。

4.6　功能强大的 C2000

4.6.1　C2000 型机性能指标

立石公司的 C2000 机是在 C500 机的基础上发展起来的更高级、更方便的 PC 机。它的 CPU 双重化,可以 24h 连续运行。每台 I/O 点数能达到 2048 点。如果 32 台联机,就能达到 65536 个点,适用于大规模的过程控制。为了消除干扰和噪声,采用了光导纤维传输信号,可靠性大为提高。C 系列的编程方法基本上是通用的。编程的运行中都可从液晶显示器监视,可以方便地更改、删除、插入程序的指令。具有 A/D、D/A 变换、高速计数、PID 调节、位置控制、声响输出、磁卡等高功能的 I/O 单元,便于高级控制系统应用。基本指令 12 种,另有应用指令 70 种。其性能如表 4-16 所示。

表 4-16　C2000 型机性能表

结　构		积木式装配
功能	逻辑定	梯形图(继电器接点式)
	时范围	0.1~999.9s、高速 0.01~99.99s
	计数值	1~9999
	移位寄存	16 位的 1 位位移有输入、输出电器,内部辅助继电器,环节继电器,自锁继电器,自锁区段继电器。16 位的字位移有输入、输出继电器,内部辅助继电器,环节继电器,保持继电器,数据存储区段
	停电记忆	保持继电器(1600 点) 计数器(512 点) 数据存储(3072 语 =49152 点)
	数值运算	+、-、×、÷
	比较	<、=、>
	跳变	有
	子程序	有
	其他	环节继电器(1024 点)微分输出(512)点~数据存储(3072 语)
CPU	器件位数	16 位 NMOS 微机处理器 16
存储	器件容量 用户使用 最小容量	EPROM　CMOS-RAM 40K 语 32K 语 8K 语

输入输出	最大 I/O 数输入 (增设单位) 输入电压,电流输出 (增设单位) 输出电压、电流远传 I/O	单独 2048 最大 2048(16、32、64) 直流 5~12V,12~24V, 交流 12、24、100、200V 最大 2048(16、32、64) 直流 12、24、48V 交流 100~24V、250V 最大 51.2km (16、32、64 点单位)
程序	语　言 编程器	梯形图 编程盘,图示编程盘,多功能台,PROM 打印机,打印机接口,磁带接口
接口		RS232C,RS422
其他		CPU 双重运转功能,PC 环功能,I/O 环功能

4.6.2　梯形图与程序举例

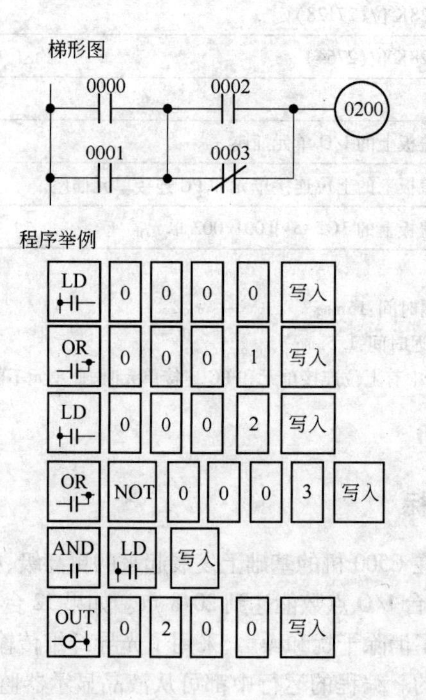

4.7　用 C20 控制的工业机械手

此例是利用 PC 来实现机械手的步进控制。

机械手的任务是将输送链 A 上的物品搬至输送带 B，其中的上升、下降、左移、右移、抓、放动作均可用 C20 来完成。其时序图、工作示意图、梯形图如图 4-4 所示。

地　址	助记符	操作数	地　址	助记符	操作数
0000	LD	0000			HR0
0001	OR	1000	0009	LD	1809
0002	AND NOT	0001	0010	LD	1002
0003	OUT	1000	0011	LD	1815
0004	LD	1000	0012	OR	HR009
0005	AND NOT	HR009	0013	SFT	HR0
0006	DIFU	1001			HR0
0007	LD	1001	0014	LD	HR000
0008	MOV		0015	AND	1000
		#0001	0016	AND	0005

续表

地 址	助记符	操作数	地 址	助记符	操作数
0017	LD	HR001	0043	LD	1002
0018	AND	0003	0044	OUT	1003
0019	OR LD		0045	LD	HR000
0020	LD	HR002	0046	AND	1000
0021	AND	0006	0047	OR	HR005
0022	OR LD		0048	AND NOT	0005
0023	LD	HR003	0049	OUT	0503
0024	AND	0007	0050	LD	HR001
0025	OR LD		0051	AND NOT	0003
0026	LD	HR004	0052	OUT	0501
0027	AND	0002	0053	LD	HR002
0028	OR LD		0054	OR	HR007
0029	LD	HR005	0055	AND NOT	0006
0030	AND	0005	0056	OUT	0504
0031	OR LD		0057	LD	HR003
0032	LD	HR006	0058	OUT	0500
0033	AND	0004	0059	LD	HR004
0034	OR LD		0060	OUT	0505
0035	LD	HR007	0061	LD	HR006
0036	AND	0006	0062	OUT	0502
0037	OR LD		0063	LD	HR008
0038	LD	HR008	0064	OUT	0506
0039	AND	TIM00	0065	TIM	00
0040	OR LD				#0020
0041	AND NOT	1003	0066	END	
0042	OUT	1002			

I/O 分配表

输 入	输 出
PB1 000 启动按钮	500 输送带 A
PB2 001 停止按钮	501 左移
LS1 002 抓限位	502 右移
LS2 003 手臂左旋限位	503 上升
LS3 004 手臂右旋限位	504 下降
LS4 005 手臂上升限位	505 抓
LS5 006 手臂下降限位	506 放
PB1 007 物体检测	

注:这些接点都是常开地接到端子上。

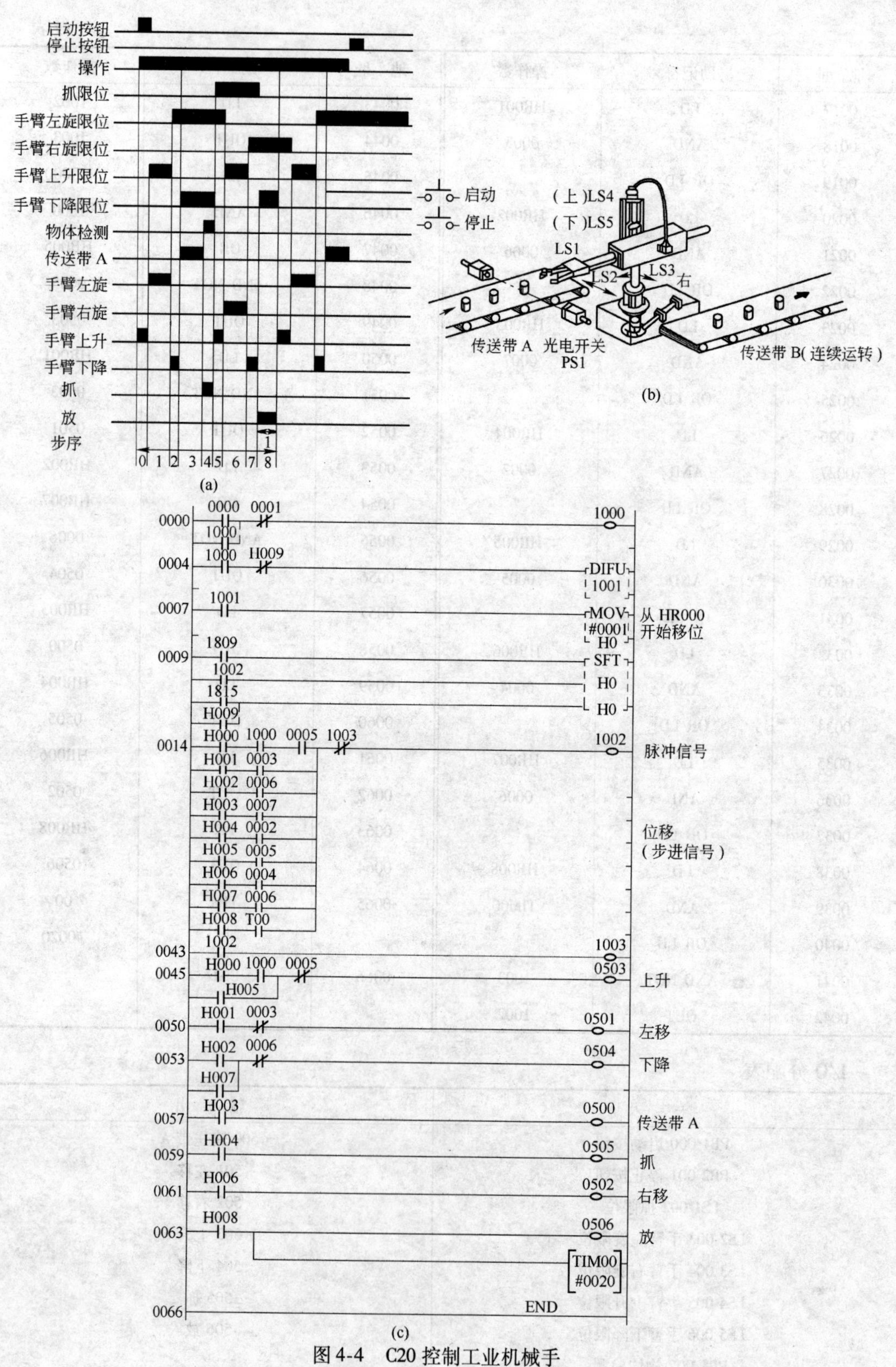

图 4-4　C20 控制工业机械手

(a)时序图;(b)工作示意图;(c)梯形图

复习思考题

4-1 OMRON 的 C 系列 PLC 中有哪些系列产品？其型号中带 P 的 PLC 有何特点？

4-2 OMRON 的 I/O 地址如何组成？以 C20 为例说明它的输入点、输出点、内部继电器、定时器、计数器地址各为多少？

4-3 OMRON 基本指令功能及其编程的使用。

4-4 OMRON 专用指令功能及其编程的使用。

4-5 OMRON 控制的机械手系统中如何应用移位指令实现其顺序控制？

5 SIMATIC S7 可编程序控制器

SIMATIC S7 系列可编程序控制器是德国西门子公司不断改进推出的工业控制器产品。本章介绍 S7－300 可编程序控制器的硬件组成、指令系统和软件编程。

5.1 SIMATIC S7 系列介绍

西门子 S7 系列 PLC 体积小、速度快、标准化，具有网络通信能力，在冶金、化工、印刷生产线等领域都有广泛的应用。S7 系列 PLC 产品可分为微型 PLC（如 S7－200）、小规模性能要求的 PLC（如 S7－300）和中高性能要求的 PLC（如 S7－400）等。

5.1.1 S7－200 系列 PLC 的基本功能

S7－200 系列 PLC 是西门子公司推出的一种小型的 PLC。它以紧凑的结构、良好的扩展性、强大的指令功能、低廉的价格，成为各种小型控制工程的理想控制器。S7－200 系列 PLC 有 4 个不同的基本型号和 8 种 CPU 可供选择使用。

5.1.2 S7－300 系列 PLC 的基本功能

S7－300 是模块化中小型 PLC，既可以用于项目，也可以用于 OEM，通用性强。S7－300 是以在导轨上安装各种模块的形式组成系统。其品种繁多的 CPU 模块、信号模块和功能模块等几乎能满足各种领域的自动化控制任务。用户可以根据应用系统的具体情况选择适合的模块，维修时更换模块也很方便。信号模块和通信处理模块可以不受限制地插到导轨上任何一个槽，系统自行分配各个模块的地址。简单实用的分布式结构和强大的通信能力，使其应用十分灵活。S7－300适用于通用领域，高电磁兼容性和强抗振动、冲击性使其具有最高的工业环境适应性。

SIMATIC S7－300 具有多种不同的通信接口：

（1）多点接口（MPI）集成在 CPU 中，用于连接编程设备。

（2）DP 接口，用于连接 PC、人机界面系统及其他 SIMATIC S7/M7/C7 等自动化控制系统。

（3）多种通信处理模块用来连接 AS－i 接口、工业以太网和 PROFIBUS 总线系统。

（4）串行通信处理模块用来连接点对点的通信系统。

S7－300 的大量功能能够支持和帮助用户更简捷的编程，更好地完成自动化控制任务。主要功能如下：

（1）高速的指令处理。

（2）浮点数运算。用此功能可以有效地实现更为复杂的算术运算。

（3）方便用户的参数赋值。一个带标准用户接口的软件工具给所有模块进行参数赋值，这样就节省了入门和培训的费用。

（4）人机界面（HMI）。方便的人机界面服务已经集成在 S7－300 操作系统内，因此人机对话的编程要求大大减少。SIMATIC 人机界面从 S7－300 中取得数据，S7－300 按用户指定的刷新速度传送这些数据。S7－300 操作系统自动地处理数据的传送。

（5）诊断功能。CPU 的智能化的诊断系统可以连续监控系统的运行是否正常、记录错误和特殊系统事件。

(6)口令保护。多级口令保护可以使用户有效地保护其技术机密,防止未经允许的复制和修改。

5.1.3 S7－400 系列 PLC 的基本功能

S7－400 是具有中高档的 PLC,采用模块化无风扇设计,适用于对可靠性要求极高的大型复杂系统。S7－400 也采用模块化结构,与 S7－300 系列 PLC 相比,模块的体积都比 S7－300 模块更大,每个信号模块的点数就更多。除了具有 S7－300 系统的功能外,S7－400 还具有如下的增强功能:

(1)冗余设计的容错自动化系统。西门子的高可靠性 0.1μs 的指令处理时间开辟了全新的应用领域。

(2)多 CPU 处理。在 S7－400 中央机架上,最多 4 个 CPU 同时运行。这些 CPU 自动地、同步地变换其运行模式,可以同步执行控制任务。使用多 CPU 中断可以在相应的 CPU 中同步地响应一个事件。

(3)扩展能力。中央机架只能插入最多 6 块发送型的接口模块,每个机架有两个接口,每个接口可以连接 4 个扩展机架,最多能连接 21 个扩展机架。扩展机架的接口模块只能安装在最右边的槽。

(4)诊断功能。诊断功能比 S7－300 强大,比如硬件中断功能最多提供多达 8 个,其他中断也比 S7－300 多。

5.2 S7－300 系列 PLC 硬件结构

S7－300 是目前 S7 系列中应用最多的控制器。S7－300 是具有容错功能的可编程控制器。S7－300 在冶金行业广为应用,特别是高炉和轧钢自动化控制中已应用成功。本节内容包括 S7－300 的硬件基本组成及其工作方式、各功能模块和模块机架、I/O 模块编址方式。

5.2.1 S7－300 的硬件基本组成及其工作方式

S7－300 的硬件基本部分包括模块和模块机架。模块机架上有总线和插槽。各种模块可根据应用要求进行选择配置,并插入模块机架的插槽中。模块机架分为中央机架和扩展机架。模块主要包括电源模块,中央处理器模块、I/O 模块和通讯模块等。

用户编写的控制应用程序存放在内存 RAM 中。根据 CPU 的型号不同,内存 RAM 可随时存储和改变用户数据,但在电源断电并且无电池时,RAM 内的存储内容完全丢失。为了避免丢失程序,可将 RAM 中内容转存到外部存储器 EPROM 或 EEPROM 中。

PII 是输入过程映像。PIQ 是输出过程映像。它们分别存储各输入和输出点的状态信号。

累加器用于装入内部定时和计数值,它还可用于执行比较、算术和转换操作。

处理器执行用户编写的程序。处理器的主要功能有完成算术和逻辑运算功能,处理 PII 信息,根据控制程序语句、内部定时器、计数器的值和标志位的信号状态发出控制信号。

I/O 总线建立了中央处理器模块、I/O 模块和其他各种模块之间信息交换的连接通道。这些模块包括接口模块 IM、通讯处理器 CP 和功能模块 FM。接口模块用以连接扩展模块机架。通讯模块用于扩展中央处理单元,连接 SIMATIC NET 网络。功能模块完成特定的处理过程,例如阀门、位置控制、快速模拟量处理等。

处理器执行用户控制程序采用循环程序扫描方式。系统启动后,首先执行系统循环周期监控程序。若循环周期监控程序在 500ms 的扫描监视时间内没有重复被执行，PLC 进入 STOP 方式，禁止所有输出模块，以防止控制程序进入死循环或 CPU 发生故障；其次，扫描输入模块各输入点信号，刷新 PII 内容，并修改处理器通信输入标志。第三步扫描执行用户控制程序并逐条语句处理，其结果写进 PIQ 中。最后传送 PIQ 数据到各输出模块，传送处理器通信输出标志到通信处理器 CPS。S7－300 执行用户程序的循环扫描过程如图 5-1 所示。

5.2.2　S7－300 的模块介绍

S7－300 系统硬件由模块和模块机架构成。各种模块主要作用介绍如下。

5.2.2.1　电源模块

电源模块(PS)转换外部电源 230VAC 成为 24V 直流电，供给 CPU 和其他模块使用。电源模块的额定输出电流有 2A、5A 和 10A 三种。电源模块的面板上有工作开关和状态指示灯，当电源过载时指示灯会闪烁。以下以 PS 307(5A)电源模块(如图 5-2 所示)为例，介绍其基本特性和相关规范。该电源模块可以提供 DC24V × 5A 的直流电压输出，其输入电压可以在 AC120V 和 AC230V(50/60Hz)之间选择。同时，在满足为 CPU 及各种信号模块供电的同时，还可以作为负载电源为系统的负载供电。图中，DC24V 输出电压正常指示灯用来标识当前电源模块的工作状况：当输出电压为正常的 24V 时，LED 绿灯亮；当输出电压过载时，LED 灯闪烁；当输出电压短路时，输出为 0V，LED 灯变暗，故障消除后自动恢复。电压选择开关用来选择一次侧电压范围(AC120V 或 AC230V)；DC24V 开关用来控制电源模块的信号输出；L1 和 N 端分别接输入电源的火线和零线；PS307(5A)电源模块提供了三组输出电压接线端子，可以分别用来连接 CPU 和为负载供电。

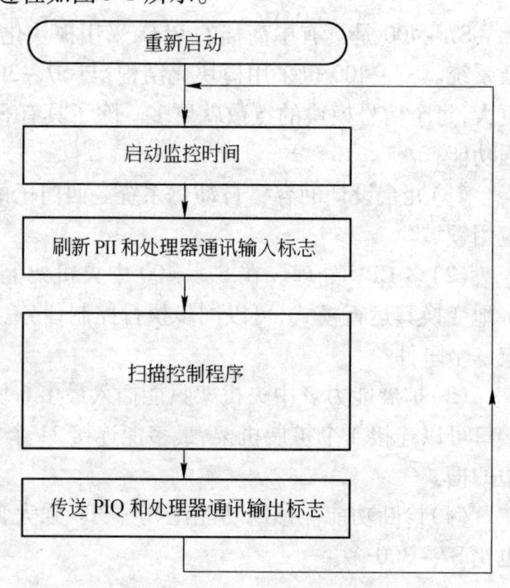

图 5-1　S7－300 执行用户程序方式

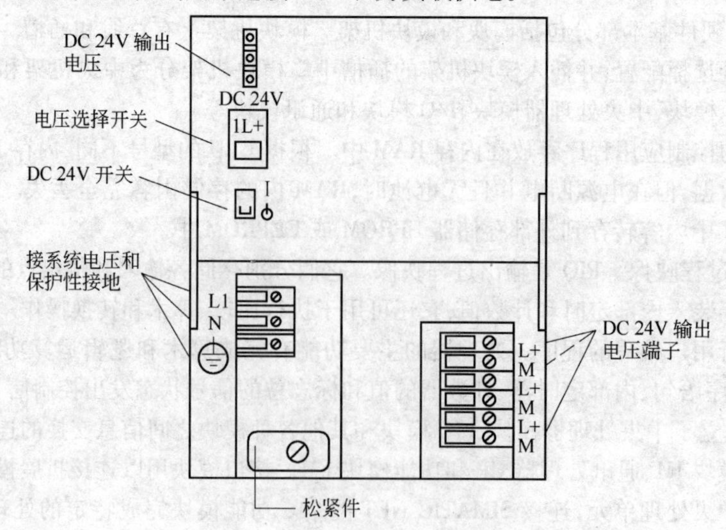

图 5-2　PS 307 (5A) 电源模块

5.2.2.2 中央处理器模块

中央处理器模块(CPU)是 PLC 的“大脑”。它读入各输入端的状态,处理用户程序,完成算术逻辑运算,发出微控制信号协调整个 PLC 工作过程,将输出控制命令送至各输出点。各种型号的 CPU 有不同的性能,例如有的 CPU 集成了数字量和模拟量的 I/O 通道,有的 CPU 集成了 PROFIBUS-DP 的通信接口。CPU 面板上有工作开关和状态指示灯、模式转换开关、24V 电源端子和存储卡插槽。

5.2.2.3 数字量输入模块

数字量输入模块用来完成 PLC 系统对外部信号的采集工作,将控制对象的二进制信号转换为 PLC 内部的电平,可以连接继电器触点式节点、光电式开关节点、接近式开关节点,以及各种数字电子开关节点等形式的信号。数字量输入模块按照输入电压形式的不同,可以分为直流输入信号模块和交流输入信号模块。以下以模块 SM 321 DI 16×24VDC (6ES7321-1BH02-0AA0)为例进行介绍(如图 5-3 所示)。该模块是 16 点输入模块,输入额定电压为 DC24V。图 5-3 中左侧是数字量模块的正面视图,当有信号输入时对应的绿色状态灯将点亮。图的右侧是数字量模块的外部接线和内部信号图。从图 5-3 中可以看出,外部信号经过模块的端子后并没有直接进入 PLC 内部,而是经光电耦合转换后才由背板总线接口连接进 PLC 内部。具体说就是当外部信号接通时,该触点的发光二极管被点亮,同时光敏三极管饱和导通,经过背板总线接口将信号引入 PLC;当外部信号断开时,发光二极管熄灭,光敏三极管关断,断开与 PLC 内部的信号。经过这样的光电耦合后,由于外部信号没有和 PLC 内部进行直接的电信号连接,所以当外部信号发生短路故障时,不会影响到 PLC 内部系统,这样就保证了系统的安全可靠性。

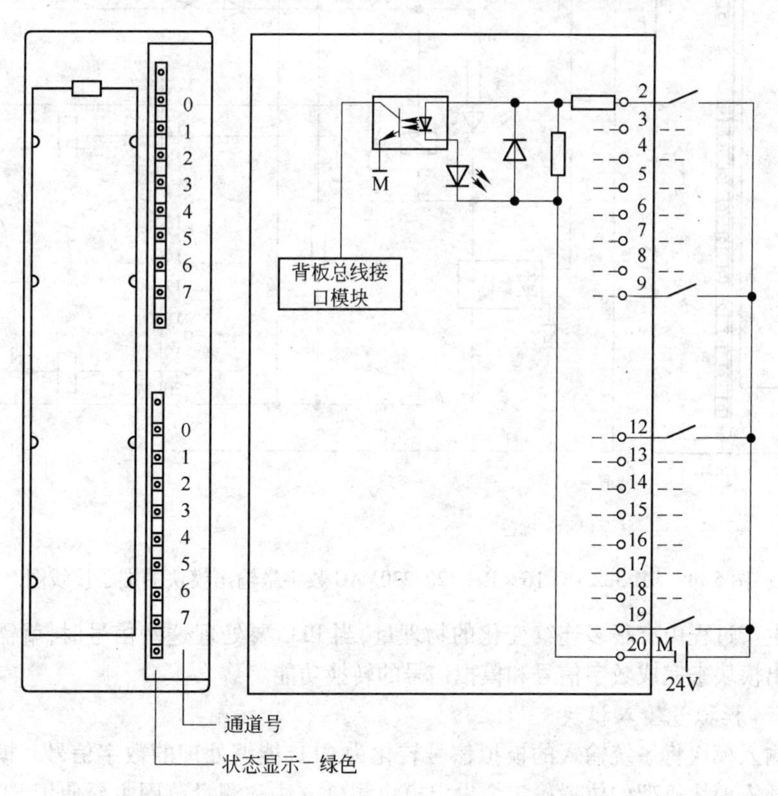

图 5-3 SM 321 DI 16×24VDC 数字量输入模块的端子接线图

5.2.2.4 数字量输出模块

数字量输出模块将控制器的内部信号电平变换为受控对象所需要的外部二进制电平。该种模块适用于连接电磁阀、接触器、小功率电动机、灯和电动机启动器等负载。根据所接的负载不同,输出模块可分为继电器型、大功率晶体管和双向晶闸管型和固态继电器型。

图 5-4 为 SM 322 DO 16 × Rel 120/230VAC(6ES7322 - 1HH01 - 0AA0)数字量输出模块的端子接线图。该模块为 16 点输出,带隔离,每 8 点为一组,图 5-4 中左侧是数字量模块的正面视图,当有信号输入时对应的绿色状态指示灯将点亮。图 5-4 的右侧是数字量模块的外部接线和内部信号图。其中,L + 为 24V 电源, M 为地。图 5-4 中的电路是继电器输出电路,用来驱动负载。当程序中的线圈得电后,输出信号由背板总线送到光电耦合电路,光敏三极管导通,使得继电器的线圈得电,其常开触点闭合,同时绿色状态指示灯将点亮,表示信号接通。

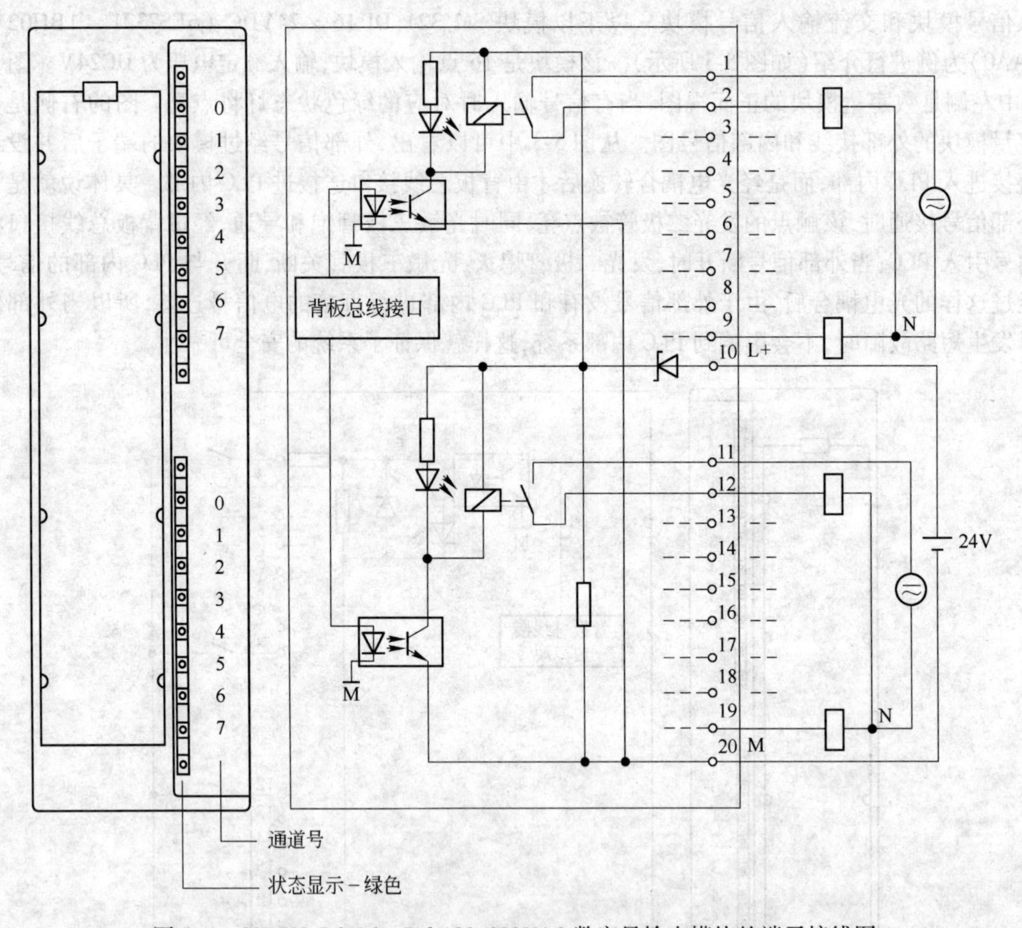

图 5-4 SM 322 DO 16 × Rel 120/230VAC 数字量输出模块的端子接线图

在工业生产过程中有很多连续变化的物理量,当 PLC 要处理这些信号时,就需要借助于模拟量输入输出模块来完成数字信号和模拟信号的转换功能。

5.2.2.5 模拟量输入模块

模拟量输入模块将系统输入的模拟信号转化为 CPU 能够处理的数字信号。模拟量输入模块的地址由插入模块机架的位置确定。设定模块测量方法和测量范围主要使用 STEP 编程软件和模块自身的量程卡。配有量程卡的模拟量模块,如果需要更改量程的话,必须重新调整量程卡,以更改测量方法和测量范围。量程卡可以设定为以下位置:"A"、"B"、"C"和"D"。其最常见的含义为:"A"为热电阻、热电偶;"B"为电压;"C"为四线制电流;"D"为二线制电流。

模拟量输入模块的扫描时间是指该模块所有通道的扫描时间。可以通过在STEP7中禁用所有没有使用的模拟量通道,来降低I/O扫描时间。每个通道对模拟量的采样后,结果存储在两个字节长的单元中。

模拟量输入模块的核心工作单元为A/D转换器。连接到模拟量输入模块的信号一般为标准的0~5V或4~20mA。信号的输入以通道为单位进行转换。每个通道都可以独立地设定为电压输入或电流输入,同时根据现场的转换器的不同还可以选择输入的量程。SM 331 AI 8×12位(6ES7331-7KF02-0AB0)模拟量输入模块的模板视图和框图如图5-5所示。

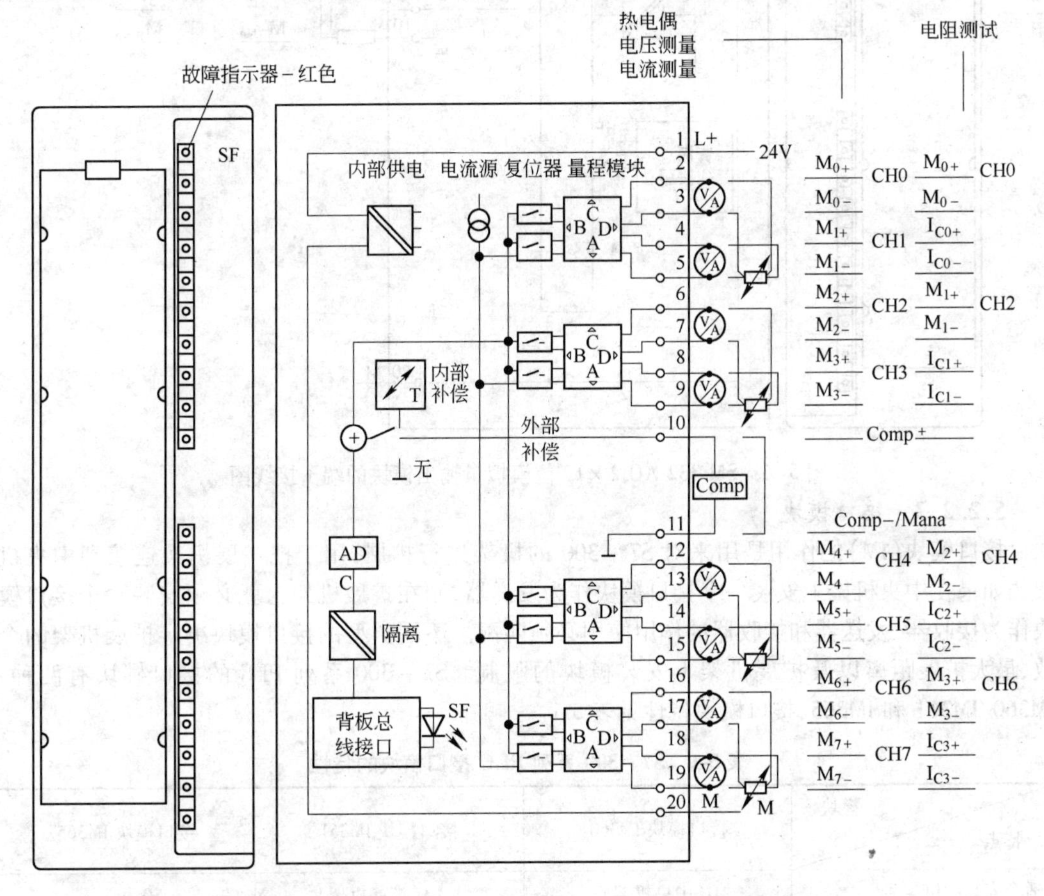

图5-5 SM 331 AI 8×12位模拟量输入模块的端子接线图

5.2.2.6 模拟量输出模块

模拟量输出模块将PLC内部的数字量信号变为控制过程所需要的模拟量信号。模拟量输出点的地址由插入模块机架的位置确定。例如从模拟量输出模块的第3通道输出。若该模块插在模块机架的第0号槽,其首地址为128。因此第3通道地址是134和135两字节。CPU将输出数值的高字节送到134单元,将输出数值的低字节送到135单元。在程序中用TPW(字命令)或TPB(字节命令)完成数值传送功能。模拟量输出模块接收到CPU送来的二字节信息后,经内部数模转换处理及电流放大器的驱动,输出一个与数字值对应的电模拟量。图5-6为SM 332 AO 2×12位(6ES7332-5HB01-0AB0)模拟量输出模块的端子接线图。

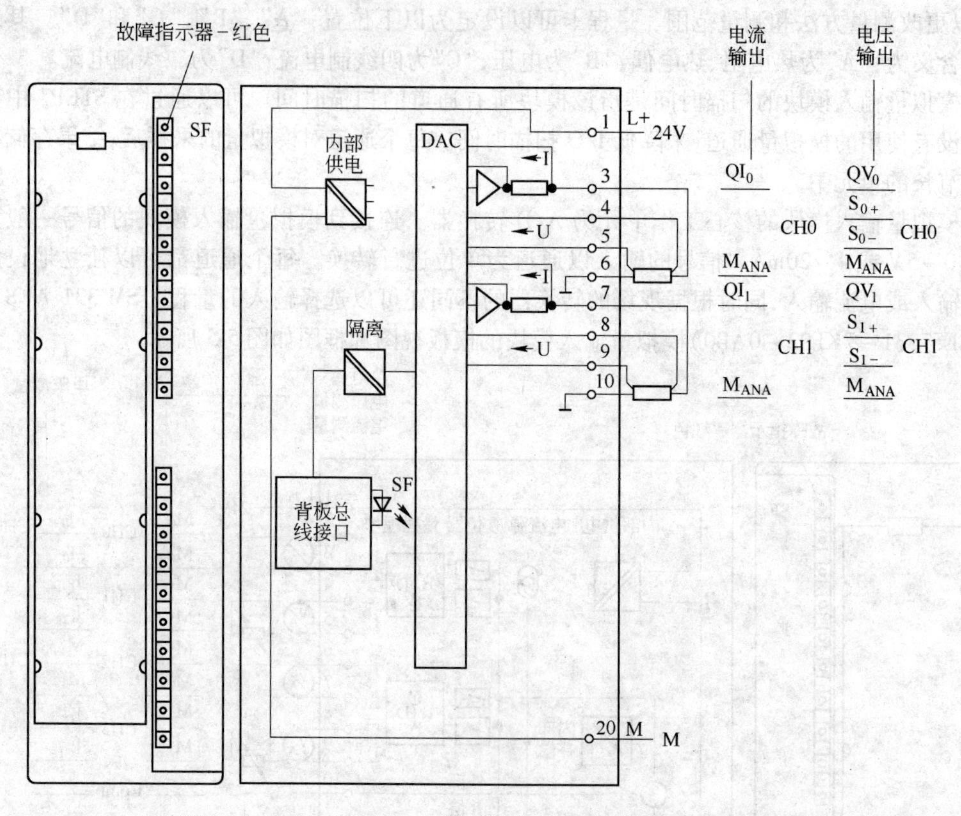

图 5-6　SM 332 AO 2×12 位模拟量输出模块的端子接线图

5.2.2.7　接口模块

接口模块(IM)的作用是用来对 S7－300 的机架进行扩展,用于把扩展机架连接到中央机架。如果在中央机架上安装一个接口模块作为发送器,则在扩展机架上就必须安装一个接口模块作为接收器,发送器和接收器的作用使用必须匹配。不同类型的接口模块决定扩展机架的个数、最大扩展距离以及扩展机架上安装模块的限制。S7－300 系列 PLC 的接口模块有两种,IM360/IM361 和 IM365,接口模块特性见表 5-1。

表 5-1　S7－300 系列 PLC 接口模块的特性

模块 特点	接口模块 IM360	接口模块 IM361	接口模块 IM365
适合安装的机架号	0(中央机架)	1～3(扩展机架)	0 和 1
数据传送	通过连接电缆 386,数据从 IM360 传送到 IM361	通过连接电缆 386,数据从 IM360 传送到 IM361,或者数据从 IM361 传送到 IM361	通过连接电缆 386,数据从 IM365 传送到 IM365
扩展距离	最长 10m	最长 10m	固定长度 1m

5.2.2.8　功能模块

功能模块(FM)用以处理快速脉冲计数、检测和处理位置增量、测量时间和速度等实时性工作。功能模块可与程序并行工作,迅速处理测量结果,完成开环控制和闭环控制任务。大多数功能模块有自己的处理器而独立处理任务,因此功能模块具有较高的处理速度。FM350－1 是智能化的单通道计数器模块，广泛用于单纯的计数任务。该模块依据可直接连接的门信号检测最高达 500kHz 的增量编码器脉冲。有三种工作模式：连续计数、单向计数和循环计数。模块有 3 个数字量输入（一个用于门起始，一个用于门结束，一个用于设定计数器），2 个数字量输出。FM351 是双通道定位模块，用于快进给和慢速驱动的定位，可以控制两个相互独立的轴的定位。该模块最好通过由接触器或变频器控制的标准电动机来调整轴或设定轴定位。

5.2.3　S7－300 系列 PLC 的模块机架

S7－300 是由积木结构形式的硬件组成。各种功能模块根据控制过程的要求选择搭配，并插入模块机架内。模块机架有中央机架和扩展机架两种类型。

S7－300PLC 采用模块结构，将电源模块、CPU 模块、信号模块、功能模块、接口模块和通信处理器等安装在导轨上。S7－300PLC 用背板总线将除电源模块之外的各个模块连接起来，背板总线集成在模块上，模块通过 U 形总线连接器相连接，每个模块都有一个总线连接器，总线连接器插在各模块的背后。

每个轨道最多只能安装 8 个信号模块、功能模块和通信处理器。当系统需要大于 8 个模块时，则可以通过增加扩展机架。除了带 CPU 的中央机架外，系统最多可以增加 3 个扩展机架，即每个机架可以插入 8 个模块（不包括电源模块、CPU 模块和接口模块），4 个机架最多可以安装 32 个模块。

机架最左边是 1 号槽，最右边是 11 号槽。中央机架的 1 号槽安装电源模块、2 号槽安装 CPU 模块、3 号槽安装接口模块，这 3 个槽被固定占用，不能安装其他模块，其他模块只能安装在 4～11 号槽中。

S7－300 系列 PLC 的一个机架上最多可以安装 8 个模块，如果使用更多的模块，则需要通过接口模块扩展机架。使用接口模块 IM365 只能扩展一个机架，如图 5-7 所示。

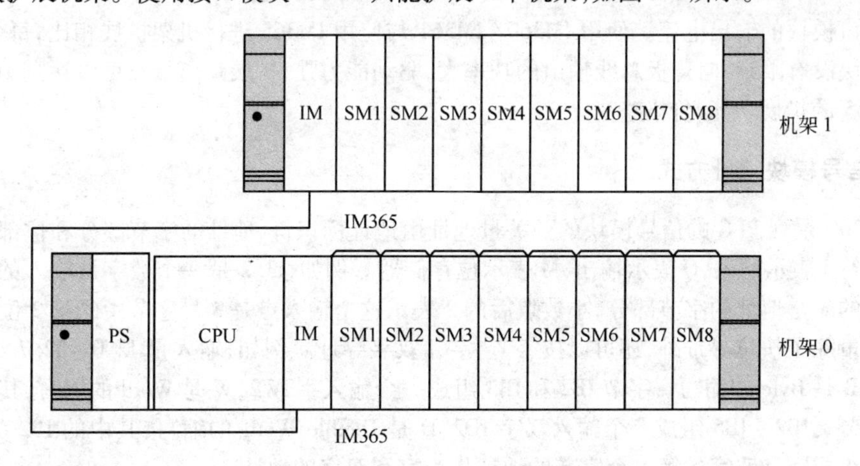

图 5-7　使用 IM365 的中央机架扩展

通过扩展电缆，IM365 接口模块间只能传送 I/O 总线，在机架 1 上只能安装信号模块，而不能安装通信处理器模块（CP）和功能模块（FM），接口模块间传送电源，扩展机架 1 上的 IM365 不需要单独供电，两个机架中所有模块消耗背板总线总数不能超过 CPU 的输出电流。

如果需要扩展多个机架，则需要使用 IM360/ IM361 进行扩展，如图 5-8 所示。

1 个 IM360 最多可以连接 3 个 IM361，接口模块间不传送电源，每个接口模块需要 24V 电源供电，扩展的接口模块向背板总线输出电流，每个机架中所有模块消耗背板总线的电流不能超过

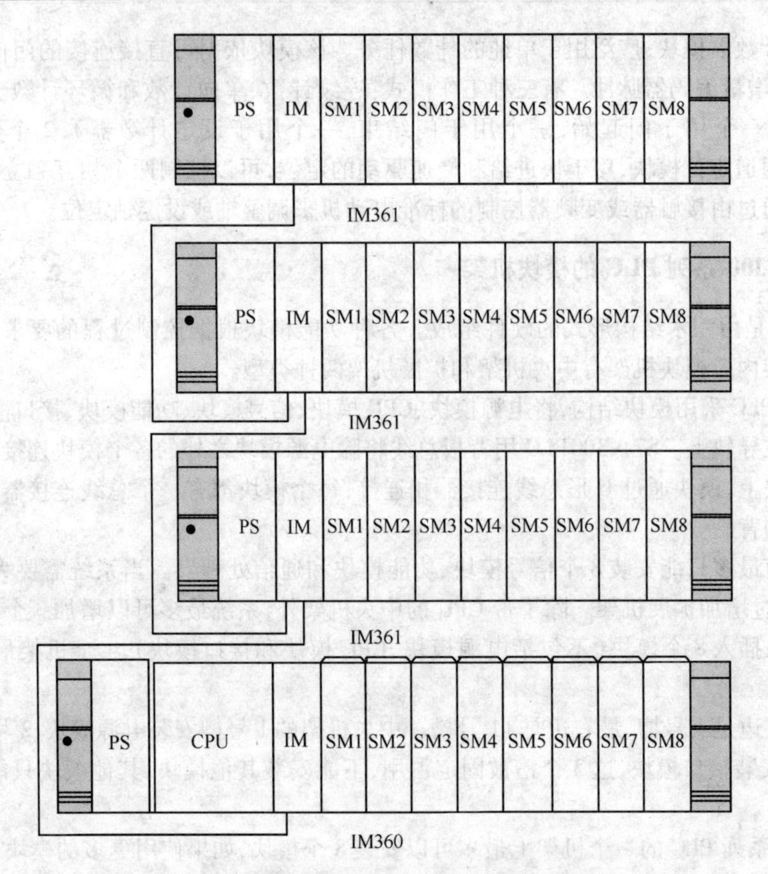

图 5-8　使用 IM360/ IM361 的中央机架扩展

CPU 或接口模块的输出电流。使用 IM360/ IM361 与使用 IM365 进行机架扩展相比,每个机架上安装的模块没有限制,向背板总线输出的功率大,驱动能力强,扩展距离最长可以达到 10m,完全覆盖 IM365 的扩展功能,价格略高。

5.2.4　信号模块编址方式

S7 – 300 系列 PLC 的信号模块的开关量地址由地址标识符、地址的字节部分和位部分组成。地址标识符 I 表示输入,Q 表示输出,M 表示位存储器。例如,I3.2 是一个数字量输入的地址,小数点前面的 3 是地址的字节部分,小数点后的 2 表示这个输入点是 3 号字节中的第 2 位。

开关量除了按位寻址外,还可以按字节、字和双字寻址。例如,输入量 I2.0 ~ I2.7 组成输入字节 IB2,B 是 Byte 的缩写。字节 IB2 和 IB3 组成一个输入字 IW2,W 是 Word 的缩写,其中的 IB2 为高位字节。IB2 ~ IB5 组成一个输入双字 ID2,D 是 Double Word 的缩写,其中的 IB2 为最高位字节。以组成字和双字的第一个字节的地址作为字和双字的地址。

S7 – 300PLC 信号模块的字节地址与模块所在的机架号和槽号有关,位地址与信号线接在模块上的端子位置有关。用户在导轨上安装好模块,编程软件 STEP7 为每个槽号指定一个确定的默认模块起始地址。

对于数字量模块,从 0 号机架的 4 号槽开始,每个槽位分配 4 个字节(等于 32 个 I/O 点)的地址。S7 – 300PLC 最多可能有 32 个数字量模块,共占有 128 字节。数字量 I/O 模块内最小的位地址(如 I0.0)对应的端子位置最高,最大的位地址(如 16 点输入模块的 I1.7)对应的端子位置最低。

对于模拟量模块,以通道为单位,1 个通道占 1 个字地址(或 2 个字节地址)。例如,模拟量输入通道 IW640 由字节 IB640 和 IB641 组成。1 个模拟量模块最多有 8 个通道，从 0 号机架的 4 号槽开始，每个槽位分配 16 个字节（即 8 个字，等于 8 个通道）的地址。

S7 – 300 为模拟量模块保留了专用的地址区域，字节地址范围为 IB256 ~ IB767，可以用于装载指令和传送指令访问模拟量模块。

图 5-9 所示为 S7 – 300 系统扩展最多模块时的槽号和相应的模块起始地址。数字和模拟模块具有不同的起始地址。

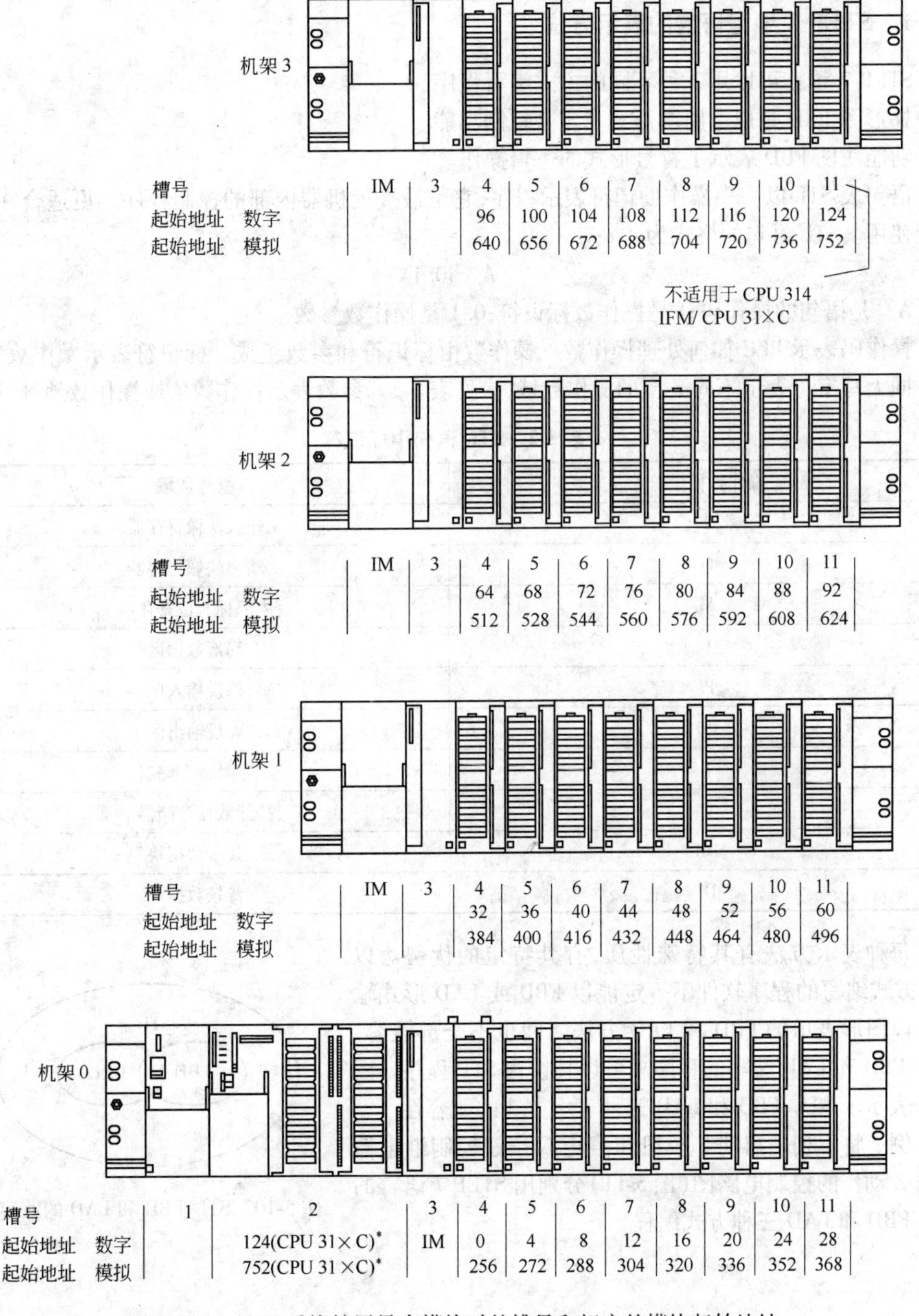

图 5-9　S7 – 300 系统扩展最多模块时的槽号和相应的模块起始地址

5.3　STEP 7 编程语言

STEP 7 是 S7 – 300/400 系列 PLC 应用设计软件包，所支持的 PLC 编程语言非常丰富。该软件的标准版支持 STL（语句表）、LAD（梯形图）及 FBD（功能块图）三种基本编程语言，不同的编程语言可供不同知识背景的人员采用。本节内容包括：STEP 7 编程语言的表示方法、STEP 7 程序结构、STEP 7 语言的操作指令。

5.3.1　STEP 7 编程语言的表示方法

STEP 7 语言可以用 3 种不同的方式编写程序。

梯形图 LAD 是以电路图形式来定义控制功能。

功能块图 FBD 表示了符号形式的逻辑操作。

语句表 STL 以一串操作助记符表示程序，它是最接近机器内部的控制程序。更适合在编程器上使用。STL 语句的格式为：

A　I0.1

A　是语句的操作码；I 是操作数标识符；0.1 是操作数参数。

操作码表示 PLC 如何处理操作数。操作数由标识符和参数组成。标识符表示操作数域，各种不同大写字母表示不同类型的操作数域，参见表 5-2。参数表示操作数值或操作数地址。

表 5-2　STL 语句中标识符

操作数标识符	操作数域
I	输入映像寄存器
Q	输出映像寄存器
M	内部标志位寄存器
L	局部数据区
PI	外设输入区
PQ	外设输出区
T	定时器存储器
C	计数器存储器
DB	共享数据块
DI	背景数据块

每种表示方法有其特殊性质，有其特定的优势。以 STL 方式编写的程序软件不一定能以 FBD 或 LAD 形式输出。以图形表示的 FBD 和 LAD 方法之间也不全部兼容。但以 FBD 和 LAD 编写的程序总可以转换为 STL 程序。图 5-10 表示了 STL、FBD 和 LAD 三种表示方式的兼容性。

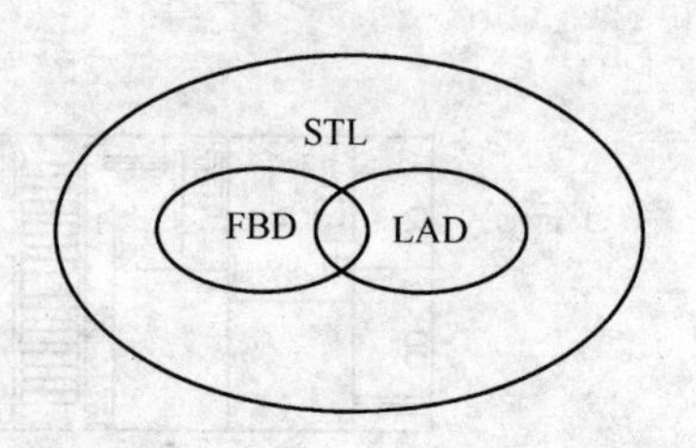

图 5-10　STL、FBD 和 LAD 的兼容性

例　将下列由启动 S 按钮和停止 C 按钮控制继电器输出 Z 动作的控制电路图（图 5-11）分别用 STEP 7 语言的 STL、FBD 和 LAD 三种方式编程。

电路图：

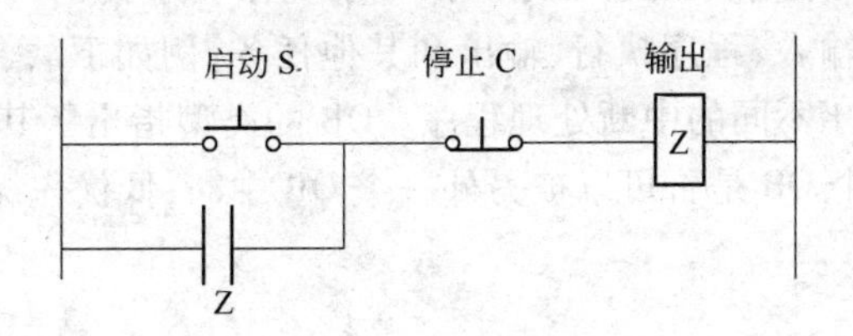

图 5-11 控制电路图

解：(1)用梯形图 LAD 编程：

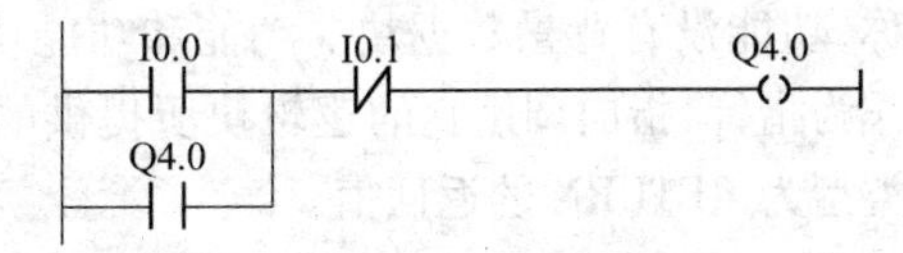

(2)用功能块图 FBD 编程：

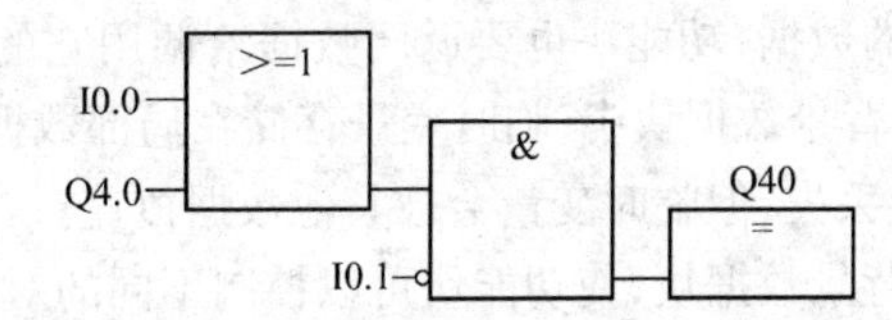

(3)用语句表示 STL 编程：

```
A(
O    I    0.0
O    Q    4.0
)
AN   I    0.1
=    Q    4.0
```

5.3.2 STEP 7 程序结构

S7－300 的 STEP 7 程序可采用两种方式编程：线性编程和结构化编程。

处理简单的自动化操作控制采用线性编程。将用户程序写入组织块 OB1 中，S7－300 周期地扫描执行 OB1 中各语句。

对于复杂的自动化控制工作，最好把整个程序分解为一个个独立完成一定功能的软件模块(程序段)，然后利用组织模块把各模块联系在一起，完成控制任务。这样的结构化编程提高了程序的易读性和维护性，缩短了复杂程序的开发周期。

S7－300 使用的 STEP 7 语言的软件模块包括组织块 OB(organization block)、功能 FC(function)、功能块 FB(function block)、系统功能 SFC(system function)、系统功能块 SFB(system function block)、背景数据块(instance data block)、共享数据块(share data block)。

使用调用语句可以从 A 软件模块转至 B 软件模块，执行完 B 软件模块中的特定程序后，又返回到 A 软件模块继续执行程序。

5.3.2.1 组织块 OB

组织块形成了操作系统和用户程序之间的接口。OB 是直接被操作系统调用的用户程序块。

OB1 用于循环处理,是用户程序中的主程序。操作系统在 PLC 的每一次循环扫描中调用一次 OB1。一个循环周期分为输入、程序执行、输出和其他任务,例如下载、删除块和发送全局数据等。其他大多数 OB 对应于不同的中断处理程序。OB 的类型指出了其功能,例如延时中断等;OB 的优先级用于表明一个 OB 是否可以被另外一个 OB 中断,低优先级的 OB 可以被高优先级的 OB 中断。

5.3.2.2 功能 FC

功能是用户编写的没有固定参数存储区的块,其临时变量存储在局部数据堆栈中,功能执行结束后,这些数据就被其他数据覆盖了。

在调用功能和功能块时用实参来代替形参,例如将“I0.0”(实参)赋值给“START”(形参)。形参是实参在逻辑块中的名称,功能没有背景数据块。功能和功能块用输入(IN)、输出(OUT)和输入/输出(IN/OUT)参数作为指针,指向调用它的逻辑块所提供的实参。功能被调用后可以为调用它的逻辑块提供一个类型为 RETURN 的返回值。

5.3.2.3 功能块 FB

功能块是用户编写的有固定参数存储区(背景数据块)的逻辑块,在每次调用功能块时,要给功能块提供各种不同类型的数据,功能块也要返回数据给调用它的块。这些数据以静态变量(STAT)的形式存放在指定的背景数据块中,临时变量存储在局部数据堆栈中。功能块执行完成后,背景数据块中的数据不会丢失,但临时变量会被其他数据覆盖。

一个功能块可以有多个背景数据块,使功能块可以控制不同的对象。

5.3.2.4 数据块

数据块是用来存放用户程序执行时所需要的变量数据的数据区。与逻辑块不同,在数据块中没有 PLC 的指令。数据块分为共享数据块和背景数据块。数据块的最大容量与 CPU 的型号有关。

数据块中的基本数据类型有 BOOL、REAL 和 INTEGER(INT)等。结构化数据类型由基本数据类型组成。在 STEP7 中,可以用在符号表中定义的符号来代替数据块中的数据地址,以方便程序的编写与阅读。

(1)共享数据块(share block)。共享数据块用来存储全局数据,所有的逻辑块都可以在共享数据块中进行数据的读写。CPU 可以同时打开一个共享数据块和一个背景数据块。

(2)背景数据块(instance data block)。背景数据块中的数据是自动生成的,它们是功能块的变量声明表中除临时变量(TEMP)外的数据。背景数据块用于对功能块传递参数,FB 的实参和静态数据存放在背景数据块中。调用功能块时要同时指定背景数据块,背景数据块只能被特定的功能块访问。

5.3.2.5 系统功能块(SFB)和系统功能(SFC)

系统功能块和系统功能是预先编写好的可供用户程序调用的块,它们已经固化在 S7－300 的 CPU 中。SFB 有存储功能,其变量保存在背景数据块中。与 SFB 相比,SFC 没有存储功能。STEP7 提供以下的 SFC:复制及块功能、检查程序、处理时钟和运行时间计数器等。

5.3.3 STEP 7 编程语言基础

在 STEP 7 编程语言中,指令是程序的最小独立单位,用户程序是由若干条顺序排列的指令构成。指令一般由操作码和操作数组成,其中的操作码代表指令所要完成的具体操作(功能),操作数则是该指令操作或运算的对象。

5.3.3.1 PLC 用户存储区的分类及功能

PLC 用户存储区的分类及功能如表 5-3 所示。

表 5-3 PLC 用户存储区的分类及功能

存储区域	功 能	运算单位	寻址范围	标识符
输入过程映像寄存器(又称输入继电器)(I)	在扫描循环的开始,操作系统从现场(又称过程)读取控制按钮、行程开关及各种传感器等送来的输入信号,并存入输入过程映像寄存器。其每一位对应数字量输入模块的一个输入端子	输入位	0.0~65535.7	I
		输入字节	0~65535	IB
		输入字	0~65534	IW
		输入双字	0~65532	ID
输出过程映像寄存器(又称输出继电器)(Q)	在扫描循环期间,逻辑运算的结果存入输出过程映像寄存器。在循环扫描结束前,操作系统从输出过程映像寄存器读出最终结果,并将其传送到数字量输出模块,直接控制 PLC 外部的指示灯、接触器、执行器等控制对象	输出位	0.0~65535.7	Q
		输出字节	0~65535	QB
		输出字	0~65534	QW
		输出双字	0~65532	QD
位存储器(又称辅助继电器)(M)	位存储器与 PLC 外部对象没有任何关系,其功能类似于继电器控制电路中的中间继电器,主要用来存储程序运算过程中的临时结果,可为编程提供无数量限制的触点,可以被驱动但不能直接驱动任何负载	存储位	0.0~255.7	M
		存储字节	0~255	MB
		存储字	0~254	MW
		存储双字	0~252	MD
外部输入寄存器(PI)	用户可以通过外部输入寄存器直接访问模拟量输入模块,以便接收来自现场的模拟量输入信号	外部输入字节	0~65535	PIB
		外部输入字	0~65534	PIW
		外部输入双字	0~65532	PID
外部输出寄存器(PQ)	用户可以通过外部输出寄存器直接访问模拟量输出模块,以便将模拟量输出信号送给现场的控制执行器	外部输出字节	0~65535	PQB
		外部输出字	0~65534	PQW
		外部输出双字	0~65532	PQD
定时器(T)	作为定时器指令使用,访问该存储区可获得定时器的剩余时间	定时器	0~255	T
计数器(C)	作为计数器指令使用,访问该存储区可获得计数器的当前值	计数器	0~255	C
数据块寄存器(DB)	数据块寄存器用于存储所有数据块的数据,最多可同时打开一个共享数据块 DB 和一个背景数据块 DI。用"OPEN DB"指令可打开一个共享数据块 DB;用"OPEN DI"指令可打开一个背景数据块 DI	数据位	0.0~65535.7	DBX 或 DIX
		数据字节	0~65535	DBB 或 DIB
		数据字	0~65534	DBW 或 DIW
		数据双字	0~65532	DBD 或 DID
本地数据寄存器(又称本地数据)(L)	本地数据寄存器用来存储逻辑块(OB、FB 或 FC)中所使用的临时数据,一般用作中间暂存器。因为这些数据实际存放在本地数据堆栈(又称 L 堆栈)中,所以当逻辑块执行结束时,数据自然丢失	本地数据位	0.0~65535.7	L
		本地数据字节	0~65535	LB
		本地数据字	0~65534	LW
		本地数据双字	0~65532	LD

5.3.3.2 指令操作数

指令操作数(又称编程元件)一般在用户存储区中,操作数由操作标识符和参数组成。操作标识符由主标识符和辅助标识符组成,主标识符用来指定操作数所使用的存储区类型,辅助标识符则用来指定操作数的单位(如位、字节、字、双字等)。

主标识符有：I（输入过程映像寄存器）、Q（输出过程映像寄存器）、M（位存储器）、PI（外部输入寄存器）、PQ（外部输出寄存器）、T（定时器）、C（计数器）、DB（数据块寄存器）和 L（本地数据寄存器）；

辅助标识符有：X（位）、B（字节）、W（字或 2B）、D（2DW 或 4B）。

状态字用于表示 CPU 执行指令时所具有的状态信息。

位序 15 …	9	8	7	6	5	4	3	2	1	0
	BR	CC1	CC0	OS	OV	OR	STA	RLO	$\overline{FC}$

每位的含义如下：

FC　首位检测位
RLO　逻辑操作结果
STA　状态位
OR　或位
OV　溢出位
OS　溢出状态保持位
CC1　条件码 1
CC0　条件码 0
BR　二进制结果位

5.3.4 位逻辑指令

位逻辑指令处理的对象为二进制位信号。位逻辑指令扫描信号状态“1”和“0”位，并根据布尔逻辑对它们进行组合，所产生的结果（“1”或“0”）称为逻辑运算结果，存储在状态字的“RLO”中。

5.3.4.1 基本逻辑指令

基本逻辑指令包括：“与”指令、“与非”指令、“或”指令、“或非”指令、“异或”指令、“异或非”指令、逻辑块的操作、信号流取反指令。以下作简要叙述。

A　逻辑“与”指令

逻辑“与”指令（见表 5-4）使用的操作数可以是 I、Q、M、L、D、T、C。有两种指令形式（STL 和 FBD），用 LAD 也可以实现逻辑“与”运算。

表 5-4　逻辑“与”指令

指令形式	STL	FBD	等效梯形图
指令格式	A　位地址 1 A　位地址 2	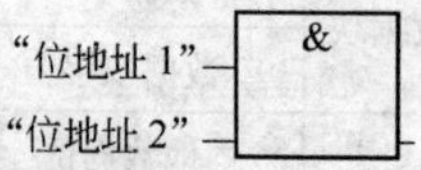 “位地址 1”、“位地址 2” → &	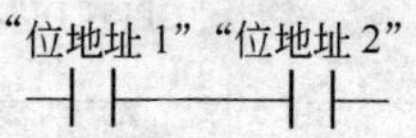 “位地址 1”　“位地址 2”
示　例	A　I0. 0 A　I0. 1 =　Q4. 0 =　Q4. 1	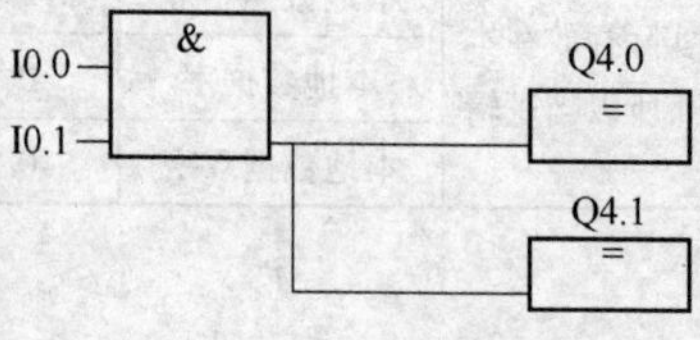 I0.0、I0.1 → & → Q4.0 =、Q4.1 =	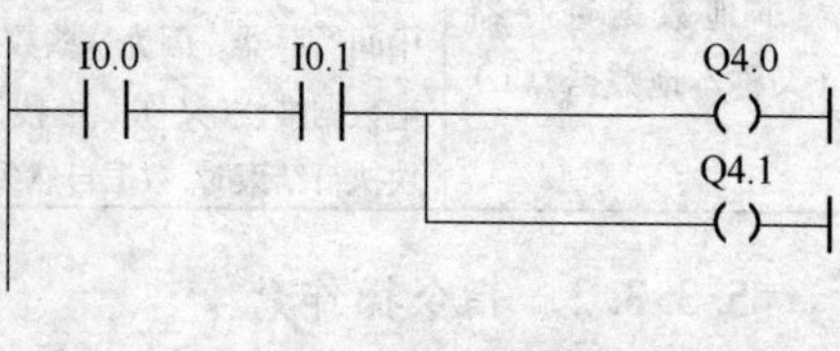 I0.0　I0.1　Q4.0 ( )　Q4.1 ( )

B　逻辑“与非”指令

逻辑“与非”指令（见表 5-5）使用的操作数可以是 I、Q、M、L、D、T、C。有两种指令形式（STL

和 FBD),用 LAD 也可以实现逻辑“与非”运算。

表 5-5 逻辑“与非”指令

指令形式	STL	FBD	等效梯形图
指令格式	A 位地址 1 AN 位地址 2	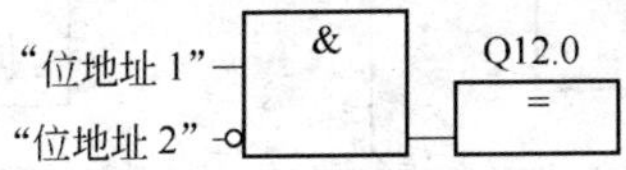 “位地址 1”—&；“位地址 2”—o；Q12.0 =	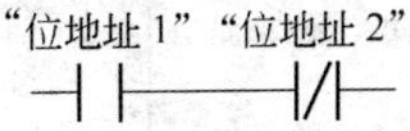 “位地址 1” “位地址 2” —| |——|/|—
	AN 位地址 1 AN 位地址 2	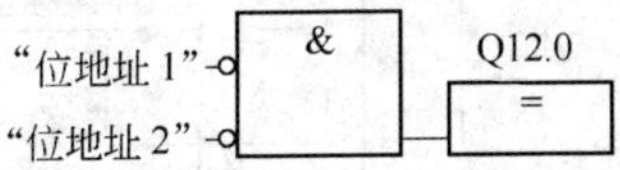 “位地址 1”—o&；“位地址 2”—o；Q12.0 =	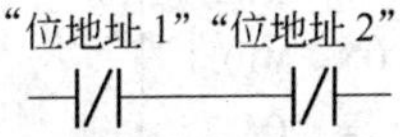 “位地址 1” “位地址 2” —|/|——|/|—
示 例	A I0.2 AN M8.3 = Q4.1	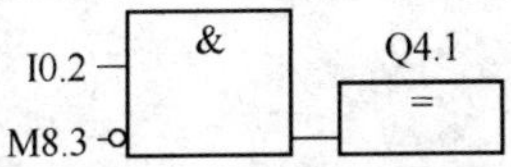 I0.2—&；M8.3—o；Q4.1 =	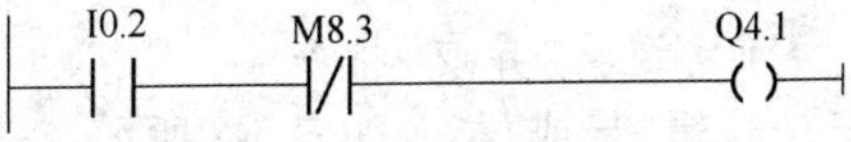 I0.2 M8.3 Q4.1 |—| |——|/|——( )—|

C 逻辑“或”指令

逻辑“或”指令(见表 5-6)使用的操作数可以是 I、Q、M、L、D、T、C。有两种指令形式(STL 和 FBD),用 LAD 也可以实现逻辑“或”运算。

表 5-6 逻辑“或”指令

指令形式	STL	FBD	等效梯形图
指令格式	O 位地址 1 O 位地址 2	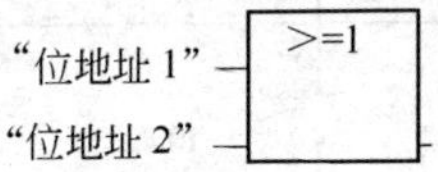 “位地址 1”— >=1；“位地址 2”—	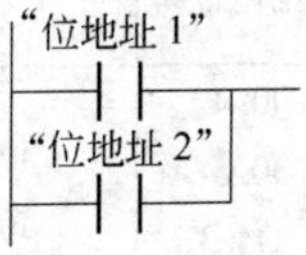 “位地址 1” —| |— 并联 “位地址 2” —| |—
示 例	O I0.2 O I0.3 = Q4.2	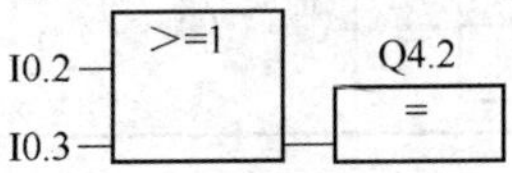 I0.2— >=1；I0.3—；Q4.2 =	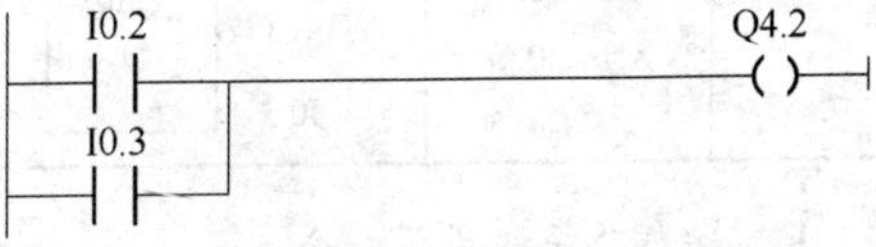 I0.2 —| |— 并联 I0.3 —| |— ——( )—| Q4.2

D 逻辑“或非”指令

逻辑“或非”指令(见表 5-7)使用的操作数可以是 I、Q、M、L、D、T、C。有两种指令形式(STL 和 FBD),用 LAD 也可以实现逻辑“或非”运算。

表 5-7 逻辑“或非”指令

指令形式	STL	FBD	等效梯形图
指令格式	O 位地址 1 ON 位地址 2	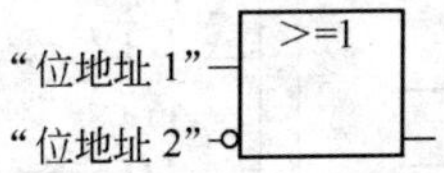 “位地址 1”— >=1；“位地址 2”—o	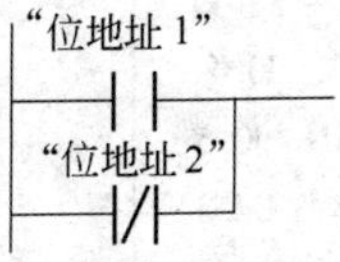 “位地址 1” —| |— 并联 “位地址 2” —|/|—

续表 5-7

指令形式	STL	FBD	等效梯形图
指令格式	ON　位地址 1 ON　位地址 2	"位地址 1"—o >=1 "位地址 2"—o	"位地址 1" —|/|— "位地址 2" —|/|—
示　例	O　I0.2 ON　M10.1 =　Q4.2	I0.2 — >=1 M10.1 —o Q4.2 =	I0.2 —| |— M10.1 —|/|— Q4.2 —( )—

E　逻辑"异或"指令

逻辑"异或"指令如表 5-8 所示。

表 5-8　逻辑"异或"指令

指令形式	STL	FBD	等效梯形图
指令格式	X　位地址 1 X　位地址 2	"位地址 1" — XOR "位地址 2" —	"位地址 1" —| |— "位地址 2" —|/|— "位地址 1" —|/|— "位地址 2" —| |—
	XN　位地址 1 XN　位地址 2	"位地址 1" —o XOR "位地址 2" —o	
示　例	X　I0.4 X　I0.5 =　Q4.3	I0.4 — XOR I0.5 — Q4.3 =	I0.4 —| |— I0.5 —|/|— I0.4 —|/|— I0.5 —| |— Q4.3 —( )—
	XN　I0.4 XN　I0.5 =　Q4.3	I0.4 —o XOR I0.5 —o Q4.3 =	

F　逻辑"异或非"指令

逻辑"异或非"指令如表 5-9 所示。

表 5-9　逻辑"异或非"指令

指令形式	STL	FBD	等效梯形图
指令格式	X　位地址 1 XN　位地址 2	"位地址 1" — XOR "位地址 2" —o Q13.1 =	"位地址 1" —| |— "位地址 2" —| |— "位地址 1" —|/|— "位地址 2" —|/|—
	XN　位地址 1 X　位地址 2	"位地址 1" —o XOR "位地址 2" — Q13.1 =	
示　例	X　I0.4 XN　I0.5 =　Q4.3	I0.4 — XOR I0.5 —o Q4.3 =	I0.4 —| |— I0.5 —| |— I0.4 —|/|— I0.5 —|/|— Q4.3 —( )—

G　逻辑块的操作

逻辑块的操作如表 5-10 所示。

表 5-10 逻辑块的操作

实现方式	LAD	FBD	STL
先“与”后“或”操作示例	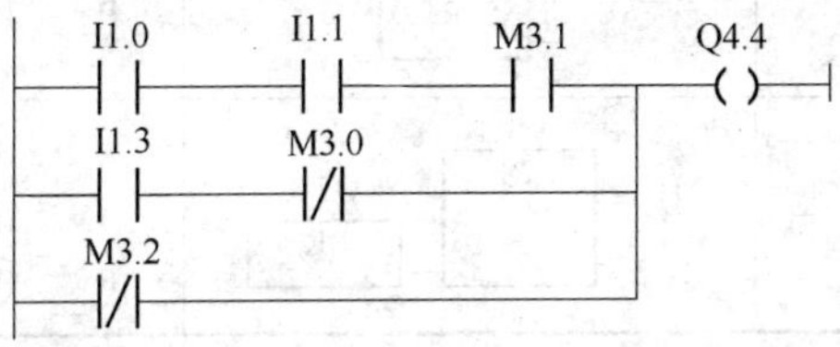 I1.0 I1.1 M3.1 Q4.4 ( ) I1.3 M3.0 / M3.2 /	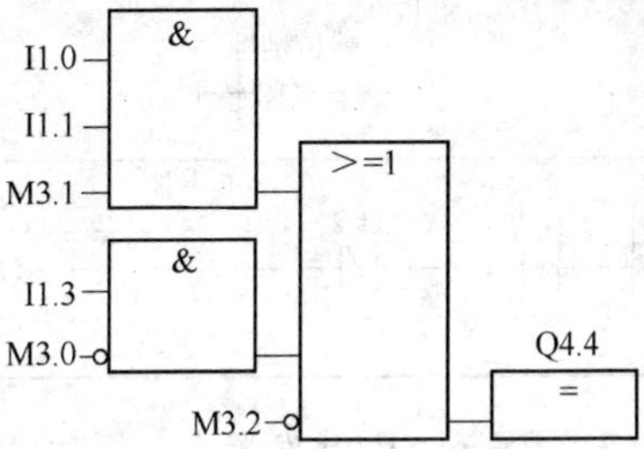 I1.0 I1.1 M3.1 & ; I1.3 M3.0 & ; M3.2 >=1 ; Q4.4 =	A I1.0 A I1.1 A M3.1 O A I1.3 AN M 3.0 O M3.2 = Q4.4
先“或”后“与”操作示例	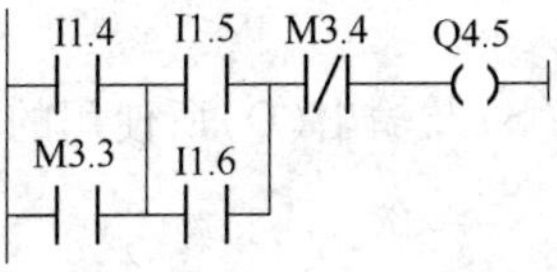 I1.4 I1.5 M3.4 / Q4.5 ( ) M3.3 I1.6	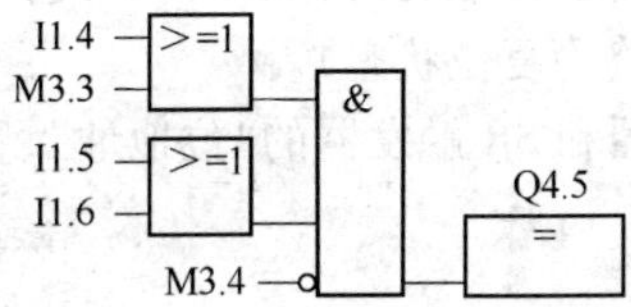 I1.4 M3.3 >=1 ; I1.5 I1.6 >=1 ; M3.4 & ; Q4.5 =	A(O I1.4 O M3.3) A(O I1.5 O I1.6) AN M 3.4 = Q4.5

H 信号流取反指令

信号流取反指令的作用就是对逻辑串的 RLO 值进行取反。指令格式及示例见表 5-11。当输入位 I0.0 和 I0.1 同时动作时,Q4.0 信号状态为“0”;否则,Q4.0 信号状态为“1”。

表 5-11 信号流取反指令

指令形式	LAD	FBD	STL
指令格式	NOT	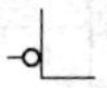	NOT
示 例	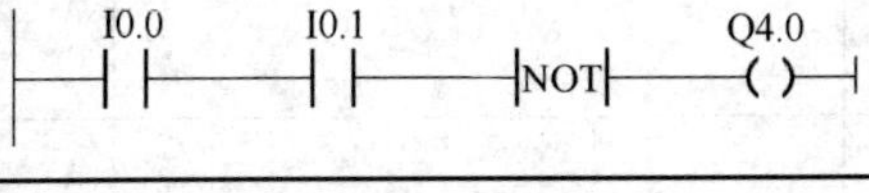 I0.0 I0.1 NOT Q4.0 ( )	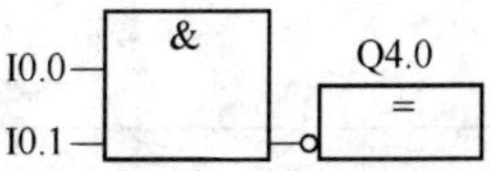 I0.0 I0.1 & ; Q4.0 =	A I0.0 A I0.1 NOT = Q4.0

5.3.4.2 置位和复位指令

置位(S)指令(见表 5-12)和复位(R)指令(见表 5-13)根据 RLO 的值来决定操作数的信号状态是否改变,对于置位指令,一旦 RLO 为“1”,则操作数的状态置“1”,即使 RLO 又变为“0”,输出仍保持为“1”;若 RLO 为“0”,则操作数的信号状态保持不变。对于复位操作,一旦 RLO 为“1”,则操作数的状态置“0”,即使 RLO 又变为“0”,输出仍保持为“0”;若 RLO 为“0”,则操作数的信号状态保持不变。这一特性又被称为静态的置位和复位,相应地,赋值指令被称为动态赋值。

表 5-12 置位(S)指令

指令形式	LAD	FBD	STL
指令格式	“位地址” (s)	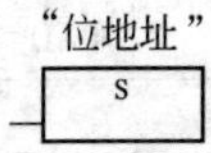 “位地址” s	S 位地址
示 例	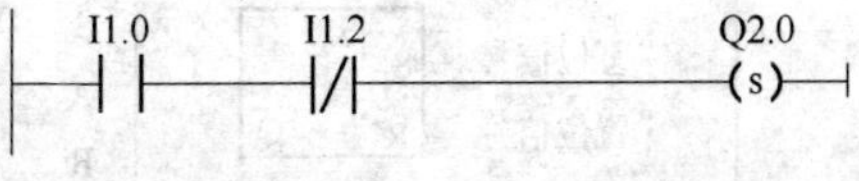 I1.0 I1.2 / Q2.0 (s)	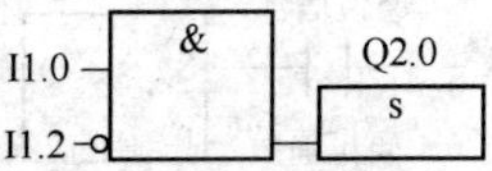 I1.0 I1.2 & ; Q2.0 s	A I1.0 AN I1.2 S Q2.0

表 5-13　复位(R)指令

指令形式	LAD	FBD	STL
指令格式	"位地址" —(R)—	"位地址" R	R　位地址
示　例	I1.1 I1.2 Q2.0 (R)	& I1.1 I1.2 Q2.0 R	A　I1.1 AN　I1.2 R　Q2.0

5.3.4.3　RS 和 SR 触发器

RS 触发器(见表 5-14)为"置位优先"型触发器(当 R 和 S 驱动信号同时为"1"时,触发器最终为置位状态);SR 触发器(见表 5-15)为"复位优先"型触发器(当 R 和 S 驱动信号同时为"1"时,触发器最终为复位状态)。

RS 触发器和 SR 触发器的"位地址"、置位(S)、复(S)及输出(Q)所使用的操作数可以是 I、Q、M、L、D。

表 5-14　RS 触发器

指令形式	LAD	FBD	等效程序段
指令格式	"复位信号" "位地址" RS R Q "置位信号" S	"位地址" RS "复位信号" R "置位信号" S Q	A　复位信号 R　位地址 A　置位信号 S　位地址
示例 1	I0.0 M0.0 RS R Q Q4.0 ( ) I0.1 S	M0.0 RS I0.0 R I0.1 S Q Q4.0 =	A　I0.0 R　M0.0 A　I0.1 S　M0.0 A　M0.0 =　Q4.0
示例 2	I0.0 I0.1 M0.1 RS R Q Q4.1 ( ) I0.0 I0.1 S	I0.0 I0.1 & M0.1 RS R I0.0 I0.1 & S Q Q4.1 =	A　I0.0 AN　I0.1 R　M0.1 AN　I0.0 A　I0.1 S　M0.1 A　M0.1 =　Q4.1

表 5-15　SR 触发器

指令形式	LAD	FBD	等效程序段
指令格式	"复位信号" "位地址" SR S Q "置位信号" R	"位地址" SR "复位信号" S "置位信号" R Q	A　置位信号 S　位地址 A　复位信号 R　位地址

续表 5-15

指令形式	LAD	FBD	等效程序段
示例 1	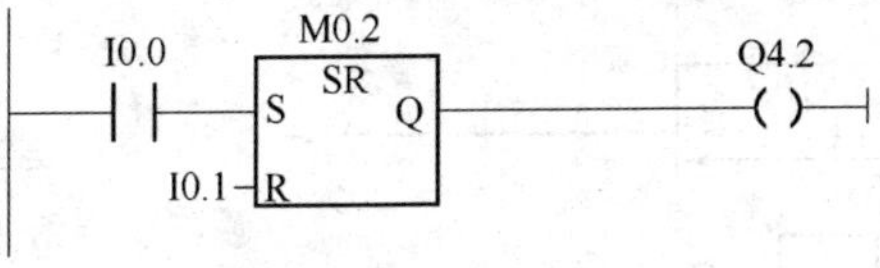 I0.0 M0.2 SR S Q I0.1 R Q4.2 ( )	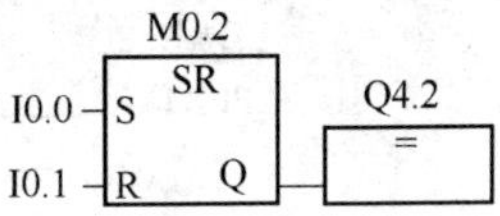 M0.2 SR I0.0 S I0.1 R Q Q4.2 =	A I0.0 S M0.2 A I0.1 R M0.2 A M0.2 = Q4.2
示例 2	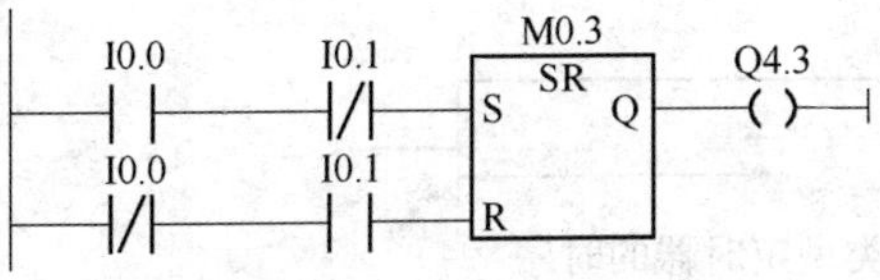 I0.0 I0.1 I0.0 I0.1 M0.3 SR S Q R Q4.3 ( )	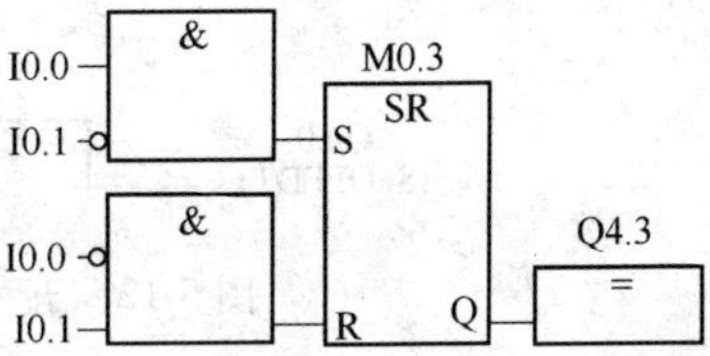 I0.0 I0.1 & I0.0 I0.1 & M0.3 SR S R Q Q4.3 =	A I0.0 AN I0.1 S M0.3 AN I0.0 A I0.1 R M0.3 A M0.3 = Q4.3

5.3.5 定时器与计数器指令

5.3.5.1 定时器指令

定时器用于产生时间序列,这些时间序列可用于等待、监控、测量时间间隔或者产生脉冲。定时器的数目由 CPU 决定。不同的 CPU 支持 32 ~ 512 个定时器。定时函数存放在 CPU 的系统存储器中。

定时器相当于时间继电器。在使用时间继电器时,当时间继电器被启动,若定时时间到,则继电器的接点动作,同样,当时间继电器的线圈断电时,接点也动作。在 S7 中的定时器与时间继电器的工作原理类似,但功能更加丰富,可以完成以下功能:设定定时时间、启动定时器、复位定时器、查看定时的剩余时间。至于启动和停止定时器,在梯形图中,定时器的 S 端可以使能定时器。定时器的 R 端可以复位定时器。S7 中定时时间由时基和定时值组成。定时时间为时基和定时值的乘积。在定时器开始工作后,定时值不断递减,递减至零表示时间到,定时器会相应动作。

定时器的种类有:脉冲定时器(S _ PULSE)、扩展脉冲定时器(S _ PEXT)、接通延时定时器(S _ ODT)、保持型接通延时定时器(S _ ODTS)和断开延时定时器(S _ OFFDT)。五种类型定时器的时序如图 5-12 所示。

图 5-13 所示为定时器字的格式,其中第 12 ~ 13 位是定时器的时基。所谓的时基是时间基准的简称。定时时间值是以 3 位 BCD 码格式存放,位于定时器字的第 0 ~ 11 位。使用范围是 0 ~ 999。

定时时间有两种表达方式:

(1)十六进制数。格式为:W#16#wxyz,其中 w 是时间基准,xyz 是 BCD 码格式的时间值。这里,时基越小,分辨率越高。例如:W#16#2300 表示时基为 1s,定时时间为 300 × 1s 的定时时间值,即 5min。

(2)S5 时间格式。格式为:S5T#aH _ bM _ cS _ dMS,其中 a 表示小时,b 表示分钟,c 表示秒,d 表示毫秒。例如:S5T#1H _ 13M _ 8S 表示时间为 1h13min8s。这里时基是由 CPU 自行选定的,

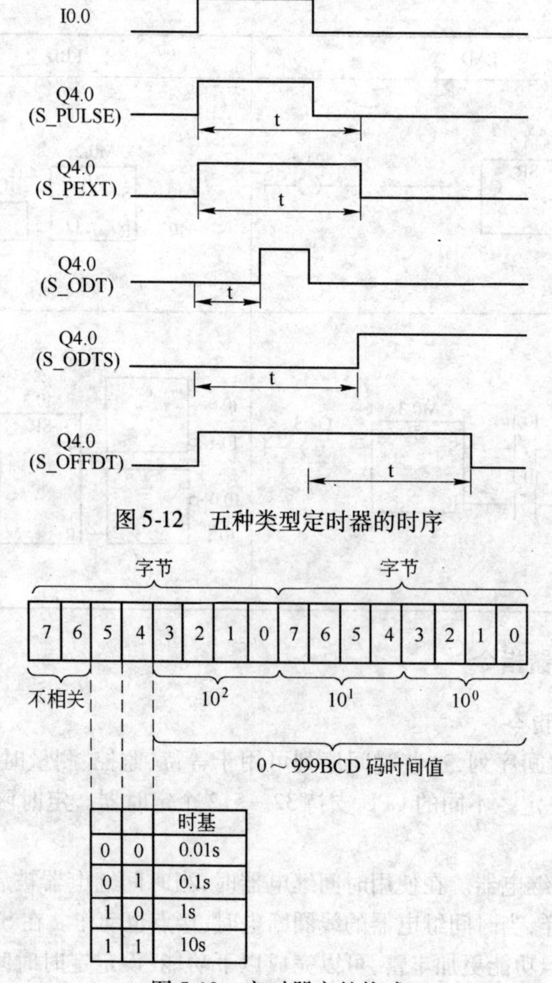

图 5-12　五种类型定时器的时序

图 5-13　定时器字的格式

原则是在满足定时范围的要求下选择最小时基。

S5 定时器的使用有梯形图、功能块图和语句表三种方式。表 5-16 给出了其中的梯形图和语句表的表示方法。表中指令的参数含义如表 5-17 和表 5-18 所示。

表 5-16　定时器五种工作方式

类 型	STL	LAD	时 序 图
S_PULSE （脉冲 S5 定时器）	A　I　0.0 L　S5T#2S SP　T　5 A(O　I　0.1 O　I　0.2) R　T　5 NOP　0 NOP　0 A　T　5 =　Q　4.0	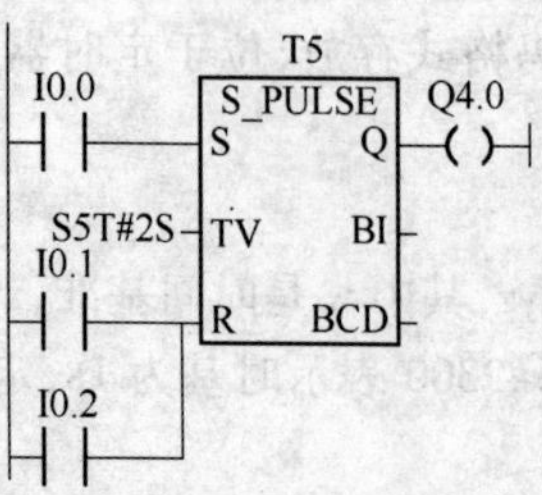 T5 I0.0　S_PULSE　Q4.0 S　Q　( ) S5T#2S - TV　BI - I0.1 R　BCD I0.2	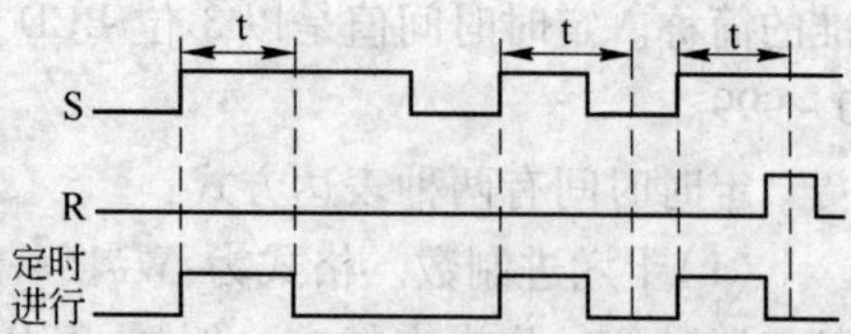 S　t　t　t R 定时进行 Q

续表 5-16

类型	STL	LAD	时序图
S _ PEXT（扩展脉冲 S5 定时器）	A I 0.0 L S5T#2S SE T 5 A(O I 0.1 O I 0.2) R T 5 NOP 0 NOP 0 A T 5 = Q 4.0	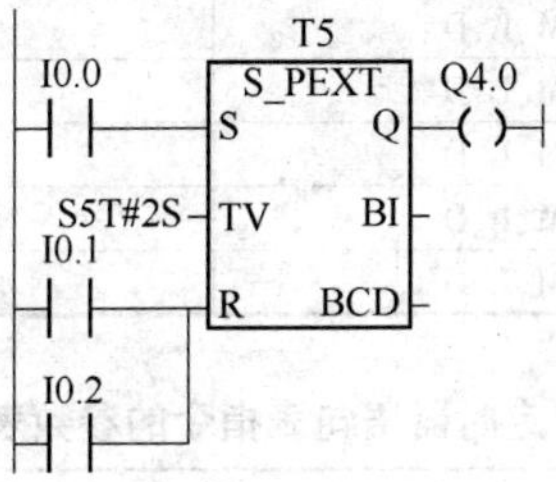 T5 S_PEXT I0.0 — S Q — Q4.0 ( ) S5T#2S — TV BI I0.1 — R BCD I0.2	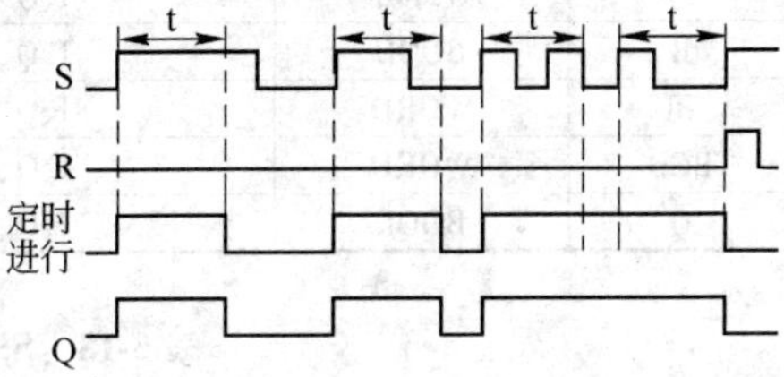 S t R 定时进行 Q
S _ ODT（接通延时 S5 定时器）	A I 0.0 L S5T#2S SD T 5 A(O I 0.1 O I 0.2) R T 5 NOP 0 NOP 0 A T 5 = Q 4.0	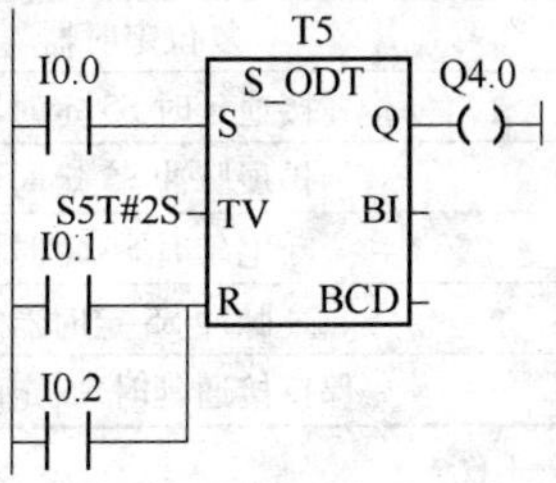 T5 S_ODT I0.0 — S Q — Q4.0 ( ) S5T#2S — TV BI I0.1 — R BCD I0.2	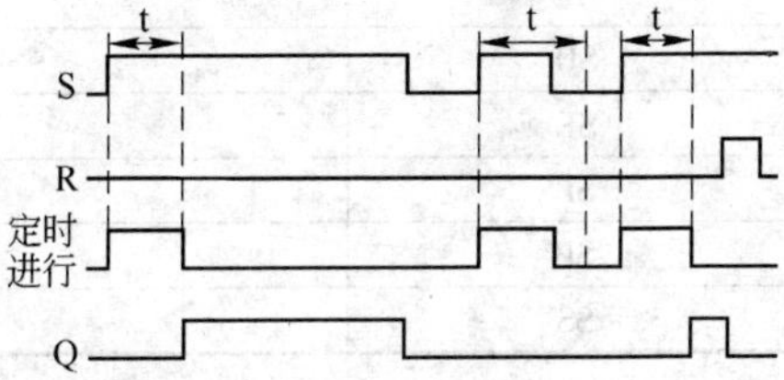 S t R 定时进行 Q
S _ ODTS（保持接通延时 S5 定时器）	A I 0.0 L S5T#2S SS T 5 A(O I 0.1 O I 0.2) R T 5 NOP 0 NOP 0 A T 5 = Q 4.0	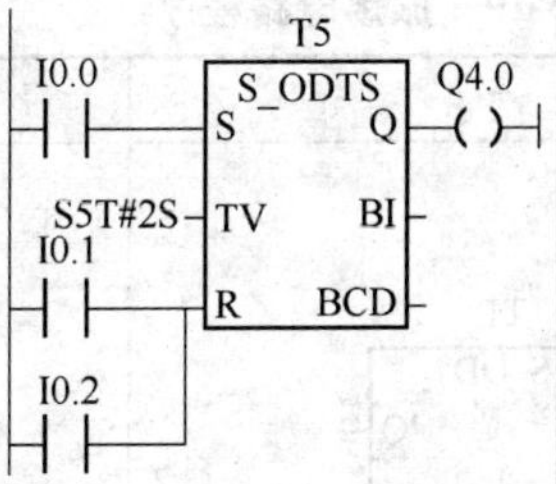 T5 S_ODTS I0.0 — S Q — Q4.0 ( ) S5T#2S — TV BI I0.1 — R BCD I0.2	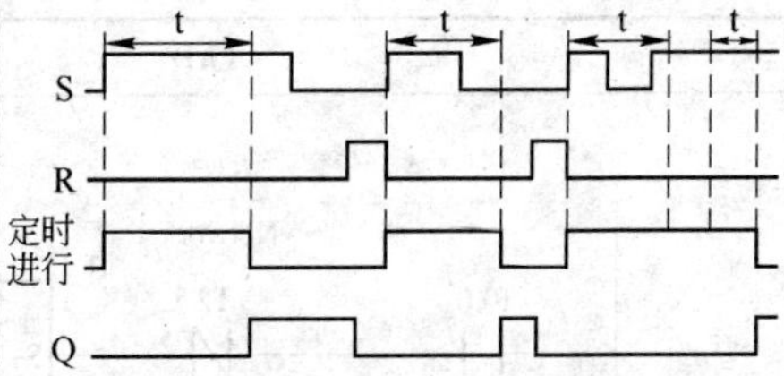 S t R 定时进行 Q
S _ OFFDT（断电延时 S5 定时器）	A I 0.0 L S5T#2S SF T 5 A(O I 0.1 O I 0.2) R T 5 NOP 0 NOP 0 A T 5 = Q 4.0	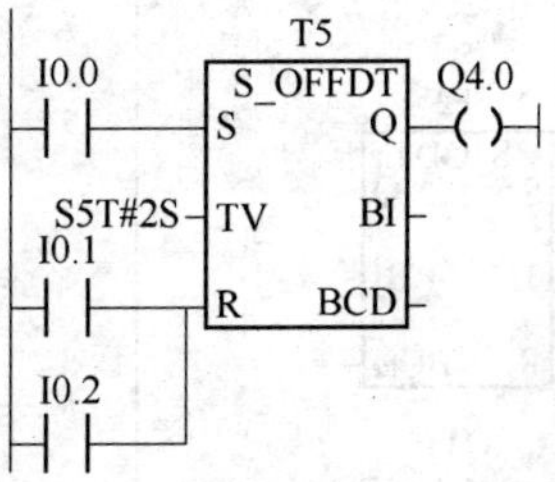 T5 S_OFFDT I0.0 — S Q — Q4.0 ( ) S5T#2S — TV BI I0.1 — R BCD I0.2	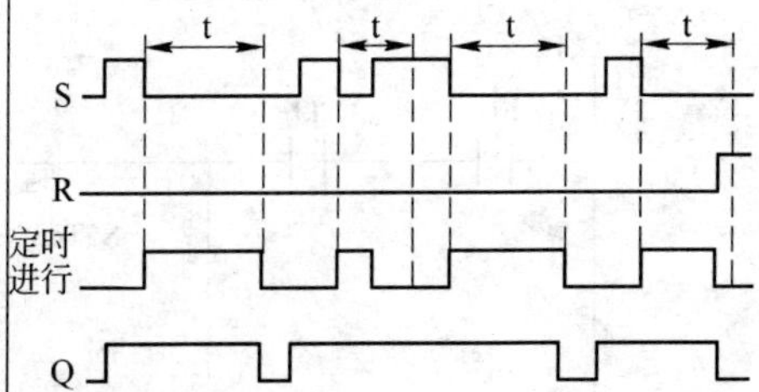 S t R 定时进行 Q

表 5-17　S5 定时器梯形图指令的参数表

参　数	数据类型	内存区域	说　明
T 编号	TIMER	T	定时器编号,范围取决于 CPU
S	BOOL	I、Q、M、L、D	启动输入端
TV	S5TIME	I、Q、M、L、D	预设时间值
R	BOOL	I、Q、M、L、D	复位输入端
BI	WORD	I、Q、M、L、D	剩余时间值,整型形式
BCD	WORD	I、Q、M、L、D	剩余时间值,BCD 形式
Q	BOOL	I、Q、M、L、D	定时器状态

表 5-18　S5 定时器语句表指令的参数表

指　　令	说　　明
FR	允许定时器再启动
L	将定时器的时间值(整形)装入累加器 1 中
LC	将定时器的时间值(BCD)装入累加器 1 中
R	复位定时器
SD	接通延时 S5 定时器
SE	扩展脉冲 S5 定时器
SF	断电延时 S5 定时器
SP	脉冲 S5 定时器
SS	保持接通延时 S5 定时器

例用接通延时定时器设计一个周期振荡电路,振荡周期为 5s,占空比为 3∶5。

说明:设计的振荡电路程序如表 5-19 所示。电路的启动按钮为 I0.0,电路的脉冲信号输出端为 Q4.0。电路启动后,定时器 T1 和定时器 T2 可以互相起振。

表 5-19　振荡电路程序

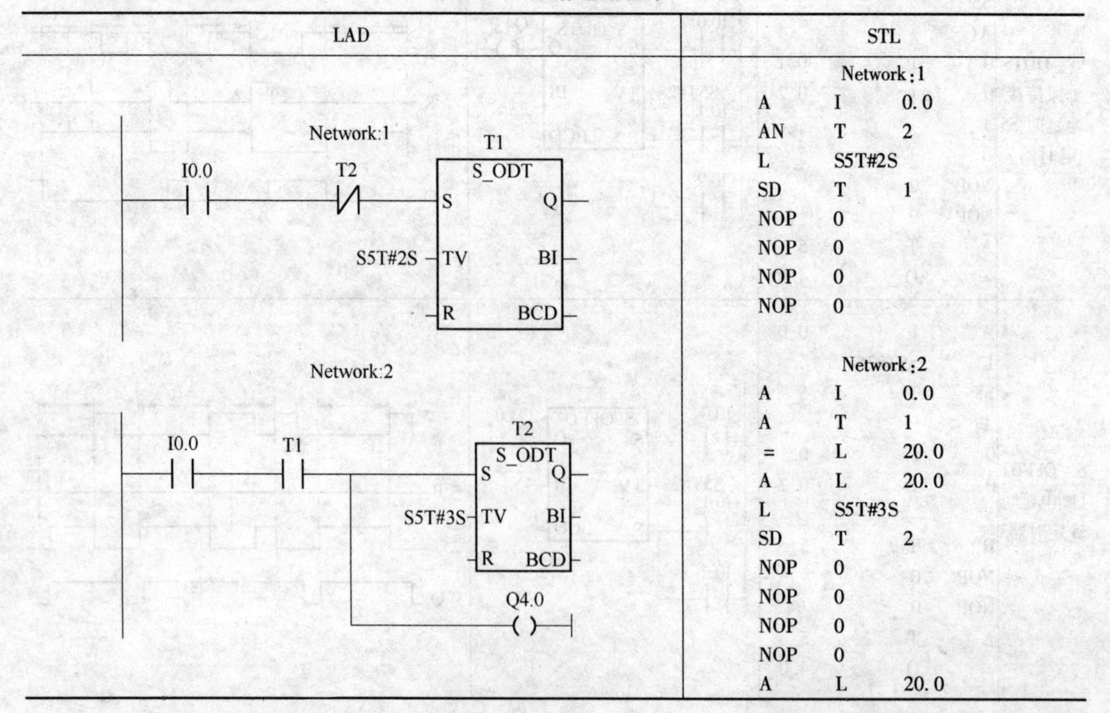


```
Network:1
A    I    0.0
AN   T    2
L    S5T#2S
SD   T    1
NOP  0
NOP  0
NOP  0
NOP  0

Network:2
A    I    0.0
A    T    1
=    L    20.0
A    L    20.0
L    S5T#3S
SD   T    2
NOP  0
NOP  0
NOP  0
NOP  0
A    L    20.0
```

5.3.5.2 计数器指令

计数器的任务是完成计数功能,可以实现加法计数和减法计数。计数范围是 0 ~ 999。有三种计数器:加法计数器、减法计数器和加减可逆计数器。

S7-300 的计数器都是 16 位的,因此每个计数器占用该区域 2 个字节空间,用来存储计数值。不同的 CPU 模板,用于计数器的存储区域也不同,最多允许使用 64 ~ 512 个计数器。计数器的地址编号为 C0 ~ C511。

计数器的种类有可逆计数器(S_CUD)、加计数器(S_CU)和减计数器(S_CD)。编程指令有梯形图、功能块图和语句表三种方式(见表 5-20)。表 5-20 中指令的参数含义如表 5-21 和表 5-22 所示。

表 5-20 计数器三种工作方式

类 型	STL	LAD	FBD
可逆计数器(S_CUD)	A I 0.0 CU C 10 A I 0.1 CD C 10 A I 0.2 L MW 10 S C 10 A I 0.3 R C 10 NOP 0 NOP 0 A C 10 = Q 4.0	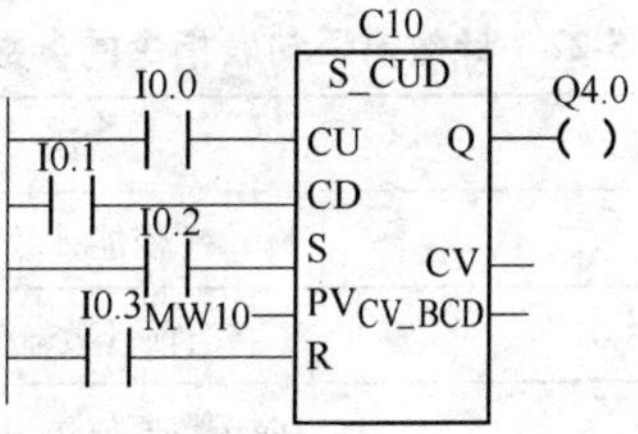 C10 S_CUD; I0.0—CU; I0.1—CD; I0.2—S; MW10—PV; I0.3—R; Q—Q4.0 ( ); CV; CV_BCD	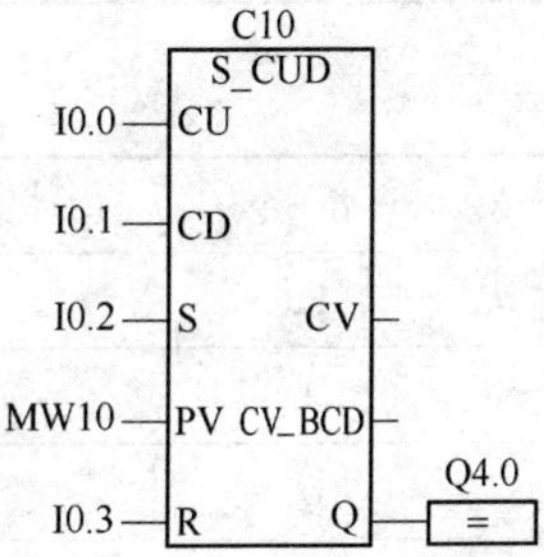 C10 S_CUD; I0.0—CU; I0.1—CD; I0.2—S; MW10—PV; I0.3—R; CV; CV_BCD; Q—Q4.0 =
加计数器(S_CU)	A I 0.0 CU C 10 BLD 101 A I 0.2 L MW 10 S C 10 A I 0.3 R C 10 NOP 0 NOP 0 A C 10 = Q 4.0	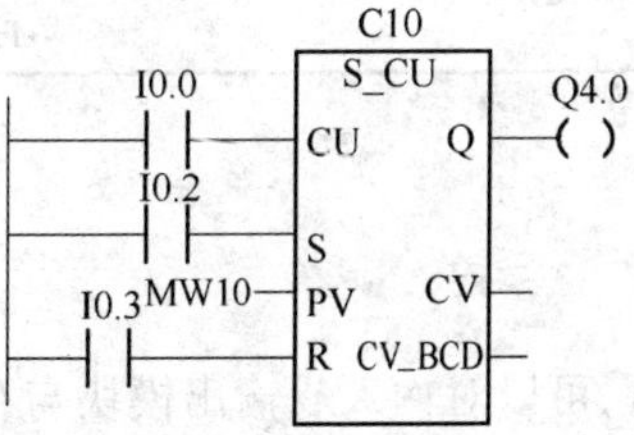 C10 S_CU; I0.0—CU; I0.2—S; MW10—PV; I0.3—R; Q—Q4.0 ( ); CV; CV_BCD	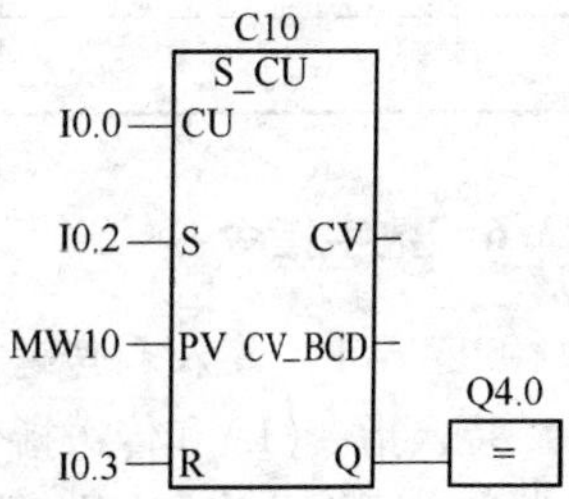 C10 S_CU; I0.0—CU; I0.2—S; MW10—PV; I0.3—R; CV; CV_BCD; Q—Q4.0 =
减计数器(S_CD)	A I 0.0 CD C 10 BLD 101 A I 0.2 L MW 10 S C 10 A I 0.3 R C 10 NOP 0 NOP 0 A C 10 = Q 4.0	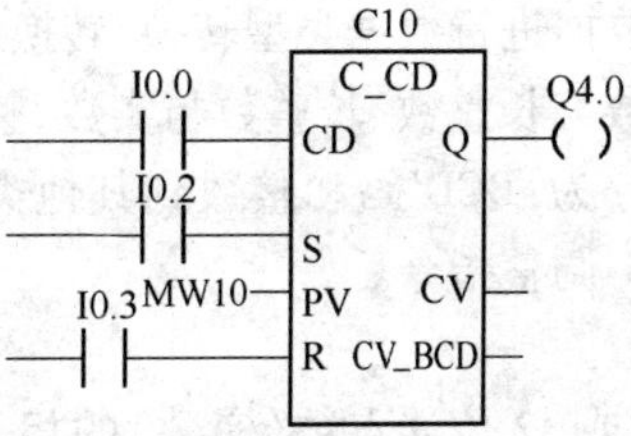 C10 C_CD; I0.0—CD; I0.2—S; MW10—PV; I0.3—R; Q—Q4.0 ( ); CV; CV_BCD	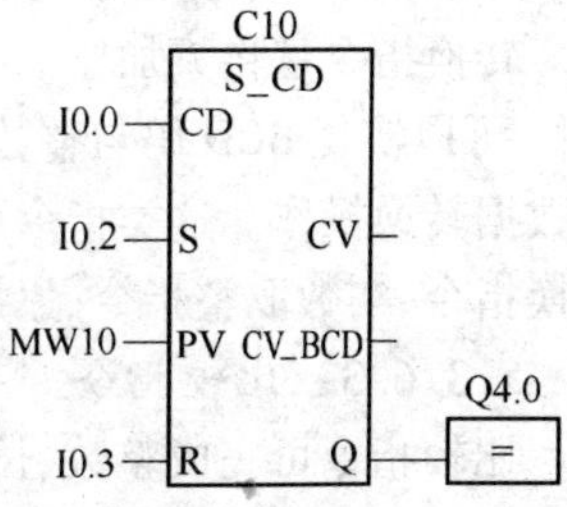 C10 S_CD; I0.0—CD; I0.2—S; MW10—PV; I0.3—R; CV; CV_BCD; Q—Q4.0 =

表 5-21　计数器梯形图指令的参数表

参　数	数据类型	内存区域	说　明
C 编号	COUNTER	C	计数器编号,范围取决于 CPU
CU	BOOL	I、Q、M、L、D	升值计数输入端
CD	BOOL	I、Q、M、L、D	递减计数输入端
S	BOOL	I、Q、M、L、D	为预设计数器设置输入
PV	WORD	I、Q、M、L、D	预置计数器的值
R	BOOL	I、Q、M、L、D	复位输入端
CV	WORD	I、Q、M、L、D	当前计数器值,十六进制数
CV_BCD	WORD	I、Q、M、L、D	当前计数器值,BCD 码
Q	BOOL		计数器状态

表 5-22　计数器语句表指令的参数表

指　令	说　明
FR	使能计数器(任意)
L	将当前计数器值装入累加器 1
LC	将当前计数器值作为 BCD 码装入累加器 1
R	计数器复位
S	设置计数器预设值
CU	加计数器
CD	减计数器

5.3.6　数字指令

5.3.6.1　装入和传送指令

装入指令(L)和传送指令(T),可以对输入或输出模块与存储区之间的信息交换进行编程。这类指令可细分为:对累加器 1 的装入指令、对累加器 1 的传送指令、状态字与累加器 1 之间的装入和传送指令、与地址寄存器有关的装入和传送指令、LC(定时器/计数器装载指令)和 MOVE 指令。

5.3.6.2　转换指令

转换指令是将累加器 1 中的数据进行数据类型转换,转换结果仍放在累加器 1 中。在 STEP 7 中,可以实现 BCD 码与整数、整数与长整数、长整数与实数、整数的反码、整数的补码、实数求反等数据转换操作。这类指令可细分为:BCD 码和整数到其他类型转换指令、整数和实数的码型变换指令、实数取整指令、累加器 1 调整指令。

5.3.6.3　比较指令

比较指令可完成整数、长整数或 32 位浮点数(实数)的相等、不等、大于、小于、大于或等于、小于或等于等比较。表 5-23 所示为整数比较指令。

表 5-23 整数比较指令

STL 指令	LAD 指令	FBD 指令	说明	STL 指令	LAD 指令	FBD 指令	说明
= =I	CMP==I IN1 IN2	CMP==I IN1 IN2	整数 相等 (EQ _ I)	<I	CMP<I IN1 IN2	CMP<I IN1 IN2	整数 小于 (LT _ I)
< >I	CMP<>I IN1 IN2	CMP<>I IN1 IN2	整数 不等 (NE _ I)	> =I	CMP>=I IN1 IN2	CMP>=I IN1 IN2	整数 大于或等于 (GE _ I)
>I	CMP>I IN1 IN2	CMP>I IN1 IN2	整数 大于 (GT _ I)	< =I	CMP<=I IN1 IN2	CMP<=I IN1 IN2	整数 小于或等于 (LE _ I)

5.3.6.4 算术运算指令

算术运算指令可完成整数、长整数及实数的加、减、乘、除、求余、求绝对值等基本算术运算，以及 32 位浮点数的平方、平方根、自然对数、基于 e 的指数运算及三角函数等扩展算术运算。表 5-24 所示为基本算术运算指令。

表 5-24 基本算术运算指令(整数运算)

STL 指令	LAD 指令	FBD 指令	说 明
+I	ADD_I EN ENO IN1 OUT IN2	ADD_I EN IN1 OUT IN2 ENO	整数加(ADD _ I) 累加器 2 的低字(或 IN1)加累加器 1 的低字(或 IN2)，结果保存到累加器 1 的低字(或 OUT)中
-I	SUB_I EN ENO IN1 OUT IN2	SUB_I EN IN1 OUT IN2 ENO	整数减(SUB _ I) 累加器 2 的低字(或 IN1)减累加器 1 的低字(或 IN2)，结果保存到累加器 1 的低字(或 OUT)中
*I	MUL_I EN ENO IN1 OUT IN2	MUL_I EN IN1 OUT IN2 ENO	整数乘(MUL _ I) 累加器 2 的低字(或 IN1)乘累加器 1 的低字(或 IN2)，结果(32 位)保存到累加器 1(或 OUT)中
/I	DIV_I EN ENO IN1 OUT IN2	DIV_I EN IN1 OUT IN2 ENO	整数除(DIV _ I) 累加器 2 的低字(或 IN1)除累加器 1 的低字(或 IN2)，结果保存到累加器 1 的低字(或 OUT)中
+ <16 位整常数>	—	—	加整数常数(16 位或 32 位) 累加器 1 的低字加 16 位整数常数，结果保存到累加器 1 的低字中

5.3.6.5　字逻辑运算指令

字逻辑运算指令可对两个 16 位(WORD)或 32 位(DWORD)的二进制数据,逐位进行逻辑与、逻辑或、逻辑异或运算。表 5-25 所示为字逻辑运算指令格式。

表 5-25　字逻辑运算指令格式

STL 指令	LAD 指令	FBD 指令	说　明	STL 指令	LAD 指令	FBD 指令	说　明
AW	WAND_W EN ENO IN1 OUT IN2	WAND_W EN IN1 OUT IN2 ENO	字"与" (WAND _ W)	AD	WAND_DW EN ENO IN1 OUT IN2	WAND_DW EN IN1 OUT IN2 ENO	双字"与" (WAND _ DW)
OW	WOR_W EN ENO IN1 OUT IN2	WOR_W EN IN1 OUT IN2 ENO	字"或" (WOR _ W)	OD	WOR_DW EN ENO IN1 OUT IN2	WOR_DW EN IN1 OUT IN2 ENO	双字"或" (WOR _ DW)
XOW	WXOR_W EN ENO IN1 OUT IN2	WXOR_W EN IN1 OUT IN2 ENO	字"异或" (WXOR _ W)	XOD	WXOR_DW EN ENO IN1 OUT IN2	WXOR_DW EN IN1 OUT IN2 ENO	双字"异或" (WXOR _ DW)

对于 STL 形式的字逻辑运算指令,可对累加器 1 和累加器 2 中的字或双字数据进行逻辑运算,结果保存在累加器 1 中,若结果不为 0,则对状态标志位 CC1 置"1",否则对 CC1 置"0"。

对于 LAD 和 FBD 形式的字逻辑运算指令,由参数 IN1 和 IN2 提供参与运算的两个数据,运算结果保存在由 OUT 指定的存储区中。

5.4　两种液体的混合装置控制

5.4.1　控制要求

两种液体的混合装置控制简图如图 5-14 所示。

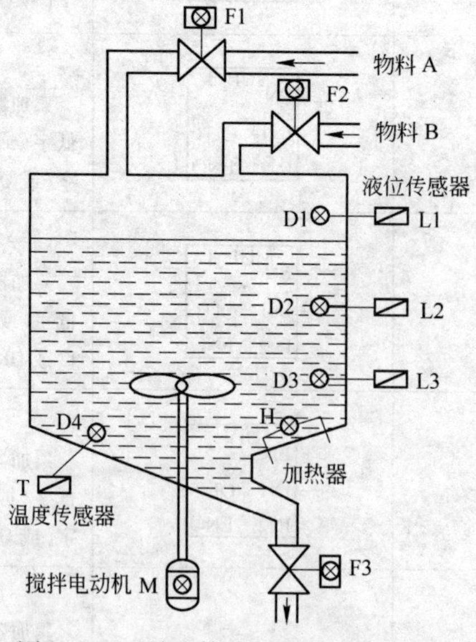

图 5-14　两种液体的混合装置控制简图

5.4.1.1　初始状态

容器是空的,电磁阀 F1、F2 和 F3,搅拌电动机 M,液面传感器 L1、L2 和 L3,加热器 H 和温度传感器 T 均为 OFF。

5.4.1.2　物料自动混合控制

按下启动按钮,开始下列操作:

(1)电磁阀 F1 开启,开始注入物料 A,至高度 L2(此时 L2、L3 均为 ON)时,关闭阀 F1,同时开启电磁阀 F2,注入物料 B,当液面上升至 L1 时,关闭阀 F2。

(2)停止注入物料 B 后,启动搅拌电动机 M,使 A、B 两种物料混合 10s。

(3)10s 后停止搅拌,开启电磁阀 F3,放出混合物料,当液面高度降至 L3 后,再经 5s 后关闭阀 F3。

5.4.1.3　停止操作

按下停止按钮,在当前过程完成以后(物料全部排出),再停止操作,回到初始状态。

5.4.2　方案选择及地址分配

5.4.2.1　方案选择

由于系统的输入/输出点较少(7I/9O),且控制任务比较简单只涉及到延时控制,所以选用 S7－300 系列 PLC,数字量输入模块选用 SM 321 DI 16×24VDC(6ES7321－1BH02－0AA0)(见图 5-15),数字量输出模块选用 SM 322 DO 16×Rel 120/230VAC(6ES7322－1HH01－0AA0)(见图 5-16),完成控制,采用基本指令编写控制程序。

5.4.2.2　编程元件的地址分配

输入/输出地址分配及接线如图 5-15 和图 5-16 所示。

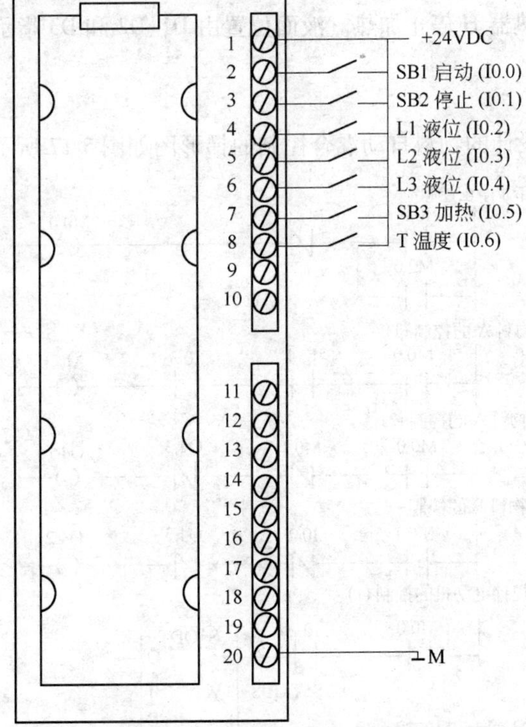

图 5-15　数字量输入模块接线图

SM 322 DO 16×Rel 120/230VAC

1 2 120/230VAC
3 F1 电磁阀 (Q4.1)
4 F2 电磁阀 (Q4.2)
5 F3 电磁阀 (Q4.3)
6 KM1 搅拌电动机 (Q4.4)
7 KM2 搅拌电动机 (Q4.5)
8 D1 液位指示灯 (Q4.6)
9 D2 液位指示灯 (Q4.7)
10 L+
11 120/230VAC
12 D3 液位指示灯 (Q5.0)
13 D4 温度上限 (Q5.1)
14 15 16 17 18 19
20 M

图 5-16　数字量输出模块接线图

物料自动混合装置中电磁阀的动作,既受手动控制,又受液面传感器输入信号的控制,如果物料混合需要加热,按动按钮 SB2,启动加热器 H 开始加热。当温度达到规定要求时,温度传感器 T 动作(D4 指示),加热器 H 停止加热。液面位置由 D1、D2 和 D3 指示。

5.4.3　程序设计

采用基本逻辑指令设计的物料自动混合控制的梯形图如图 5-17 所示。

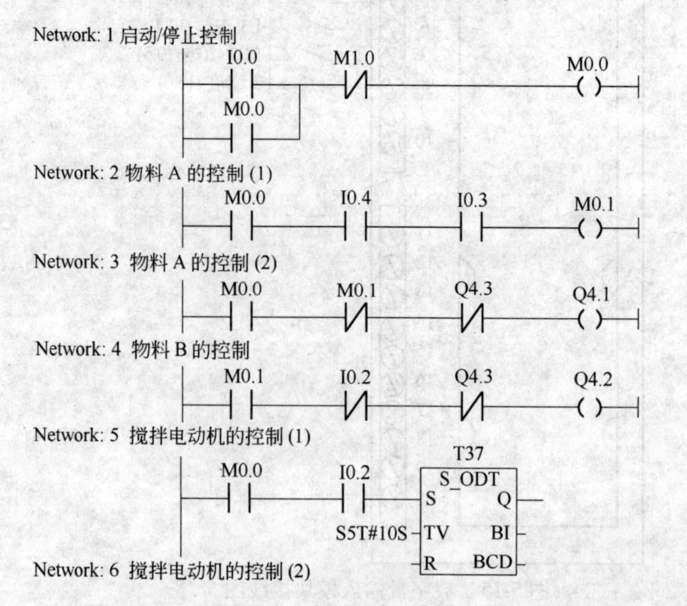

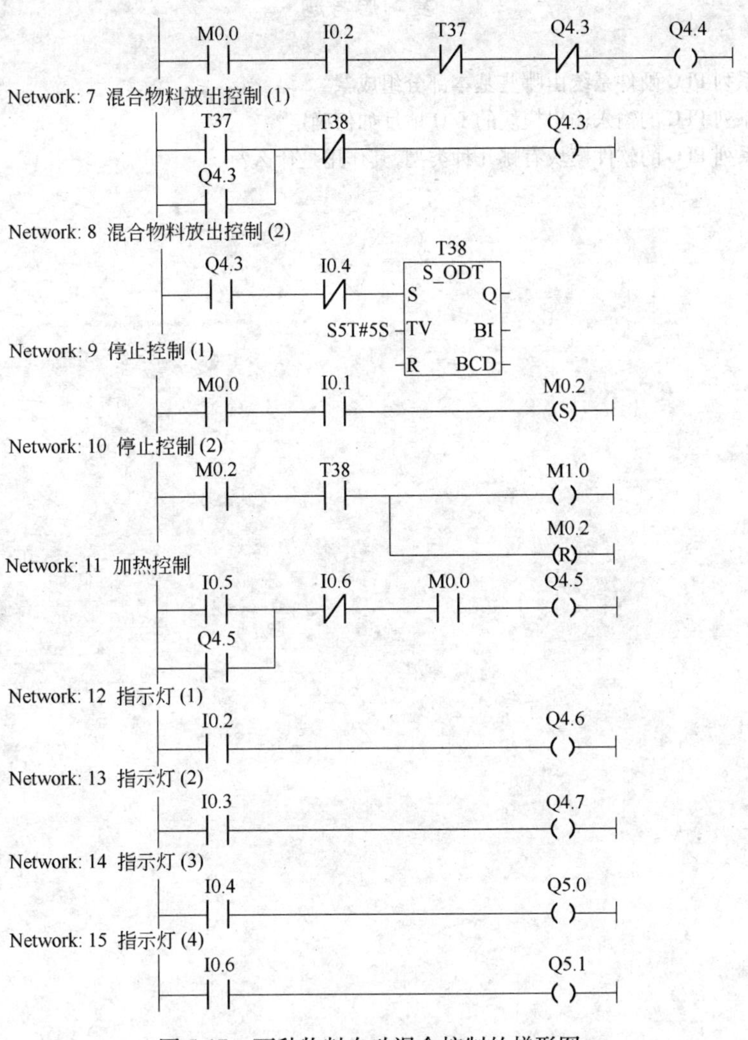

图 5-17 两种物料自动混合控制的梯形图

按下启动按钮 SB1(I0.0 接通),M0.0 接通并保持,使 Q4.1 输出,阀 F1 开启进料。当液面升至 L3 时,传感器给出信号,I0.4 接通,Q5.0 指示液位;当液面升至 L2 时,传感器给出信号,I0.3 接通,Q4.7 指示液位,并关闭阀 F1,开启阀 F2;当液面升至 L1 时,传感器给出信号,I0.2 接通,Q4.6 指示液位,并关闭阀 F2,启动搅拌电动机 M,经 10s 延时后,开启阀 F3 放料。在液面下降过程中,随着液面传感器信号的消失,指示灯信号依次熄灭;I0.4 断开后,再经 5s 延时,关闭阀 F3,并进入下一工作过程。

若要中止上述生产过程,接通停止按钮 SB2,M0.2 接通,等待当前生产过程的完成,当 T38 延时到位(物料全部放出)时,阀 F3 关闭,才停止在初始状态。在程序中,由 M0.2 负责在运行过程中按下停止按钮的记忆,当运行过程结束(T38 计时到时)置位 M1.0,从而切断运行允许标志位 M0.0,使系统停止在初始状态。

复习思考题

5-1　S7－300 系列 PLC 硬件系统由哪些基本部分组成？

5-2　S7－300 系列 PLC 的输入输出模块的 I/O 地址如何确定？

5-3　S7－300 系列 PLC 的软件模块有哪几种类型，其作用是什么？

6 松下电工 FP 系列

6.1 松下电工 PLC 概述

松下电工生产有 FP－e、FP0、FP－X、FPΣ、FP2、FP3、FP10 等系列 PLC 产品。其中 FP－e、FP0、FP－X、FPΣ 是小型 PLC，FP2、FP3、FP10 是中大型 PLC。所有系列产品都使用相同的编程工具软件 FPWIN GR。通过学习本章介绍的 FP－X 的使用方法，可以了解 FP 系列产品的多数共性，可达到对其他型号的 PLC 触类旁通的效果。

FP－X 主机具有 32k 步的程序容量、0.32μs 的指令处理速度，可以加 I/O 扩展单元，最大可扩展 382 点的 I/O。其 I/O 输入点具有最大高达 200kHz 的高速计数器功能，其 I/O 输出点也具有高达 200kHz 脉冲输出功能，或使用脉冲输入/输出插卡时也具有高速计数器功能和脉冲输出功能，该功能不仅应用于步进电动机的定位控制，还能应用于伺服电动机的定位控制，如图 6-1 所示。另外可扩展模拟量 A/D、D/A 输入/输出插卡，可以实现过程控制，例如图 6-2 所示为一种温度控制。FP－X 主机面板安装有手动模拟电位器，通过转动面板上的模拟电位器可以使特殊数据寄存器 DT90040～DT90044 的值在 0～1000 之间改变，从而实现从外部进行输入设定。

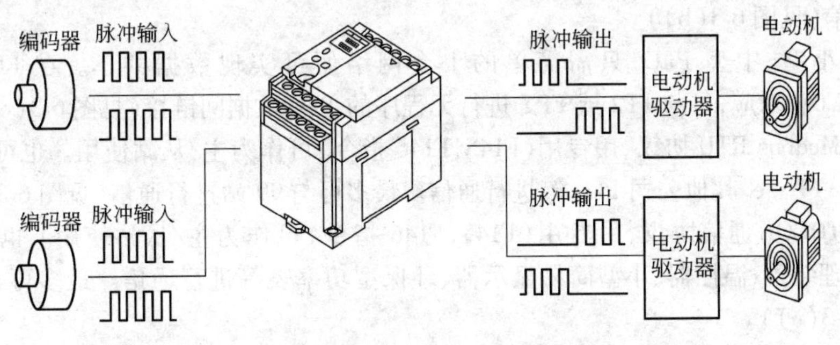

图 6-1　高速计数器功能和脉冲输出功能应用示意图

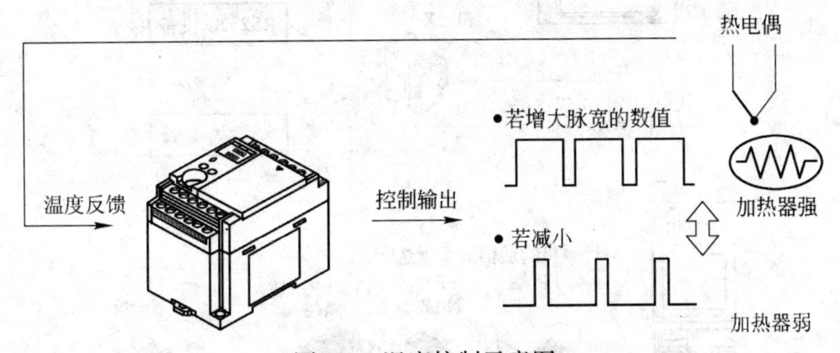

图 6-2　温度控制示意图

除主机和扩展 I/O 功能外，FP－X 还具有以下丰富的功能：

(1)作为可选件，准备有丰富多彩的扩展插卡(10 种类型的功能插卡，6 种通信插卡)。

1)功能插卡：DC8 点输入型、8 点 NPN 型晶体管输出型、6 点 PNP 型晶体管输出型、DC4 点输

入 +3 点 NPN 型晶体管输出型、模拟 2 通道输出型、模拟 2 通道输入型 + 模拟 1 通道输出型、热电偶 2 通道型、模拟 2 通道输入型、高速计数器输入 + 脉冲输出型、带实时时钟的主存储器型(可复制、保存 32K 步的程序);

2)通信插卡:RS232C 1 通道型、RS232C 2 通道型、RS485/RS422 切换 1 通道型、RS232C + RS485 各 1 通道型、Ethernet + RS232C 各 1 通道型、RS485 2 通道型;

(2)在专用的扩展单元上,可装载 FP0 扩展单元。通过扩展 FP0 适配器,最多可装载 3 台 FP0 扩展单元。

(3)利用 USB 通信端口与计算机直接连接。可使用 USB 电缆与计算机进行直接连接(C14 除外)编程或通讯,而不需要 USB ⟺ RS232C 适配器/电缆,同时还装载了以往的编程口(RS232C)。

(4)确保了对应于程序复制的高次元的安全性。使用禁止上载功能,禁止 PLC 主机的程序的上载(读出),以防止不正当复制。也不能向 FP - X 主存储器插卡进行程序传送(设定为禁止上载时)。程序保护可选择 3 种安全模式:8 位密码、4 位密码、禁止上载。

(5)有丰富的通信功能。利用主机上的标准编程口(RS232C)可以与显示面板或计算机通信。另外,还备有 RS232C、RS485 及 Ethernet 端口的通信插卡选件。在 FP - X 上安装 RS232C 2 通道型通信插卡后,可以连接 2 台 RS232C 设备。另外还配备了 1: N 通信(最多 99 台)、PC(PLC)之间链接(最多 16 台)等丰富的通信功能。

1)1 台 FP - X 使用 RS232C 2 通道型时控制 2 台 RS232C 设备(见图 6-3(a))。

2)使用 RS485/RS422 1 通道型或使用 RS485 1 通道、RS232C 1 通道混合型时最多可进行 99 站的 1:N 通信(见图 6-3(b))。

3)对于小型、中型 PLC,只需简单的 1 个网络便可实现数据共享。在 FP - X 中,与 MEWNET - W0相对应,可与 FP2 或 FPΣ 进行无程序的 PLC 数据间链接(见图 6-3(c))。

4)应用 Modbus RTU 协议,用专用(F145,F146 指令)可作为主/从站使用。也可方便地与温控器、变频器、FP - e、其他公司 PLC 等进行通信。最多可与 99 站进行通信(见图 6-3(d))。

5)MEWTOCOL 通信协议,用专用(F145,F146 指令)可作为主/从站使用。也可方便地与 PLC、图像处理装置、温控器、小型简易显示器、环保型功率表等进行通信。最多可与 99 站进行通信(见图 6-3(e))。

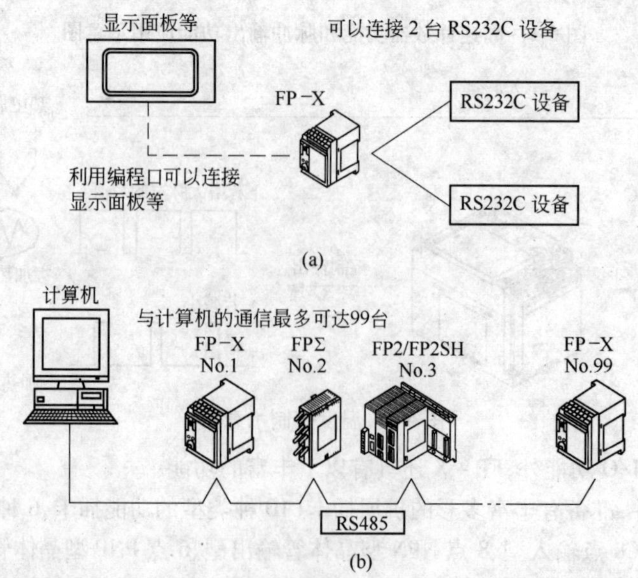

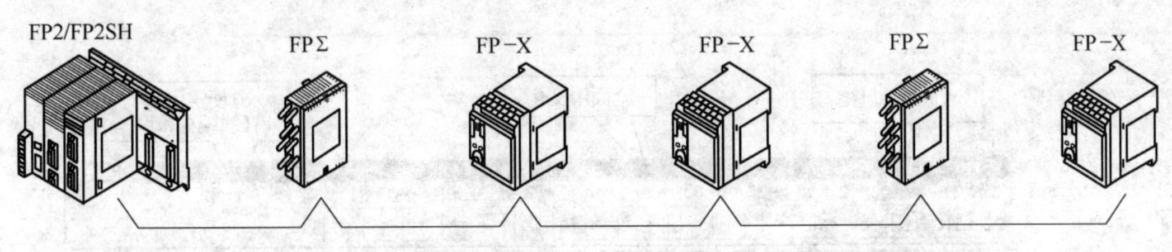

(c)

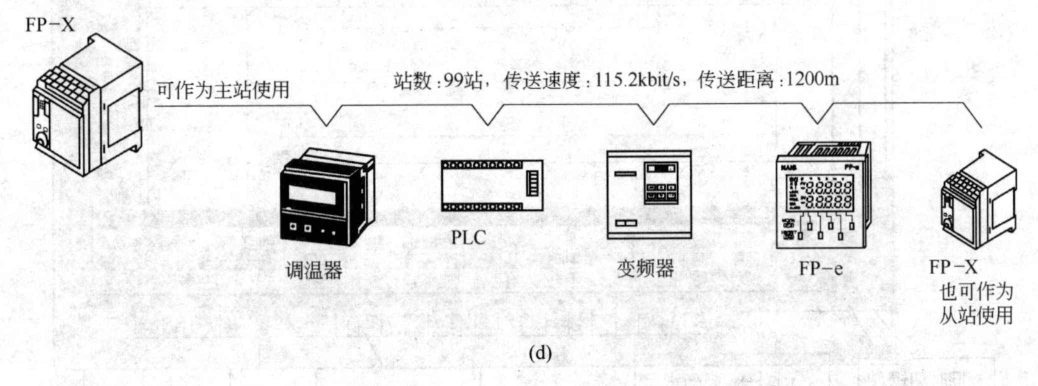

(d)

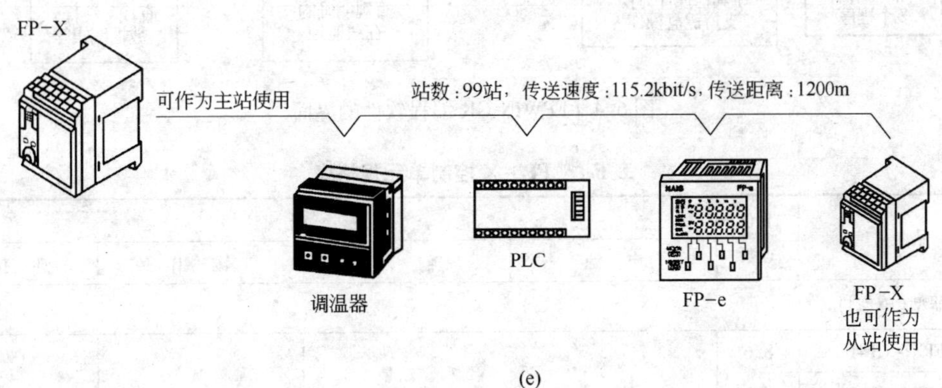

(e)

图6-3　各种通信功能

FP－X 系列不仅硬件配置较全，其指令丰富且功能强大。其指令可分两大类，即基本指令和高级指令。基本指令包含基本顺序指令、基本功能指令、控制指令、步进程序指令、数据比较指令、子程序和中断指令，以及特殊设定指令。高级指令包括数据传送指令、BIN 和 BCD 算术运算指令、数据比较指令、数据变换指令、数据移位和循环指令、逻辑运算和位操作指令、FIFO 指令、特殊指令、高速计数和脉冲输出控制指令、字符串指令、整数型和浮点型实数数据处理运算指令、PID 运算指令，以及开放的通讯指令等。如此丰富和功能强大的指令给用户提供了很大的方便。

松下电工 FP 系列编程软件是通用的，即 Windows 版软件 FPWIN GR。它具有中文界面，除用于编程外，还可实现梯形图监控、触点和数据监控、程序核对和总体检查、强制输入输出及状态显示等多种功能。图6-4 所示为 FPWIN GR 编程软件的界面。

FP－X 主机单元（控制单元）的规格如表6-1 所示。扩展单元及扩展 FP0 适配器规格如表6-2 及表6-3 所示，其中 FP0 扩展适配器是用于与 FP0 系列的扩展单元的连接的配件。FP－X 扩展插卡（通信插卡/功能插卡）规格如表6-4 所示。

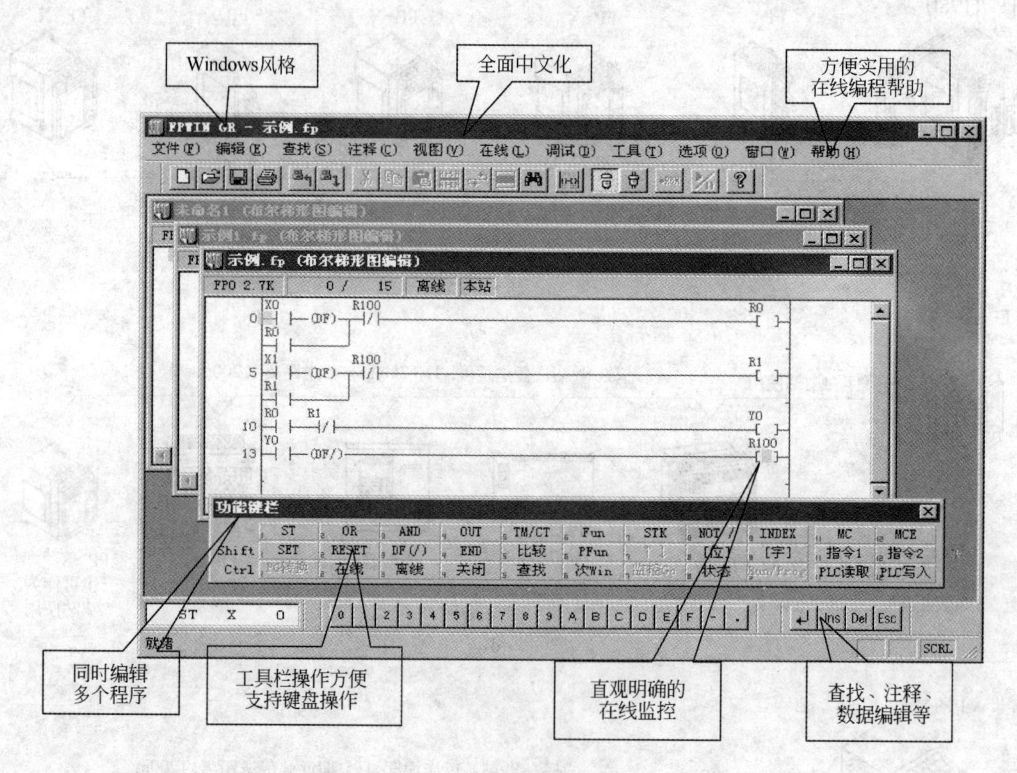

图 6-4　FPWIN GR 编程软件的界面

表 6-1　FP-X 控制单元规格表

品　号	I/O 点数	规　格			
		电　源	输　入	输　出	连　接
继电器型(Ry 型)					
AFPX-C14R	8/6	100～240V AC	24V DC (公共极+，-通用)	继电器	端子台
AFPX-C30R	16/14				
AFPX-C60R	32/28				
AFPX-C14RD	8/6	24V DC			
AFPX-C30RD	16/14				
AFPX-C60RD	32/28				
晶体管型(NPN)(Tr 型)					
AFPX-C14T	8/6	100～240V AC	24V DC (公共极+，-通用)	晶体管(NPN)	端子台
AFPX-C30T	16/14				
AFPX-C60T	32/28				
AFPX-C14TD	8/6	24V DC			
AFPX-C30TD	16/14				
AFPX-C60TD	32/28				

续表 6-1

品 号	I/O点数	规格			
		电 源	输 入	输 出	连 接
晶体管型(PNP)(Tr型)					
AFPX-C14P	8/6	100~240V AC	24V DC (公共极+,-通用)	晶体管(PNP)	端子台
AFPX-C30P	16/14				
AFPX-C60P	32/28				
AFPX-C14PD	8/6	24V DC			
AFPX-C30PD	16/14				
AFPX-C60PD	32/28				

表 6-2 FP-X扩展单元规格表

品 号	I/O点数	规格			
		电 源	输 入	输 出	连 接
继电器型(Ry型)					
AFPX-E16R	8/8	无	24V DC (公共极+,-通用)	继电器	端子台
AFPX-E30R	16/14	100~240V AC			
AFPX-E30RD	16/14	24V DC			
晶体管型(NPN)(Tr型)					
AFPX-E16T	8/8	无	24V DC (公共极+,-通用)	晶体管(NPN)	端子台
AFPX-E30T	16/14	100~240V AC			
AFPX-E30TD		24V DC			
晶体管型(PNP)(Tr型)					
AFPX-E16P	8/8	无	24V DC (公共极+,-通用)	晶体管(PNP)	端子台
AFPX-E30P	16/14	100~240V AC			
AFPX-E30PD		24V DC			

注:扩展单元附带8cm扩展电缆。

表 6-3 FP-X扩展FP0适配器规格表

	名 称	规 格
	FP-X扩展FP0适配器 (附带8cm扩展电缆、电源电缆)	FP0扩展单元连接用

表 6-4　FP－X 扩展插卡(通信插卡/功能插卡)规格表

类　别	名　称	规　格
通信插卡 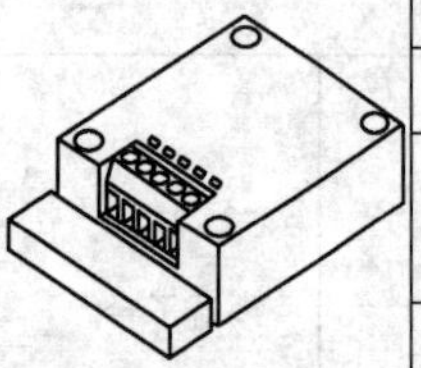	FP－X 通信插卡	5 线式 RS232C
	FP－X 通信插卡	3 线式 RS232C
	FP－X 通信插卡	RS485/RS422(绝缘)1 通道
	FP－X 通信插卡	RS485(绝缘)1 通道 RS232C 3 线式 1 通道
	FP－X 通信插卡	RS485(绝缘)2 通道 (通道间非绝缘)
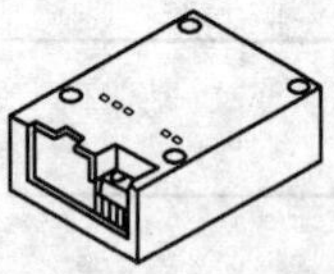	FP－X 通信插卡	Ethernet RS232C 3 线式 1 通道
功能插卡 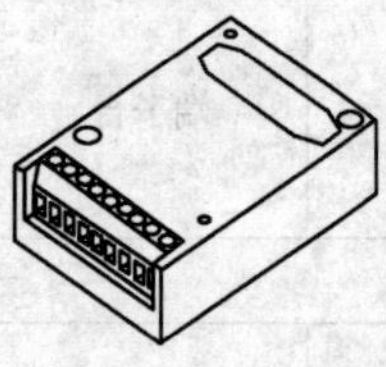 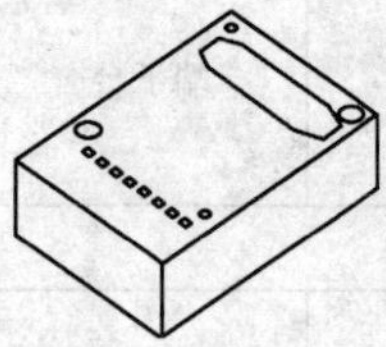	FP－X 模拟输入插卡	模拟输入(非绝缘)2 通道
	FP－X 模拟输出插卡	模拟输出(绝缘)2 通道(通道间绝缘)
	FP－X 模拟 I/O 插卡	模拟输入(绝缘)2 通道(通道间非绝缘) +模拟输出(绝缘)1 通道
	FP－X 热电偶插卡	热电偶输入(绝缘)2 通道(通道间绝缘)
	FP－X 输入插卡	8 点 DC 输入
	FP－X 输出插卡	8 点晶体管输出(NPN)
	FP－X 输出插卡	6 点晶体管输出(PNP)
	FP－X 输入/输出插卡	4 点 DC 输入 +3 点晶体管输出(NPN)
	FP－X 脉冲输入/输出插卡	高速计数器 2ch + 脉冲输出 1ch
	FP－X 主存储器插卡	主存储器 + 实时时钟

6.2　FP－X 系列硬件配置及其功能

FP－X 系列 PLC 有 C14、C30、C60 等控制单元，此外还有 E16、E30、E60 扩展单元和多种功能的扩展插卡。它们都是紧凑式的箱体结构，可安装在 DIN 导轨上。各单元之间通过插座、电缆相连接。

6.2.1　FP－X 单元部件

6.2.1.1　主机型单元(控制单元)

FP－X 的主机型单元(控制单元)的面板布置示于图 6-5。从图中可以看出 C14 部件只有 RS232 编程口，没有 USB 编程口，其他都有 2 个编程口。C14 有 1 个插卡位置，C30 有 2 个插卡位置，C60 有 3 个插卡位置。

图 6-5 中有编号的器件说明如下：

(1)运行监视灯。显示 PLC 的运行/停止、错误/报警等动作状态。具体状态见表 6-5。

(2)I/O 状态指示灯。用发光二极管指示各输入输出的通断状态。

■ FP-X C14控制单元

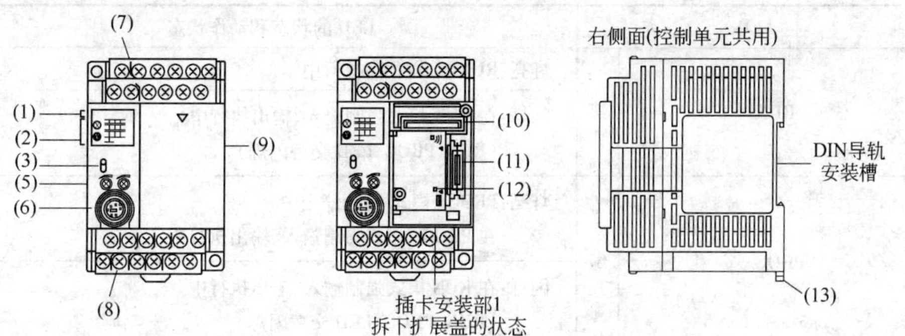

■ FP-X C30控制单元

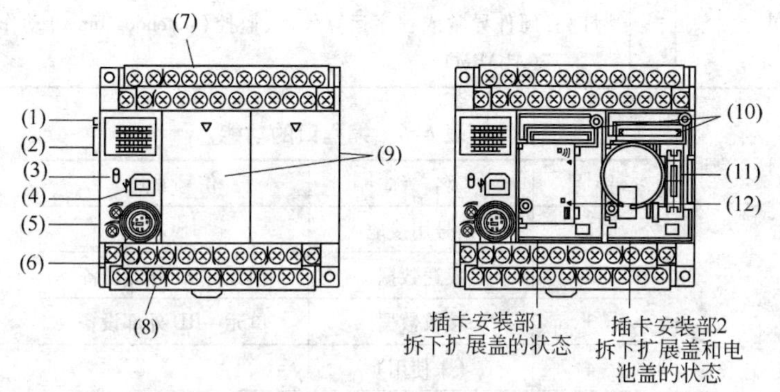

■ FP-X C60控制单元

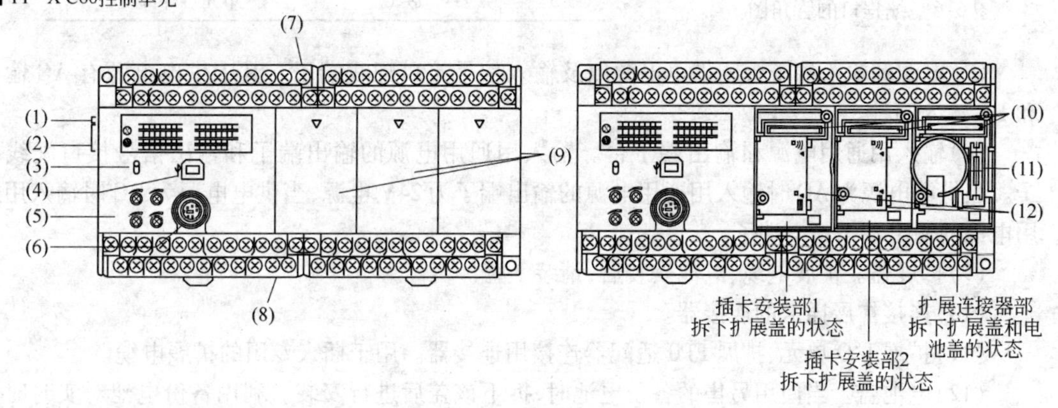

图 6-5 FP-X 的控制单元的面板布置图

(3)RUN/PROG. 模式切换开关。模式开关切换到 RUN 时主机进入运行程序方式;模式开关切换到 PROG. 时主机停止运行程序进入编程方式;

注:使用计算机编程软件 FPWIN GR 可以操作主机的运行/停止模式状态。重新接通电源时,用 RUN/PROG. 模式切换开关确定主机的工作状态。

(4)USB 连接器。标准 USB 接口,用于计算机与 PLC 的编程和通讯。

(5)模拟电位器。通过转动可调电位器,特殊数据寄存器 DT90040 ~ DT90043 的值在 K0 ~ K1000 的范围内变化。可以应用于模拟定时器等。C14/C30 有 2 个,C60 有 4 个。

(6)RS232C 编程口。连接编程工具的连接器。在控制器主机的编程口中,可使用市售的微型 5 针 DIN 连接器与计算机串口相接。编程口的管角图及功能分别如图 6-6 和表 6-6 所示。

表 6-5　运行监视灯显示的具体状态

类　别	LED		LED 的状态和动作状态
■RUN	RUN	绿	灯亮:RUN 模式-程序执行中
			闪烁:在 RUN 模式强制输入、输出执行中 (RUN、PROG. LED 交替闪烁)
■PROG.	PROG.	绿	灯亮:PROG. 模式-运行停止中 在 PROG. 模式强制输入、输出执行中
			闪烁:在 RUN 模式强制输入、输出执行中 (RUN、PROG. LED 交替闪烁)
■ERR.	ERROR/ALARM	红	闪烁:自诊断查出错误(ERROR)
			灯亮:硬件异常或程序运算停滞、监控(watchdog timer)动作中 (ALARM)

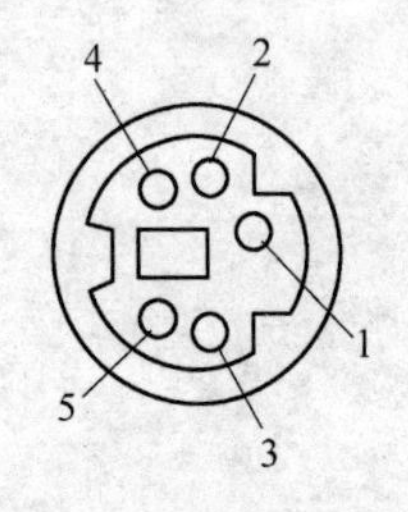

图 6-6　编程口的管角图

表 6-6　编程口的功能

针 号	名　称	信号方向
1	信号用接地	SG
2	发送数据	单元→SD 外部设备
3	接收数据	单元←RD 外部设备
4	(未使用)	
5	+5V	单元→外部设备

(7)电源和输入端子台。供电电源以及输入信号接口配线端子。其中供电电源有 AC 输入和 DC 输入两种。

(8)输入用通用电源和输出端子台。输入用通用电源的输出端子和输出信号接口配线端子。当供电电源为 AC 时输入用通用电源的输出端子为 24V 电源,当供电电源为 DC 时输入用通用电源的输出端子是空端子。

(9)扩展盖。扩展电缆、电池安装后,请装上盖。

(10)连接扩展插卡的连接器。

(11)扩展 I/O 单元、扩展 FP0 适配器连接用连接器。用于插入专用的扩展电缆。

(12)电池盖。当使用另售的备份电池时,拆下该盖后进行安装。利用备份电池对实时时钟或者数据寄存器进行备份。

(13)DIN 导轨安装推杆(左右钩)。可以轻松一按即在 DIN 导轨上安装。

6.2.1.2　扩展单元

扩展单元内部设有中央处理器和存储器,而设置的 I/O 接口和端子只能与主机型单元配合使用,以扩展 I/O 点数。图 6-7 所示为扩展单元的面板布置图。

图 6-7 中有编号的器件说明如下:

(1)I/O 状态指示灯。用发光二极管指示各输入输出的通断状态。

(2)输入端子台。输入信号接口配线端子(注意 FP-X E30 有电源端子)。

(3)输出端子台。输出信号接口配线端子(注意 FP-X E30 有电源端子)。

(4)扩展接线插座。使用专用电缆用于与控制单元或另一个扩展单元连接。

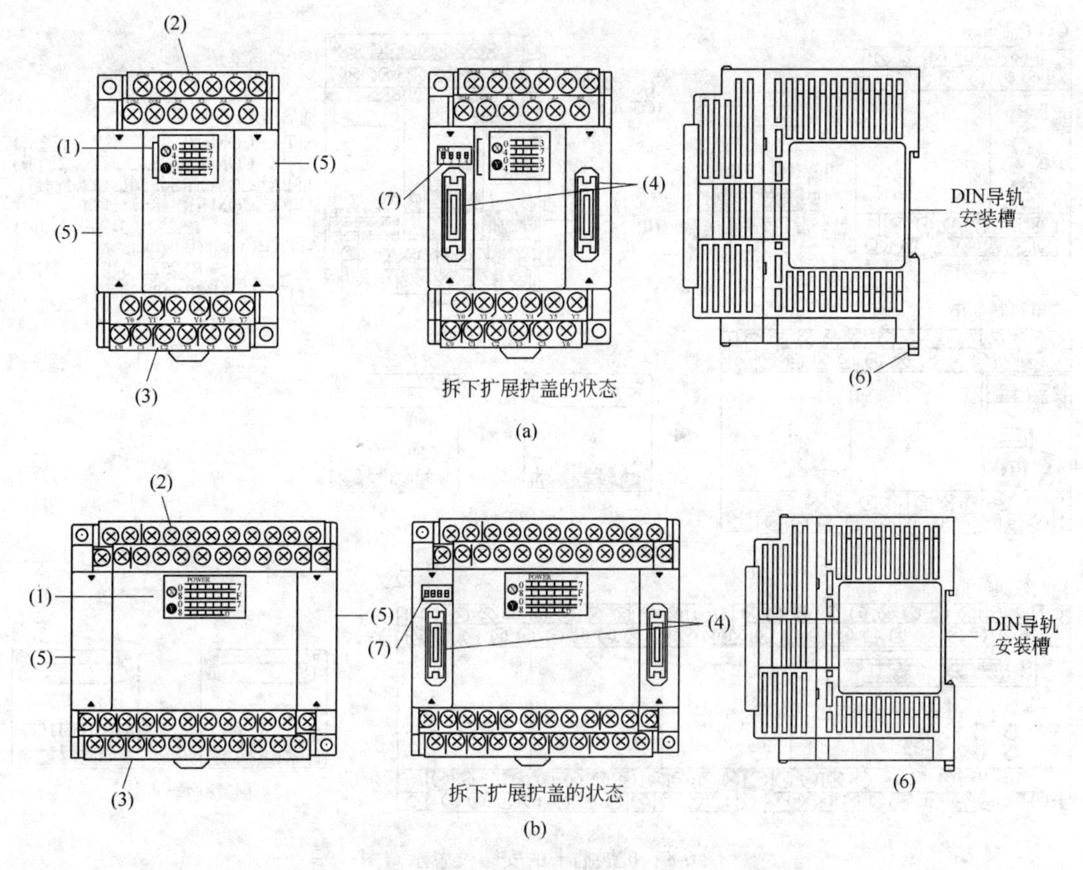

图 6-7 扩展单元的面板布置图
(a) FP-X E16 扩展 I/O 单元；(b) FP-X E30 扩展 I/O 单元

(5)扩展盖。扩展电缆、电池安装后，请装上盖。

(6)DIN 导轨安装推杆(左右钩)。可以轻松一按即在 DIN 导轨上安装。

(7)终端设定 DIP 开关。最后部分的扩展单元中，全部开关均置 ON。

6.2.1.3 扩展插卡

FP-X 系列 PLC 扩展插卡分通讯插卡和 I/O 功能插卡，插卡全部安装在控制单元上图 6-5 的“9”位置，即如图 6-8 所示。I/O 功能插卡安装在图中 1 号和 2 号位置，通讯插卡只能安装在图中 1 号位置，并且可叠在 I/O 功能插卡的上方。

6.2.2 FP-X 模块的等效电路图及接线图

在实际的工程设计应用中，掌握 PLC 的输入输出等效电路能够做到把外部信号与 PLC 正确的相接是非常有帮助的。在 FP-X 系列 PLC 中，根据输出的电路形式分为两种：一个是继电器输出型，一个是晶体管输出型。晶体管输出又分两类即 NPN 型和 PNP 型，而这两种的输出形式对应的输入电路也不同，下文分别介绍。

6.2.2.1 控制单元继电器输出型的输入输出等效电路

A 输入等效电路

图 6-9 是输入等效电路。图中 Xn 表示 X0 ~ Xn 输入中的任意一路。其中 X0 ~ X7 的电阻是 R1 为 5.1kΩ，R2 为 3kΩ，X8 ~ Xn 的电阻是 R1 为 5.6kΩ，R2 为 1kΩ。输入信号可以是触点、按钮、

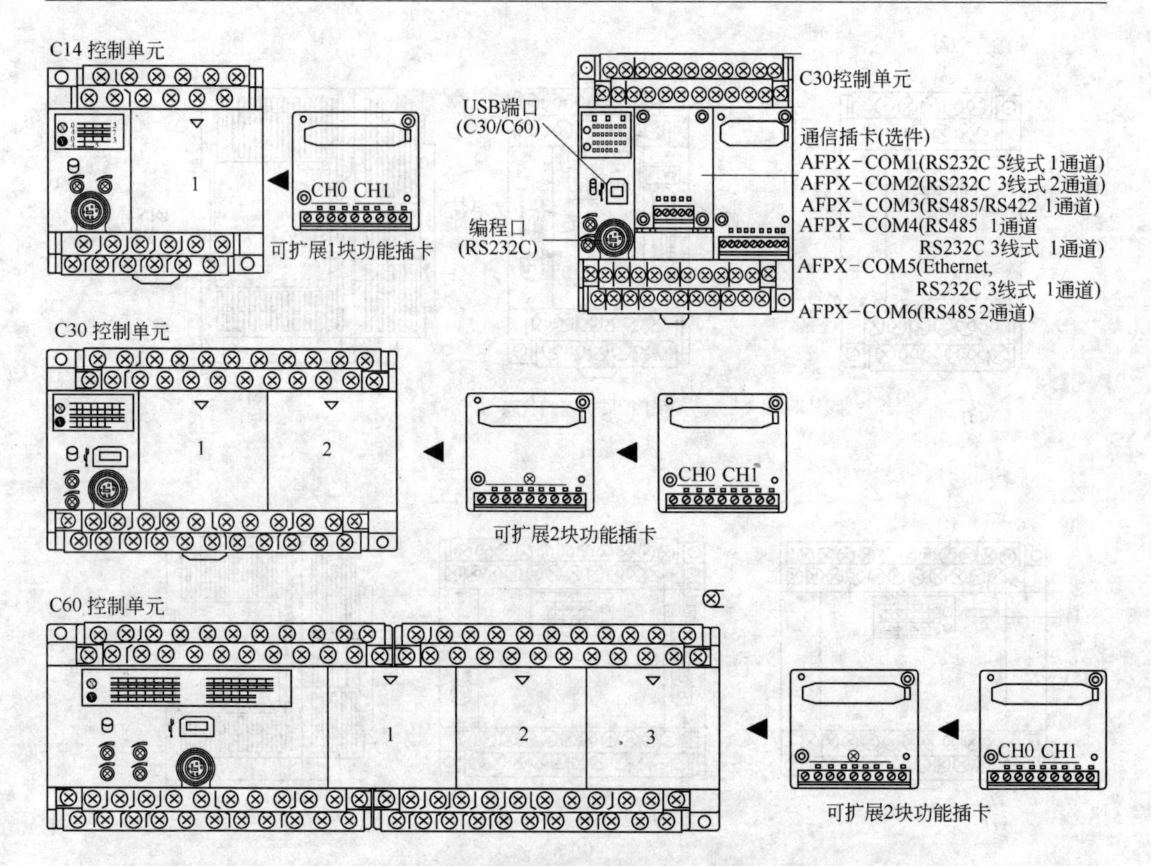

图 6-8　扩展插卡的安装位置示意图

开关或晶体管组成的无触点开关。输入等效电路的性能指标示于表 6-7。图 6-10 是输入等效电路接一个按钮的应用例子。在例子中,当按钮未按下时,光电耦合的发光二极管不发光,内部电路接受输入的信号是 0,当按钮按下时,光电耦合的发光二极管发光,内部电路接受输入的信号是 1。PLC 内的 CPU 通过输入信号的变化可以进行运算了。

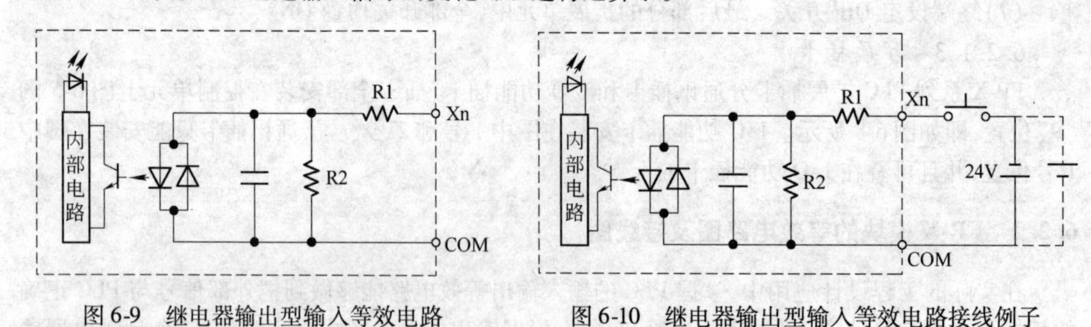

图 6-9　继电器输出型输入等效电路　　　图 6-10　继电器输出型输入等效电路接线例子

B　输出等效电路

图 6-11 是输出等效电路。图中 Yn 表示 Y0 ~ Yn 输出中的任意一路。由于继电器输出是无源有触点的,其输出可以是交流负载,也可以是直流负载。为了提高输出触点的使用寿命,对于直流电感性负载,须在负载两端并联续流二极管。对于交流负载,则在负载两端并联阻容吸收电路(电容 0.1μF,电阻 100Ω)。输出等效电路的性能指标示于表 6-8。图 6-12 是输入等效电路接一路发光二极管的应用例子。在例子中当 PLC 输出为 1 时,继电器的线圈得电,其接点闭合,发光

表 6-7 继电器输出型输入等效电路的性能指标

项 目		规 格
绝缘方式		光电耦合器绝缘
额定输入电压		DC24V
使用电压范围		21.6V DC～26.4V DC
额定输入电流		约 4.7mA(控制单元 X0～X7) 约 4.3mA(控制单元 X8 以上)
共用方式		8 点/公共端(C14R) 16 点/公共端(C30R/C60R) (输入电源的极性＋/－均可)
最小 ON 电压/最小 ON 电流		19.2V DC/3mA
最大 OFF 电压/最大 OFF 电流		2.4V DC/1mA
输入阻抗		约 5.1kΩ(控制单元 X0～X7) 约 5.6kΩ(控制单元 X8 以上)
响应时间	OFF→ON	控制单元 X0～X7 0.6ms 以下:一般输入时 50μs 以下:高速计数、脉冲捕捉、中断输入设定时控制单元 X8 以上 0.6ms 以下
	ON→OFF	控制单元 X0～X7 0.6ms 以下:一般输入时 50μs 以下:高速计数、脉冲捕捉、中断输入设定时控制单元 X8 以上 0.6ms 以下

二极管亮,反之当 PLC 输出为 0 时,继电器的线圈失电,其接点打开,发光二极管暗。

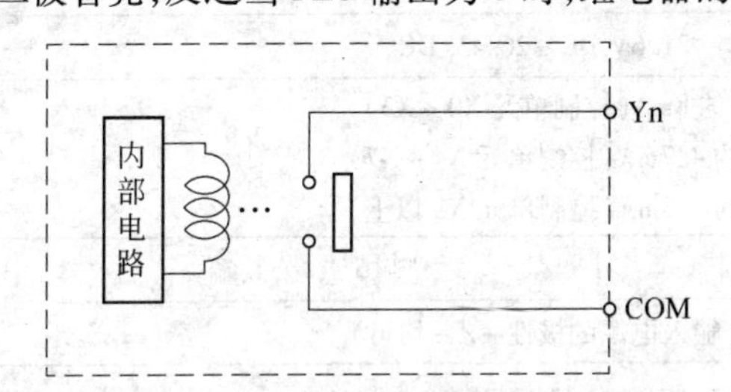

图 6-11 继电器输出型输出等效电路

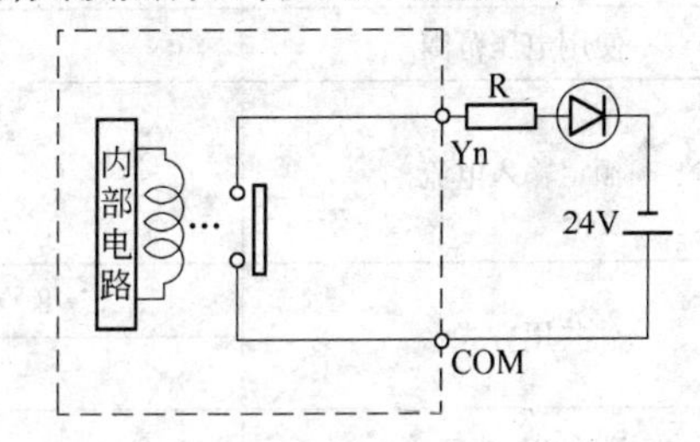

图 6-12 继电器输出型输出等效电路例子

表 6-8 继电器输出型输出等效电路的性能指标

项 目		规格	
		C14	C30/C60
绝缘方式		继电器绝缘	
输出形式		1a 输出(继电器不可更换)	
额定控制容量		2A 250V AC、2A 30V DC	
		(6A 以下/公共端)	(8A 以下/公共端)
共用方式		1 点/公共端、2 点/公共端、3 点/公共端、4 点/公共端	
响应时间	OFF→ON	约 10ms	
	ON→OFF	约 8ms	
寿 命	机械方面	2000 万次以上(通断频率 180 次/min)	
	电气方面	10 万次以上(以额定控制容量 通断频率 20 次/min)	

6.2.2.2　控制单元晶体管输出型的输入输出等效电路

A　输入等效电路

图 6-13 是晶体管输出型输入等效电路。其中图的左边是 PLC 输入端 X0 ~ X3 的等效电路，该等效电路是作为高速计数、脉冲捕捉、中断输入而设计的。图的右边是 PLC 输入端 X4 ~ Xn 的等效电路，该等效电路原理与继电器输出型的输入等效电路设计是一样的。两种电路的输入信号都可以是触点、按钮、开关或晶体管组成的无触点开关。输入等效电路的性能指标如表 6-9 所示。

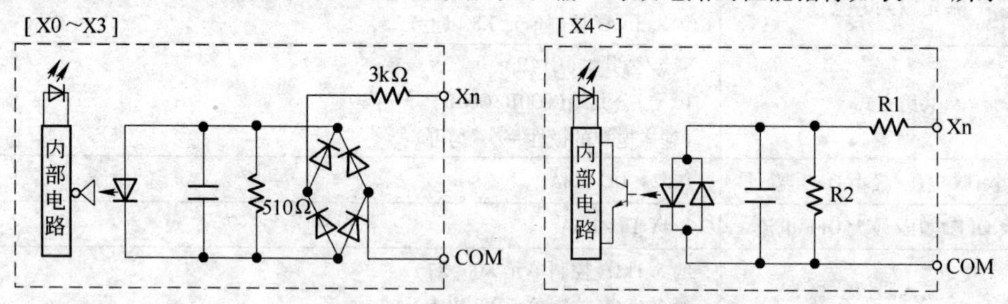

图 6-13　晶体管输出型输入等效电路

表 6-9　晶体管输出型输入等效电路的性能指标

<table>
<tr><td colspan="2" rowspan="2">项　目</td><td colspan="2">规　　格</td></tr>
<tr><td>C14</td><td>C30/C60</td></tr>
<tr><td colspan="2">绝缘方式</td><td colspan="2">光电耦合器绝缘</td></tr>
<tr><td colspan="2">额定输入电压</td><td colspan="2">DC 24V</td></tr>
<tr><td colspan="2">使用电压范围</td><td colspan="2">21.6V DC ~ 26.4V DC</td></tr>
<tr><td colspan="2">额定输入电流</td><td colspan="2">约 8mA(控制单元 X0 ~ X3)
约 4.7mA(控制单元 X4 ~ X7)
约 4.3mA(控制单元 X8 以上)</td></tr>
<tr><td colspan="2" rowspan="2">共用方式</td><td>8 点/公共端</td><td>16 点/公共端</td></tr>
<tr><td colspan="2">(输入电源的极性 +/ - 均可)</td></tr>
<tr><td colspan="2">最小 ON 电压/
最小 ON 电流</td><td colspan="2">19.2V DC/6mA(控制单元 X0 ~ X3)
19.2V DC/3mA(控制单元 X4 以上)</td></tr>
<tr><td colspan="2">最小 OFF 电压/
最小 OFF 电流</td><td colspan="2">2.4V DC/1.3mA(控制单元 X0 ~ X3)
2.4V DC/1mA(控制单元 X4 以上)</td></tr>
<tr><td colspan="2">输入阻抗</td><td colspan="2">约 3kΩ(控制单元 X0 ~ X3)
约 5.1kΩ(控制单元 X4 ~ X7)
约 5.6kΩ(控制单元 X8 以上)</td></tr>
<tr><td rowspan="2">响应时间</td><td>OFF→ONO</td><td colspan="2">控制单元 X0 ~ X3
一般输入时:135μs 以下
高速计数、脉冲捕捉、中断输入设定时:5μs 以下</td></tr>
<tr><td>N→OFF</td><td colspan="2">控制单元 X4 ~ X7
一般输入时:35μs 以下
高速计数、脉冲捕捉、中断输入设定时:50μs 以下
控制单元 X8 以上(仅限 C30/C60):0.6ms 以下</td></tr>
</table>

B 输出等效电路

图 6-14 是晶体管 NPN 型的输出等效电路，图 6-15 是晶体管 PNP 型的输出等效电路。从图中可以看到 PLC 内部通过光电隔离经外部电路到复合管放大 OC 门形式输出到负载。负载电源由外部提供，其范围是 5～24V。其输出等效电路的性能指标见表 6-10。从表中可以看出 Y0～Y3 除做普通数字输出外，还具有高速数字输出功能。

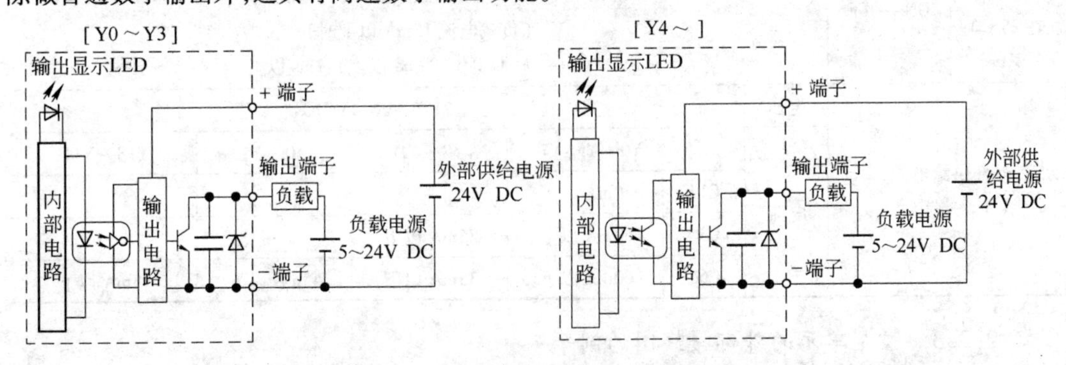

图 6-14 晶体管 NPN 型输出等效电路

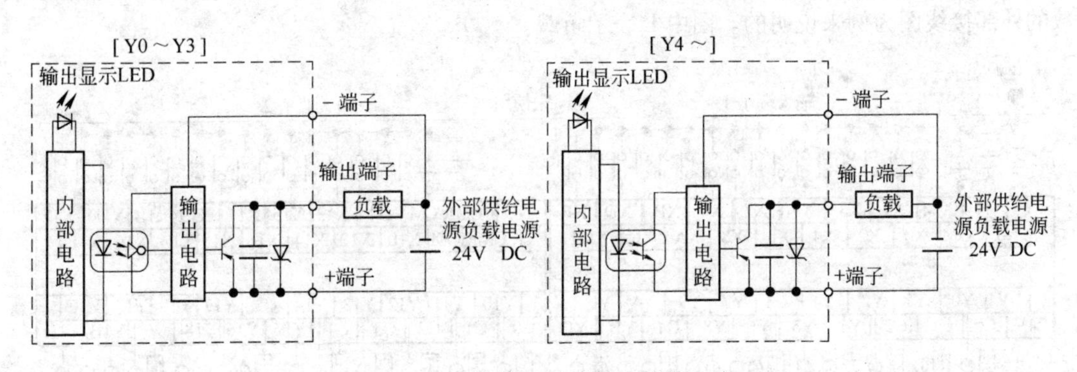

图 6-15 晶体管 PNP 型输出等效电路

表 6-10 晶体管输出型输出等效电路的性能指标

项目		规格	
		C14	C30/C60
绝缘方式		光电耦合器绝缘	
输出形式		开路集电极	
额定负载电压		NPN 型:5～24V DC /PNP 型:24V DC	
负载电压允许范围		NPN 型:4.75～26.4V DC /PNP 型:21.6～26.4V DC	
最大负载电流		0.5A	
最大浪涌电流		1.5A	
共用方式		6 点/公共端	8 点/公共端、6 点/公共端
OFF 时漏电流		1μA 以下	
响应时间（在 25℃）	OFF→ON	Y0～Y3（负载电流 15mA 以上时）:2μs 以下 （C14:Y4～Y5、C30/C60:Y4～Y7）:20μs 以下 （负载电流 15mA 以上时） （C14:无、C30/C60:Y8 以上）:1ms 以下	

续表 6-10

项　目		规　　格				
		C14		C30/C60		
响应时间（在 25℃）	ON→OFF	Y0 ~ Y3（负载电流 15mA 以上时）：8μs 以下 （C14：Y4 ~ Y5、C30/C60：Y4 ~ Y7）：30μs 以下 （负载电流 15mA 以上时） （C14：无、C30/C60：Y8 以上）：1ms 以下				
外部供给电源（＋、－端子）	电压	21.6 ~26.4V DC				
	电流		Y0 ~ Y5（Y7）	Y8 ~ YD	Y10 ~ Y17	Y18 ~ Y1D
		C14	40mA 以下	—	—	—
		C30	60mA 以下	35mA 以下	—	—
		C60	60mA 以下	35mA 以下	45mA 以下	45mA 以下

6.2.2.3　控制单元的外部接线图的例子

控制单元型号分类比较多，图 6-16 和图 6-17 是以 AFPX－C60R 和 AFPX－C60T 两类最大点数的外部接线图为例来说明的。图中 L 表示负载。

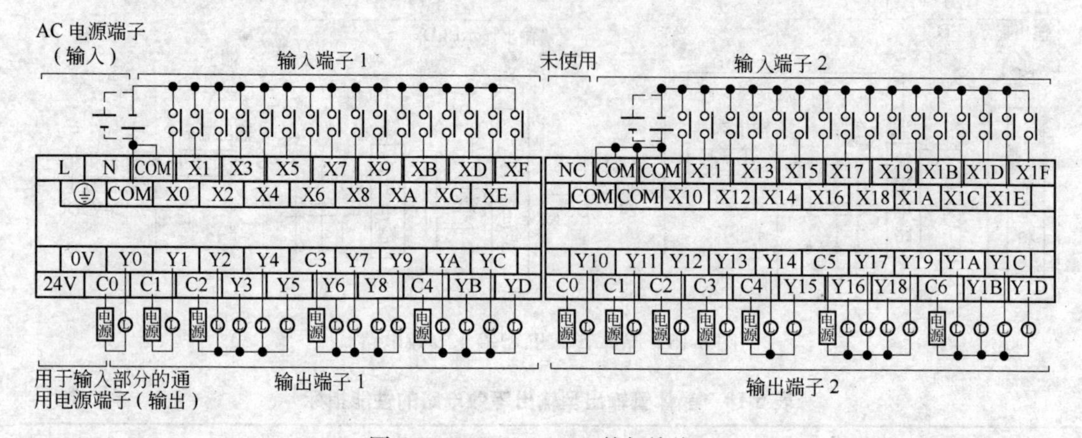

图 6-16　AFPX－C60R 外部接线图

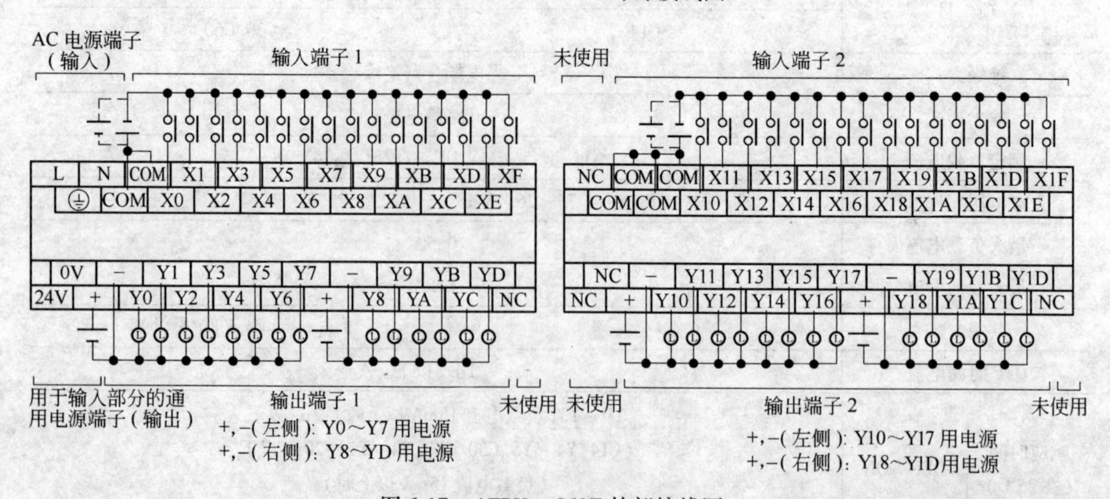

图 6-17　AFPX－C60T 外部接线图

6.2.2.4 扩展单元输入输出等效电路及接线

扩展单元根据输出类型也分继电器型和晶体管型，其输入输出的等效电路除无高速输入和高速输出的功能外，它们的电路和性能与控制单元的电路和性能基本一样，其输入输出的等效电路如图 6-18 所示。

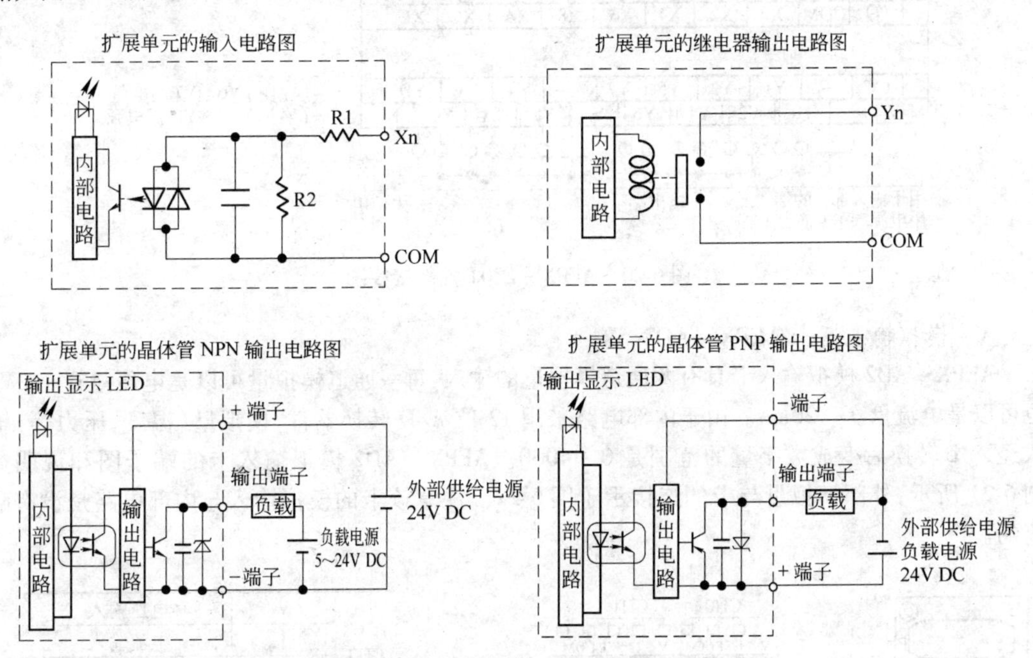

图 6-18 扩展单元输入输出等效电路图

AFP－X 外部扩展单元接线图如图 6-19 和图 6-20 所示，图中是以 AFPX－E30R 和 AFPX－E30T 为例。其中 L 表示负载。

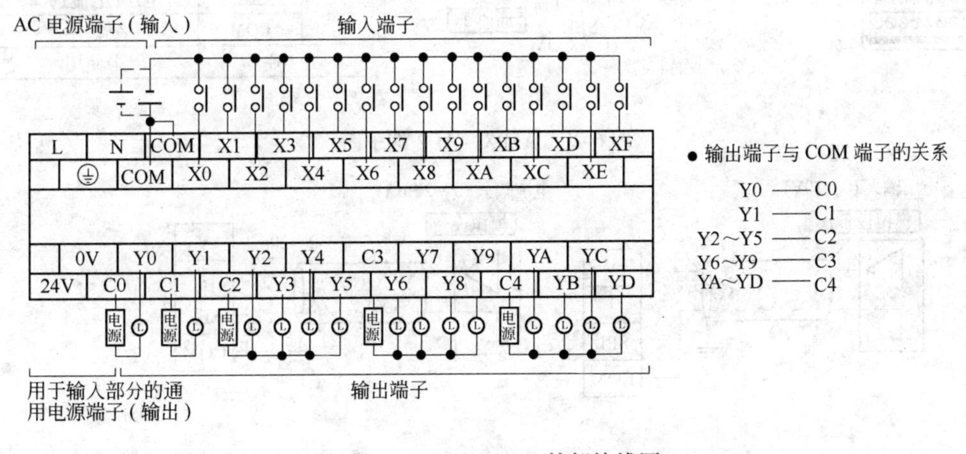

图 6-19 AFPX－E30R 外部接线图

6.2.2.5 功能插卡的性能和接线

在前面介绍的控制单元和扩展单元中，其输入输出都是数字量的接口，可以方便实现逻辑和顺序控制，而本节介绍功能插卡中的模拟输入输出功能可以实现过程控制。下面介绍功能插卡的性能和接线方法。

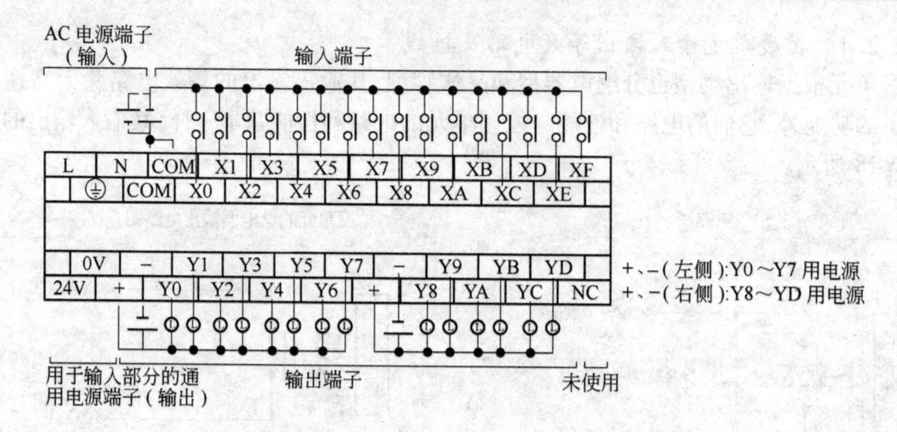

图 6-20　AFPX－E30T 外部接线图

A　模拟输入插卡 AFPX－AD2

AFPX－AD2 模拟输入卡具有两通道模拟量的输入，每一通道模拟量可以是电压量 0～10V，也可以是电流量 0～ 20mA。由于内部电路采用 12 位 A/D 转换器件，模拟量（温度、压力等）输入经 A/D转换后变成数字量的范围是 0～4000。AFPX－AD2 模拟输入卡的端子图和说明如图 6-21 所示，外部模拟量与卡的连接示于图 6-22。注意该卡的模拟输入与内部电路是没有隔离的。

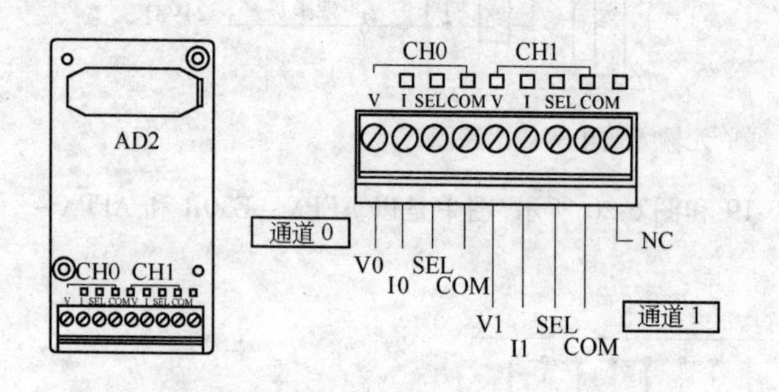

CH0	V	电压输入
	I	电流输入
	SEL	电压/电流选择
	COM	公共端
CH1	V	电压输入
	I	电流输入
	SEL	电压/电流选择
	COM	公共端
NC		未使用

图 6-21　AFPX－AD2 端子图

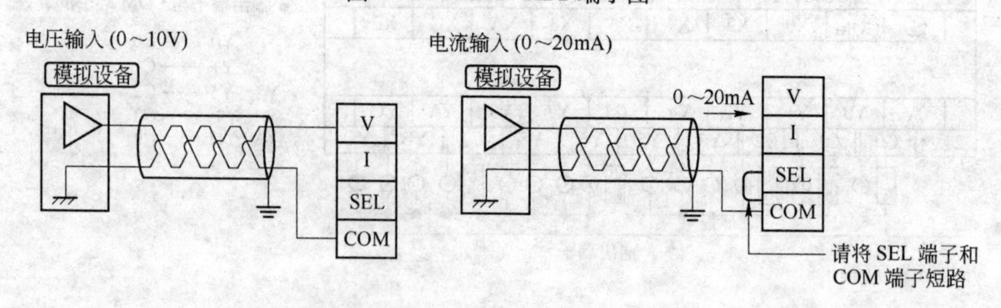

图 6-22　AFPX－AD2 模拟信号接线图

B　模拟输出插卡 AFPX－DA2

AFPX－DA2 模拟输出卡具有两通道模拟量的输出，该卡内部电路采用 12 位 D/A 转换器件，每一通道的数字量 0～4000 经 D/A 转换变成模拟量输出，它可以是电压量 0～10V，也可以是电流量 0～20mA。模拟输出插卡 AFPX－DA2 的端子图和说明如图 6-23 所示，卡与外部模拟量的

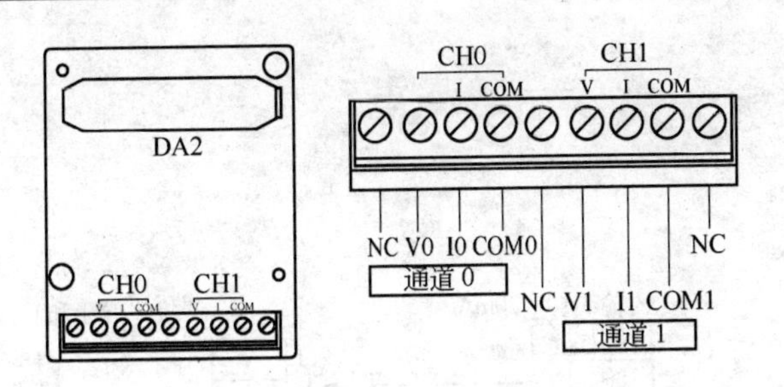

CH0	V	电压输出
	I	电流输出
	COM0	公共端
CH1	V	电压输出
	I	电流输出
	COM1	公共端
NC		未使用

图 6-23 AFPX－DA2 端子图

连接示于图 6-24。该卡的模拟输出与内部数字电路和模拟输出之间都采用变压器绝缘和隔离 IC 绝缘。

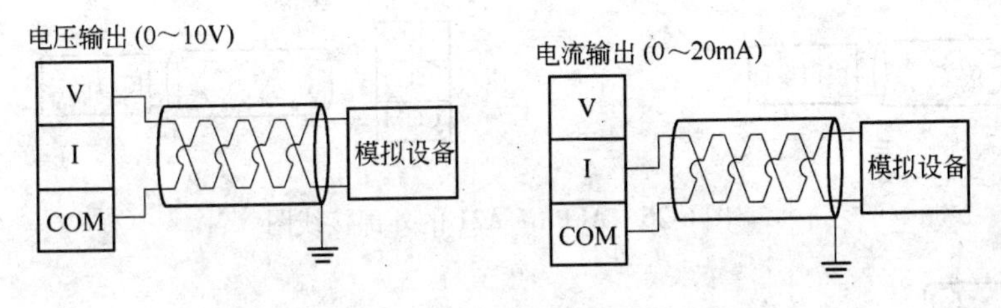

图 6-24 AFPX－DA2 模拟信号接线图

C 模拟 I/O 插卡 AFPX－A21

AFPX－A21 模拟 I/O 插卡具有两通道模拟量的输入和一通道模拟量的输出。两通道模拟量的输入若电压量可以是 0～10V 或 0～5V，若电流量可以是 0～20mA。模拟量的输出若电压量可以是 0～10V，若电流量可以是 0～20mA。模拟量的输入与内部数字电路、模拟量的输入与模拟输出之间都采用变压器绝缘和隔离 IC 绝缘。该插卡端子图及说明如图 6-25 所示，与外部和连接图示于图 6-26。

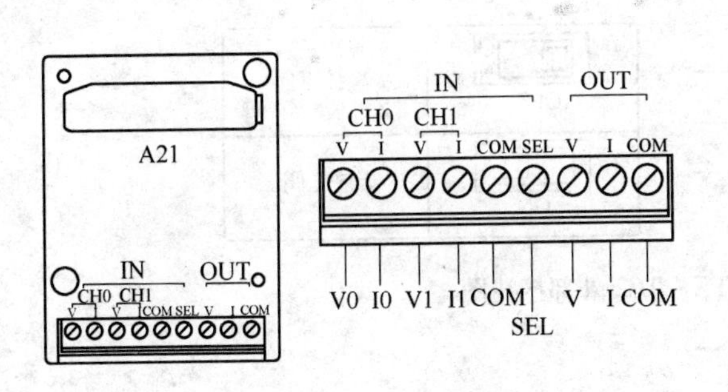

输入	CH0	V	电压输入
		I	电流输入
	CH1	V	电压输入
		I	电流输入
	COM		公共端（输入用）
	SEL		0～10V/0～5V、0～20mA 选择
输出	V		电压输出
	I		电流输出
	COM		公共端（输出用）

图 6-25 AFPX－A21 端子图

D 热电偶插卡 AFPX－TC2

AFPX－TC2 热电偶插卡是专门为测量温度而设计的，它可以把直接接入插卡的热电偶微弱电信通过内部电路进行处理转换成数字量。该卡具有两个输入通道，可接入 K 型和 J 型热电偶，温度范围是－50.0～500.0℃，对应的数字量范围是－500～5000，数字转换的时间需 200ms。当热电偶接线出现断线时，则数字量是 8000，如果热电偶发生超量程时，则数字量为－502、5001 或 8000。而数字量出现 8001 时，表明转换的数据还没有准备好，请编制程序不要采用这段时间数据。AFPX－TC2 热电偶插卡端子图及说明如图 6-27 所示，与外部的连接图示于图 6-28。

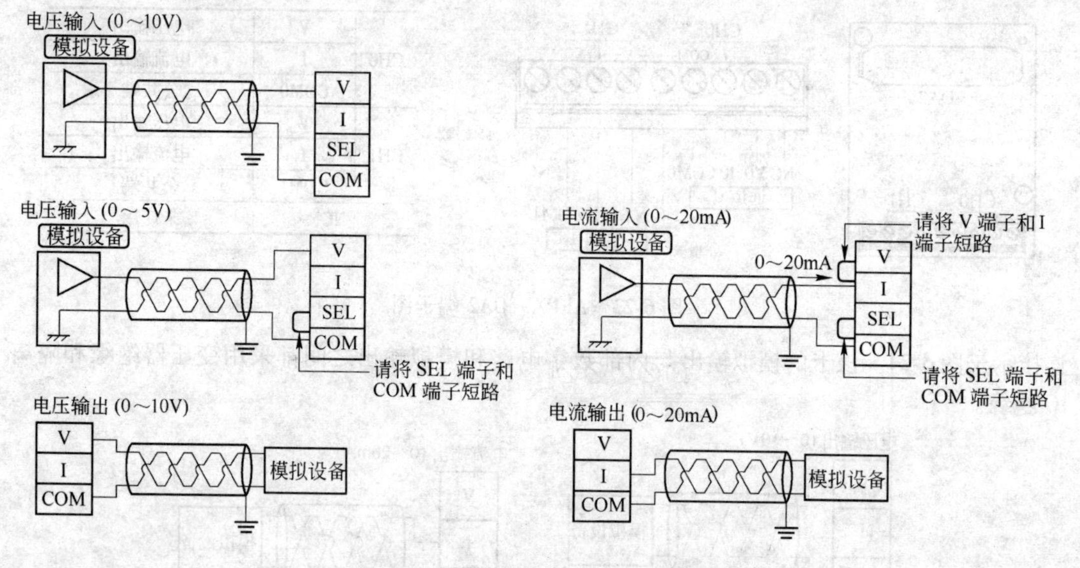

图 6-26　AFPX－A21 的外部接线图

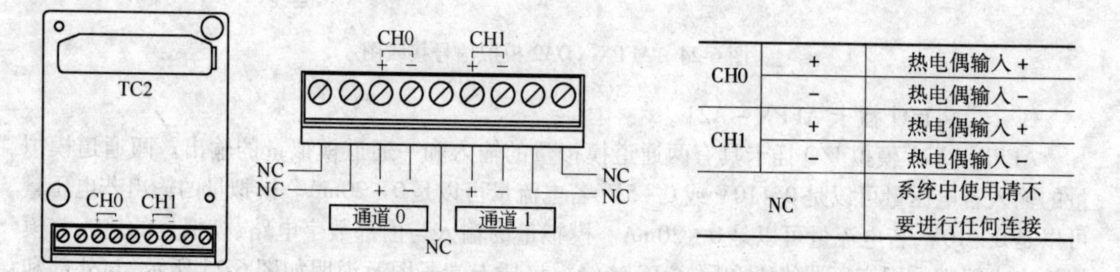

CH0	+	热电偶输入 +
	－	热电偶输入 －
CH1	+	热电偶输入 +
	－	热电偶输入 －
NC		系统中使用请不要进行任何连接

图 6-27　AFPX－TC2 端子图

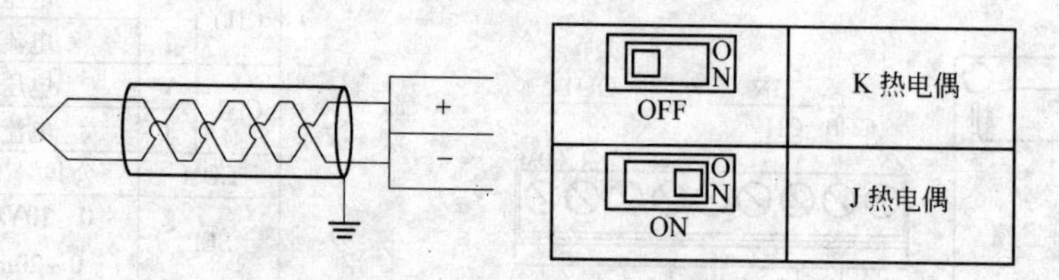

图 6-28　AFPX－TC2 外部接线图

E　数字 I/O 功能插卡

数字 I/O 功能插卡有 5 类：8 路数字输入卡 AFPX－IN8、8 路 NPN 晶体管输出卡 AFPX－TR8、6 路 PNP 晶体管输出卡 AFPX－TR6P、4 路数字输入/3 路 NPN 晶体管输出卡 AFPX－IN4T3、3 路高速数字输入/3 路 NPN 高速数字输出卡 AFPX－PLS。这 5 类插卡的等效电路都可以参看控制单元中与之对应的等效电路，这里不再叙述。它们的端子接线示于图 6-29。

6.2.3　FP－X 的内部寄存器和 I/O 配置

在 FP－X 型中，内部寄存器、输入点、输出点、定时器、计数器等这类元件用位（bit）寻址表示时，采用专用英文字母 R、X、Y、T、C 代码来与之对应，也可以用字（word）寻址表示，此时则用 WR、WX、WY、SV 代码来与之对应，其中 SV 表示定时器、计数器的设定值的代码。这些元件代

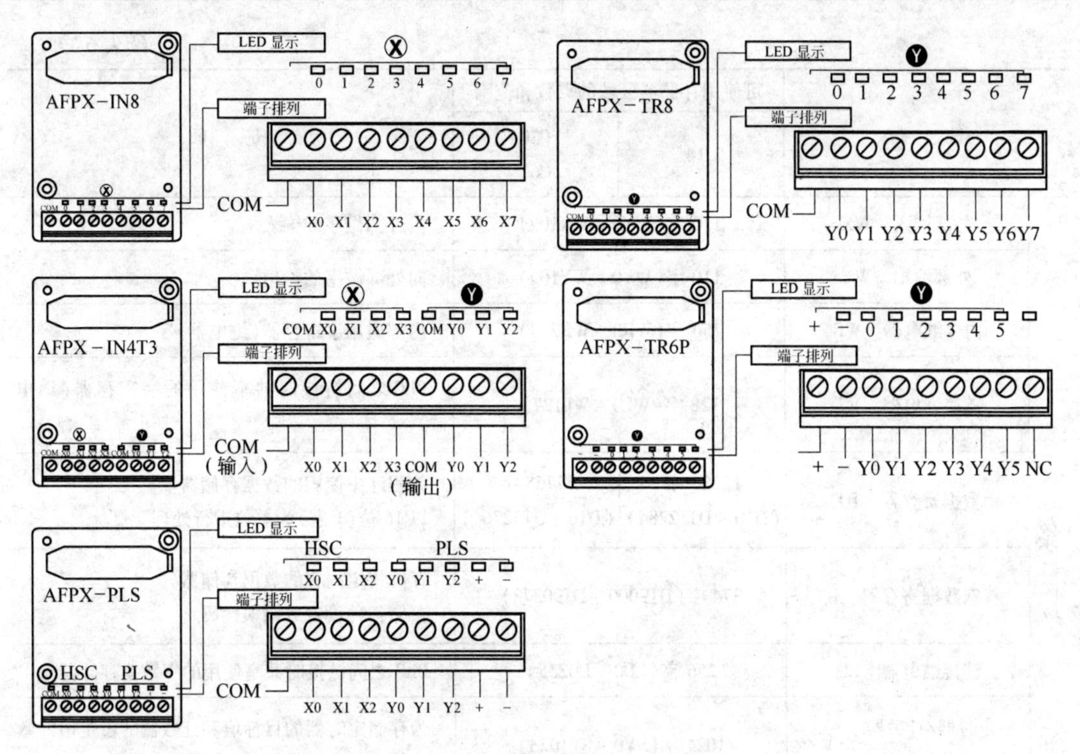

图6-29 数字I/O功能插卡外部端子图

码的范围具体在表6-11中列出。在编程时，必须了解和会应用这些元件代码，以便编写程序时能够正确应用。

表6-11 继电器、存储区域、常数一览表

名称		可使用存储器区域的点数和范围		功能
		C14	C30 C60	
位寄存器（继电器）	外部输入 X	1760点（X0～X109F）		由外部的输入，使用点数由硬件决定
	外部输出 Y	1760点（Y0～Y109F）		向外部的输出，使用点数由硬件决定
	内部继电器 R	4096点（R0～R255F）		内部通用位寄存器（继电器）
	链接继电器 L	2048点（L0～L127F）		PLC之间链接时共享使用的位寄存器（继电器）
	定时器 T	1024点（T0～T1007/C1008～Cs1023）		定时器设定时间到达时为ON与定时器的编号相对应
	计数器 C			计数器计数到达时为ON与计数器的编号相对应
	特殊内部继电器 R	192点（R9000～R911F）		内部特殊专用位寄存器（继电器）作为标志等使用的

续表 6-11

类别	名称	可使用存储器区域的点数和范围 C14	C30 C60	功能
存储器区域	外部输入 WX	110 字(WX0 ~ WX109)		由外部做字的输入
	外部输出 WY	110 字(WY0 ~ WY109)		向外部做字的输出
	内部继电器 WR	256 字(WR0 ~ WR255)		内部通用字寄存器(继电器)
	链接继电器 WL	128 字(WL0 ~ WL127)		PLC 之间链接时共享使用的字寄存器(继电器)
	数据寄存器 DT	12285 字 (DT0 ~ DT12284)	32765 字 (DT0 ~ DT32764)	为程序中使用的数据存储器 以 16 位(1 字)为单位进行处理
	特殊数据寄存器 DT	374 字(DT9000 ~ DT90373)		存储特定内容的数据存储器 存储各种设定或错误代码
	链接继电器 LD	256 字(LD0 ~ LD255)		PLC 之间链接时共享使用的字数据存储器
	定时器/计数器设定值区域 SV	1024 字(SV0 ~ SV1023)		为存储定时器的目标值和计数器的设定值的数据存储器。与定时器/计数器的编号相对应
	定时器/计数器经过值区域 EV	1024 字(EV0 ~ EV1023)		为存储定时器和计数器工作时的经过值的数据存储器。与定时器/计数器的编号相对应
	变址寄存器 I	14 字(I0 ~ I13)		存储器区域的地址及用常数变址用寄存器
控制指令点数	主控制继电器点数(MCR) MC	256 点		
	标记数(JP + LOOP) LBL	256 点		
	步进数 SSTP	1000 级		
	子程序数 SUB	500 子程序		
	中断程序数 INT	Ry 型:输入 14 程序、定时 1 程序 Tr 型:输入 8 程序、定时 1 程序		
常数	十进制常数 K	K - 32,768 ~ K32,767(16 位运算时)		
		K - 2,147,483,648 ~ K2,147,483,647(16 位运算时)		
	16 进制常数 H	H0 ~ HFFFF(16 位运算时)		
		H0 ~ HFFFFFFFF(32 位运算时)		
	浮点数型实数 F	F - 1. 175494 × 10 - 38 ~ F - 3. 402823 × 10^{38}		
		F1. 175494 × 10 - 38 ~ F3. 402823 × 10^{38}		

对表 6-11 作以下几点说明:

(1)表中的寄存器均为 16 位。X、WX、Y、WY 均是 I/O 区继电器,它直接通过输入、输出端子传递信息,但 X 和 Y 是按位寻址,而 WX 和 WY 是按字(即 16 位)寻址。

(2)表中R是内部继电器,用于程序内部运算,它的状态ON或OFF都不会产生外部输出。其中R是按位寻址,WR是按字(即16位)寻址。而R9000～R911F均为特殊寄存器,用户不能占用。数据寄存器DT90000～DT90377也是专用特殊数据寄存器,用户同样不能用。

(3)定时器/计数器的点数可以由系统寄存器的设定进行变更。表中的定时器/计数器的地址分配为系统寄存器的默认值。

(4)X和Y的编号方法如下:

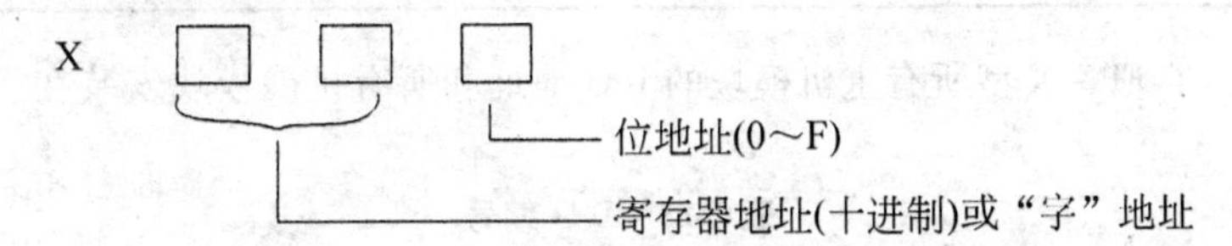

例如,X103即X输入缓冲区中第10号寄存器(WX10)中的第3号位;又如,X1即WX0寄存器中的第1位,表示如下:

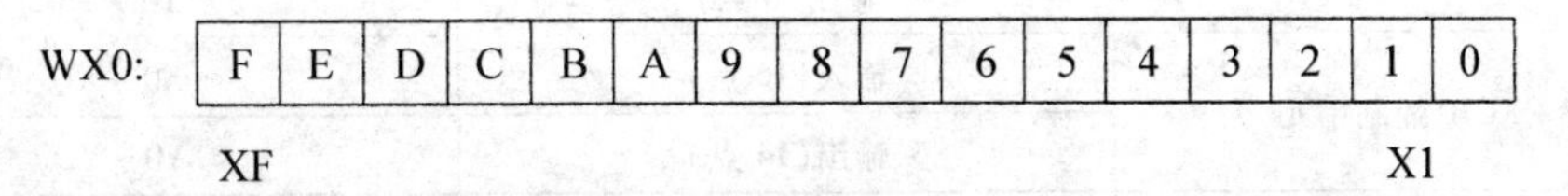

表中给出X和Y的数目并不是表示PLC实际的输入输出点数,PLC实际的输入输出点数取决它的硬件配置选型。寄存器Y的编号也与此相同。

FP－X型的扩展方式及对应的I/O地址分配分别如图6-30和表6-12所示。

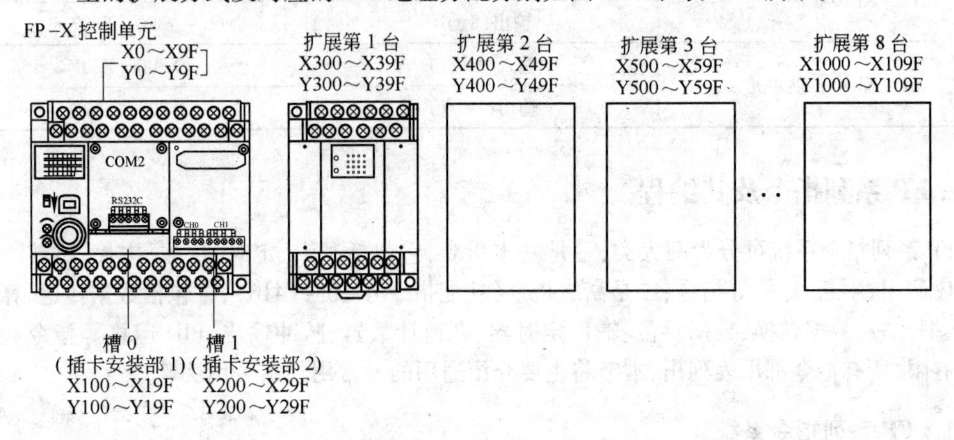

图6-30 FP－X型的扩展方式

表6-12 I/O地址分配表

类 别	输 入	输 出
控制单元	X0～X9F(WX0～WX9)	Y0～Y9F(WY0～WY9)
插卡安装部1(槽0)	X100～X19F(WX10～WX19)	Y100～Y19F(WY10～WY19)
插卡安装部2(槽1)	X200～X29F(WX20～WX29)	Y200～Y29F(WY20～WY29)
扩展第1台	X300～X39F(WX30～WX39)	Y300～Y39F(WY30～WY39)
扩展第2台	X400～X49F(WX40～WX49)	Y400～Y49F(WY40～WY49)
扩展第3台	X500～X59F(WX50～WX59)	Y500～Y59F(WY50～WY59)
扩展第4台	X600～X69F(WX60～WX69)	Y600～Y69F(WY60～WY69)

续表 6-12

类 别	输 入	输 出
扩展第 5 台	X700 ~ X79F(WX70 ~ WX79)	Y700 ~ Y79F(WY70 ~ WY79)
扩展第 6 台	X800 ~ X89F(WX80 ~ WX89)	Y800 ~ Y89F(WY80 ~ WY89)
扩展第 7 台	X900 ~ X99F(WX90 ~ WX99)	Y900 ~ Y99F(WY90 ~ WY99)
扩展第 8 台	X1000 ~ X109F(WX100 ~ WX109)	Y1000 ~ Y109F(WY100 ~ WY109)

表 6-13 给出了 FP – X 型所有主机模块的 I/O 地址和所有扩展模块安装在第一台 I/O 地址的例子。

表 6-13 I/O 编号

单元名称	分配点数	I/O 编号
FP – XC14 控制单元	输入(8 点)	X0 ~ X7
	输出(6 点)	Y0 ~ Y5
FP – XC30 控制单元	输入(16 点)	X0 ~ XF
	输出(14 点)	Y0 ~ YD
FP – XC60 控制单元	输入(32 点)	X0 ~ XF, X10 ~ X1F
	输出(28 点)	Y0 ~ YD, Y10 ~ Y1D
FP – XE16 扩展单元	输入(8 点)	X300 ~ X307
	输出(8 点)	Y300 ~ Y307
FP – XE30 扩展单元	输入(16 点)	X300 ~ X30F
	输出(14 点)	Y300 ~ Y30D

6.3 FP 系列指令及其编程

FP 系列指令系统可分为两大类：一是基本指令，它包括逻辑、定时、计数、主控、跳转、步进、子程序调用、中断、比较等指令；二是高级指令（功能指令号 F0 ~ F416），它包括数据传送、算术运算、数据比较、数据转换、数据移位、辅助定时器、高速计数器、脉冲输出、PID 运算等指令。由于篇幅有限，所有指令都用表列出，本节将主要介绍通用的及常用的指令用法。

6.3.1 FP 系列指令系统

FP 系列程序编辑可以用梯形图或用布尔非梯形图（即布尔指令程序）。

FP 系列梯形图中常用的逻辑运算符号有：

—| |— 原码运算，俗称常开接点；

—|/|— 取反运算，俗称常闭接点；

—[ ] 运算结果输出指定位（线圈）。

FP 系列程序梯形图的结构图如图 6-31 所示。

表 6-14 是对于异步电动机启、停控制采用 FP 系列的两种编程语言表示的例子。

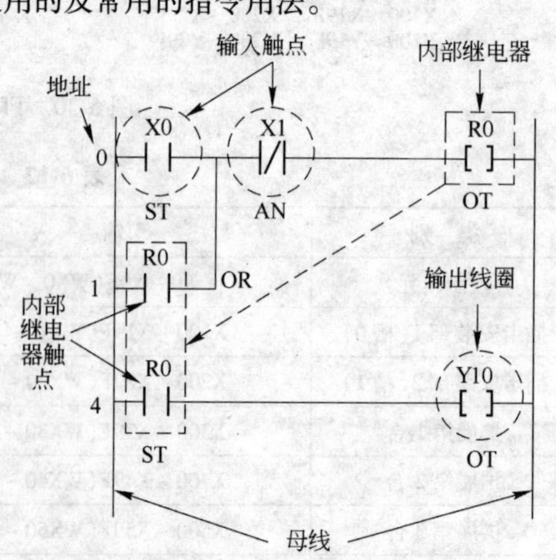

图 6-31 FP 系列程序梯形图的结构图

表 6-14　两种编程语言

梯形图程序	布尔指令程序		
	步　序	指令助记符	器件号
X0　X1　Y0　Y0　(ED)	1	ST	X0
	2	OR	Y0
	3	AN1	X1
	4	OT	Y0
	5	ED	

本节主要介绍基本指令及其使用。基本指令又可分为基本顺序指令、基本功能指令、控制指令和比较指令。附录列出了全部基本指令。

6.3.2　基本顺序指令

6.3.2.1　ST、ST/和 OT 指令

ST:与母线连接的常开接点。

ST/:与母线连接的常闭接点。

OT:线圈驱动指令,将运算结果输出到指定的接点。

程序举例的梯形图用指令表示于表 6-15,操作数如表 6-16 所示,表中工作时序图如图 6-32 所示。表中:A 表示可以使用;N/A 表示不可使用。

表 6-15　梯形图及指令表

梯形图程序	布尔形式		
	地　址	指　令	
0　X0　开始　输出　Y10　2　X0　开始非　输出　Y11	0	ST	X0
	1	OT	Y10
	2	ST/	X0
	3	OT	Y11

表 6-16　操作数

说　明	继电器						定时器/计数器触点		索引修正值
	X	Y	R	L	P	E	T	C	
ST、ST/	A	A	A	A	A	N/A	A	A	A
OT	N/A	A	A	A	N/A	N/A	N/A	N/A	

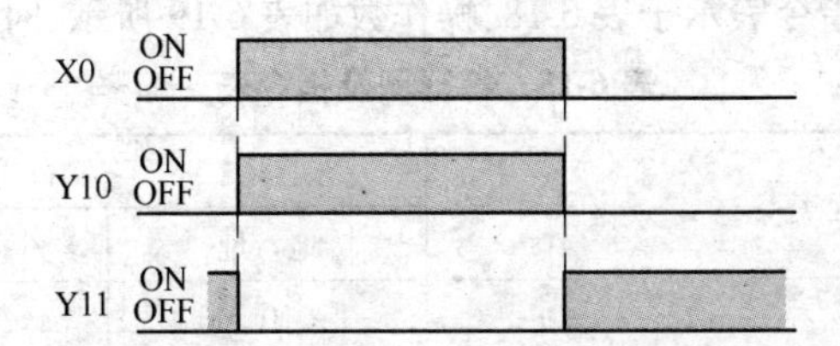

图 6-32　时序图

编程时 ST 和 ST/指令必须由母线开始。而 OT 指令不能由母线直接开始,并且 OT 指令可以连续使用。参见图 6-33。

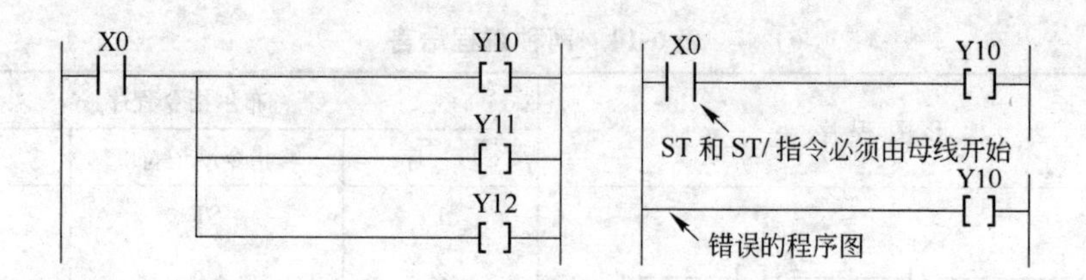

图 6-33 梯形图

6.3.2.2 "/"非指令

指令"/"的功能是将该指令处的运算结果取反，程序举例如表 6-17 所示，时序图如图 6-34 所示。

表 6-17 梯形图及指令表

梯形图程序	布尔形式	
	地址	指令
X0 Y10 Y11 逻辑非	0	ST X0
	1	OT Y10
	2	/
	3	OT Y11

"/ "指令将本指令处的逻辑运算结果取反。如当 X0 是 ON 时 Y10 是 ON，而 Y11 是 OFF，当 X0 是 OFF 时 Y10 是 OFF，而 Y11 是 ON。

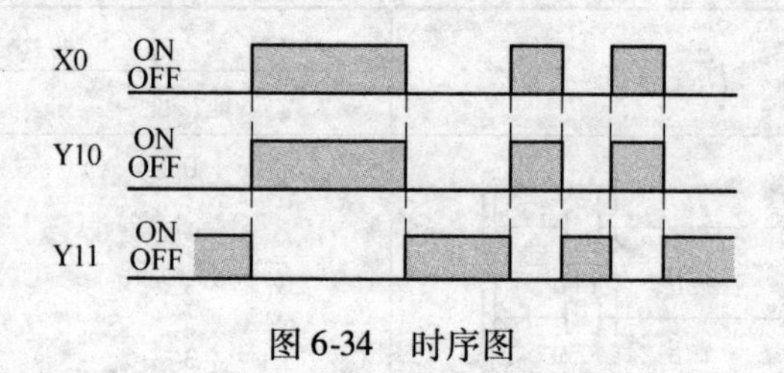

图 6-34 时序图

6.3.2.3 AN 和 AN/指令

AN：串联常开接点指令，它将原来保存在结果寄存器中的逻辑操作结果与本指令所指定的继电器内容相"与"，操作结果存入结果寄存器。

AN/：串联常闭接点指令，它将原来保存在结果寄存器中的逻辑操作结果与本指令所制定的继电器内容取反后进行相"与"，并将操作结果存入结果寄存器。

程序举例的梯形图及指令表示于表 6-18，操作数如表 6-19 所示，时序图如图 6-35 所示。

表 6-18 梯形图及指令表

梯形图程序	布尔形式	
	地址	指令
X0 X1 X2 Y10 与 与非	0	ST X0
	1	AN X1
	2	AN/ X2
	3	OT Y10

表 6-19 操作数

说 明	继电器						定时器/计数器触点		索引修正值
	X	Y	R	L	P	E	T	C	
AN、AN/	A	A	A	A	A	N/A	A	A	A

梯形图中串联常开接点时,用 AN 指令,串联常闭接点时,用 AN/指令。参见图 6-36。AN 和 AN/指令可以连续使用,参见图 6-37。

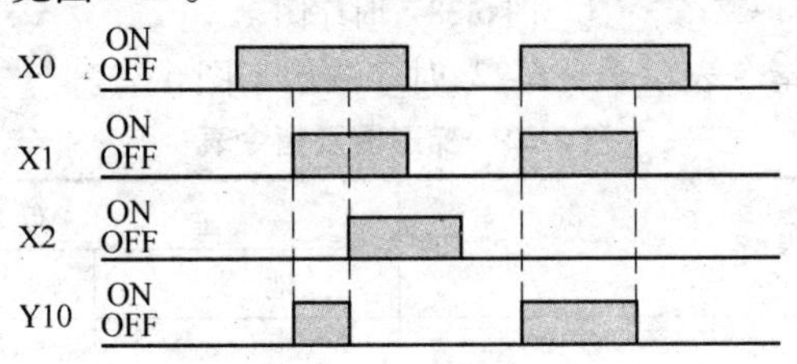

图 6-35 时序图

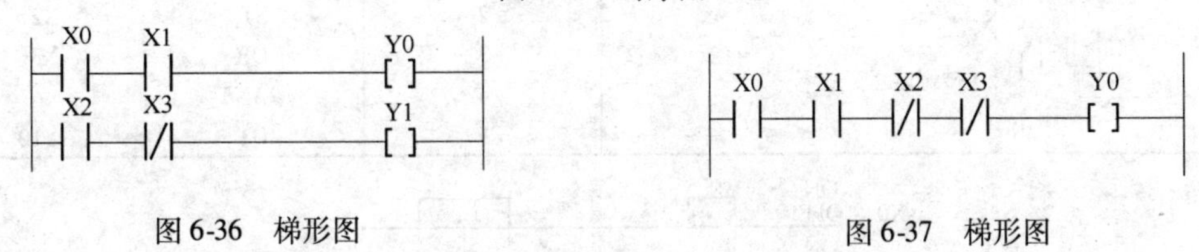

图 6-36 梯形图

图 6-37 梯形图

6.3.2.4 OR 和 OR/指令

OR:并联常开接点指令。把结果寄存器的内容与本指令指定的继电器内容进行逻辑“或”,操作结果存入结果寄存器。

OR/:并联常闭接点指令。把指定的继电器内容取反后与原结果寄存器内容进行逻辑“或”,操作结果存入结果寄存器。

程序举例的梯形图及指令表示于表 6-20,操作数示于表 6-21,时序图如图 6-38 所示。

表 6-20 梯形图及指令表

梯 形 图 程 序	布尔形式		
	地 址	指 令	
0 X0 Y10; 1 X1 或; 2 X2 或非	0	ST	X0
	1	OR	X1
	2	OR/	X2
	3	OT	Y10

表 6-21 操作数

说 明	继电器						定时器/计数器触点		索引修正值
	X	Y	R	L	P	E	T	C	
OR、OR/	A	A	A	A	A	N/A	A	A	A

OR 指令由母线开始。OR 和 OR/指令可依次连续使用。

6.3.2.5 ANS 指令

指令 ANS 是实现多个指令块进行“与”的运算,也称块串联或区段串联。

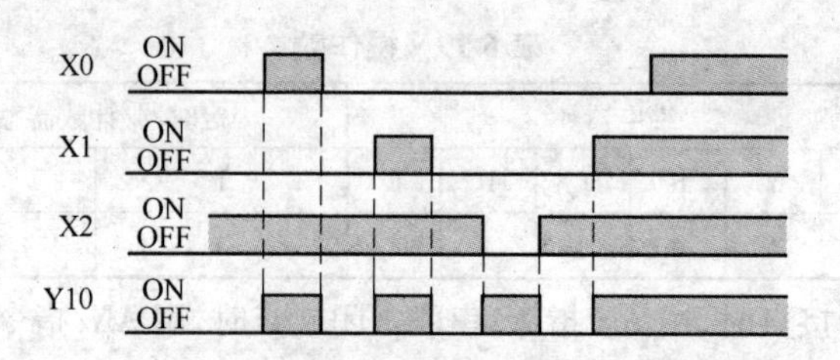

图 6-38　时序图

程序举例的梯形图及指令表示于表 6-22，时序图示于图 6-39。

表 6-22　梯形图及指令表

梯形图程序	布尔形式		
	地址	指令	
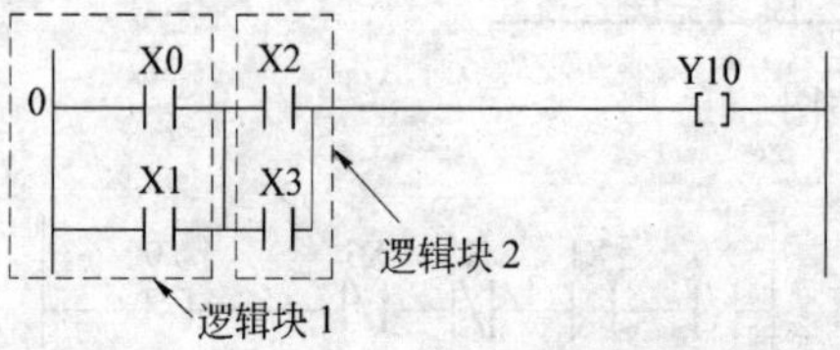 0 X0 X2 Y10 [ ] X1 X3 逻辑块 2 逻辑块 1	0	ST	X0
	1	OR	X1
	2	ST	X2
	3	OR	X3
	4	ANS	
	5	OT	Y10

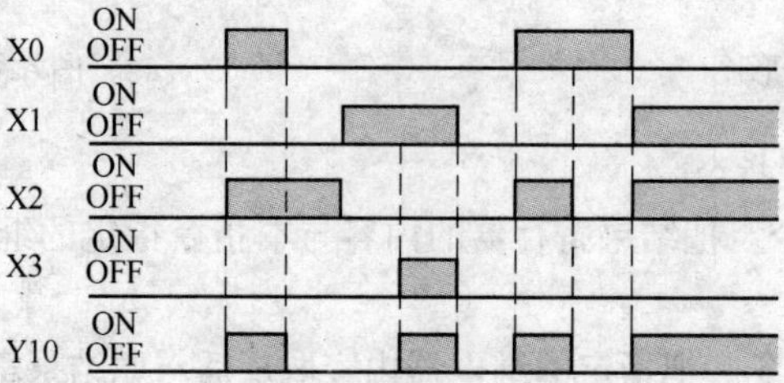

图 6-39　时序图

表中当 X0 或 X1 且 X2 或 X3 接通时，则 Y10 接通。组与指令（ANS）用来串联指令块。每一指令块的开始要用加载指令（ST）。可以两个或多个指令块串联编程。

将并联逻辑块串联起来的方法如图 6-40 所示。

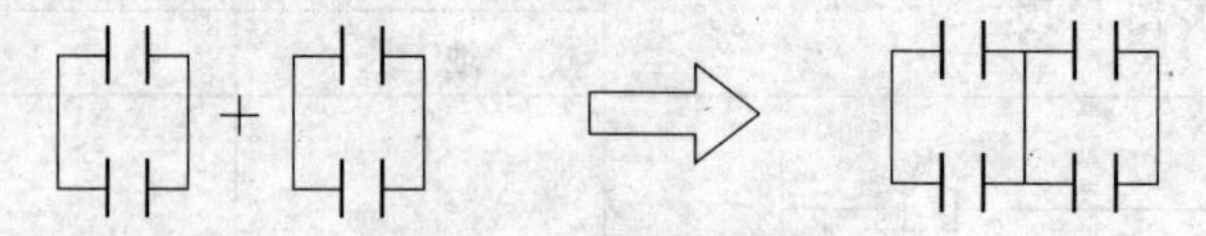

图 6-40　串联指令块

当连续使用多个逻辑块时，应当考虑逻辑块的划分，如图 6-41 所示。

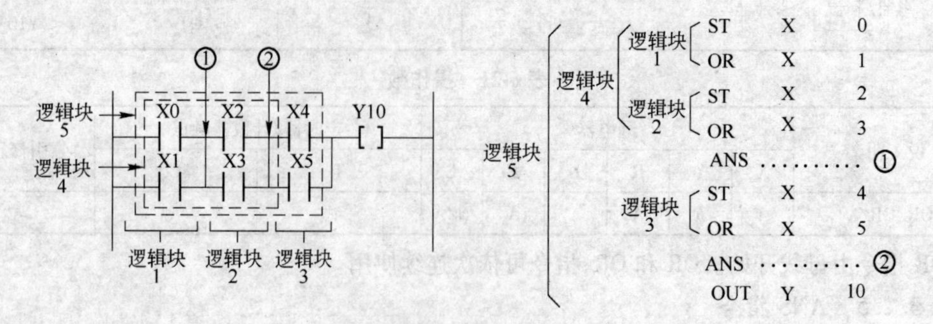

图 6-41　多个串联指令块

6.3.2.6 ORS 指令

指令 ORS 实现多个指令块的“或”运算,也称块并联指令。程序举例的梯形图及指令表示于表 6-23,时序图示于图 6-42。

表 6-23 梯形图及指令表

梯形图程序	布尔形式	
	地址	指令
X0 X1 ← 逻辑块 1 Y10 [ ] X2 X3 ← 逻辑块 2	0	ST X0
	1	AN X1
	2	ST X2
	3	AN X3
	4	ORS
	5	OT Y10

表 6-23 中,当 X0 与 X1 都接通或者 X2 与 X3 都接通时,Y10 接通。可用下面形式表示:(X0 与 X1)或(X2 与 X3)→Y10。

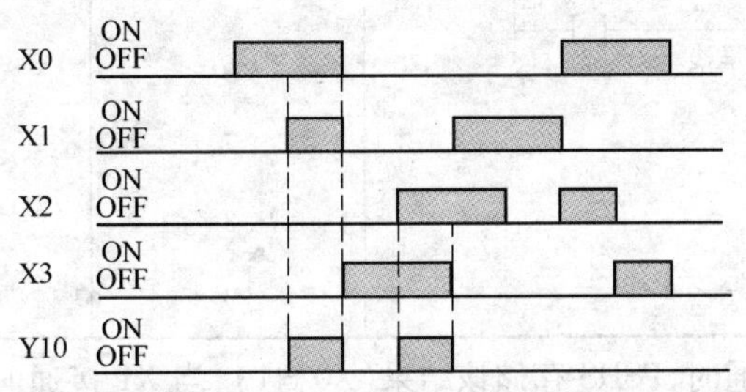

图 6-42 时序图

组或指令用来并联指令块,每一指令块的开始要用加载指令(ST),可以两个以上指令块并联编程。

将串联的逻辑块并联起来的方法示于图 6-43。

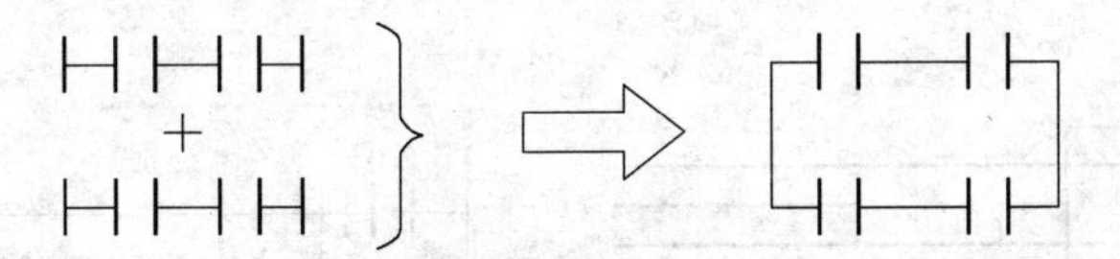

图 6-43 并联指令块

当连续使用多个逻辑块时,应当考虑逻辑块的划分,如图 6-44 所示。

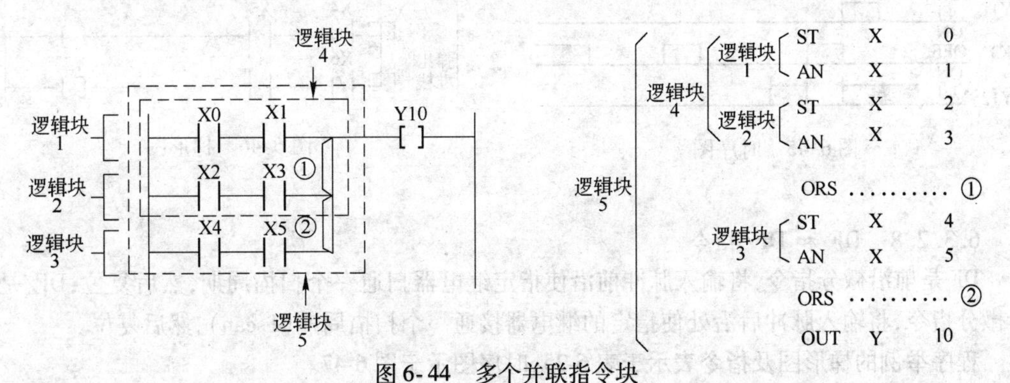

图 6-44 多个并联指令块

6.3.2.7　PSHS、RDS、POPS 指令

PSHS 是存储该指令处的运算结果，即压入堆栈；RDS 是读出刚由 PSHS 指令存储的运算结果，即读堆栈顶数值；POPS 是读出并清除由 PSHS 指令存储的运算结果，即弹出堆栈。

程序举例的梯形图和指令表示于表 6-24，时序图示于图 6-45。

表 6-24　梯形图及指令表

梯形图程序	布尔形式		
	地址	指令	
0 X0 X1 Y10 [ ] 压入堆栈 X2 Y11 [ ] 读取堆栈 X3 Y12 [ ] 弹出堆栈	0	ST	X0
	1	PSHS	
	2	AN	X1
	3	OT	Y10
	4	RDS	
	5	AN	X2
	6	OT	Y11
	7	POPS	
	8	AN/	X3
	9	OT	Y12

表 6-24 中，当 X0 接通时，PSHS 存储该结果（X0 = 1），当 X1 接通时，则 Y10 = 1。由 RDS 指令读出存储结果，当 X2 接通时，Y11 = 1。由 POPS 指令读出存储结果，当 X3 断开时（即 X3 = 0），Y12 = 1，且将 PSHS 指令存储的结果清除。使用该指令要结合堆栈的概念（先进后出），可以多次地使用 PSHS 和 POPS，也可以多次使用同一运算结果即重复使用 RDS。使用完毕时，一定要用 POPS 指令，此例子见图 6-46 梯形图。

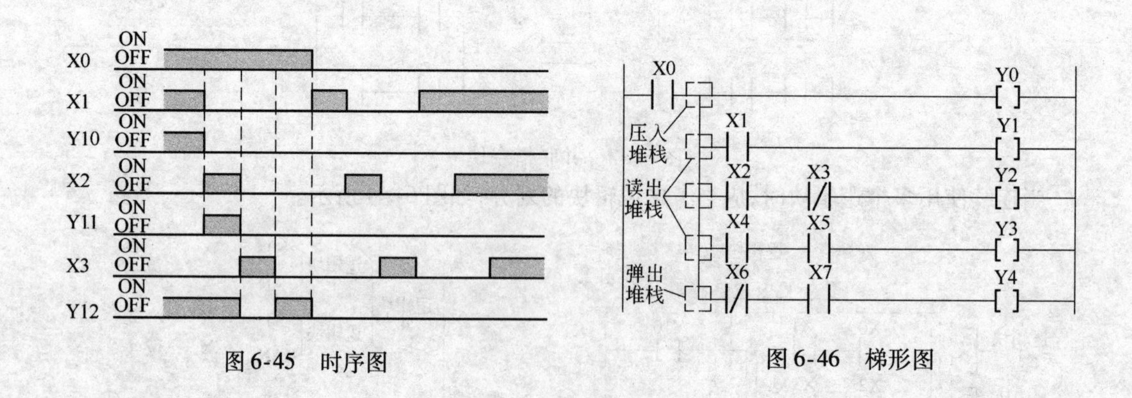

图 6-45　时序图　　　　图 6-46　梯形图

6.3.2.8　DF 和 DF/指令

DF 是前沿微分指令，将输入脉冲前沿使指定继电器扫通一个扫描周期，然后复位；DF/是后沿微分指令，将输入脉冲后沿处使指定的继电器接通一个扫描周期（1scan），然后复位。

程序举例的梯形图及指令表示于表 6-25，时序图示于图 6-47。

表6-25 梯形图及指令表

梯形图程序	布尔形式		
	地址	指令	
上升沿微分 0 X0 (DF) Y10 [ ] 3 X1 (DF/) Y11 [ ] 下降沿微分	0	ST	X0
	1	DF	
	2	OT	Y10
	3	ST	X1
	4	DF/	
	5	OT	Y11

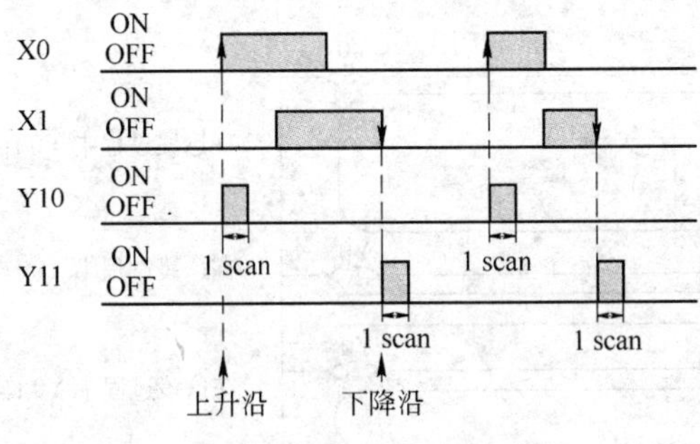

图6-47 时序图

6.3.2.9 SET、RST指令

SET是置1指令(置位指令),强制接点接通。RST是置0指令(复位指令),强制接点断开。程序举例的梯形图及指令表如表6-26所示,操作数示于表6-27,时序图示于图6-48。

表6-26 梯形图及指令表

梯形图程序	布尔形式		
	地址	指令	
20 X0 (Y30) ⟨S⟩ 置位 输出目标 24 X1 (Y30) ⟨R⟩ 复位	20	ST	X0
	21	SET	Y30
	24	ST	X1
	25	RST	Y30

表6-27 操作数

说明	继电器						定时器/计数器触点		索引修正值
	X	Y	R	L	P	E	T	C	
SET、RST	N/A	A	A	A	N/A	A	N/A	N/A	A

表6-26中,当X0接通时,Y0接通并保持,当X1接通时Y0断开并保持。对于继电器Y或R,可以使用相同编号的SET和RST指令,次数不限,如图6-49所示。当使用SET和RST指令时,输出内容随运行过程中每阶段执行结果而变化,如图6-50所示,当I/O刷新输出时,外输出应由运行的最后结果决定,上例中Y0将作为ON输出。

6.3.2.10 KP指令

KP指令相当于一个R-S触发器,它有两个输入端:一个是置位输入端,它为ON时,则输出接通(ON)并保持;另一个是复位输入端,当它为ON时,则输出断开(OFF)并保持。如果置位信号和复位信号均为 OFF 时，该继电器保持原来的状态。如果置位，复位触发信号同时接通（ON）时，则继电器为断开（OFF），因复位触发优先。

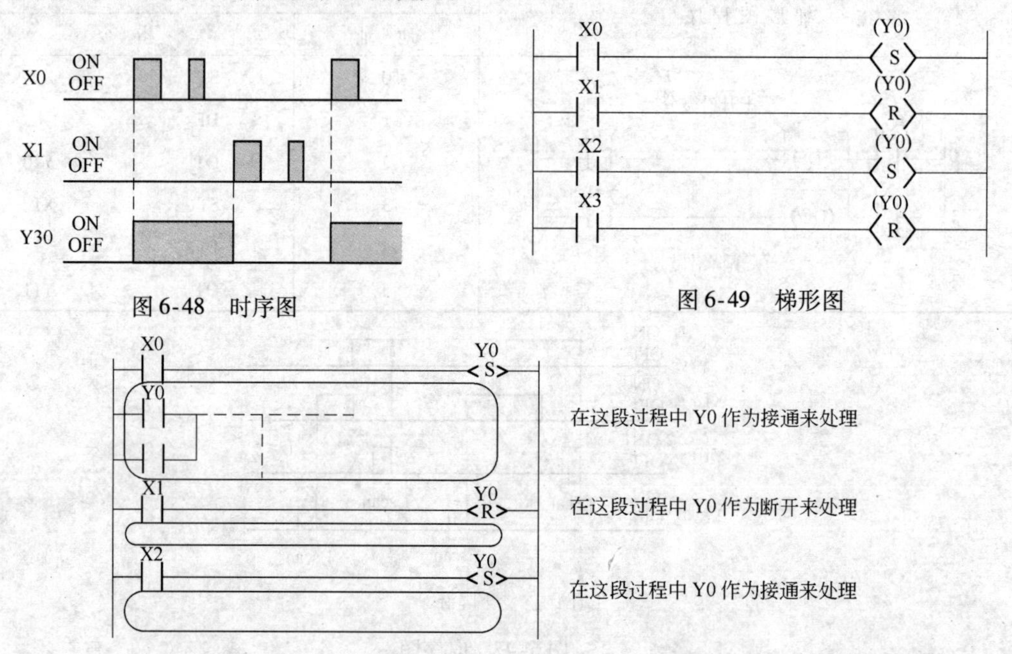

图 6-48　时序图

图 6-49　梯形图

图 6-50　梯形图

程序举例的梯形图及指令表如表 6-28 所示，操作数如表 6-29 所示，时序图如图 6-51 所示。

表 6-28　梯形图及指令表

梯形图程序	布尔形式		
	地址	指令	
0 X0 置位输入；1 X1 复位输入；KP R 30；输出目标	0	ST	X0
	1	ST	X1
	2	KP	R30

表 6-29　操作数

说明	继电器						定时器/计数器触点		索引修正值
	X	Y	R	L	P	E	T	C	
KP	N/A	A	A	A	N/A	N/A	N/A	N/A	A

X0 ON OFF　X1 ON OFF　R30 ON OFF　置位　复位　复位信号优先

图 6-51　时序图

6. 3. 2. 11　NOP 指令

NOP 为空操作指令，它的插入只是使程序容量稍稍增加，但对算术运算结果无影响。使用

NOP指令可以便于程序的检查和核对。当需要删除某条指令而又不能改变程序指令的地址时，可以写入一条NOP指令(覆盖以前的指令)。当需要改变程序指令的地址而又不能改变程序时，可以写入一条NOP指令。使用本条指令可以方便地将较长、较复杂的程序区分为若干比较简短的程序块。程序举例的梯形图及指令表如表6-30所示。

表6-30 梯形图及指令表

梯形图程序	布尔形式		
	地址	指令	
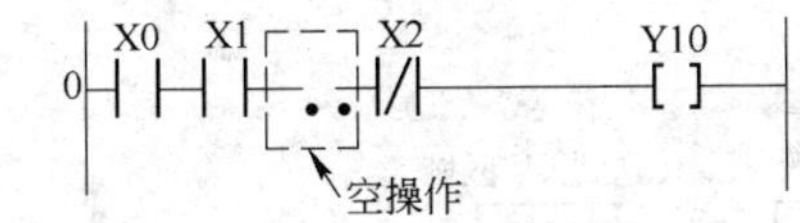 X0 X1 X2 Y10 0 空操作	0	ST	X0
	1	AN	X1
	2	NOP	
	3	AN/	X2
	4	OT	Y10

6.3.3 基本功能指令

基本功能指令包括定时、计数、移位等指令。

6.3.3.1 TML、TMR、TMX和TMY指令

FP系列定时器是减计数型预置定时器，它按定时的时标不同，分为4类定时器。TML时标为0.001s，即它的计时最小单位为1ms，TMR时标为0.01s，即它的计时最小单位为10ms；TMX的时标为0.1s；TMY的时标为1s。

下面以TML进行指令程序举例，其梯形图及指令表、预置值范围都示于表6-31中，操作数如表6-32所示。

表6-31 梯形图及指令表

梯形图程序	布尔形式		
	地址	指令	
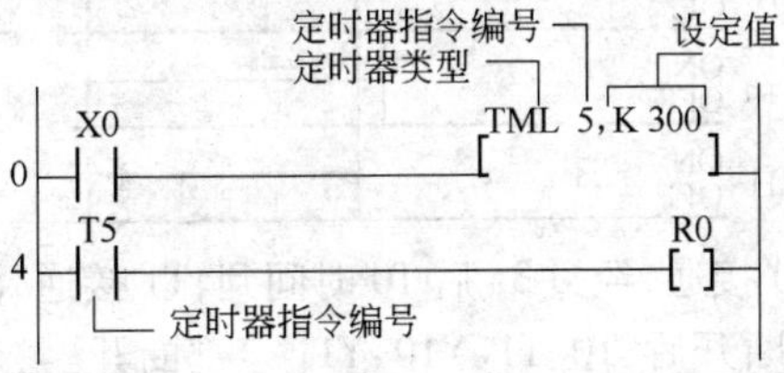 定时器指令编号 定时器类型 设定值 X0 TML 5, K 300 0	0	ST	X0
	1	TML	5
		K	300
T5 R0 4 定时器指令编号	4	ST	T5
	5	OT	R0

表6-32 操作数

指令	继电器				定时器/计数器		寄存器			索引寄存器	常数			索引修正值②
	WX①	WY①	WR①	WL①	SV	EV①	DT①	LD①	FL①	I	K	H	f	
设定值	A	A	A	A	A	A	A	A	A	A	A	N/A	N/A	A

①此项仅适用于FP2SH/FP10SH。

②此项仅适用于FP2/FP2SH/FP10SH。

定时器的预置时间为：时标×预置值。例如：TML5 K300(定时值为(0.001×300)=0.3s)。

当定值用十进制常数设定时，时序图如图6-52所示。工作步骤如下：当PLC的工作方式设置为“RUN”，则十进制常数“K300”传送至预置区“SV5”。当检测到定时器线圈被驱动(如X0正跳变)时，预置值K300由“SV5”传送到经过值区(即当前值区)“EV5”，每次扫描，经过的时间从

"EV5"中减去，当"EV5"中的数据被减到零时，定时器定时到，常开接点（T5）接通，随后 R0 接通（ON），若 X0 断开，则定时器被复位，当然该定时器的接点也相继复位，即其常开接点断开，常闭接点接通。定时器工作过程如图 6-53 所示。注意定时器的号与 SV、EV 都应该一致。

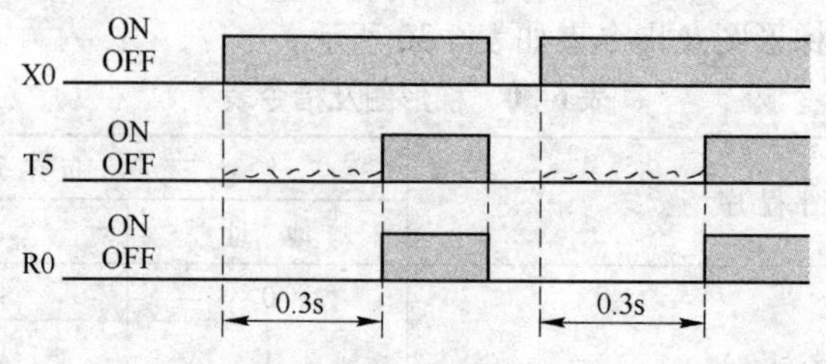

图 6-52　时序图

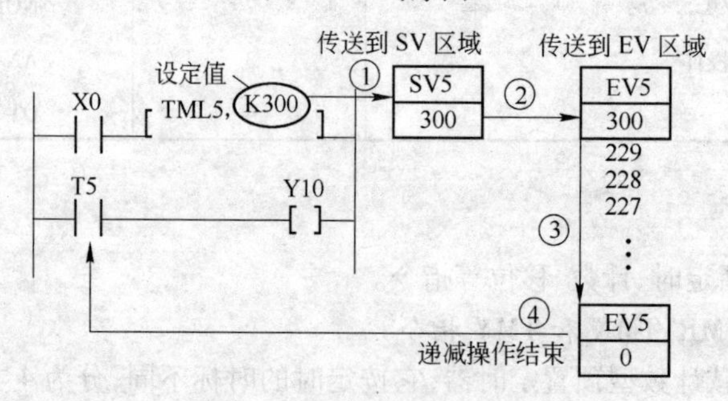

图 6-53　定时器的工作过程图

下面举例说明定时器的使用方法。

例 1　定时器的串联应用

两个定时器 T0、T1 串联连接时它的梯形图、布尔指令和时序图为：

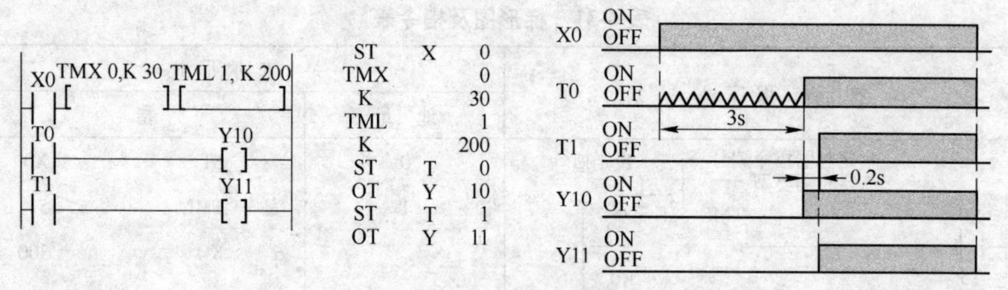

T0 的定时为 3s，T1 定时为 0. 2s。当 X0 接通时 T0 接通，经过 3s 后 T0 时间到，T1 接通，同时 Y10 接通，再经过 0. 2s 后 T1 时间到，Y11 接通，当 X0 断开后，T0、T1、Y10、Y11 全部断开。

例 2　定时器的并联应用

两个定时器 T0、T1 并联连接时它的梯形图、布尔指令和时序图为：

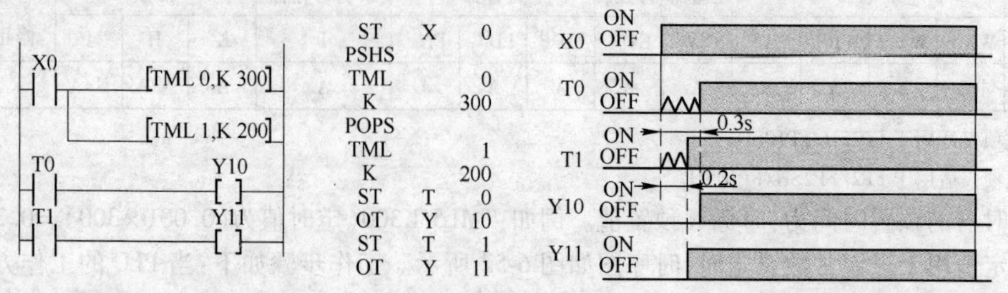

T0 的定时为 0. 3s，T1 定时为 0. 2s。当 X0 接通时 T0 和 T1 同时接通，经过 0. 2s 后 T1 时间先到，Y11 接通，T0 经过 0. 3s 后，Y10 接通，当 X0 断开后，T0、T1、Y10、Y11 全部断开。

例3 根据指定条件修改定时器设定值的应用

假设外部控制的对象在要求不同的条件下,达到不同的延时控制,其控制的梯形图、布尔指令和时序图为:

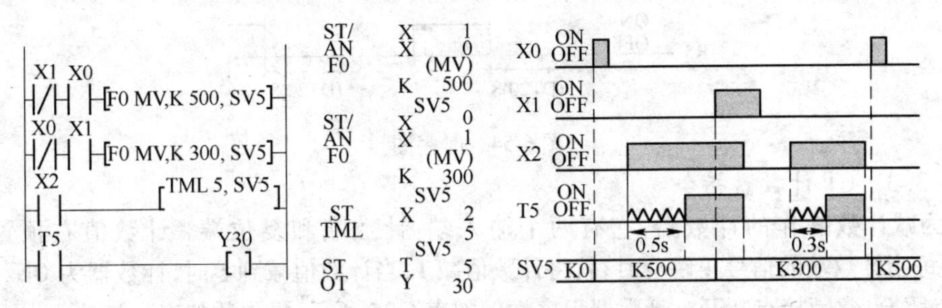

当满足条件X0接通时,定时器TML5的预置时间为0.5s,这时当X2接通时,TML5开始计时,经过0.5s后T5通则Y30接通。当满足条件X1接通时,定时器TML5的预置时间为0.3s,这时当X2接通时,TML5开始计时,经过0.2s后T5通则Y30接通。注意本例中用程序方法修改定时值时运用高级指令中数据传送指令F0(MV),其意义是把常数K送入指定SV5的寄存器单元里(参见高级指令部分)。

6.3.3.2 STMR辅助定时器指令

STMR(F137)属于高级指令类,它是以0.01s为时标的定时器,定时范围0.01~327.67s。程序举例的梯形图及指令表示于表6-33,操作数示于表6-34,时序图示于图6-54。表6-33中当R0接通时,DT10内的数据传送到数据寄存器DT20。在R0接通s秒后,特殊内部继电器R900D接通,随之R5也被接通。

表6-33 梯形图及指令表

梯形图程序	布尔形式		
	地址	指令	
10 R0 [F137 STMR, DT10, DT20] R5 [ ] S D	10	ST	R0
	11	F137	(STMR)
			DT10
			DT20
	16	OT	R5

S	用于定时器设定值的16位区或16位常数
V	存放定时器经过值的16位数据区

表6-34 操作数

指令	继电器				定时器/计数器		数据寄存器			索引寄存器		常数		索引变址
	WX	WY	WR	WL①	SV	EV	DT	LD①	FL②	IX③	IY④	K	H	
S	A	A	A	A	A	A	A	A	A	A	A	A	A	N/A
D	N/A		A	A	A	A	A	A	A	N/A	N/A	N/A	N/A	N/A

①此处不适用FP0、FP-e。

②此处不适用FP0、FP-e、FPΣ和FP-X。

③对于FPΣ、FP-X、FP2、FP2SH和FP10SH,此处为I0至IC。

④对于FPΣ、FP-X、FP2、FP2SH和FP10SH,此处为ID。

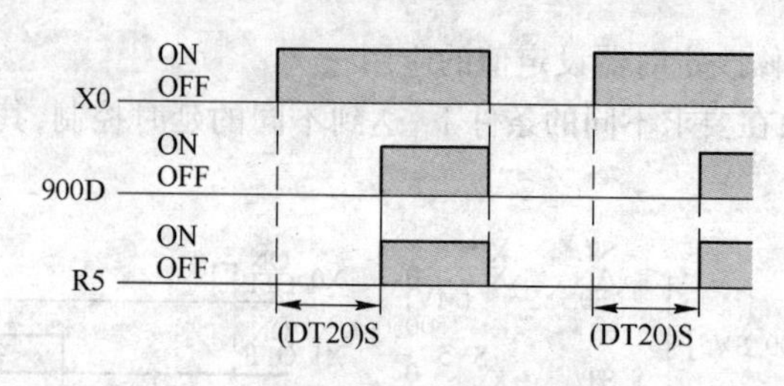

图 6-54　时序图

6.3.3.3　CT 计数器指令

CT 为减计数操作的计数器,它有两个输入端:计数端和复位端。计数值右预置 K0 ~ K32767,每当计数端的信号正跳变时,就将计数值减 1,当计数值减到零时,计数器为 ON,即使其常开接点闭合,常闭接点断开。计数器程序举例如表 6-35 所示,操作数如表 6-36 所示,时序图如图 6-55 所示。表中当 X0 每接通一次,就将 CT100 计数器计数值减 1(初值即预置值为 10),当 X0 接通 10 次时,计数值减到零,计数器动作,其常开接点 C100 接通,它使 Y31 为 ON。若 X1 接通,它将计数器复位,C100 常开接点断开,Y31 也随之断开。注意计数器的号与 SV、EV 都应该一致。

表 6-35　梯形图及指令表

梯形图程序	布尔形式		
	地址	指令	
0 X0 计数器触发信号 → CT 100 (计数器指令编号)	0	ST	X0
1 X1 计数器复位信号	1	ST	X1
K 10 (经过值、预设值)	2	CT	100
		K	10
5 C100 → Y31 [ ]	5	ST	C100
└ 计数器 100 的输出开关	6	OT	Y31

表 6-36　操作数

指令	继电器				定时器/计数器		寄存器			索引寄存器		常　数		索引修正值②
	WX①	WY①	WR①	WL①	SV	EV①	DT①	LD①	FL①	IX	IY	K	H	
设定值	A	A	A	A	A	A	A	A	A	N/A	N/A	A	N/A	A

①此项仅适用于 FP2SH/FP10SH。

②此项仅适用于 FP2/FP2SH/FP10SH。

计数器预置值设定有两种方法:十进制常数 K 和"SVn"寄存器设定。

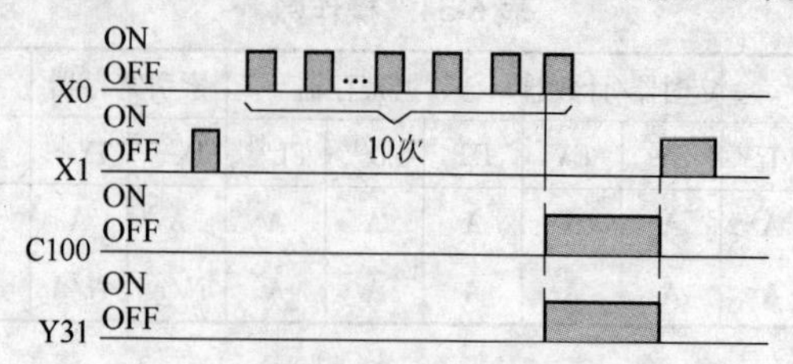

图 6-55　时序图

A　预置值用十进制常数设定

当 PLC 工作设定为"RUN"时,十进制常数"K10"被送到预置区"SV100"。如果这时复位触发信号“X1”接通时,则预置区“SV100”中的“K10”被送到经过值区“EV100”。当每检测到计数触发信号“X0”正跳变,经过值区“EV100”的值被减1,当“EV100” 的值被减到零时,计数器就ON,它的接点就动作,C100接点接通,Y10接通。当复位信号“X1”接通(ON),经过值区“EV100”复位,在“X1”下降沿时,“SV100”K中的“K10”值再次送到“EV100”。其例子示于图6-56。

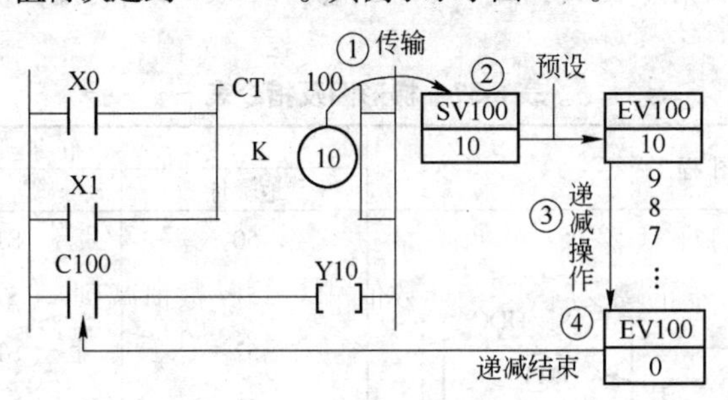

图6-56 计数器的工作过程图

B 预置值用“SVn”设定

在计数前应安排一条将定时数值“K10”传送到 “SV100”,参见图6-57所示。当PLC工作方式为“RUN”时,且复位信号X1断开时,预置值区“SV100”中的“K10”被传送到经过值“EV100”中。而后每次检测到计数触发信号“X0”上升沿,“EV100”中的值就减1,当“EV100”中的值减到零时,C100动作,其常开接点接通,随之Y0接通。当复位触发信号“X1”接通时,经过值区“EV100”复位,在“X1”下降沿时,“SV100”中的值再次送到“EV100”,CT100处于复位状态。在图6-57中R9010是特殊内部继电器,其功能当PLC工作设定为“RUN”时R9010总是ON。

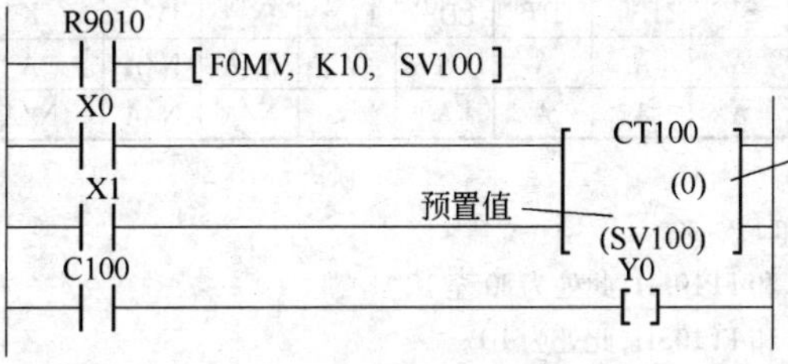

图6-57 梯形图

改变计数器设定值还可以采用传送指令,将设定值传送到计数器(如CT100)相应预置区SV100中,举例梯形图如图6-58所示。图6-58中当X0接通时,执行一条将常数K20传送到存储器SV100中,这样就把计数器CT100的计数器设定值由K50修改为K20。

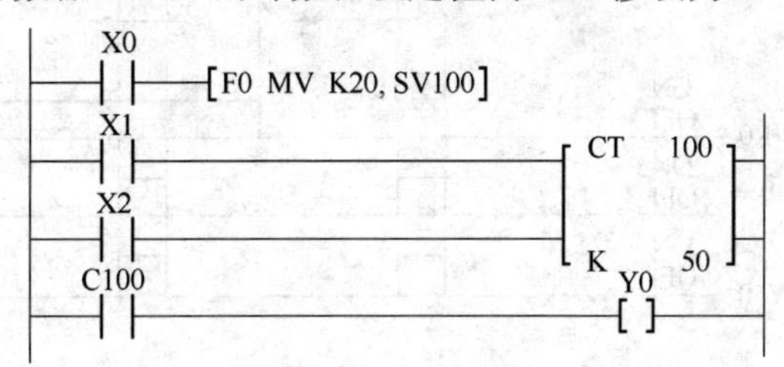

图6-58 梯形图

6.3.3.4 UDC加/减计数器指令

UDC是可逆计数器指令,它属于高级指令(F118)。UDC有三个输入端:加/减控制端、计数脉冲输入端、复位端。当加/减控制端为OFF时,在计数脉冲输入端来一个脉冲,作减1计数;当加/减控制端为 ON 时,在计数脉冲输入端来一个脉冲,作加 1 计数。当复位触发信号由 OFF→ON 时计数器复位,计数器经过区 D 变为零。当复位触发信号由 ON→OFF 时预置区 S 中的值传送到 D。

程序举例的梯形图及指令表示于表 6-37,操作数示于表 6-38,时序图示于图 6-59。本例假设 DT10 的数据是 50。

表 6-37　梯形图及指令表

梯形图程序	布尔形式 地址	布尔形式 指令	
50 R0 加/减计数 F118 UDC	50	ST	R0
51 R1 计数输入 S → DT10	51	ST	R1
52 R2 复位输入 D → DT0	52	ST	R2
[=,DT0,K50] Y50 [ ]	53	F137	(UDC)
			DT20
			DT0
	58	ST	R900B
	59	OT	Y50

S	存放计数器预置值的 16 位常数或 16 位区
V	计数器经过值 16 位区

表 6-38　操作数

指令	继电器				定时器/计数器		数据寄存器			索引寄存器		常　数		索引变址
	WX	WY	WR	WL①	SV	EV	DT	LD①	FL②	IX③	IY④	K	H	
S	A	A	A	A	A	A	A	A	A	N/A	N/A	A	A	N/A
D	N/A	A	A	A	A	A	A	A	A	N/A	N/A	N/A	N/A	N/A

①此处不适用 FP0、FP－e。

②此处不适用 FP0、FP－e、FPΣ和 FP－X。

③对于 FPΣ、FP－X、FP2、FP2SH 和 FP10SH,此处为 I0 至 IC。

④对于 FPΣ、FP－X、FP2、FP2SH 和 FP10SH,此处为 ID。

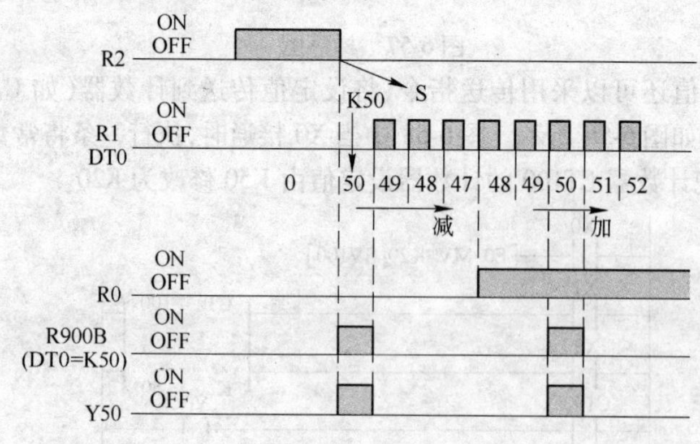

图 6-59　时序图

时序图中,当检测到复位信号 R2 上升沿(即 OFF→ON)时,将数据寄存器 DT0 置零,当检测到 R2 下降沿(即 ON→OFF)时,将内部字继电器 DT10 中的数据传送到 DT0。在加/减控制信号 R0 处于 OFF 状态下,每输入一个脉冲(R1 上升沿),DT0 就减 1,在 R0 处于 ON 状态下,每输入一个脉冲(R1 上升沿),DT0 就加 1。当 DT0 中的数值等于 K50 时,特殊继电器(＝标志)R900B

接通,随之 Y50 也接通。注意本例中应用了相等指令[= DT0,K50],其功能是 DT0 的数据等于 50 时,特殊继电器 R900B 为 ON,不等为 OFF。

6.3.3.5 SR 左移寄存器指令

SR 相当于一个串行输入移位寄存器。移位器是由指定的一个内部继电器 WR 的 16 位组成,它有三个控制端;数据输入,移位脉冲,复位。复位信号为 ON 时使数据的 16 位清成全零。数据输入为 0,在移位脉冲作用下(正跳变时)移入寄存器的最低位为 0;若数据输入为 1,在移位脉冲作用下,移入寄存器的最低位为 1。在移位脉冲作用下(每来一个正跳变信号),移位器中的 16 位数全部左移一位。

程序举例的梯形图及指令表如表 6-39 所示,时序图如图 6-60 所示。该指令的操作数只能用内部继电器 WR。

表 6-39 梯形图及指令表

梯形图程序	布尔形式		
	地址	指令	
0 X0 数据输入 SR [WR3] D	0	ST	X0
1 X1 移位触发信号	1	ST	X1
2 X2 复位触发信号	2	ST	X2
	3	SR	WR3

表 6-39 中移位器 WR3 由 R30 ~ R3F 即 16 位组成。X2 为复位信号,当 X2 接通,移位器 WR3 的所有位全部清零。若在 X2 为 OFF 状态时 X1 闭合,则内部继电器的寄存器 WR3(对应内部继电器 R30 至 R3F)的内容左移一位。在移位过程中若 X0 为 ON,则将"1"移入 R30;若 X0 为 OFF,则将"0"移入 R30。若 X0 为 ON,在移位脉冲作用下,WR30 就为 1;如 X0 为 OFF,在移位脉冲作用下,WR30 就为 0。

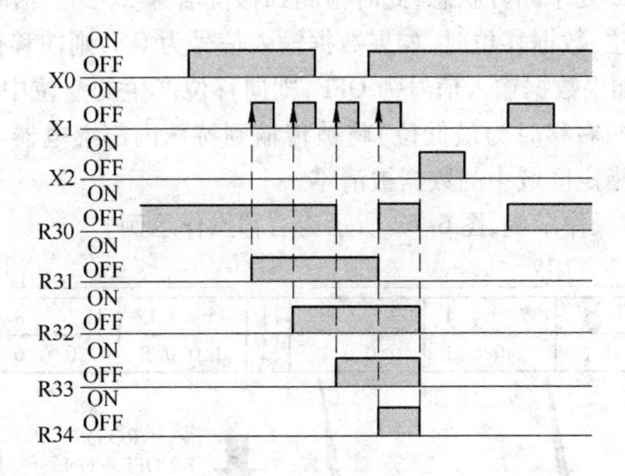

图 6-60 时序图

6.3.3.6 LRSR 左/右移位寄存器指令

LRSR 左/右移位寄存器指令,它属于高级指令(指令号 F119)。该指令可指定数据在某一个寄存区(16 位数据区)进行左移或右移。LRSR 移位寄存器除了复位信号、移位信号、数据输入信号外还要增加一个左/右移位触发信号,所以 LRSR 移位器有四个输入端,接收四个输入信号。LRSR 是对一个寄存器区进行移位,所以就要指明寄存器的首地址和末地址(D1 和 D2)。

程序举例的梯形图及指令表示于表 6-40,操作数示于表 6-41。

表 6-40　梯形图及指令表

梯形图程序	布尔形式		
	地址	指令	
50 R0 左/右移触发信号 F119 LRSR 51 R1 数据输入 D1→DT 0 52 R2 移位触发信号 D2→DT 9 53 R3 复位触发信号	50	ST	R0
	51	ST	R1
	52	ST	R2
	53	ST	R3
	54	F119	(LRSR)
			DT0
			DT9

D1	左移或右移一位的起始 16 位区
D2	左移或右移一位的结束 16 位区

表 6-41　操作数

指令	继电器				定时器/计数器		数据寄存器			索引寄存器		常数		索引变址
	WX	WY	WR	WL①	SV	EV	DT	LD①	FL②	IX③	IY④	K	H	
D1	N/A	A	A	A	A	A	A	A	A	N/A	N/A	N/A	N/A	N/A
D2	N/A	A	A	A	A	A	A	A	A	N/A	N/A	N/A	N/A	N/A

①此处不适用 FP0、FP－e。

②此处不适用 FP0、FP－e、FP∑ 和 FP－X。

③对于 FP∑、FP－X、FP2、FP2SH 和 FP10SH，此处为 I0 至 IC。

④对于 FP∑、FP－X、FP2、FP2SH 和 FP10SH，此处为 ID。

在表中若左/右移位控制信号 R0 处于接通状态，此时检测到移位信号 R2 到上升沿时，该指令使数据区从 DT0 到 DT9（共 10 个寄存器）所有的位上全部数据向左顺移一位，如图 6-61 所示。若左/右移位控制信号 R0 处于断开状态，此时检测到移位信号 R2 到上沿时，从 DT0 到 DT9 各位的数据全部向右顺移一位，数据移位时，如果数据输入信号为 ON，则向移位产生的空数据位（最高或最低位）中填充 1；如果数据输入信号为 OFF，则向移位产生的空位中填充 0。同样，移出的数据位（左移时为最高位，右移时为最低位）将被传输到特殊内部继电器 R9009（进位标志）中。如果复位输入为 ON，则指定区域中的数据被清零。

图 6-61 所示为左移操作示例，图 6-62 所示为右移操作示例。

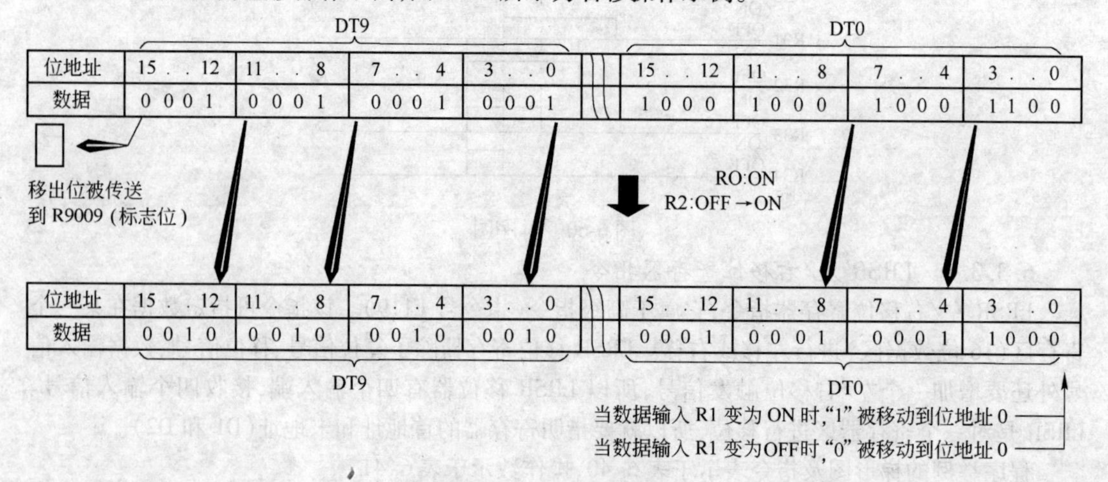

图 6-61　左移操作图

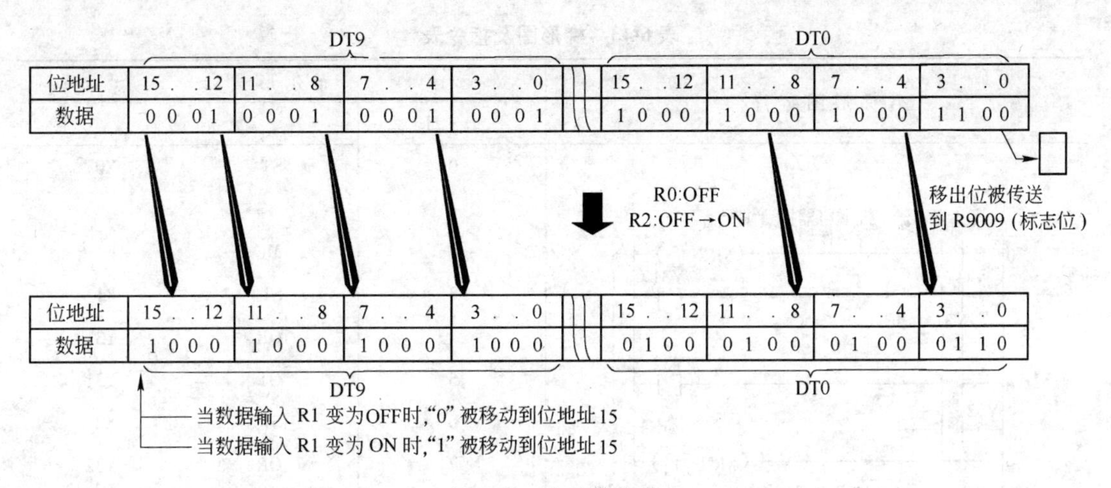

图 6-62 右移操作图

6.3.4 控制指令

控制指令包括主控、跳转、步进、子程序调用、中断等指令。

6.3.4.1 MC(主控继电器)和 MCE(主控继电器结束)指令

主控指令 MC 和 MCE 在程序中是成对出现的。MC 指令保存了前面逻辑运算的结果,即预置触发信号。该信号为 ON 时,执行 MC 到 MCE 之间的程序,若该信号为 OFF 时,则 MC 和 MCE 之间的指令操作如表 6-42 所示。程序举例的梯形图及指令表示表 6-43,时序图示于图 6-63。

表 6-42 MC 和 MCE 之间指令操作

指 令	输入和输出的状态
OT	全部 OFF
KP	保持原有状态
SET	保持原有状态
RST	保持原有状态
TM	复 位
CT	保持原有状态
SR	保持原有状态
其他指令	不执行

从时序图中可以看出,当 X0 为 ON 时,执行 MC 和 MCE 之间的指令,当 X0 为 OFF 时,则位于 MC1 和 MCE1 指令之间的程序不进行输出处理,即使 X1 和 X2 为 ON 时,Y31 和 Y32 都为 OFF。

在一对主控制指令之间(MC、MCE)可以有另一对主控指令,当然它的 MC 指令编号要与前面 MC 编号不同。这种结构称为嵌套,嵌套次数无限制,但要注意配对号,如图 6-64 所示。

主控指令 MC 不能直接从母线开始,MC 指令之前一定有一接点输入。另外对于在主控指令之间的微分指令应注意:如果微分指令位于 MC 和 MCE 之间,则输出将取决于 MC 指令的执行条件与微分指令的输入的时序,如图 6-65 所示。

表 6-43　梯形图及指令表

梯形图程序	布尔形式		
	地　址	指　令	
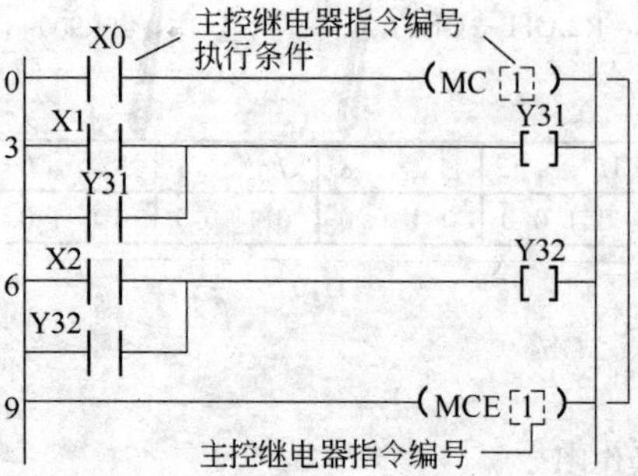X0 主控继电器指令编号 执行条件 0 MC 1 X1 Y31 3 Y31 X2 Y32 6 Y32 9 MCE 1 主控继电器指令编号	0	ST	X0
	1		
	2	MC	1
	3	ST	X1
	4	OR	Y31
	5	OT	Y31
	6	ST	X2
	7	OR	Y32
	8	OT	Y32
	9	MCE	1

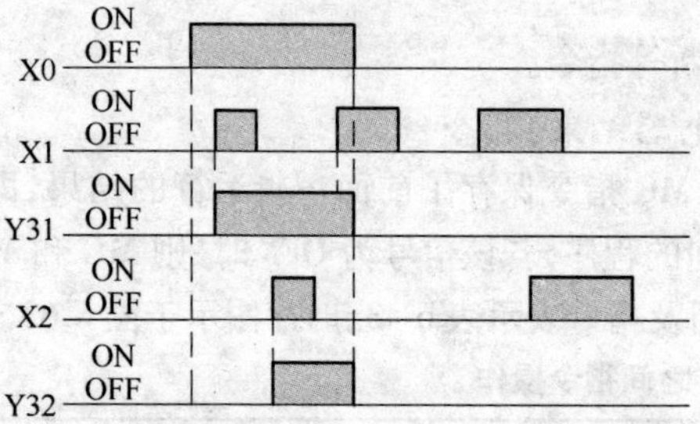
ON
OFF
X0
X1
Y31
X2
Y32

图 6-63　时序图

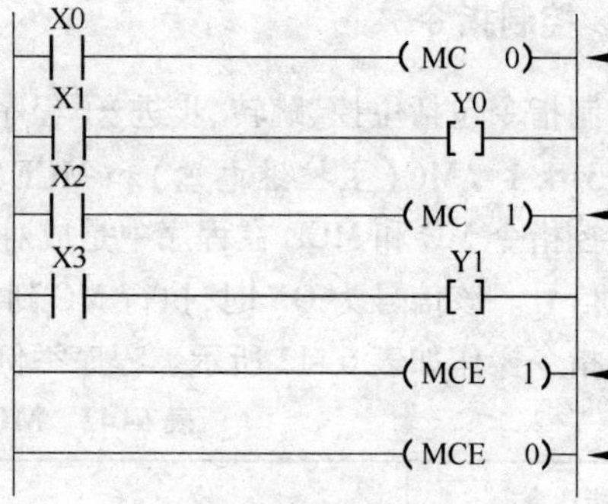
X0
MC 0
X1
Y0
X2
MC 1
X3
Y1
MCE 1
MCE 0

图 6-64　梯形图

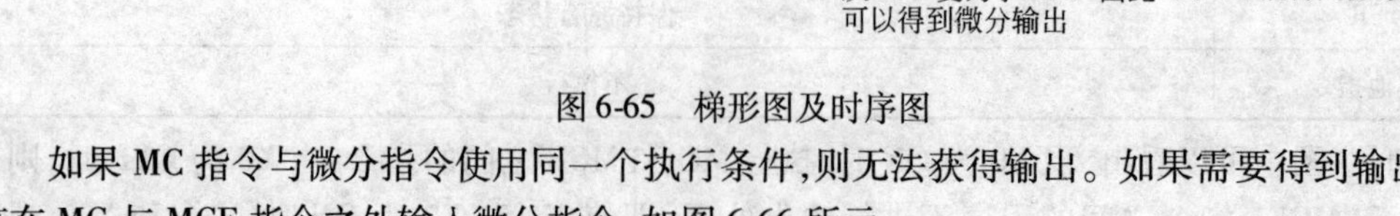
X0
MC 0
X1
DF
Y0
MCE0
X0
X1
Y0
微分指令的输入信号 X1 与前一次执行时相比，从 OFF 变为了 ON，因此可以得到微分输出
微分指令的输入信号 X1 与前一次执行时没有变化，因此不能得到微分输出

图 6-65　梯形图及时序图

如果 MC 指令与微分指令使用同一个执行条件，则无法获得输出。如果需要得到输出，则应该在 MC 与 MCE 指令之外输入微分指令，如图 6-66 所示。

6.3.4.2　跳转指令 JP、LBL

跳转指令的功能是：当预置触发信号断开时，则不执行跳转指令，程序按顺序执行。程序举例的梯形图及指令表如表 6-44 所示。

当执行条件为 ON 时，程序跳转至与指定的跳转编号同号的标号（LBL）指令。程序随后执行从由作为跳转目标的标号的地址开始的指令，如图 6-67 所示。在程序中可以有两个或多个编号相同的 JP 指令，但是，不可以使用两个或多个编号相同的 LBL 指令。

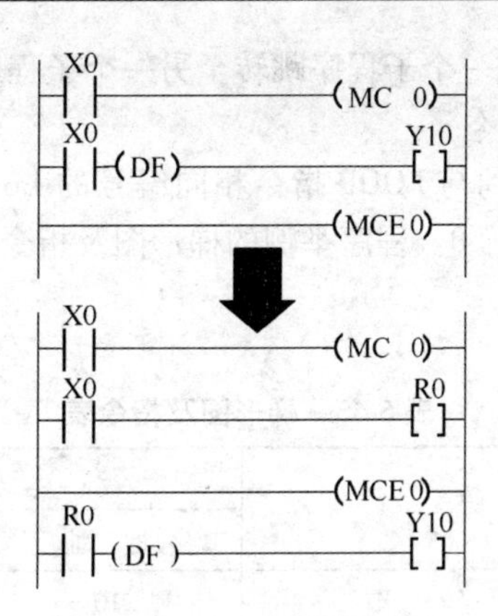

图 6-66　梯形图

表 6-44　梯形图及指令表

梯形图程序	布尔形式		
	地　址	指　令	
10 X1 (JP (1)) 标号 20 (LBL (1))	10	ST	X1
	11	JP	1
	⋮	⋮	
	20	LBL	1

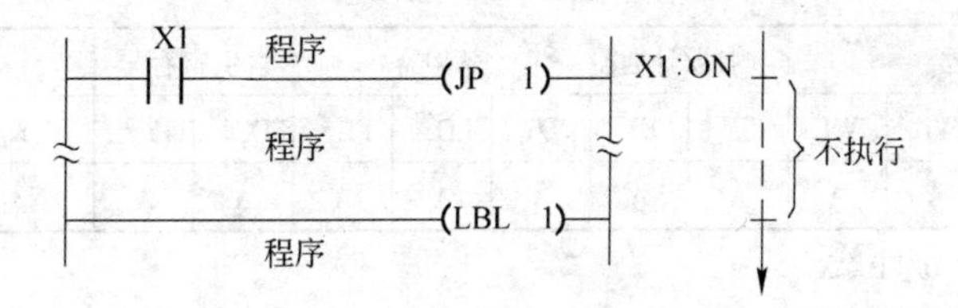

图 6-67　梯形图

在一对 JP 和 LBL 指令间可以编入另一对 JP 和 LBL 指令对。此结构为跳转嵌套,示于图 6-68。

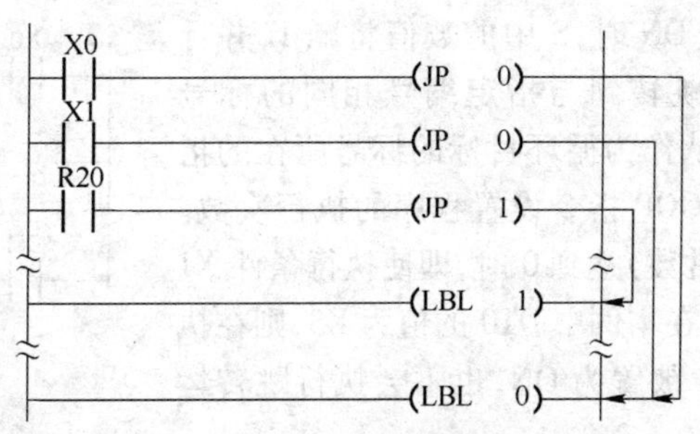

图 6-68　梯形图

编程时的注意事项:如果 LBL 指令的地址位于 JP 指令的地址之前,则程序会进入死循环而无法终止,并且产生运算瓶颈错误。不能在步进梯形图程序区中(SSTP 和 STPE 之间)使用 JP 指令和 LBL 指令。不允许执行跳转从主程序进入子程序(子程序或中断程序位于 ED 指令之后),

也不允许从子程序跳转至程序或一个子程序跳转至另一个子程序。

6.3.4.3 LOOP 和 LBL 指令

循环跳转指令功能是:跳转到与 LOOP 指令相同编号的 LBL 指令,并反复执行 LBL 指令之后的程序,直到规定的操作数变为 0。程序举例的梯形图及指令表示于表 6-45,操作数示于表 6-46。

表 6-45 梯形图及指令表

梯形图程序	布尔形式 地址	布尔形式 指令	
10 —┤X0├—[F0 MV, K5, DT0] 16 ——(LBL ①) 标号 30 —┤X1├—[LOOP ①, DT0] 标号 循环次数 S	10	ST	X0
	11	F0	(MV)
		K5	
		DT0	
	16	LBL	1
	⋮	⋮	
	30	ST	X1
	31	LOOP	1
		DT0	
S	设置循环操作次数的 16 位数据区域		

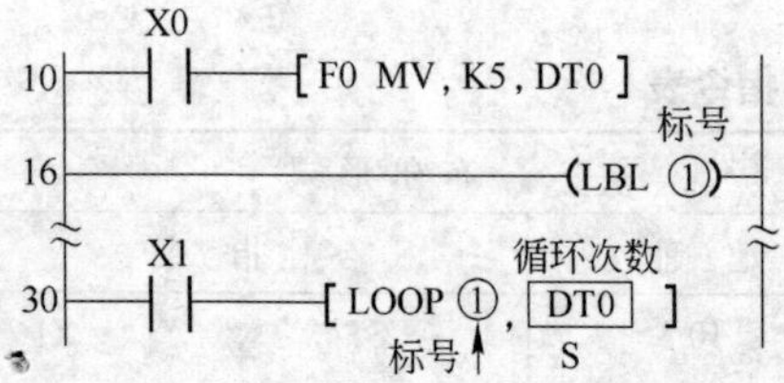

表 6-46 操作数

指令	继电器				定时器/计数器		寄存器			索引寄存器		常数		索引修正值⑤
	WX	WY	WR	WL	SV	EV	DT	LD①	FL②	IX③	IY④	K	H	
设定值	N/A	A	A	A	A	A	A	A	A	A	A	N/A	N/A	A

①不能用于 FP-e/FP0/FP-X。

②不能用于 FP-e/FPΣ/FP0/FP-X。

③对于 FPΣ、FP-X、FP2、FP2SH 和 FP10SH,是 I0~IC。

④对于 FPΣ、FP-X、FP2、FP2SH 和 FP10SH,是 ID。

⑤只有 FP2、FP2SH 和 FP10SH 可以使用标号。

当执行条件 X1 变为 ON 时,S 中的数值将减 1,并且如果结果不为 0,程序将跳转到与指定编号相同的标号(LBL 指令)。然后,程序从作为循环目标的标号所在的指令开始继续执行。利用 LOOP 指令设置程序的执行次数。当 S 中所设置的次数(K 常数)达到 0 时,即使执行条件 X1 为 ON,也不会执行跳转。在本例中 DT0 的值为 K5,则在执行五次跳转之后,即使 X1 被置为 ON,也不会执行跳转运算,如图 6-69 所示。

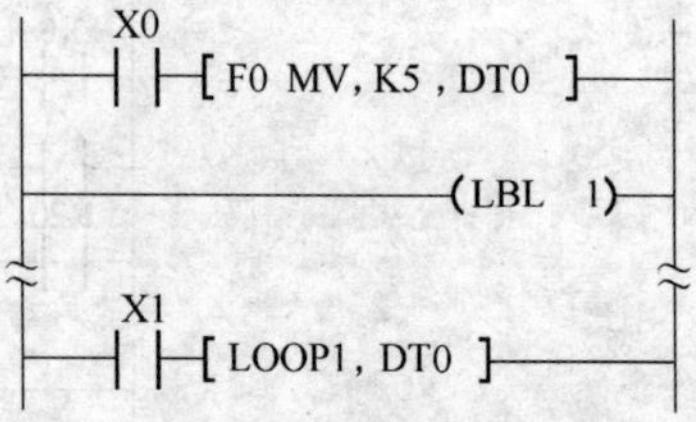

图 6-69 梯形图

例 将 DT100 的值发送到 DT200 至 DT219;

在梯形图中,DT0 是计数单元,IX 是索引寄存器,IXDT200 表示当 IX 为 0,则 IXDT200 是 DT200,当 IX 为 1,则 IXDT200 是 DT201,依此类推,当 IX 为 19,则 IXDT200 是 DT219,高级指令[F35 +1,IX]的功能就是 IX 加 1 的作用。

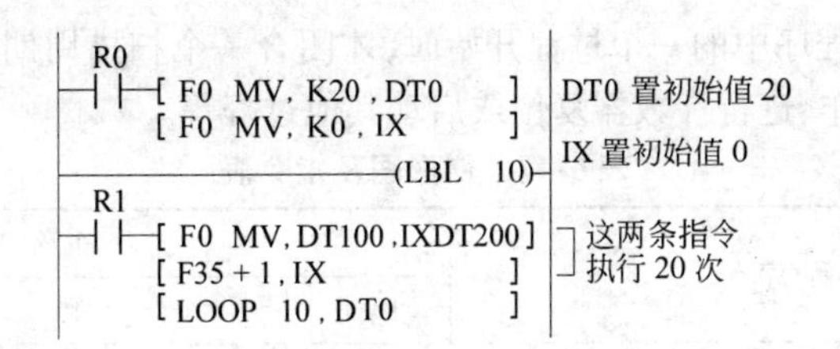

6.3.4.4　ED(结束)和CNDE(条件终结)指令

ED和CNDE二者均为程序结束的标志,但使用条件不同。如图6-70所示,当X1断开时,CPU执行完程序Ⅰ后并不结束,仍继续执行程序Ⅱ,直到程序Ⅱ执行完后才结束全部程序,并返回起始地址。此时CNDE不起作用。当X0接通时,CPU执行完成程序Ⅰ后,遇到CNDE指令后不再继续向下执行,而是返回起始地址,重新执行程序Ⅰ。CNDE指令仅适于主程序中使用。使用ED指令可将程序区划分为常规程序区(主程序)和"子程序"与"中断程序" 区(子程序)。应在ED指令之后输入子程序和中断程序,如图6-71所示。

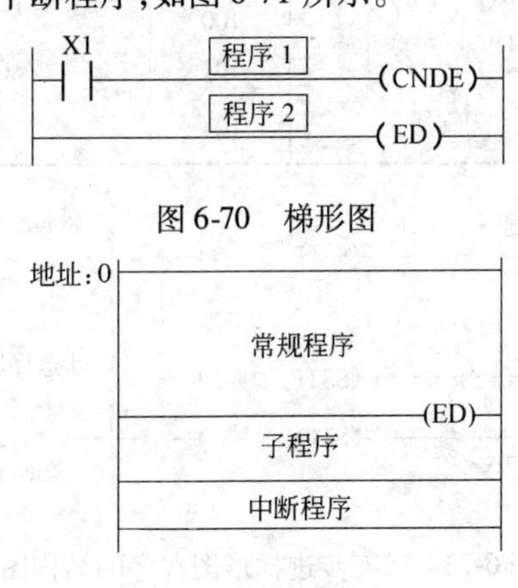

图6-70　梯形图

图6-71　梯形图

6.3.4.5　SSTP、NSTP、NSTL、CSTP和STPE指令

步进指令功能说明如下。

SSTP:表示进入步进程序。

NSTP:当检测到该触发信号的上升沿时,执行NSTP指令,即开始执行步进过程(脉冲执行方式)。

NSTL:若该指令的触发信号接通,则每次扫描均执行NSTL指令。开始执行步进过程(扫描执行方式)。

CSTP:复位指定的步进过程。

STPE:关闭步进程序区,并返回一般梯形图程序。

程序举例的梯形图及指令表示于表6-47。当检测到X0的上升沿时,执行过程1(从SSTP1 ~SSTP2)。当X1接通时,清除过程1,并执行过程2(由SSTP2开始)。当X3接通时,清除过程50,步进程序执行完毕。

由第一个SSTP指令开始到STPE指令为止的区域,被视为步进梯形图程序区,其他区域的程序作为通常的梯形图程序进行处理。步进梯形图程序在整个梯形图程序的结构如图6-72所示,此外步进梯形图程序也可以在最前面或最后面。在子程序(子程序或中断程序区)中不能编写步进梯形图。在执行步进梯形图程序过程有一个特殊的内部继电器(R9015:步进程序初始脉冲继电器),它只在步进程序中的一个过程开始时,才闭合一个扫描周期。该继电器可以用于只产生一个扫描周期的动作、进行计数器复位或启动其他过程等。

表 6-47 梯形图及指令表

梯形图程序	布尔形式		
	地址	指令	
10 X0 ─(NSTP 1)	10	ST	X0
14 ─(SSTP 1)	11	NSTP	1
17 ─[Y10]	14	SSTP	1
18 X1 ─(NSTL 2)	17	OT	Y10
22 ─(SSTP 2)	18	ST	X1
100 X3 ─(CSTP 50)	19	NSTL	2
104 ─(STPE)	22	SSTP	2
	⋮	⋮	
	100	ST	X3
	101	CSTP	50
	104	STPE	

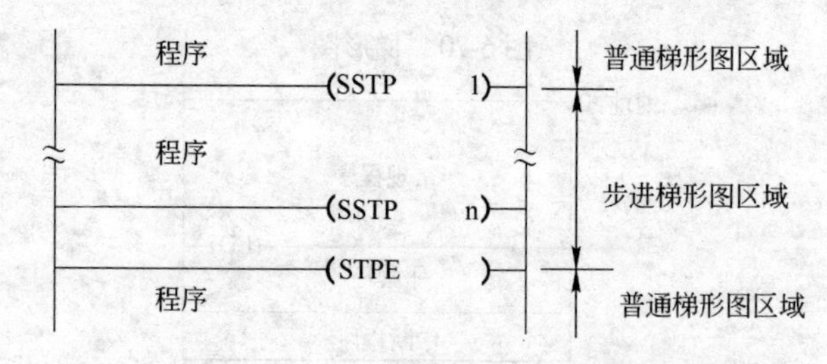

图 6-72 带有步进梯形图程序的结构图

步进梯形图指令语法:

(1) SSTP(步进程序开始)指令。本指令指定过程 n 的起始地址。在步进梯形图程序中,由一个 SSTPn 指令至下一个 SSTP 或 STPE 指令之间的部分被认为是过程 n,如图 6-73 所示例子的梯形图。在梯形图中两个过程不能使用相同的过程编号。在 SSTP 指令后,可以直接编写 OT 指令。

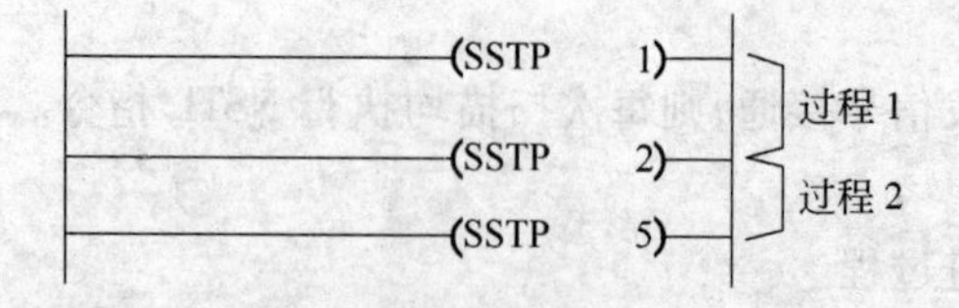

图 6-73 梯形图

(2) NSTP(下步步进程序,微分(脉冲)执行型)指令、NSTL(下步步进程序,扫描执行型)指令。本指令是执行步进梯形图程序中指定过程 n 的条件触发器,如图 6-74 所示例子的梯形图。当 X0 是 ON 时触发 NSTP1,开始执行指定的过程 1;当 R0 是 ON 时触发 NSTL2,开始执行指定的过程 2,同时将过程 1 终止。

NSTP 指令是一个微分(脉冲)执行型指令,因此只在执行条件(触发器)变为 ON 时执行一次。此外,因为只有检测到执行条件(触发器)ON 与 OFF 之间的变化(即上升沿)才会动作,所以,如果当 PLC 切换到 RUN 模式或在 RUN 模式下接通电源时、执行条件(触发器)已经处于 ON

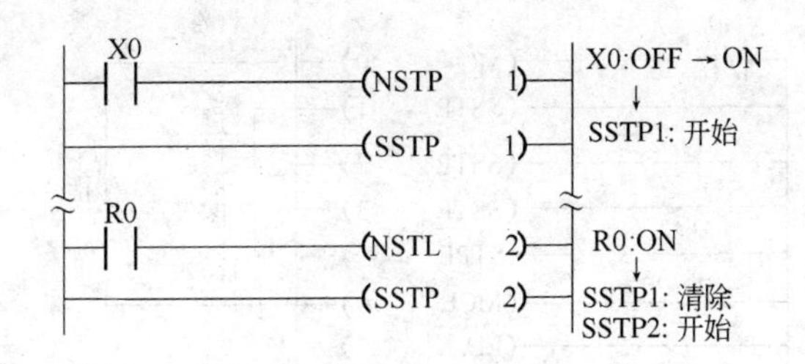

图 6-74　梯形图

的状态,本指令就不能被执行。NSTL 指令是扫描执行型指令,因此在执行条件(触发器)变为 ON 时,每次扫描均执行指定的过程。如图 6-75 所示。

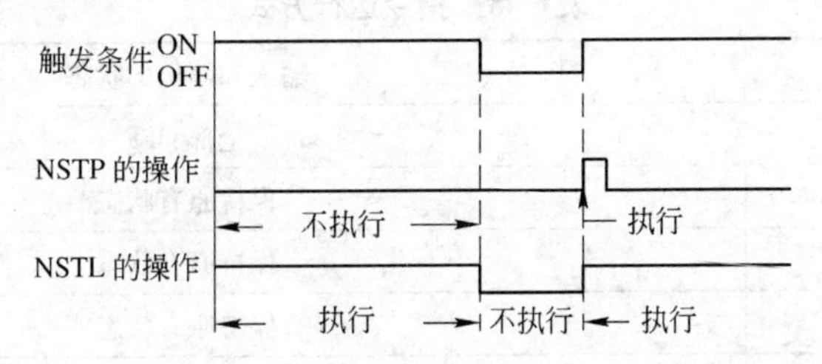

图 6-75　时序图

(3) CSTP(清除步进过程)指令。执行 CSTP 指令时,带有相同过程编号"n"的过程被清除。本指令可用于清除最终过程或在执行并行分支控制时清除过程,如图 6-76 所示例子的梯形图。

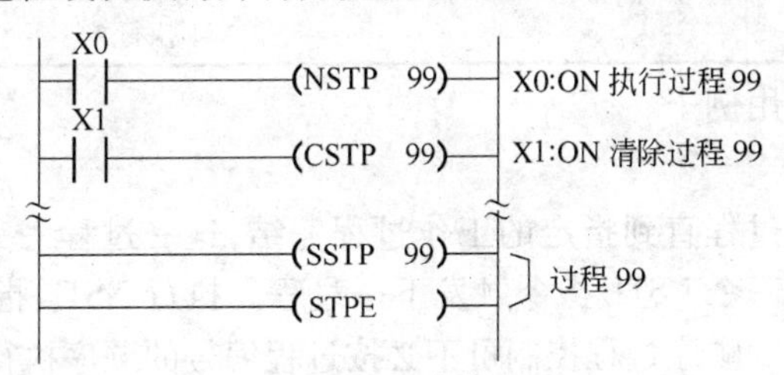

图 6-76　梯形图

(4) STPE(步进结束)指令。STPE 表示步进梯形图区的结束。必须在最后过程的结束处编写本指令。因此步进梯形图程序中最后的过程是由 SSTP 至 STPE 的部分。参见图 7-62 所示。STPE 指令在主程序中只使用一次。

编程时的注意事项:无需按照过程编号的顺序对过程进行编程。不必按照过程编号的顺序来执行各个过程。可以同时执行两个或两个以上的过程。在步进梯形图程序中,不能使用下列指令:

(1) 转移指令(JP 和 LBL);

(2) 循环指令(LOOP 和 LBL);

(3) 主控指令(MC 和 MCE);

(4) 子程序指令(SUB 和 RET)(调用(CALL)指令可以在步进梯形图程序内使用);

(5) 中断指令(INT 和 IRET);

(6) ED 指令;

(7) CNDE 指令。

当需要清除步进梯形图程序中所有的过程时,应使用主控(MC 和 MCE)指令,如图 6-77 所示。X0 变为 ON 时,所有过程均被清除。

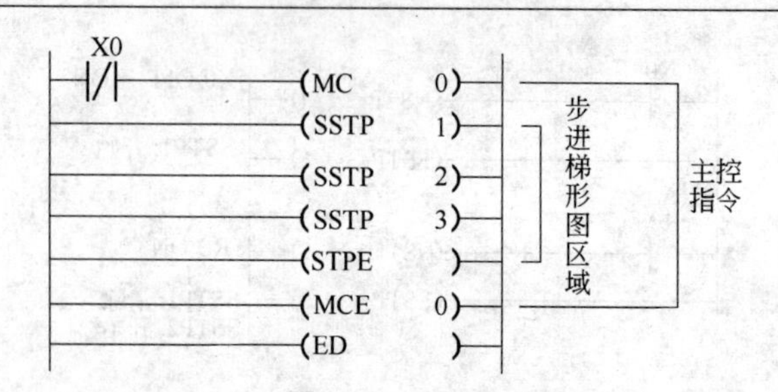

图 6-77　梯形图

当需要清除步进梯形图程序中的某个过程时，则该过程中的指令运行方式如表 6-48 所示。

表 6-48　指令运行方式

指　令	输入和输出的状态
OT	全部 OFF
KP	保持原有状态
SET	保持原有状态
RST	保持原有状态
TM	经过值和定时器触点输出复位
CT	保持触发器变为 OFF 之前时刻的状态
SR	保持触发器变为 OFF 之前时刻的状态
其他指令	不执行

下面列举步进指令应用例子。

A　顺序控制

顺序控制重复相同的过程直到指定的工作过程完结，这一过程一完成，就切换到下一个过程。在每一个过程中使用一个 NSTL 指令触发下一过程。执行 NSTL 指令时，下一过程被激活，当前正执行的过程被清除。顺序过程控制可不必按过程编号的顺序执行。程序举例梯形图如图 6-78 所示，流程图示于图 6-79。图中当检测到 X0 上升沿时，执行过程 0（从 SSTP0 ~ SSTP1），随后 Y1 接通。当过程 0 中的 X1 接通时，复位过程 0 并开始执行过程 1（从 SSTP1 ~ SSTP2）。随后 Y2 接通。当过程 1 中的 X2 接通时，复位过程 1 并执行过程 2（SSTP2 ~ STPE），随后 Y3 接通。当过程 2 中的 X3 接通时，过程 2 复位，步进结束（STPE）。工作时序图如图 6-80 所示。

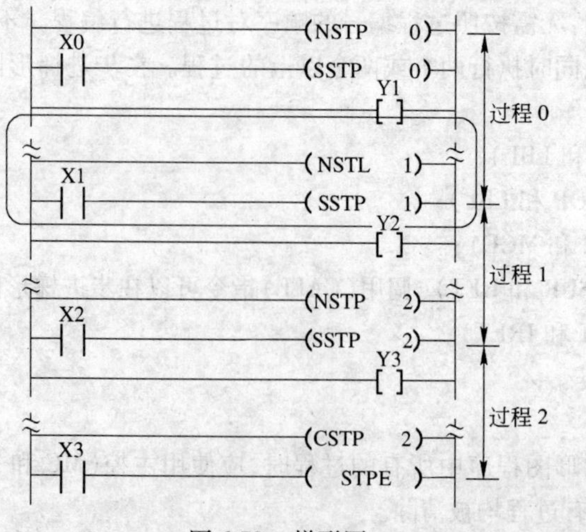

图 6-78　梯形图

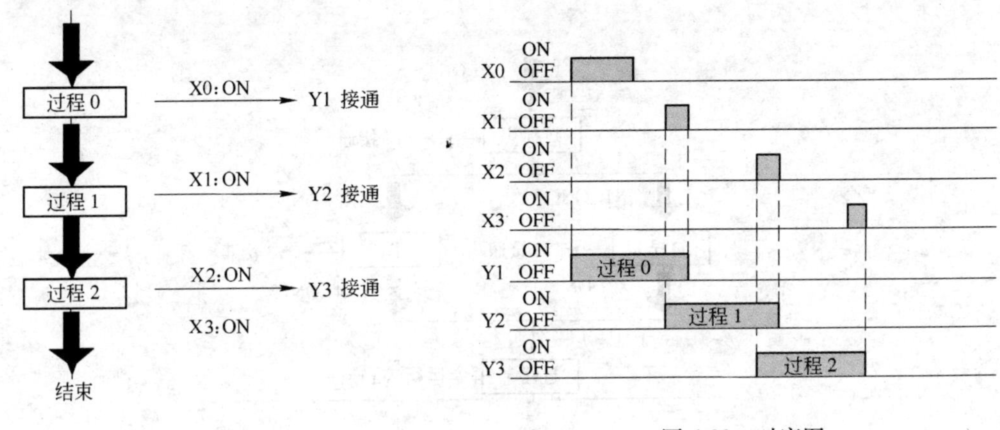

图 6-79 流程图　　　　图 6-80 时序图

B 选择分支过程控制

根据特定过程的运行结果和动作选择并切换到下一个过程,每个过程循环执行直到工作任务完成。

在一个过程进行时,可用两个或多个 NSTL 指令触发下一个过程,下一个过程是否被选择、触发和转移,取决于过程执行情况。

程序举例的梯形图如图 6-81 所示,流程图如图 6-82 所示。图中当 X0 上升沿时,执行过程 0(从 SSTP0 ~ SSTP1),随后 Y2 接通。当 X2 接通时,执行过程 2(从 SSTP2 ~ SSTP3)。随后 Y3 接通。当过程 1 中 X3 接通时清除过程 1,执行过程 3(从 SSTP3 ~ STPE),随后 Y4 接通。当过程 2 的 X4 接通时,清除过程 2,执行过程 3(SSTP3 ~ STPE),随后 Y4 接通。当过程 3 的 X5 接通时,清除过程 3,步进过程结束。时序图参看图 6-83。

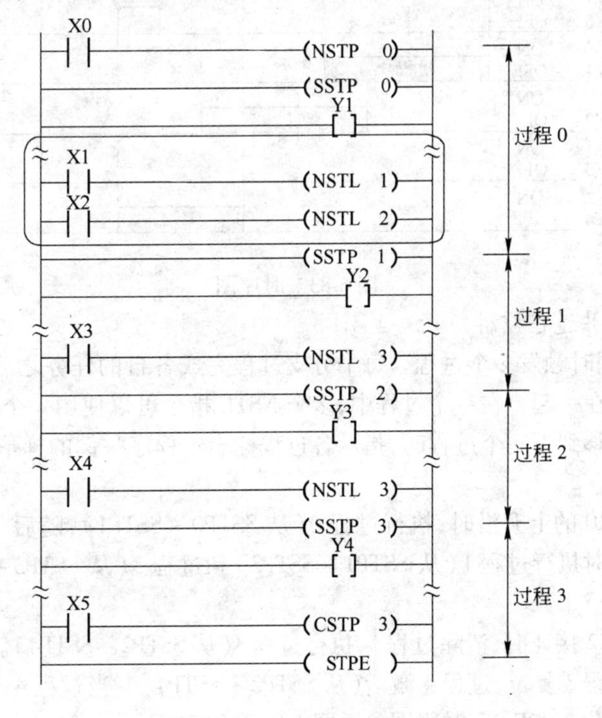

图 6-81 梯形图

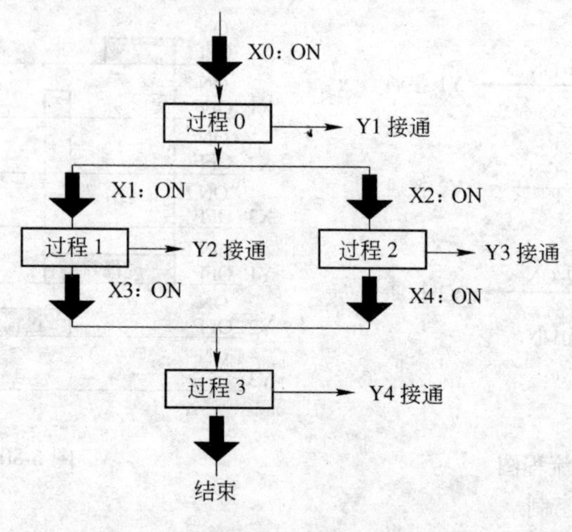

图 6-82　流程图

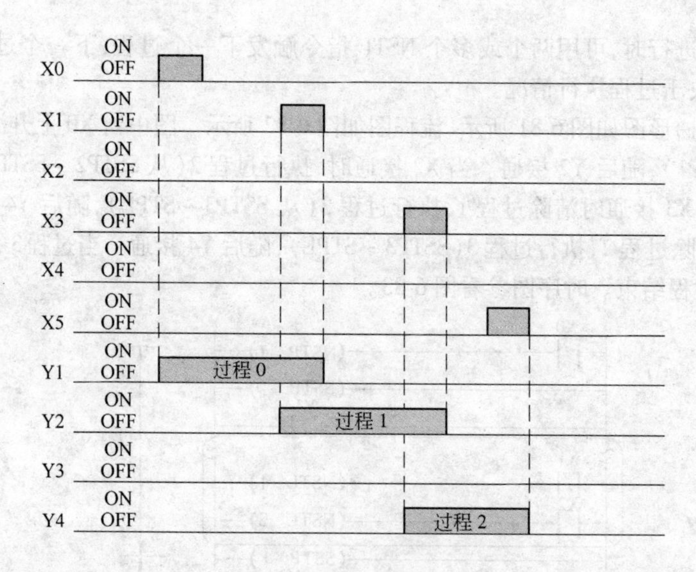

图 6-83　时序图

C　并行分支合并过程控制

该过程的程序同时触发多个过程。每个分支过程完成各自的任务之后，在转换到下一个过程之前，又重新合并在一起。在一个过程中，多个 NSTL 指令可以使用一个触发信号。多个过程合并，包括那些在转移到下一个过程时，指示各过程标志。程序举例的梯形图如图 6-84 所示，流程图如图 6-85 所示。

图中当检测到 X0 的上升沿时，执行过程 0（从 SSTP0 ~ SSTP1），随后 Y1 接通。当 X1 接通时，过程 0 复位并同时执行过程 1（从 SSTP1 ~ SSTP3）和过程 3（从 SSTP3 ~ SSTP2），随后 Y2 和 Y3 接通。

当过程 1 中的 X2 接通时，清除过程 1，执行过程 3（从 SSTP2 ~ SSTP4）。当过程 3 中的 X3 被接通时，过程 1 和过程 3 复位，过程 4 激活（从 SSTP2 ~ SSTP4）。当过程 4 中的 X4 接通时，清除过程 4，又执行最开始的过程 0。时序图参看图 6-86。

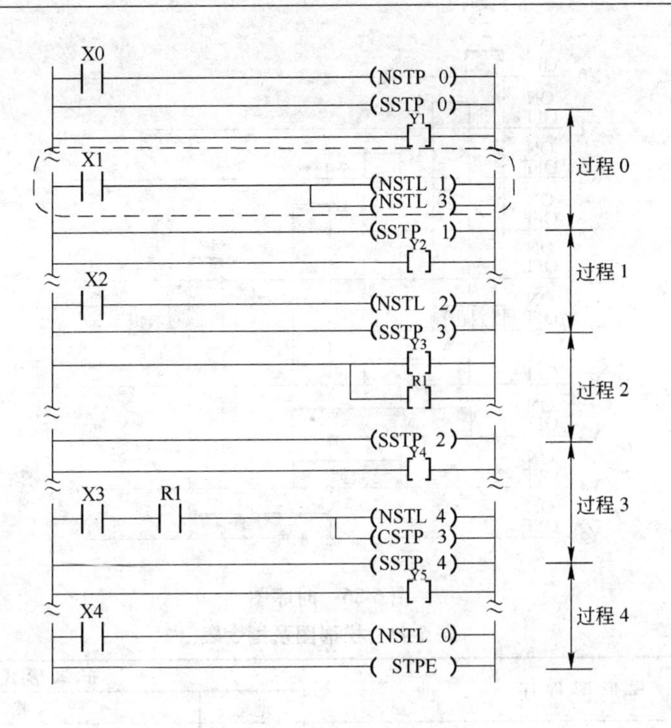

图6-84 梯形图

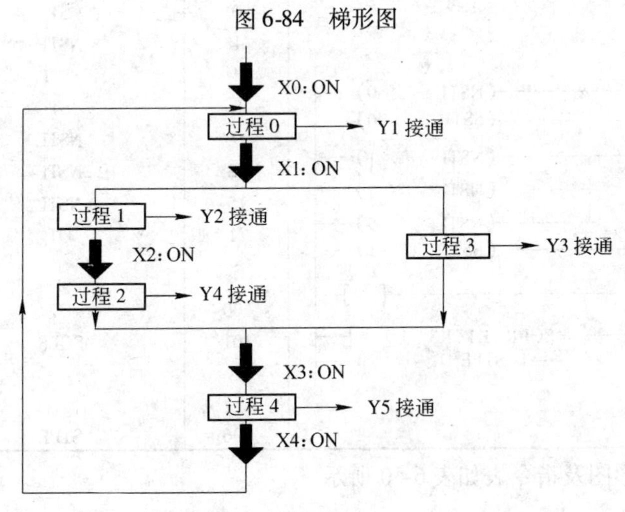

图6-85 流程图

6.3.4.6 SCLR 指令

SCLR 指令即块清除指令，其功能是清除由 n1 和 n2 指定的多个过程。程序举例的梯形图及指令表如表6-49 所示，流程图如图6-87 所示。

在本例中，当 X1 是 ON 时执行过程 1 ~ 3，而当 XF 接通时，则清除过程 1 ~ 3。

编程时的注意事项：将 n1 值设定为大于或等于 n2 值（n1≥n2）。

并且在常规梯形图程序里和正在运行的过程中，都可以执行 SCLR 指令。

6.3.4.7 CALL、SUB、RET 指令

子程序调用指令：CALL 执行指定的程序，SUB 表示子程序开始，RET 表示子程序结束并返回主程序。

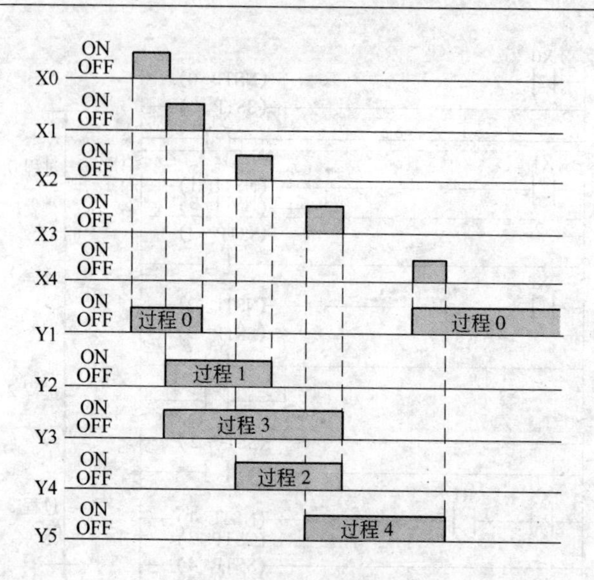

图 6-86　时序图

表 6-49　梯形图及指令表

梯形图程序	布尔形式		
	地址	指令	
0 ─┤X0├─ (NSTL 0) ─ (SSTP 0) 8 ─┤X1├─ (NSTL 1) ─ (NSTL 2) ─ (NSTL 3) ─ (SSTP 1) 21 ─ [Y10] 100 ─┤XF├─ [SCLR K1, K3] 106 ─ (STPE)	0	ST	X0
	1	NSTP	0
	4	SSTP	0
	8	ST	X1
	9	NSTL	1
	12	NSTL	2
	15	NSTL	3
	21	OT	Y10
	⋮	⋮	
	100	ST	XF
	101	SCLR	
			K1
			K3
	106	STPE	

程序举例的梯形图及指令表如表 6-50 所示。

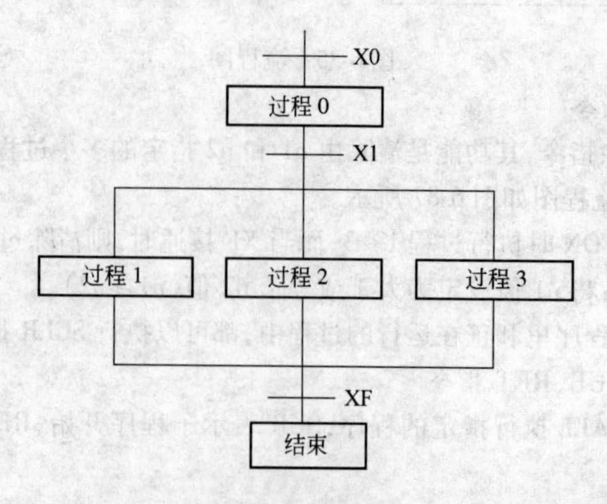

图 6-87　流程图

表6-50 梯形图及指令表

梯形图程序	布尔形式		
	地址	指令	
10 X0 (CALL ①) 子程序编号 20 (ED) 21 (SUB ①) 子程序 30 (RET)	10	ST	X0
	11	CALL	1
	⋮	⋮	
	20	ED	
	21	SUB	1
	⋮	⋮	
	30	RET	

表中触发信号 X0 接通时,调用子程序 1,即执行 SUB - RET 指令间的子程序,当执行完子程序后,返回执行 CALL 指令后面的程序。执行 CALLn 时,程序按照(1)(2)(3)的顺序,执行运行过程参见图 6-88。

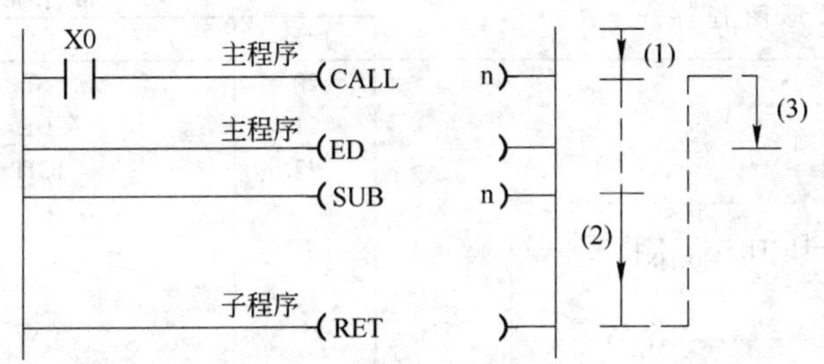

图6-88 运行过程

CALL 调用指令可以用在主程序区,中断程序和子程序。两个或多个相同标号的 CALL 的指令可用于同一程序。SUB 指令不能使用相同标号的两个或多个 SUB 指令。必须将子程序 SUB 和 RET 指令放在 ED 指令的后面。RET 指令是执行该指令时,结束子程序,并返回执行 CALL 地址后面的下一条指令。使用同一条 RET 指令,可以控制多个子程序。

如图 6-89 所示在 1 个子程序中最多可以调用 5 个子程序。该结构叫做子程序“嵌套”(从第一层嵌套 ~ 第五层嵌套)。

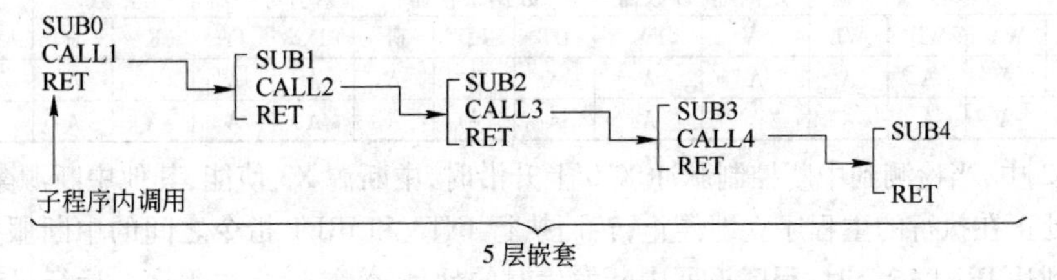

图6-89 子程序嵌套

如果 CALL 指令的触发信号处于断开状态,则不执行子程序。当 CALL 的触发信号处于断开状态时,此时子程序 SUB 和 RET 间的各指令运行状态,如表 6-51 所示。

表 6-51 SUB 和 RET 间的各指令运行状态

指　令	输入和输出的状态
OT	保持状态
KP	保持状态
SET	保持状态
RST	保持状态

续表 6-51

指　令	输入和输出的状态
TM	不执行任何操作。如果不能在每个扫描周期执行一次定时器指令，则不能保证准确的定时
CT	保持经过值
SR	保持经过值
其他指令	不执行

编程时的注意事项：在中断程序中，不能使用子程序。在子程序中，不能使用中断程序。

6.3.4.8　ICTL、INT、IRET 指令

ICTL 指令是设置中断控制，INT 指令是启动－中断程序，IRET 指令是中断结束并返回主控程序。

程序举例的梯形图及指令表如表 6-52 所示，操作数如表 6-53 所示。

表 6-52　梯形图及指令表

梯形图程序	布尔形式		
	地址	指　令	
中断控制触发信号 X10 ─┤├─ (DF) ──→ 1 1 >──── [ICTL S1 S2 H0,H8] 40 ──── (ED) 41 ──── (INT(3)) Inter 中断程序标号 50 ──── (IRET)	20	ST	X0
	21	DF	
	22	ICTL	
			H0
			H8
	⋮	⋮	
	40	ED	
	41	INF	3
	⋮	⋮	
	50	IRET	
S1	设定中断控制的 16 位等值常数或 16 位数据区		
S2	设定中断触发状态的 16 位等值常数或 16 位数据区		

表 6-53　操作数

指令	继电器				定时器/计数器		数据寄存器			索引寄存器		常数		索引变址
	WX	WY	WR	WL	SV	EV	DT	LD	FL	IX	IY	K	H	
S1	A	A	A	A	A	A	A	A	A	A	A	A	A	A
S2	A	A	A	A	A	A	A	A	A	A	A	A	A	A

表 6-52 中，当检测到中断控制脉冲 X10 上升沿时，中断源 X3 使能，其他中断源禁止。在 X3 的上升沿处正在执行的主程序立即停止，转而执行 INT3 和 IRET 指令之间的中断服务程序。当中断程序到达 IRET 指令时，程序返回中断发生时的地址，恢复运行主程序。运行过程参见图 6-90。ICTL 指令可设定所有中断源使能/不使能，每次执行 ICTL 指令后，中断的类型以及中断源是否使能的设定即已完成，这一设定由 S1 和 S2 确定。

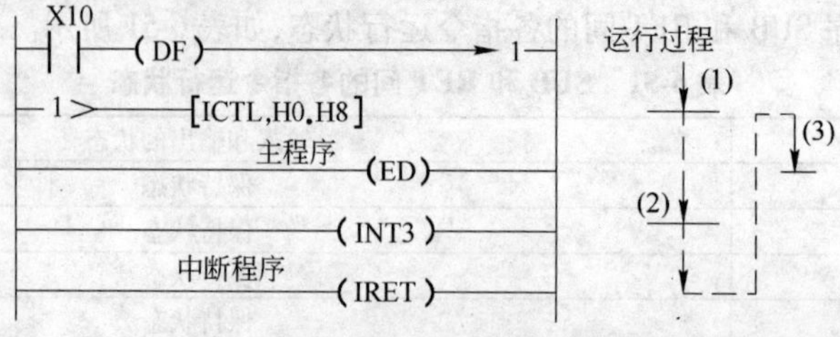

图 6-90　运行过程

S1 设定中断的控制字,操作如下:

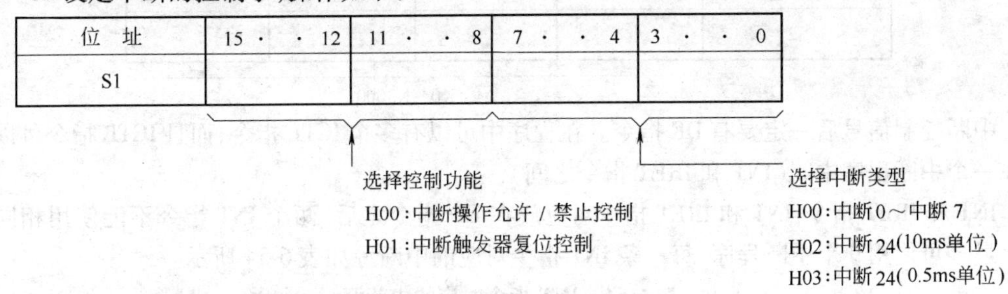

S1 设定: 设 S1 = H0,指定禁止或允许 INT0 ~ INT7。

设 S1 = H100,清除中断 INT0 ~ INT7。

设 S1 = H2,设定 INT24 的时间间隔(以 10ms 为单位)。

设 S1 = H3,设定 INT24 的时间间隔(以 0.5ms 为单位)。

S2:指定中断的控制字。

(1)禁止或允许执行中断程序(当 S1 = H0 或 S1 = H1 时)。

在需要控制的中断程序的编号的对应位中设置控制数据。

将需要允许的中断程序的编号的对应位设置为“1”(允许中断)。

将需要禁止的中断程序的编号的对应位设置为“0”(禁止中断)。

例如设置如下时, INT1 和 INT2 允许中断, INT0 和 INT3 ~ INT7 禁止中断。

位 址	15 · · 12	11 · · 8	7 · · 4	3 · · 0
中断程序号	15 14 13 12	11 10 9 8	7 6 5 4	3 2 1 0
S2	0 0 0 0	0 000	0000	0110

(2)清除中断程序(当 S1 = H100 或 S1 = H101 时)。

在需要控制的中断程序的编号的对应位中设置控制数据。

将需要清除的中断程序的编号的对应位设置为“0”(禁止中断)。

将不需要清除的中断程序的编号的对应位设置为“1”(允许中断)。

例如设置如下时,清除中断 INT0 ~ INT2,不清除中断 INT3 ~ INT7。

位 址	15 · · 12	11 · · 8	7 · · 4	3 · · 0
中断程序号	15 14 13 12	11 10 9 8	7 6 5 4	3 2 1 0
S2	0 0 0 0	0 000	1 1 1 1	1 0 0 0

(3)指定定时中断(当 S1 = H2 时)。

以十进制设置。时间间隔为 S2 × 10(ms), 时间间隔设置: K1 ~ K3000(10ms ~ 30s),当 K = 0 时 INT24 禁止中断。

位 址	15 · · 12	11 · · 8	7 · · 4	3 · · 0
S2				

K0～K3000

(4)指定定时中断(当 S1 = H3 时)。

以十进制设置。时间间隔为 S2 × 0.5(ms), 时间间隔设置: K1 ~ K3000(0.5ms ~ 1.5s),当 K = 0时 INT24 禁止中断。

位　址	15 ·　· 12	11 ·　· 8	7 ·　· 4	3 ·　· 0
S2				

K0～K3000

中断控制信号后一定要有 DF 指令。在程序中可以有多个 ICTL 指令，而且 ICTL 指令可以编程在一个中断程序中间（INT 和 IRET 指令之间）。

INT 和 IRET 指令：INT 和 IRET 指令对应放在 ED 指令之后，两个 INT 指令不能使用相同标号。最多可使用 9 个中断程序，每一条 INT 指令对应的中断源如表 6-54 所示。

表 6-54　INT 指令对应的中断源

中断类型	中断程序	中 断 源
外部启动中断（包括高速计数器启动中断）	INT0	X0
	INT1	X1
	INT2	X2
	INT3	X3
	INT4	X4
	INT5	X5
	INT6	X6
	INT7	X7
定时启动中断	INT24	由特定的时间内执行（由 ICTL 指定设定）

在表 6-54 中的 X0 ~ X7 是否是中断取决于系统寄存器 403 中的定义。系统寄存器 403 的定义可以在 FP 系列编程软件窗口中→选项→PLC 系统寄存器→中断输入中的 NO. 403 中断输入设置里选中。一般缺省值的设置是禁止中断程序。

中断有三种类型：

（1）输入（触发器）触点产生的中断（INT0 至 INT5）。在由系统寄存器 403 指定的输入信号（触发器）出现上升沿（ON）或下降沿（OFF）时产生中断。

（2）高速计数器 - 启动中断（INT0、INT1、INT3、INT4）。在执行指令 F166 或指令 F167 时，当高速计数器经过值等于设定目标值时，产生中断。

请参阅 F166 指令和 F167 指令的说明。

（3）定时中断（INT24）。以固定的时间间隔产生中断。用 ICTL 指令设定时间间隔。在 10ms 至 30s 的范围内，以 10ms 为单位进行设置（ICTL S1 = H2）；在 0.5ms 至 1.5s 的范围内，以 0.5ms 为单位进行设置（ICTL S1 = H3）。

中断进行编程时的注意事项：

（1）如果缺少 INT 指令或 IRET 指令（不匹配），则会产生语法错误。在中断程序中不能使用子程序。在子程序中不能使用中断程序。在中断程序中不能包含其他中断程序。

（2）当同时出现一个以上的中断时，首先执行编号较小的中断程序。其他程序被置于等待执行状态。当中断程序结束后，将按编号顺序由小到大执行其他程序。

下面举例说明中断程序的应用。

例 1　要求由 X0、X1 产生外部中断的应用。

根据要求

S1 为 H0000，指定禁止或允许执行对应于外部输入或到达目标值时产生的中断程序；

S2 为 H0021，允许 INT0 和 INT5（将 bit0 和 5 置为“1”），禁止全部其他中断。

位　址	15 · · 12	11 · · 8	7 · · 4	3 · · 0
S2	0 0 0 0	0 0 0 0	0 0 1 0	0 0 0 1

INT No.　5　4　3　2　1　0

输入触点

X0	(INT0)
X1	(INT1)
X2	(INT2)
X3	(INT3)
X4	(INT4)
X5	(INT5)

对应的梯形图和时序图如图 6-91 和图 6-92 所示。

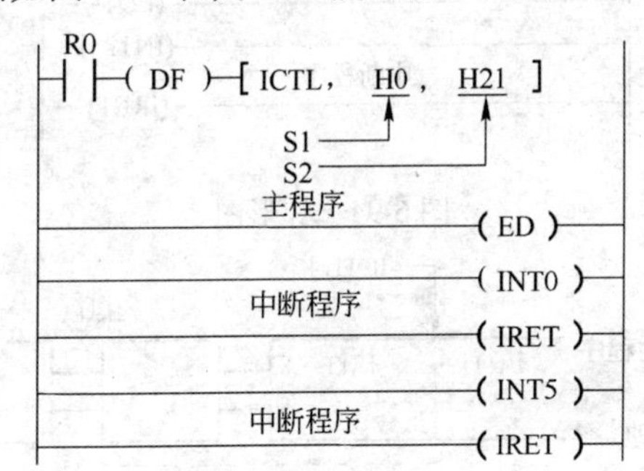

图 6-91　例 1 梯形图框图

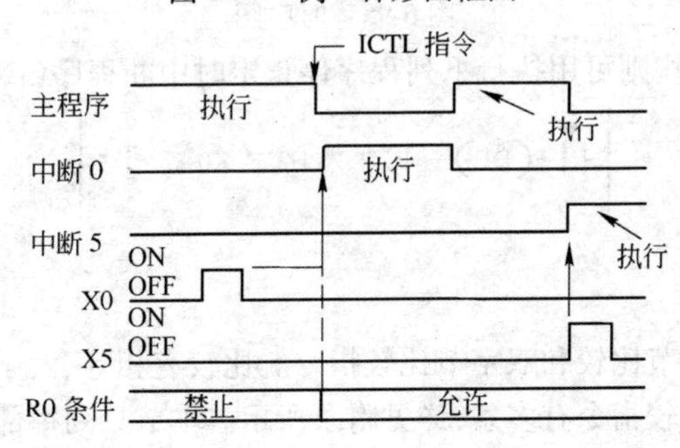

图 6-92　例 1 时序图

如果 X0 和 X5 同时产生中断，则 INT0 先执行，结束后，INT5 开始执行，如图 6-93 所示。多个中断也是如此。

例 2　设置一个 15s 定时中断的程序方法。

根据要求

S1 为 H0002，指定定时中断（单位：10ms）；

S2 为 K1500，指定定时中断的时间间隔，对于 K1500，时间间隔为 K1500 × 10ms = 15000ms（15s）。

在执行 ICTL 指令之后，每隔 15s 产生一次定时中断。此时，将执行 INT24 中断程序。

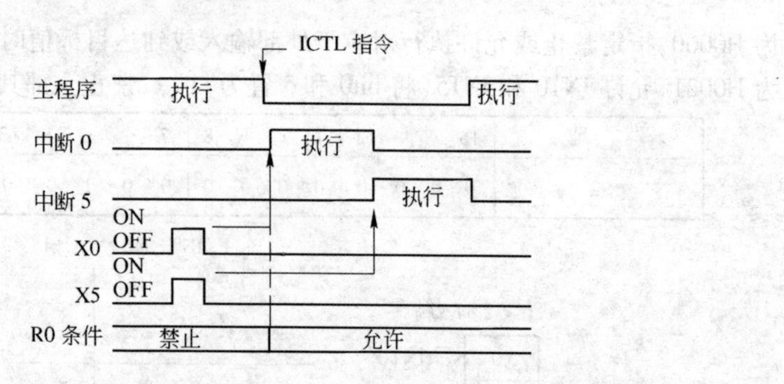

图 6-93　例 1 时序图

对应的梯形图和时序图如图 6-94 和图 6-95 所示。

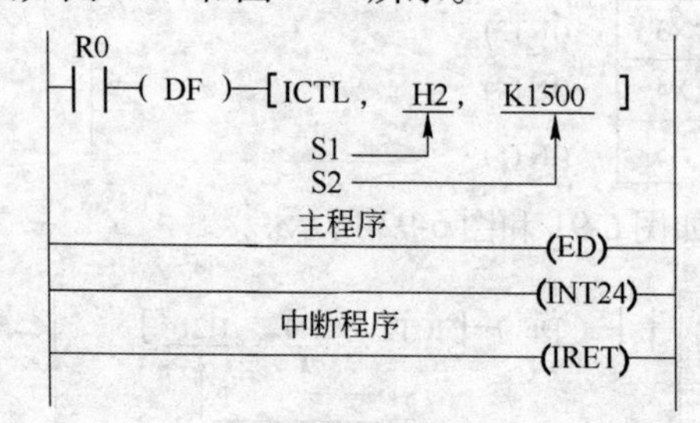

图 6-94　梯形图

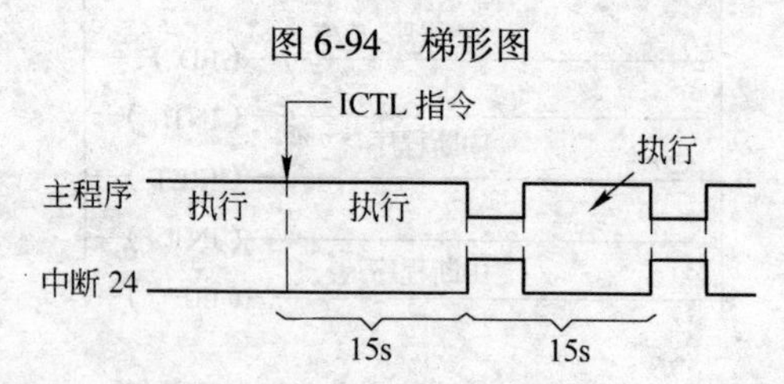

图 6-95　时序图

当不需要定时中断时，则可用执行下列程序停止定时中断程序（INT24）。

(DF)—[ICTL,　H2,　K0　]

6.3.5　比较指令

比较指令包括有单字节比较和双字节比较指令。比较有相等、大于、小于指令，比较后相与、相或等各种形式指令。比较指令有多条，详见附录所示。本节只列举部分比较指令，说明其功能和用法。

6.3.5.1　字比较指令 ST =、ST < >、ST >、ST > =、ST <、ST < =

指令功能：在比较条件下，通过比较两个字数据来执行初始加载操作。接点的 ON/OFF 取决于比较结果。

ST =：相等时加载。

ST < >：不等时加载。

ST >：大于时加载。

ST > =：大于等于时加载。

ST <：小于时加载。

ST < =：小于等于时加载。

程序举例的梯形图及指令表如表6-55所示，操作数如表6-56所示。

表6-55　梯形图及指令表

梯形图程序	布尔形式	
	地址	指　令
0 ⊣=，DT0（S1），K50（S2）⊢ —[Y0]—	0	ST =
		DT0
		K50
	5	OT　Y0

S1	被比较的16位常数或存放常数的16位区
S2	被比较的16位常数或存放常数的16位区

表6-56　操作数

指令	继电器				定时器/计数器		数据寄存器			索引寄存器		常　数		索引变址
	WX	WY	WR	WL①	SV	EV	DT	LD①	FL②	IX③	IY④	K	H	
S1	A	A	A	A	A	A	A	A	A	A	A	A	A	A
S2	A	A	A	A	A	A	A	A	A	A	A	A	A	A

①此处不适用FP0、FP－e。

②此处不适用FP0、FP－e、FPΣ和FP－X。

③对于FPΣ、FP－X、FP2、FP2SH和FP10SH，此处为I0至IC。

④对于FPΣ、FP－X、FP2、FP2SH和FP10SH，此处为ID。

表6-55中将数据寄存器DT0内容与常数K50比较，如果DT = K50时，则外部输出继电器Y0为ON。

字比较指令从母线开始编程。根据比较条件，将S1规定的单字数据与S2规定的单字数据进行比较，接点的通断取决于比较结果，比较结果如表6-57所示。当由索引修正值所指定的区域越限时，R9007接通并保持此状态，错误地址传送到DT9017。当索引修正值所指定的区域越限时，R9008接通一瞬间，错误地址传送到DT9018。

表6-57　比较运算结果

比较指令	条　件		
	S1 < S2	S1 = S2	S1 > S2
ST =	OFF	ON	OFF
ST < >	ON	OFF	ON
ST >	OFF	OFF	ON
ST > =	OFF	ON	ON
ST <	ON	OFF	OFF
ST < =	ON	ON	OFF

使用的注意事项：当与BCD或其他类型的数据混合使用时，如果最高位为1时则数据被视为负数，并且不能得到正确的比较结果。在此情况下，在进行比较之前应使用F81（B1N）指令或其他类似指令将数据变为二进制数据。

6.3.5.2　AN =、AN < >、AN >、AN > =、AN <、AN < = 字比较指令

指令的功能是：在比较条件下，通过比较两个单字数据来执行AND（与）运算。接点的ON/OFF取决于比较结果。

AN =：相等时与运算。

AN < > :不等时与运算。

AN > :大于时与运算。

AN > = :大于等于时与运算

AN < :小于时与运算。

AN < = :小于等于时与运算。

程序举例的梯形图及指令表如表 6-58 所示,操作数如表 6-59 所示。

表 6-58　梯形图及指令表

梯形图程序	布尔形式		
	地址	指令	
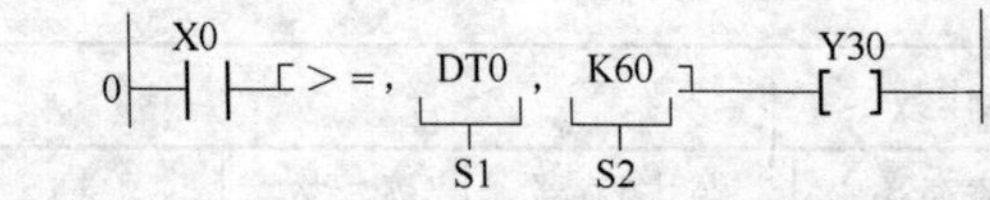 0 X0 [> =, DT0, K60] Y30 [ ] S1 S2	0 1 6	ST AN > = OT	X0 DT0 K60 Y30
S1	被比较的 16 位常数或存放常数的 16 位区		
S2	被比较的 16 位常数或存放常数的 16 位区		

表 6-59　操作数

指令	继电器				定时器/计数器		数据寄存器			索引寄存器		常数		索引变址
	WX	WY	WR	WL①	SV	EV	DT	LD①	FL②	IX③	IY④	K	H	
S1	A	A	A	A	A	A	A	A	A	A	A	A	A	A
S2	A	A	A	A	A	A	A	A	A	A	A	A	A	A

①此处不适用 FP0、FP - e。

②此处不适用 FP0、FP - e、FP∑和 FP - X。

③对于 FP∑、FP - X、FP2、FP2SH 和 FP10SH,此处为 I0 至 IC。

④对于 FP∑、FP - X、FP2、FP2SH 和 FP10SH,此处为 ID。

当 X0 闭合时,将数据寄存器 DT0 的内容与常数 K60 进行比较。在 X0 为闭合的状态下,如果 DT0≥K60,则外部输出继电器 Y30 为 ON。如果 DT0 < K60 或者 X0 处于断开状态,则外部输出继电器 Y30 为 OFF。

多个 AND(逻辑与)比较指令 AN =、AN < >、AN >、AN > =、AN < 和 AN < = 可以连续使用。图 6-96 是三个比较指令相与的梯形图。

0 [> =, DT0, K60] [> =, DT10, K60] [> =, DT20, K60] Y30 [ ]
S1 S2 S1 S2 S1 S2

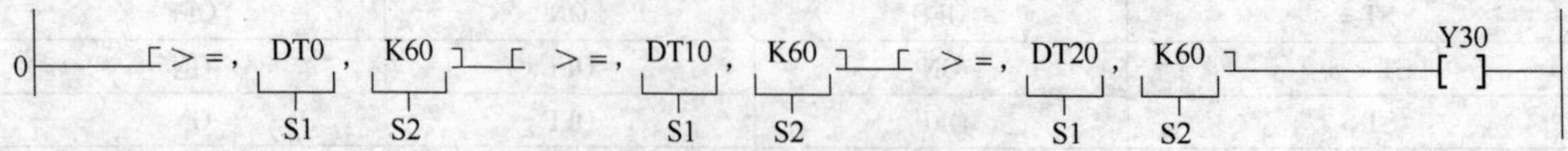

图 6-96　3 个比较指令相与的梯形图

6.3.5.3　OR =、OR < >、OR >、OR > =、OR <、OR < = 字比较指令

指令功能:在比较条件下,通过比较两个单字数据来执行 OR(或)运算。接点的 ON/OFF 取决于比较结果。该指令为接点并联。

OR = :相等时与运算。

OR < > :不等时与运算。

OR > :大于时与运算。

OR > = :大于等于时与运算。

OR < :小于时与运算。

OR < = :小于等于时与运算。

程序举例的梯形图及指令表如表 6-60 所示,操作数示于表 6-61。OR 比较指令从母线开始编程,在一个程序中可以连续使用多个 OR 比较指令。接点的 ON/OFF 取决于比较结果。表中例子中 DT0 与 K50、DT1 与 K40 比较后,如果满足 DT0 = K50 或 DT > K40 时,则 Y0 接通。

表 6-60　梯形图及指令表

梯形图程序	布尔形式		
	地址	指令	
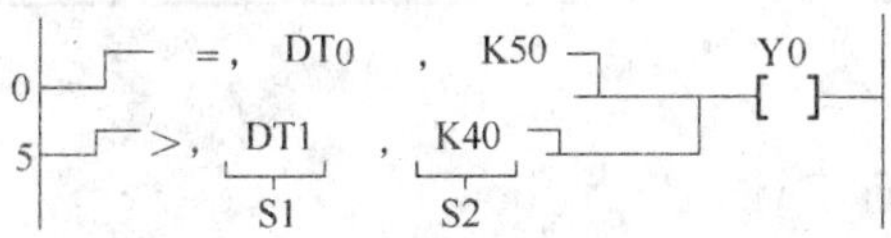 0 ─┤ =, DT0 , K50 ├─ [Y0] 5 ─┤ >, DT1 , K40 ├─ (DT0、DT1 为 S1;K50、K40 为 S2)	0	ST =	
			DT0
			K50
	5	OR >	
			DT1
			K40
	10	OT	Y0
S1	被比较的 16 位常数或存放常数的 16 位区		
S2	被比较的 16 位常数或存放常数的 16 位区		

表 6-61　操作数

指令	继电器				定时器/计数器		数据寄存器			索引寄存器		常数		索引变址
	WX	WY	WR	WL①	SV	EV	DT	LD①	FL②	IX③	IY④	K	H	
S1	A	A	A	A	A	A	A	A	A	A	A	A	A	A
S2	A	A	A	A	A	A	A	A	A	A	A	A	A	A

①此处不适用 FP0、FP - e。

②此处不适用 FP0、FP - e、FP∑ 和 FP - X。

③对于 FP∑、FP - X、FP2、FP2SH 和 FP10SH,此处为 I0 至 IC。

④对于 FP∑、FP - X、FP2、FP2SH 和 FP10SH,此处为 ID。

6.3.5.4　STD = 、STD < > 、STD > 、STD > = 、STD < 、STD < = 双字比较指令
AND = 、AND < > 、AND > 、AND > = 、AND < 、AND < = 双字比较指令
ORD = 、ORD < > 、ORD > 、ORD > = 、ORD < 、ORD < = 双字比较指令

双字比较指令的语法与前面介绍的单字比较指令的语法一样,区别在于 S1 和 S2 的数据大小。单字比较指令(S1 和 S2)中是 16 位,而双字比较指令(S1 和 S2)中是 32 位,即(S1 + 1,S1)和(S2 + 1,S2)。因此,在执行双字比较指令处理 32 位的数据时,在指定低 16 位区(S1,S2)后,将自动强制确定高 16 位区(S1 + 1,S2 + 1)。下面以 STD 为例说明双字比较指令用法。STD 程序举例示于表 6-62,操作数示于表 6-63。

表 6-62　梯形图及指令表

梯形图程序	布尔形式		
	地址	指令	
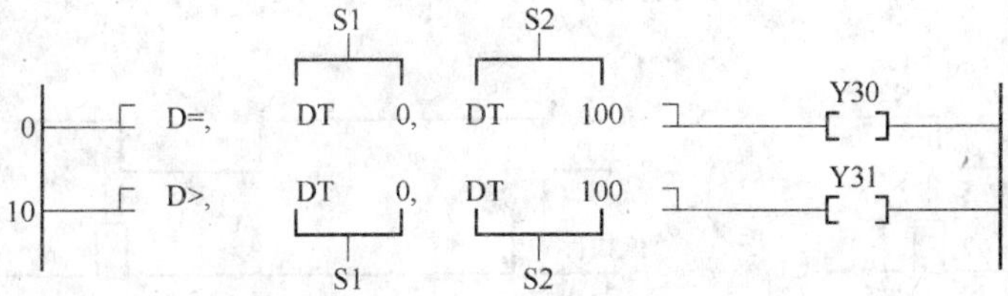 0 ─┤ D=, DT 0, DT 100 ├─ [Y30] 10 ─┤ D>, DT 0, DT 100 ├─ [Y31] (DT 0 为 S1;DT 100 为 S2)	0	STD =	
			DT0
			DT100
	9	OT	Y30
	10	STD >	
			DT0
			DT100
	19	OT	Y31
S1	被比较的 32 位常数或存放 32 位常数的 16 位区		
S2	被比较的 32 位常数或存放 32 位常数的 16 位区		

表 6-63　操作数

指令	继电器				定时器/计数器		数据寄存器			索引寄存器		常　数		索引变址
	WX	WY	WR	WL①	SV	EV	DT	LD①	FL②	IX③	IY④	K	H	
S1	A	A	A	A	A	A	A	A	A	A	A	A	A	A
S2	A	A	A	A	A	A	A	A	A	A	A	A	A	A

①此处不适用 FP0、FP - e。

②此处不适用 FP0、FP - e、FP∑和 FP - X。

③对于 FP∑、FP - X、FP2、FP2SH 和 FP10SH，此处为 I0 至 IC。

④对于 FP∑、FP - X、FP2、FP2SH 和 FP10SH，此处为 ID。

表中 S1 和 S2 是双字数据，即(DT1，DT0)与(DT101，DT100)比较，将数据寄存器(DT1，DT0)与数据寄存器(DT101，DT100)的内容进行比较。若(DT1，DT0) = (DT101，DT100)，则外部输出继电器 Y30 为 ON，若(DT1，DT0) > (DT101，DT100)，则外部输出继电器 Y31 为 ON。

6.3.6　FP 系列高级指令

FP 系列指令系统除上述介绍的基本指令外，还有高级指令。高级指令主要处理数据传送、数据四则运算、数码转换、特殊功能等。高级指令表可参阅参考文献[11]。

6.3.6.1　高级指令的构成

高级指令由高级指令编号、指令助记符和操作数组成。高级指令编号用于输入高级指令。编程时高级指令前应加触发信号。高级指令中规定的功能号和操作数(源操作数(S)和目的操作数(D))取决于所用指令。高级指令的梯形图格式如图 6-97 所示。

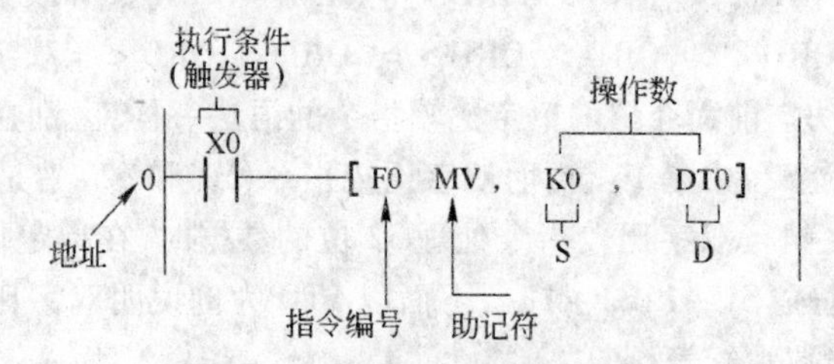

图 6-97　高级指令的梯形图格式

高级指令编号有“F”和“P”两种，“F”型高级指令是当执行条件(触发器)为 ON 时，每个扫描周期重复执行该指令。“P”型高级指令是当检测到执行条件(触发器)为 ON 的上升沿时，在一个扫描周期内执行该指令。F 和 P 两种形式执行的时序图分别如图 6-98 和图 6-99 所示。

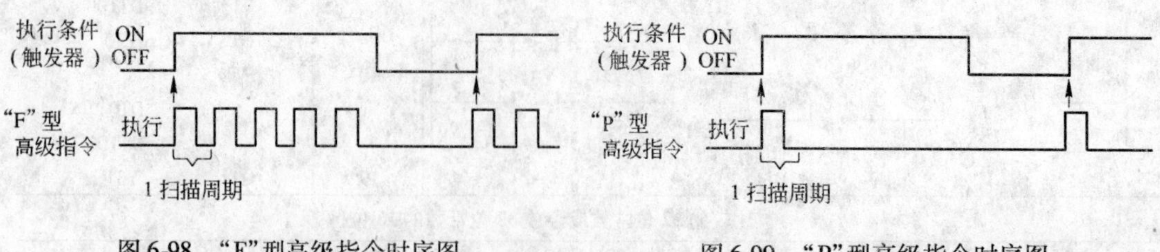

图 6-98　“F”型高级指令时序图　　图 6-99　“P”型高级指令时序图

从两图中可以看出"F"型高级指令触发条件是ON,是指令执行多次,而"P"型高级指令只执行一次。另外多条高级公用一个触发条件时不需要多次编程使用同一个执行条件(触发器):

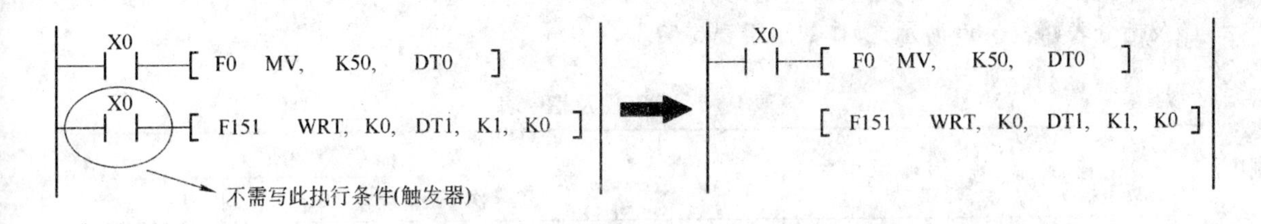

6.3.6.2 高级指令应用举例

本节介绍几条"F"型高级指令的例子,能够对高级指令的用法起到抛砖引玉的作用。

A F0(MV)16 位数据传送指令

F0 指令是将16 位数据从一个16 位寄存器传送到另一个16 位寄存器,因此在指令中必须指出源数据寄存器和目的寄存器。程序举例的梯形图及指令表如表6-64 所示,操作数示于表6-65。

表 6-64 梯形图及指令表

梯形图程序	布尔形式	
	地址	指令
触发器 R0 10 [F0 MV,DT10,DT20] S D	10	ST R0
	11	F0 (MV)
		DT10
		DT20
S	16 位常数或存放常数的 16 位寄存器(源区)	
D	16 位寄存器(目的区)	

表 6-65 操作数

指令	继电器				定时器/计数器		数据寄存器			索引寄存器		常 数		索引变址
	WX	WY	WR	WL①	SV	EV	DT	LD①	FL②	IX③	IY④	K	H	
S	A	A	A	A	A	A	A	A	A	A	A	A	A	A
D	N/A	A	A	A	A	A	A	A	A	A	A	N/A	N/A	A

①此处不适用 FP0、FP-e。

②此处不适用 FP0、FP-e、FP∑和 FP-X。

③对于 FP∑、FP-X、FP2、FP2SH 和 FP10SH,此处为 I0 至 IC。

④对于 FP∑、FP-X、FP2、FP2SH 和 FP10SH,此处为 ID。

在梯形表中当 R0 接通时,DT10 的内容传送到 DT20 中。假设 DT10 的内容是 5CB0H,DT20 的内容是 1A6FH,执行该指令后,DT10 的内容不变,DT20 的内容则被改为 5CB0H。

B　F11 (COPY)块复制指令

F11 指令是将一个 16 位数据复制到指定的了首地址和末地址的区域里。程序举例的梯形图及指令表如表 6-66 所示,操作数示于表 6-67。

表 6-66　梯形图及指令表

梯形图程序	布尔形式	
	地址	指令
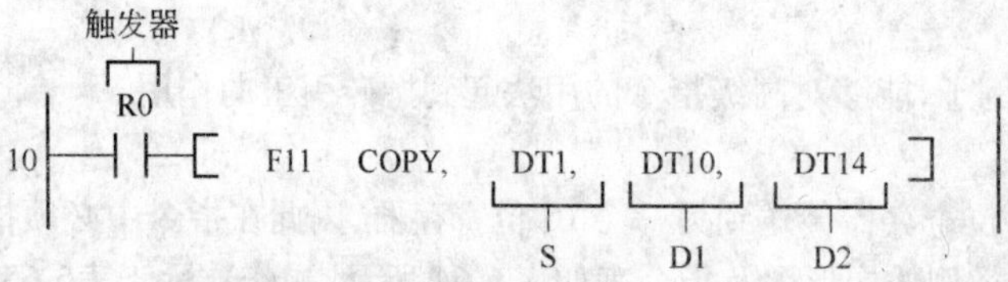 触发器 R0 10 ─┤├─[F11 COPY, DT1, DT10, DT14] S: DT1　D1: DT10　D2: DT14	10 11	ST　R0 F11　(COPY) DT1 DT10 DT14

S	16 位常数或存放数据的 16 位寄存器(源区)
D1	区首地址 16 位寄存器(目的区)
D2	区结束地址 16 位寄存器(目的区)

表 6-67　操作数

指令	继电器				定时器/计数器		数据寄存器			索引寄存器		常　数		索引变址
	WX	WY	WR	WL①	SV	EV	DT	LD①	FL②	IX③	IY④	K	H	
S	A	A	A	A	A	A	A	A	A	A	A	A	A	A
D1	N/A	A	A	A	A	A	A	A	A	N/A	N/A	N/A	N/A	A
D2	N/A	A	A	A	A	A	A	A	A	N/A	N/A	N/A	N/A	A

①此处不适用 FP0、FP-e。

②此处不适用 FP0、FP-e、FPΣ 和 FP-X。

③对于 FPΣ、FP-X、FP2、FP2SH 和 FP10SH,此处为 I0 至 IC。

④对于 FPΣ、FP-X、FP2、FP2SH 和 FP10SH,此处为 ID。

在梯形表中当 R0 接通时,DT1 的内容传送到 DT10 ~ DT14 块中。假设 DT1 的内容是 1234H,执行该指令后,则 DT10 ~ DT14 块中每个 16 位寄存器的内容都是 1234H。这条指令可方便地将某区域设置为同一个数据,例如将 DT10 ~ DT100 区域清零,可用该指令完成。如下所示:

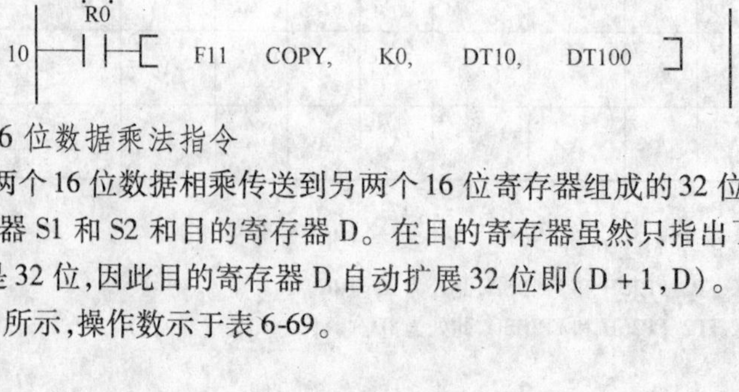

```
       R0
10 ─┤├─[ F11  COPY,  K0,  DT10,  DT100 ]
```

C　F30(*)16 位数据乘法指令

F30 指令是将两个 16 位数据相乘传送到另两个 16 位寄存器组成的 32 位数据。因此在指令中指出源数据寄存器 S1 和 S2 和目的寄存器 D。在目的寄存器虽然只指出了一个 D,实际上两个 16 位数据相乘是 32 位,因此目的寄存器 D 自动扩展 32 位即(D + 1,D)。程序举例的梯形图及指令表如表 6-68 所示,操作数示于表 6-69。

表 6-68 梯形图及指令表

梯形图程序	布尔形式	
	地址	指令
触发器 R0 10 [F30*, DT10, DT20, DT30] S1 S2 D	10 11	ST R0 F30 (*) DT10 DT20 DT30

S1	16位常数或存放数据的16位区(被乘数)
S2	16位常数或存放数据的16位区(乘数)
D	32位数据的低16位区(存放运算结果)

表 6-69 操作数

指令	继电器				定时器/计数器		数据寄存器			索引寄存器		常数		索引变址
	WX	WY	WR	WL①	SV	EV	DT	LD①	FL②	IX③	IY④	K	H	
S1	A	A	A	A	A	A	A	A	A	A	A	A	A	A
S2	A	A	A	A	A	A	A	A	A	A	A	A	A	A
D	N/A	A	A	A	A	A	A	A	A	A	N/A	N/A	N/A	A

①此处不适用FP0、FP-e。

②此处不适用FP0、FP-e、FPΣ和FP-X。

③对于FPΣ、FP-X、FP2、FP2SH和FP10SH,此处为I0至IC。

④对于FPΣ、FP-X、FP2、FP2SH和FP10SH,此处为ID。

在梯形表中当R0接通时,DT10的内容和DT20的内容相乘的结果高16位传送到DT31,低16位传送DT30中,即(S1) ×(S2) →(D+1,D)。当计算结果被认为等于"0"时瞬间R900B(=标志)为ON。

D F65(WAN)16位数据逻辑与

F65指令是将两个16位数据按位进行"与"运算后传送到指定16位寄存器。因此,在指令中指出源数据寄存器S1和S2和目的寄存器D。程序举例的梯形图及指令表如表6-70所示,操作数示于表6-71。

表 6-70 梯形图及指令表

梯形图程序	布尔形式	
	地址	指令
触发器 R0 10 [F65 WAN, DT10, DT20, DT30] S1 S2 D	10 11	ST R0 F65 (WAN) DT10 DT20 DT30

S1	16位常数或存放数据的16位区
S2	16位常数或存放数据的16位区
D	与操作结果的16位区

表 6-71 操作数

指令	继电器				定时器/计数器		数据寄存器			索引寄存器		常数		索引变址
	WX	WY	WR	WL①	SV	EV	DT	LD①	FL②	IX③	IY④	K	H	
S1	A	A	A	A	A	A	A	A	A	A	A	A	A	A
S2	A	A	A	A	A	A	A	A	A	A	A	A	A	A
D	N/A	A	A	A	A	A	A	A	A	A	A	N/A	N/A	A

①此处不适用 FP0、FP-e。

②此处不适用 FP0、FP-e、FPΣ 和 FP-X。

③对于 FPΣ、FP-X、FP2、FP2SH 和 FP10SH，此处为 I0 至 IC。

④对于 FPΣ、FP-X、FP2、FP2SH 和 FP10SH，此处为 ID。

在梯形表中当触发器 R0 为 ON 时，对数据寄存器 DT10 和 DT20 中的各个位进行"与"运算。"与"运算的结果保存在数据寄存器 DT30 中。这条指令做数据处理非常有用，例如把一个 16 位数据的高 8 位屏蔽即清零而保持低 8 位的数据，可以用下列例句的方法。在例句中假设 DT1 的内容是 16 进制数 2D38，当 R0 是 ON 时，16 进制数 00FF 和 DT1 相与后的结果是 16 进制数 H0038 传送到 DT2 里。

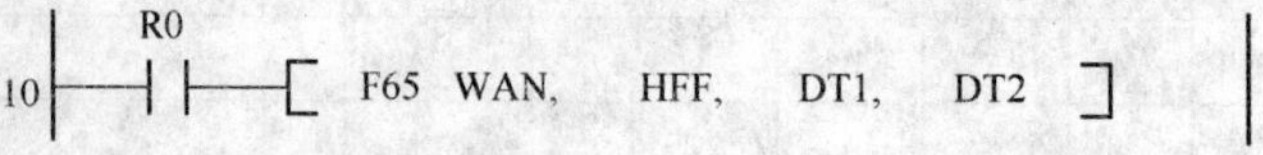

```
        R0
10 ────┤ ├────[ F65  WAN,   HFF,   DT1,   DT2 ]
```

E F100(SHR)16 位数据以位为单位右移

F100 指令是以位单元将 16bit 数据右移指定的位数。因此在指令中指出源数据寄存器 S 和移位的位数 n。当右移 n 位时，16 位数据区的高 n 位填充 0。数据位 n 位中的数据被传输至特殊内部继电器 R9009(进位标志)。n 只有 16 位区的低 8 位有效。移动总位数可在 1 位至 255 位范围内指定。程序举例的梯形图及指令表如表 6-72 所示，操作数示于表 6-73。

表 6-72 梯形图及指令表

梯形图程序	布尔形式 地址	布尔形式 指令	
触发器 R0 10 ──┤ ├──[F100 SHR, DT0, K4] D = DT0, n = K4	10	ST	R0
	11	F100	(SHR)
			DT0
			K4

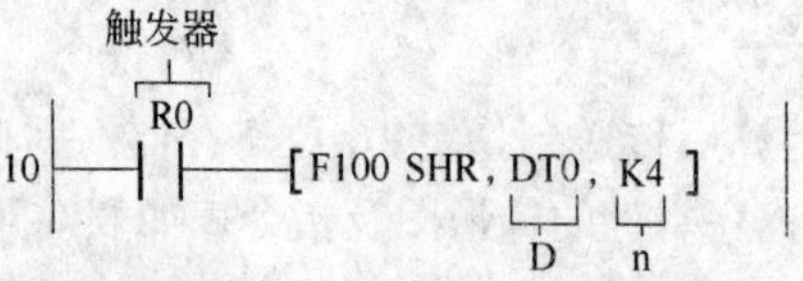

D	右移的 16 位区
n	16 位常数或 16 位区(指定移位的位数)

表 6-73 操作数

指令	继电器				定时器/计数器		数据寄存器			索引寄存器		常数		索引变址
	WX	WY	WR	WL①	SV	EV	DT	LD①	FL②	IX③	IY④	K	H	
D	N/A	A	A	A	A	A	A	A	A	A	A	N/A	N/A	A
n	A	A	A	A	A	A	A	A	A	A	A	A	A	A

①此处不适用 FP0、FP-e。

②此处不适用 FP0、FP-e、FPΣ 和 FP-X。

③对于 FPΣ、FP-X、FP2、FP2SH 和 FP10SH，此处为 I0 至 IC。

④对于 FPΣ、FP-X、FP2、FP2SH 和 FP10SH，此处为 ID。

在梯形表中当触发器 R0 为 ON 时，将数据寄存器 DT0 中数据右移4位。数据位3中的数据传输至特殊内部继电器（进位标志）。其过程如图6-100所示。

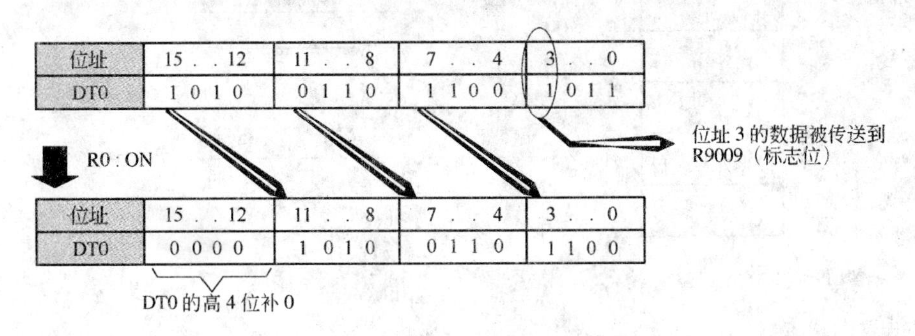

图6-100 右移操作图

F F171（SPDH）脉冲输出控制指令（梯形控制：带通道指定）

脉冲输出控制指令是 FP 系列中 FP0、FP-e、FPΣ、FP-X 型的专用指令，其具体的指令号参见参考文献[11]中的“应用指令语一览表”的高级指令一览表。本条指令与配置的硬件有关，许多种类的使用具体需要参看相关的用户手册，这里只以 FP-X-Tr 型的 CH0（零通道）为例介绍该指令的用法。F171 指令是根据参数表的设置，从指定的输出通道输出脉冲。程序举例的梯形图及指令表如表6-74所示，操作数示于表6-75。

表6-74 梯形图及指令表

梯形图程序	布尔形式	
	地 址	指 令
触发器 R10 10 ─┤├─(DF)─[F171 SPDH, DT100, K0] S n	10 11 12	ST R10 DF F171 (SPDH) DT100 K0

S	参数表存储区的起始地址
n	指定用于输出脉冲的输出通道 Yn

表6-75 操作数

指令	继电器			定时器/计数器		数据寄存器	索引寄存器		常 数		索引变址
	WX	WY	WR	SV	EV	DT	IX	IY	K	H	
S	N/A	N/A	N/A	N/A	N/A	A	N/A	N/A	N/A	N/A	A
n	N/A	N/A	N/A	N/A	N/A	N/A	N/A	N/A	A	A	N/A

在梯形图及指令表中的 S 是参数表的首址，用于定义脉冲输出控制指令的脉冲输出的方式，一共有6个，每一个参数占2个字，即（S+1）、S。本例中参数表是 DT100 ~ DT111。其功能设置如图6-101所示。图6-101（b）是脉冲输出控制指令的脉冲图，这种控制输出图非常适宜步进电动机的控制，因此该指令广泛用于步进电动机的定位控制。

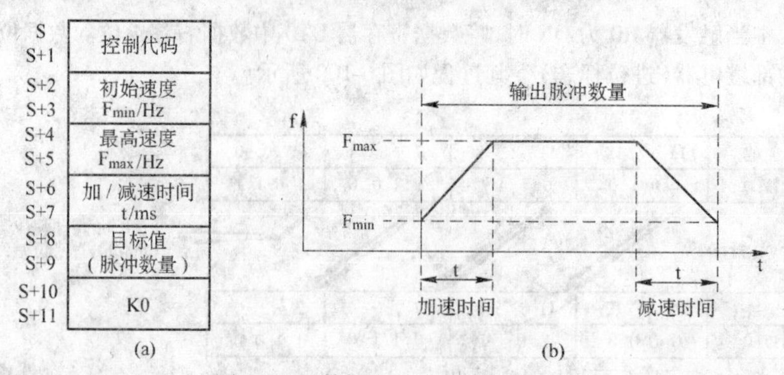

图 6-101　数据表设置和脉冲输出图

数据表设置方式：

(1)控制代码：由 H 常数(32 进制)、S 和(S+1)指定控制代码，下面每个小方块表示 4 位二进制即 4bit。

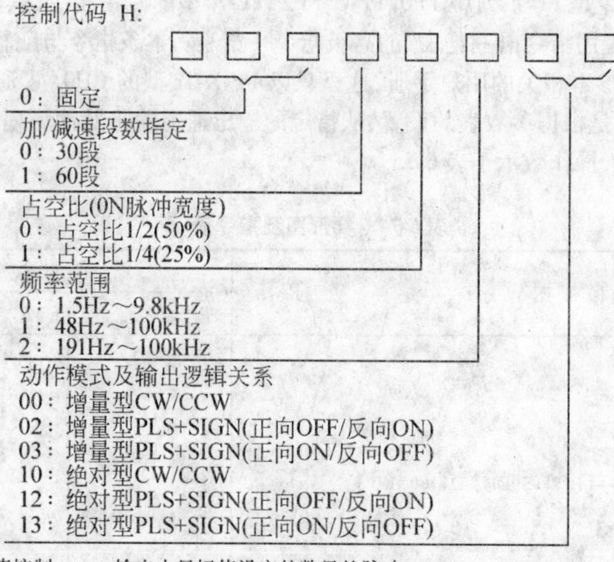

注：增量型 <相对值控制>——输出由目标值设定的数量的脉冲。

绝对型 <绝对值控制>——根据当前值与目标值的差值，输出脉冲(当前值与目标值的差值即为输出脉冲的数量)。

(2)(初始速度～最高速度)频率范围(Hz)：用 K 值表示。

1.5Hz～9.8kHz [K1～K9800(单位：Hz)] (最大误差在 9.8kHz 时约 -0.9kHz)

* 设定“K1”对应 1.5Hz

48Hz～100kHz [K48～K100000(单位：Hz)] (最大误差在 100kHz 时约 -3kHz)

191Hz～100kHz [K191～K100000(单位：Hz)] (最大误差在 100kHz 时约 -0.8 kHz)

(3)加/减速时间(ms)：用 K 值表示。

30 段：K30～K32767

60 段：K60～K32767

(4)目标值(脉冲数)。

K-2147483648～K2147483647

该指令使用的数据区如表 6-76 所示(FP-X 型)。

图 6-102 是动作模式及输出逻辑关系图。

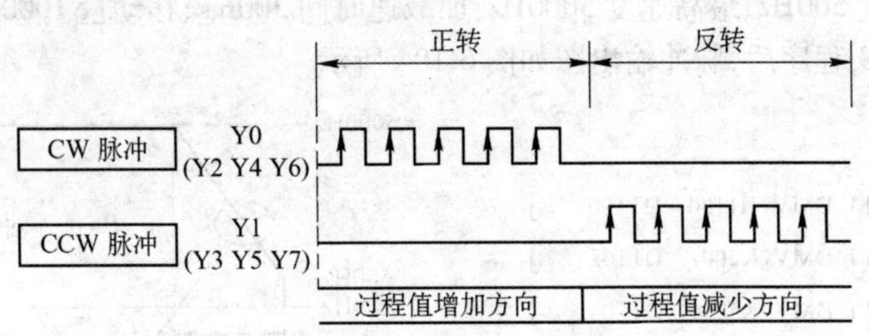

正转用脉冲和反转用脉冲的 2 脉冲的输出进行控制的方式

(a)

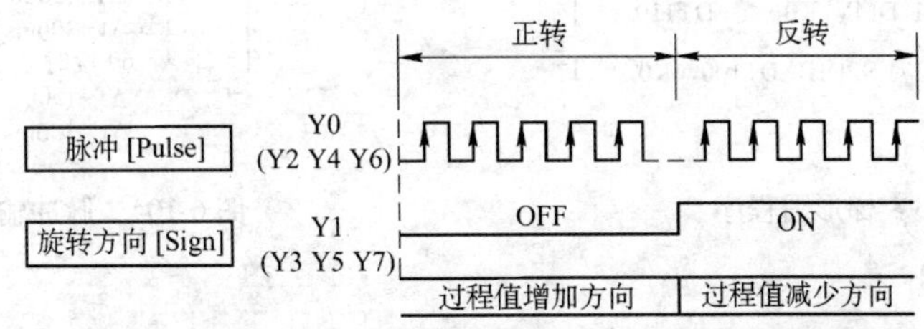

速度指定用 1 脉冲输出和旋转方向指定用 ON/OFF信号进行控制的方式

(b)

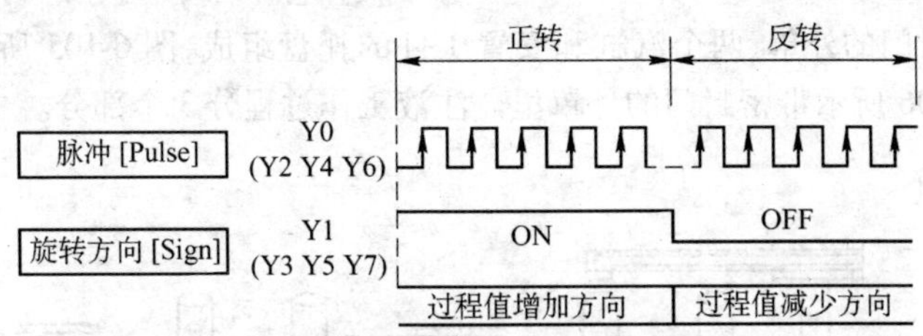

速度指定用 1 脉冲输出和旋转方向指定用OFF/ON信号进行控制的方式

(c)

图 6-102　动作模式及输出逻辑关系图

(a) CW/CCW 输出方式；(b) Pulse/Sign 输出方式（正转 OFF/反转 ON）；

(c) Pulse/Sign 输出方式（正转 ON/反转 OFF）

在梯形图及指令表中的 n 是指定脉冲的通道号，即指定 Y 的输出地址，与设备型号有关，并且输出形式必须是晶体管型。例如 n = 0，对于 FP-X Tr 型，定义输出为 Y0、Y1。

该指令还占用了默认数据区，与机型有关，如表 6-76 所示（FP-X Tr 型）。

表 6-76　数据区

脉冲输出通道号	控制标志	过程值区域	目标值区域
ch0	R911C	DT90348 ~ DT90349	DT90350 ~ DT90351
ch1	R911D	DT90352 ~ DT90353	DT90354 ~ DT90355
ch2	R911E	DT90356 ~ DT90357	DT90358 ~ DT90359
ch3	R911F	DT90360 ~ DT90361	DT90362 ~ DT90363

控制标志寄存器：在执行脉冲输出指令时成 ON，在进行脉冲输出期间，保持该状态。图 6-103 及图 6-104 所示为用法示例。

梯形图中，根据参数表可知：加/减速段数指定 30 段，占空比是 25%，频率范围是 1.5Hz ~ 9.8kHz，以初始速度 500Hz、最高速度 5000Hz、加减速时间 300ms、移动量 10000 脉冲，从 Y0 输出脉冲。执行图 6-103 程序后，脉冲输出图如图 6-104 所示。

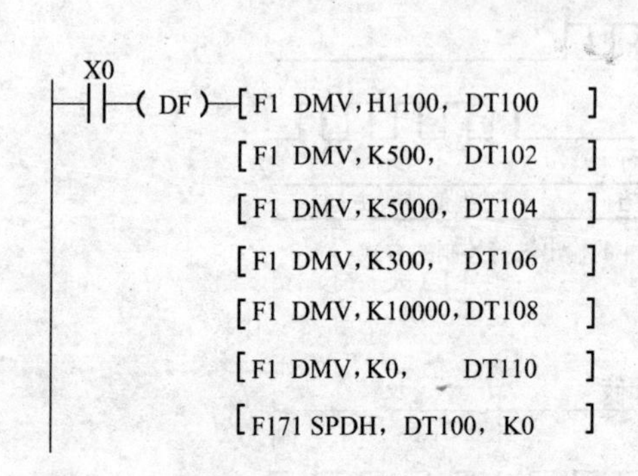

图 6-103　梯形图程序

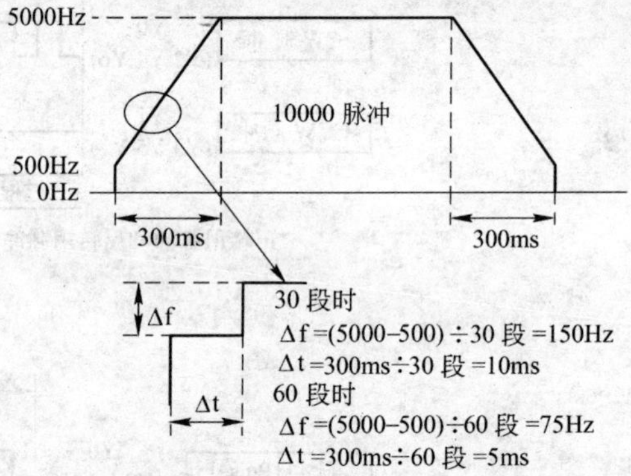

5000Hz
10000 脉冲
500Hz
0Hz
300ms
300ms
Δf
Δt
30 段时
Δf =(5000−500) ÷ 30 段 =150Hz
Δt =300ms÷30 段 =10ms
60 段时
Δf =(5000−500)÷60 段 =75Hz
Δt =300ms÷60 段 =5ms

图 6-104　脉冲输出图

6.4　应用举例

6.4.1　四工步注液机的控制

注液机由带密封门的外罩、两个汽缸和安置工件的托盘组成，图 6-105 所示的托盘、工件和汽缸是安装在图 6-106 所示带密封门的外罩里。注液工作过程分 3 个部分。

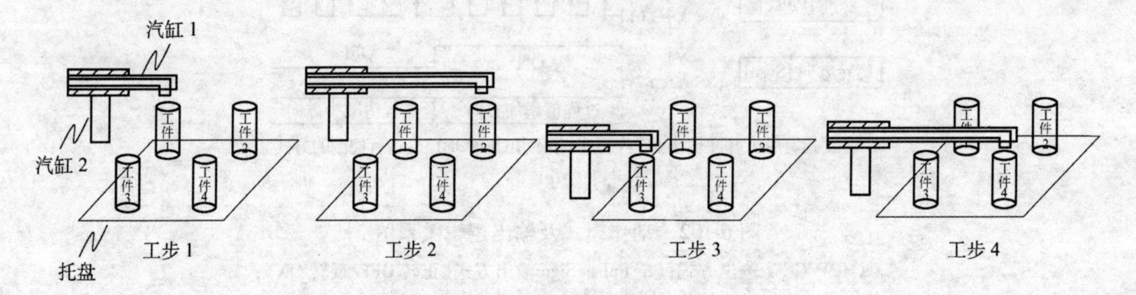

图 6-105　四工步注液过程的工作原理图

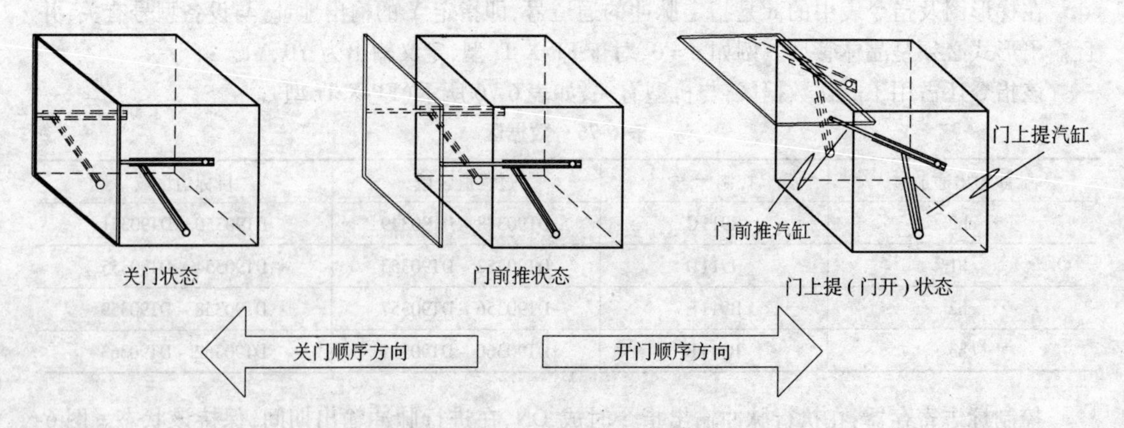

图 6-106　开关门过程工作原理

(1)将需要注液工件放置在托盘固定位置,通过按钮控制把密封门关闭。按钮采用自锁型,按下时按钮自锁是开门,再按一下自锁断开是关门。图6-106是开关门过程的示意图。

(2)通过按钮启动真空泵进行抽真空,经过5s后注入干燥剂。其中真空泵启停由压力传感器设定的上限和下限控制。

(3)按按钮启动注液,通过两个汽缸的动作,按四步分别给工件注液,其工作原理如图6-105所示。

设计步骤如下:

(1)工艺要求。系统控制要求如前所述。具体实现的程序要求为:

1)系统上电后,初始状态密封门是关闭的,操作人员按下开门关门按钮程序输出门前推信号,汽缸动作,经过延时(定时由现场调试确定)输出门上提信号,汽缸动作,开门过程完成。如图6-106中从左向右的次序是开门过程。开门后操作人员将工件放入托盘,再按按钮进入关门过程,这个过程与开门过程次序相反,如图6-106中从右向左的次序是关门过程。

2)关门过程完成后,操作人员按下启动抽真空按钮程序输出真空泵运转信号,当压力传感器到上限真空泵运转停止,同时延时5s延时启动干燥泵注入干燥剂;当压力传感器到下限真空泵重新运转。

3)当抽真空到上限注入干燥剂后操作人员就可以启动注液过程。图6-105所示为注液过程的步骤,汽缸和注液的动作时间由现场调试确定,在本例的时间是5s。注液过程重复3次。

4)所有的输出都是采用24V直流电源。

(2)控制系统硬件设计。根据工艺要求归纳出系统的输入输出的I/O点数:

输入		输出	
	开关门按钮(带自锁)		门前推
	抽真空按钮(带自锁)		门上提
	气压上限		真空泵
	气压下限		干燥泵
	注液启动		注液泵
			汽缸1
			汽缸2
			结束指示

通过统计即输入5点、输出8点,主机选用AFPX-C30R型PLC,它的输入16点,输出14点,满足系统要求。系统的外部接线图如图6-107所示。图中还对输入输出分配了I/O地址。

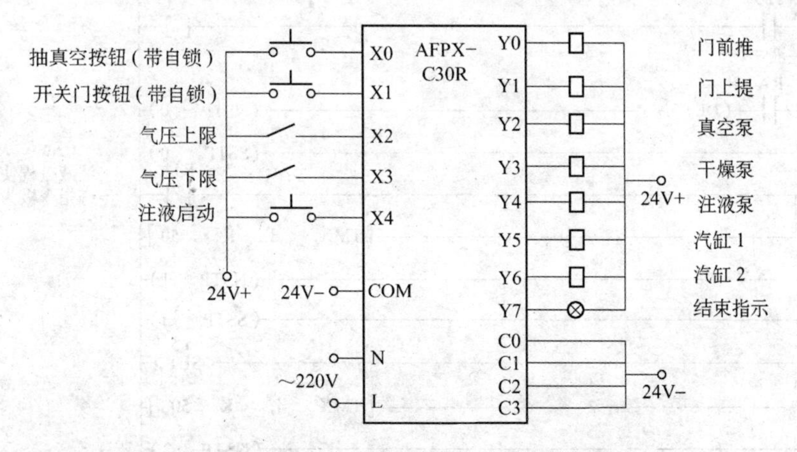

图6-107 四工步注液机控制系统外部接线图

(3)系统软件设计。根据工艺要求和控制系统外部接线图设计出如图 6-108 所示的控制梯形图。梯形中可以有元件的注释,也有块的注释。如图中的开关门注释块。

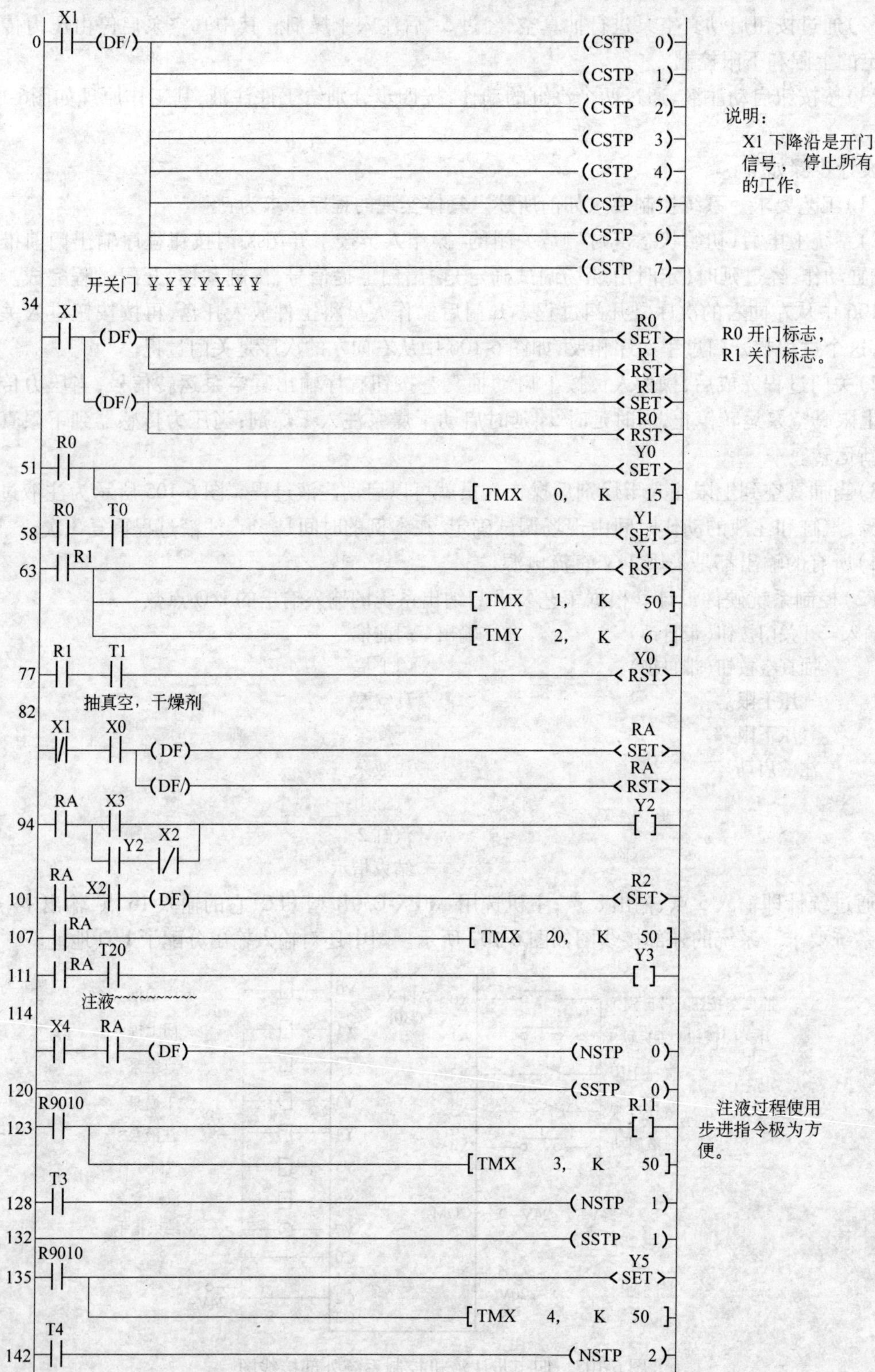

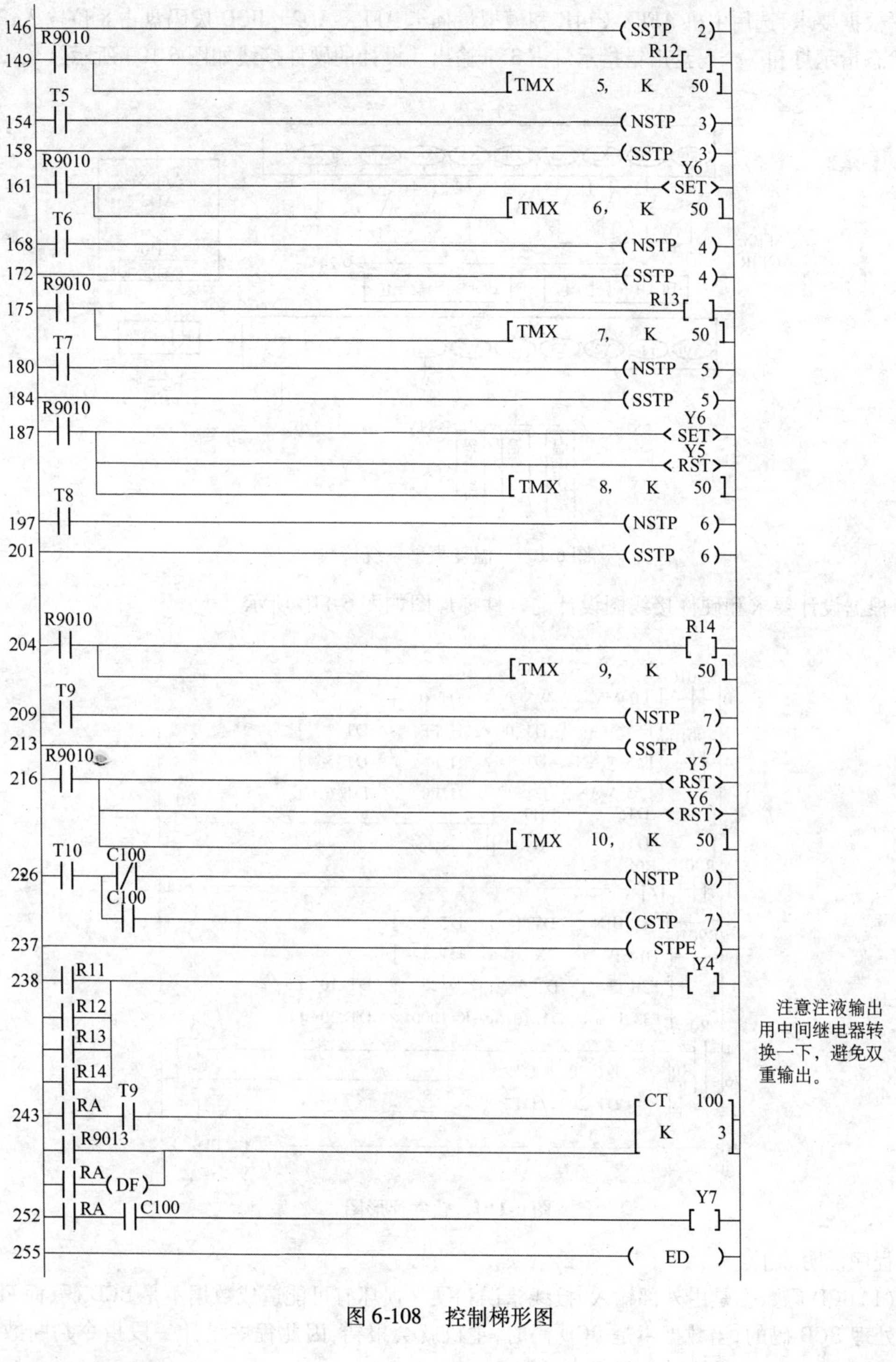

```
146                                      (SSTP   2)
149  R9010 ─┬────────────────────────────[R12   ]
            └─────────────────[TMX   5,   K   50]
154  T5     ─────────────────────────────(NSTP   3)
158                                      (SSTP   3)
161  R9010 ─┬────────────────────────────<Y6 SET>
            └─────────────────[TMX   6,   K   50]
168  T6     ─────────────────────────────(NSTP   4)
172                                      (SSTP   4)
175  R9010 ─┬────────────────────────────[R13   ]
            └─────────────────[TMX   7,   K   50]
180  T7     ─────────────────────────────(NSTP   5)
184                                      (SSTP   5)
187  R9010 ─┬────────────────────────────<Y6 SET>
            ├────────────────────────────<Y5 RST>
            └─────────────────[TMX   8,   K   50]
197  T8     ─────────────────────────────(NSTP   6)
201                                      (SSTP   6)

204  R9010 ─┬────────────────────────────[R14   ]
            └─────────────────[TMX   9,   K   50]
209  T9     ─────────────────────────────(NSTP   7)
213                                      (SSTP   7)
216  R9010 ─┬────────────────────────────<Y5 RST>
            ├────────────────────────────<Y6 RST>
            └─────────────────[TMX  10,   K   50]
226  T10 ─┬─ C100(/) ────────────────────(NSTP   0)
          └─ C100 ───────────────────────(CSTP   7)
237                                      ( STPE  )
238  R11 ─┬──────────────────────────────[Y4    ]
     R12 ─┤
     R13 ─┤
     R14 ─┘
243  RA ── T9 ───────────────────────────┐CT   100
     R9013 ──────────────────────────────┘K      3
     RA ── (DF) ─┘
252  RA ── C100 ─────────────────────────[Y7    ]
255                                      (  ED   )
```

注意注液输出用中间继电器转换一下，避免双重输出。

图6-108 控制梯形图

6.4.2 温度报警系统

温度报警系统的要求是由BCD拨码盘做温度设定值,其范围是0~99℃,温度测量采用Pt100传感器,Pt100传感器通过转换电路变换成0~10V,表示为0~100℃。当测量温度大于设定值时则温度报警指示灯亮,当测量温度小于等于设定值时,则温度正常指示灯亮。

根据要求,选用主机 AFPX-C14R 和模拟量插卡 AFPX-AD2。BCD 拨码盘占 8 位输入,2 个温度状态指示灯和一个码盘出错指示灯占 3 个输出。设计的硬件接线如图 6-109 所示。

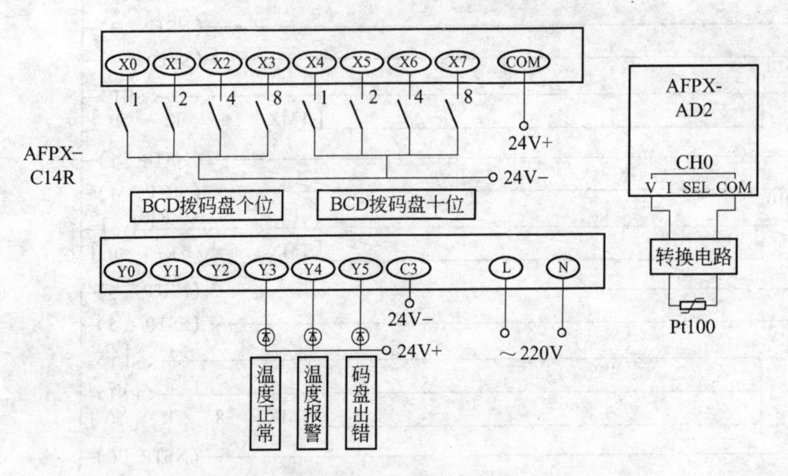

图 6-109　温度报警系统接线图

根据设计要求和硬件接线图设计的软件梯形图如图 6-110 所示。

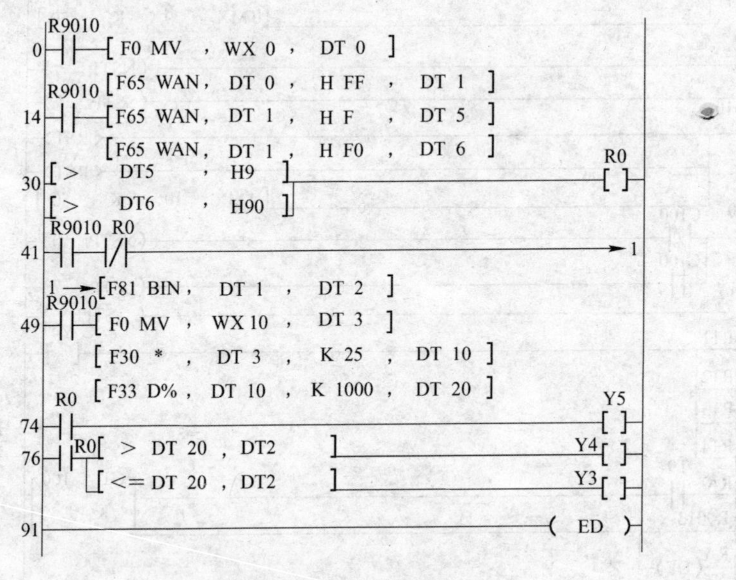

图 6-110　软件梯形图

程序说明如下:

(1)BCD 码数据是由外部输入,接线错误和硬件损坏有可能造成数据不是 BCD 码,而 F81 指令是处理 BCD 码的,当数据不是 BCD 码时,主机就会报错,因此程序设计一段指令判断数据是否为 BCD 码,不是就输出码盘错误指示灯亮。

(2)0 ~ 100℃温度的模拟量转变数字量后对应 0 ~ 4000,即 1bit 表示 0.025℃,由于是小数,所以在程序计算温度时采用扩大 1000 倍做乘法,然后再做除法还原。

附　录

松下电工 FP 系列 PLC 基本指令语一览表

名称	布尔符号	符号	功能概要	对应机种					
				FP0	FP-e	FPΣ/FP-X	FP2	FP2SH/FP10SH	FP3
基本顺序指令									
开始	ST	X,Y,R,T,C,L,P,E	常开触点逻辑运算	○	○	○	○	○	○
开始非	ST/	X,Y,R,T,C,L,P,E	常闭触点逻辑运算	○	○	○	○	○	○
输出	OT	Y,R,L,E	输出运算结果	○	○	○	○	○	○
非	/		符号运算结果取反	○	○	○	○	○	○
与	AN	X,Y,R,T,C,L,P,E	串联常开触点	○	○	○	○	○	○
与非	AN/	X,Y,R,T,C,L,P,E	串联常闭触点	○	○	○	○	○	○
或	OR	X,Y,R,T,C,L,P,E	并联常开触点	○	○	○	○	○	○
或非	OR/	X,Y,R,T,C,L,P,E	并联常闭触点	○	○	○	○	○	○
上升沿检测开始	ST↑	X,Y,R,T,C,L,P,E	仅在检测到信号上升沿的第一扫描周期置 ON，开始对触点进行逻辑运算处理	×	×	△	○	○	×
下降沿检测开始	ST↓	X,Y,R,T,C,L,P,E	仅在检测到信号下降沿的第一扫描周期置 ON，开始对触点进行逻辑运算处理	×	×	△	○	○	×
上升沿检测与	AN↑	X,Y,R,T,C,L,P,E	仅在检测到信号上升沿的第一扫描周期置 ON，串联触点	×	×	△	○	○	×
下降沿检测与	AN↓	X,Y,R,T,C,L,P,E	仅在检测到信号下降沿的第一扫描周期置 ON，串联触点	×	×	△	○	○	×
上升沿检测或	OR↑	X,Y,R,T,C,L,P,E	仅在检测到信号上升沿的第一扫描周期置 ON，并联触点	×	×	△	○	○	×
下降沿检测或	OR↓	X,Y,R,T,C,L,P,E	仅在检测到信号下降沿的第一扫描周期置 ON，并联触点	×	×	△	○	○	×
上升沿检测输出	OT↑	P	仅在检测到信号上升沿的第一扫描周期内输出（脉冲继电器用）	×	×	×	○	○	×
下降沿检测输出	OT↓	P	仅在检测到信号下降沿的第一扫描周期内输出（脉冲继电器用）	×	×	×	○	○	×
交替输出	ALT	Y,R,L,E　A	每次检测到信号上升沿时，ON/OFF 会反转输出	×	×	○	○	○	×

续附录表

名称	布尔符号	符号	功能概要	对应机种					
				FP0	FP-e	FPΣ/FP-X	FP2	FP2SH/FP10SH	FP3
组与	ANS		串联多个指令块	○	○	○	○	○	○
组或	ORS		并联多个指令块	○	○	○	○	○	○
压栈	PSHS		存储之前的运算结果	○	○	○	○	○	○
读取堆栈	RDS		读取在 PSHS 中存储的运算结果	○	○	○	○	○	○
出栈	POPS		读取和清除 PSHS 中的运算结果	○	○	○	○	○	○
上升沿微分	DF	(DF)	只在检测到信号上升沿时，使触点“ON”一个扫描周期	○	○	○	○	○	○
下降沿微分	DF/	(DF/)	只在检测到信号下降沿时，使触点“ON”一个扫描周期	○	○	○	○	○	○
上升沿微分（初始执行型）	DF∣	(DF∣)	只在检测到信号上升沿时，使触点“ON”一个扫描周期。可进行第一次扫描中上升沿的检测	×	×	○	×	○	×
置位	SET	Y,R,L,E <S>	使输出为 ON，保持其状态	○	○	○	○	○	○
复位	RST	Y,R,L,E <R>	使输出为 OFF，保持其状态	○	○	○	○	○	○
保持	KP	置位 复位 KP	以置位进行输出，以复位解除保持	○	○	○	○	○	○
空操作	NOP	■	不进行处理	○	○	○	○	○	○
基本功能指令									
延迟定时器	TML	TMa,n	设定值 n×0.001s 后，定时器触点 a 置 ON	○	○	○	○	○	×
	TMR		设定值 n×0.01s 后，定时器触点 a 置 ON	○	○	○	○	○	○
	TMX		设定值 n×0.1s 后，定时器触点 a 置 ON	○	○	○	○	○	○
	TMY		设定值 n×1s 后，定时器触点 a 置 ON	○	○	○	○	○	○
辅助定时器（16 位）	F137	Y,R,L,E F137STMRS,D	设定值 n×0.01s 后，指定输出及 R900D 置 ON	○	○	○	○	○	○
辅助定时器（32 位）	F183	F183DSTMS,D	设定值 n×0.01s 后，指定输出及 R900D 置 ON	○	○	○	○	○	×

续附录表

名　称	布尔符号	符　号	功 能 概 要	对应机种					
				FP0	FP-e	FPΣ/FP-X	FP2	FP2SH/FP10SH	FP3
时常数处理	F182	Y,R,L,E F182RLTRS1,S2,S3,D	进行指定输入的过滤处理	×	×	△	×	×	×
计数器	CT	计数 复位 CT n	从预置的设定值 n 中进行减法计数	○	○	○	○	○	○
增/减计数	F118	增减 计数 复位 F118UDC S D	根据增/减输入,从预置的设定值 S 中进行加法或者减法计数	○	○	○	○	○	○
移位寄存器	SR	数据 移位 复位 SRWRn	使 WRn 向左移 1 位	○	○	○	○	○	○
左右移位寄存器	F119	左右 数据 移位 复位 F119 LRSR D1 · D2	使指定的区域 D1 ~ D2 向左或向右移 1 位	○	○	○	○	○	○
结　束	ED	(ED)	结束程序的运算,表示主程序的结束	○	○	○	○	○	○
有条件结束	CNDE	(CNDE)	当执行条件 ON 时,结束程序运算	○	○	○	○	○	○
换　页	EJECT	(EJECT)	进行打印输出时换页	×	×	○	○	○	×
步进程序指令									
开始步	SSTP	(SSTPn)	作为程序控制中程序 n 的起始	○	○	○	○	○	○
下一步	NSTL	(NSTLn)	启动指定的程序 n,清除已启动的程序(每个扫描执行型)	○	○	○	○	○	○
	NSTP	(NSTPn)	启动指定的程序 n,清除已启动的程序(微分执行型)	○	○	○	○	○	○
清除步	CSTP	(CSTPn)	清除已启动的程序 n	○	○	○	○	○	○
块清除	SCLR	[SCLRn1,n2]	清除已启动的程序 n1 ~ n2	×	○	○	○	○	×
步结束	STPE	(STPE)	指定步进程序区的结束	○	○	○	○	○	○
子程序指令									
子程序调用	CALL	(CALLn)	执行指定的子程序,即使返回主程序也可保持子程序内的输出	○	○	○	○	○	○
输出 OFF 型子程序调用	FCAL	(FCALn)	执行指定的子程序。当返回主程序时,子程序中的所有输出将被置为 OFF	×	×	×	×	○	×

续附录表

名　称	布尔符号	符　　号	功 能 概 要	对应机种					
				FP0	FP-e	FPΣ/FP-X	FP2	FP2SH/FP10SH	FP3
子程序进入	SUB	(SUBn)	表示子程序 n 的开始	○	○	○	○	○	○
子程序返回	RET	(RET)	表示子程序的结束	○	○	○	○	○	○
中断指令									
中断程序	INT	(INTn)	表示中断程序 n 的开始	○	○	○	○	○	○
中断程序返回	IRET	(IRET)	表示中断程序结束	○	○	○	○	○	○
中断控制	ICTL	(DF)[ICTL S1,S2]	在 S1,S2 中选择并执行中断的许可/禁止或清除	○	○	○	○	○	○
特殊设定指令									
通信条件设定	SYS1	(DF)[SYS1,M]	根据字符串常数指定的内容,改变 COM 端口或编程口的通信条件	×	×	○	×	×	×
密码设定			根据字符串指定的内容,改变控制器设定的密码	×	×	○	×	×	×
中断设定			根据指定的字符串常数,设置中断输入	×	×	○	×	×	×
PLC-link 时间设定			根据字符串常数指定内容,设定使用 PLC 链接时的系统设置时间	×	×	○	×	×	×
MEWTOCOL-COM 响应控制			根据字符串常数指定内容,改变 COM 端口或编程口的MEWTOCOL-COM 的通信条件	×	×	○	×	×	×
高速计数器动作模式变更			根据字符串常数指定内容,切换高速计数器的动作模式	×	×	○	×	×	×
修改系统寄存器	SYS2	[SYS2,S,D1,D2]	改变 PLC 链接功能的系统寄存器的设定值	×	×	○	×	×	×
数据比较指令									
16 位数据比较(开始)	ST =	=S1,S2	当 S1 = S2 时,导通,开始进行逻辑运算	○	○	○	○	○	○
	ST < >	<>S1,S2	当 S1 ≠ S2 时,导通,开始进行逻辑运算	○	○	○	○	○	○
	ST >	>S1,S2	当 S1 > S2 时,导通,开始进行逻辑运算	○	○	○	○	○	○
	ST > =	>=S1,S2	当 S1 ≥ S2 时,导通,开始进行逻辑运算	○	○	○	○	○	○
	ST <	<S1,S2	当 S1 < S2 时,导通,开始进行逻辑运算	○	○	○	○	○	○
	ST < =	<=S1,S2	当 S1 ≤ S2 时,导通,开始进行逻辑运算	○	○	○	○	○	○

续附录表

名　称	布尔符号	符　号	功 能 概 要	对应机种					
				FP0	FP-e	FPΣ/FP-X	FP2	FP2SH/FP10SH	FP3
16 位数据比较(与)	AN =	=S1,S2	当 S1 = S2 时,导通,串联触点	○	○	○	○	○	○
	AN < >	<>S1,S2	当 S1 ≠ S2 时,导通,串联触点	○	○	○	○	○	○
	AN >	>S1,S2	当 S1 > S2 时,导通,串联触点	○	○	○	○	○	○
	AN > =	>=S1,S2	当 S1 ≥ S2 时,导通,串联触点	○	○	○	○	○	○
	AN <	<S1,S2	当 S1 < S2 时,导通,串联触点	○	○	○	○	○	○
	AN < =	<=S1,S2	当 S1 ≤ S2 时,导通,串联触点	○	○	○	○	○	○
16 位数据比较(或)	OR =	=S1,S2	当 S1 = S2 时,导通,并联触点	○	○	○	○	○	○
	OR < >	<>S1,S2	当 S1 ≠ S2 时,导通,并联触点	○	○	○	○	○	○
	OR >	>S1,S2	当 S1 > S2 时,导通,并联触点	○	○	○	○	○	○
	OR > =	>=S1,S2	当 S1 ≥ S2 时,导通,并联触点	○	○	○	○	○	○
	OR <	<S1,S2	当 S1 < S2 时,导通,并联触点	○	○	○	○	○	○
	OR < =	<=S1,S2	当 S1 ≤ S2 时,导通,并联触点	○	○	○	○	○	○
数据比较指令									
32 位数据比较(开始)	STD =	D=S1,S2	当(S1 +1,S1) = (S2 +1,S2)时,导通,开始进行逻辑运算	○	○	○	○	○	○
	STD < >	D<>S1,S2	当(S1 +1,S1) ≠ (S2 +1,S2)时,导通,开始进行逻辑运算	○	○	○	○	○	○
	STD >	D>S1,S2	当(S1 +1,S1) > (S2 +1,S2)时,导通,开始进行逻辑运算	○	○	○	○	○	○
	STD > =	D>=S1,S2	当(S1 +1,S1) ≥ (S2 +1,S2)时,导通,开始进行逻辑运算	○	○	○	○	○	○
	STD <	D<S1,S2	当(S1 +1,S1) < (S2 +1,S2)时,导通,开始进行逻辑运算	○	○	○	○	○	○
	STD < =	D<=S1,S2	当(S1 +1,S1) ≤ (S2 +1,S2)时,导通,开始进行逻辑运算	○	○	○	○	○	○

续附录表

名称	布尔符号	符号	功能概要	对应机种					
				FP0	FP-e	FPΣ/FP-X	FP2	FP2SH/FP10SH	FP3
32 位数据比较(与)	AND =	D=S1,S2	当(S1 +1,S1) = (S2 +1,S2)时,导通,串联触点	○	○	○	○	○	○
	AND < >	D<>S1,S2	当(S1 +1,S1) ≠ (S2 +1,S2)时,导通,串联触点	○	○	○	○	○	○
	AND >	D>S1,S2	当(S1 +1,S1) > (S2 +1,S2)时,导通,串联触点	○	○	○	○	○	○
	AND > =	D>=S1,S2	当(S1 +1,S1) ≥ (S2 +1,S2)时,导通,串联触点	○	○	○	○	○	○
	AND <	D<S1,S2	当(S1 +1,S1) < (S2 +1,S2)时,导通,串联触点	○	○	○	○	○	○
	AND < =	D<=S1,S2	当(S1 +1,S1) ≤ (S2 +1,S2)时,导通,串联触点	○	○	○	○	○	○
32 位数据比较(或)	ORD =	D=S1,S2	当(S1 +1,S1) = (S2 +1,S2)时,导通,并联触点	○	○	○	○	○	○
	ORD < >	D<>S1,S2	当(S1 +1,S1) ≠ (S2 +1,S2)时,导通,并联触点	○	○	○	○	○	○
	ORD >	D>S1,S2	当(S1 +1,S1) > (S2 +1,S2)时,导通,并联触点	○	○	○	○	○	○
	ORD > =	D>=S1,S2	当(S1 +1,S1) ≥ (S2 +1,S2)时,导通,并联触点	○	○	○	○	○	○
	ORD <	D<S1,S2	当(S1 +1,S1) < (S2 +1,S2)时,导通,并联触点	○	○	○	○	○	○
	ORD < =	D<=S1,S2	当(S1 +1,S1) ≤ (S2 +1,S2)时,导通,并联触点	○	○	○	○	○	○
数据比较指令									
浮点型实数数据比较(开始)	STF =	F=S1,S2	当(S1 +1,S1) = (S2 +1,S2)时,导通,开始进行逻辑运算	×	×	△	△	△	×
	STF < >	F<>S1,S2	当(S1 +1,S1) ≠ (S2 +1,S2)时,导通,开始进行逻辑运算	×	×	△	△	△	×
	STF >	F>S1,S2	当(S1 +1,S1) > (S2 +1,S2)时,导通,开始进行逻辑运算	×	×	△	△	△	×
	STF > =	F>=S1,S2	当(S1 +1,S1) ≥ (S2 +1,S2)时,导通,开始进行逻辑运算	×	×	△	△	△	×
	STF <	F<S1,S2	当(S1 +1,S1) < (S2 +1,S2)时,导通,开始进行逻辑运算	×	×	△	△	△	×
	STF < =	F<=S1,S2	当(S1 +1,S1) ≤ (S2 +1,S2)时,导通,开始进行逻辑运算	×	×	△	△	△	×

续附录表

名　称	布尔符号	符　号	功　能　概　要	对应机种					
				FP0	FP-e	FPΣ/FP-X	FP2	FP2SH/FP10SH	FP3
浮点型实数数据比较(与)	ANF =	F=S1,S2	当(S1 +1,S1) = (S2 +1,S2)时，导通，串联触点	×	×	△	△	△	×
	ANF < >	F<>S1,S2	当(S1 +1,S1) ≠ (S2 +1,S2)时，导通，串联触点	×	×	△	△	△	×
	ANF >	F>S1,S2	当(S1 +1,S1) > (S2 +1,S2)时，导通，串联触点	×	×	△	△	△	×
	ANF > =	F>=S1,S2	当(S1 +1,S1) ≥ (S2 +1,S2)时，导通，串联触点	×	×	△	△	△	×
	ANF <	F<S1,S2	当(S1 +1,S1) < (S2 +1,S2)时，导通，串联触点	×	×	△	△	△	×
	ANF < =	F<=S1,S2	当(S1 +1,S1) ≤ (S2 +1,S2)时，导通，串联触点	×	×	△	△	△	×
浮点型实数数据比较(或)	ORF =	F=S1,S2	当(S1 +1,S1) = (S2 +1,S2)时，导通，并联触点	×	×	△	△	△	×
	ORF < >	F<>S1,S2	当(S1 +1,S1) ≠ (S2 +1,S2)时，导通，并联触点	×	×	△	△	△	×
	ORF >	F>S1,S2	当(S1 +1,S1) > (S2 +1,S2)时，导通，并联触点	×	×	△	△	△	×
	ORF > =	F>=S1,S2	当(S1 +1,S1) ≥ (S2 +1,S2)时，导通，并联触点	×	×	△	△	△	×
	ORF <	F<S1,S2	当(S1 +1,S1) < (S2 +1,S2)时，导通，并联触点	×	×	△	△	△	×
	ORF < =	F<=S1,S2	当(S1 +1,S1) ≤ (S2 +1,S2)时，导通，并联触点	×	×	△	△	△	×

注：○—可使用；△——部分不可使用；×—不可使用。

复习思考题

6-1　松下电工 FP-X 有哪些特点？

6-2　试将第 2 章继电器控制中异步电动机星/三角形启动控制改用 FP-XPLC 控制。画出 FP-X 外部接线图、控制梯形图，写出指令表。

6-3　某一继电器控制线路中有一断电延时的时间继电器，它能否用 FP-X 中的定时器代替，为什么？请对此进行讨论。

6-4　FP-X 的两计数器串联时，后一级计数输出与前一级脉冲输入有何关系？请对此进行讨论。

参考文献

1 金广业,李景学.可编程序控制器原理与应用.北京:电子工业出版社,1991
2 李桂和.电器及其控制.重庆:重庆大学出版社,1992
3 涂深俊.FX2 可编程控制器.1993
4 耿文学,华熔.微机可编程序控制器原理、使用及应用例子.北京:电子工业出版社,1990
5 朱伯生.可编程序控制器.北京:中国劳动出版社,1993
6 柴瑞娟,陈海霞.西门子 PLC 编程技术及工程应用.北京:机械工业出版社,2007
7 西门子公司.S7-300 和 S7-400 的梯形图(LAD)编程参考手册.2004
8 “PC584 用户手册”
9 “PC984 操作手册”
10 常斗南.可编程序控制器原理、应用、实验.北京:机械工业出版社,1998
11 松下电工株式会社.可编程控制器 FP-X 用户手册.2007

冶金工业出版社部分图书推荐

书 名	作 者	定价(元)
计算机控制系统	顾树生 等编	29.00
自动控制原理(第4版)	王建辉 等编	32.00
自动控制原理习题详解	王建辉 主编	18.00
自动控制系统(第2版)	刘建昌 主编	15.00
热工测量仪表(第3版)	张 华 等编	38.00
现代控制理论(英文版)	井元伟 等编	16.00
自动检测和过程控制(第3版)	刘元扬 主编	36.00
机电一体化技术基础与产品设计	刘 杰 等编	38.00
轧制过程的计算机控制系统	赵 刚 等编	25.00
冶金过程自动化基础	孙一康 等编	68.00
冶金原燃料生产自动化技术	马竹梧 编著	58.00
炼铁生产自动化技术	马竹梧 编著	46.00
炼钢生产自动化技术	蒋慎言 等编	53.00
连铸及炉外精炼自动化技术	蒋慎言 编著	52.00
热轧生产自动化技术	刘 玠 等编	52.00
冷轧生产自动化技术	孙一康 等编	52.00
冶金企业管理信息化技术	漆永新 编著	56.00
带钢冷连轧计算机控制	孙一康 编著	36.00
带钢热连轧的模型与控制	孙一康 编著	38.00
基于神经网络的智能诊断	虞和济 等著	48.00
智能控制原理及应用	张建民 等编	29.00
自动检测技术(第2版)	王绍纯 主编	26.00
过程检测控制技术与应用	朱晓青 主编	34.00
电力拖动自动控制系统(第2版)	李正熙 等编	30.00
电力系统微机保护	张明君 等编	16.00
电路实验教程	李书杰 等编	19.00
电子产品设计实例教程	孙进生 等编	20.00
电工与电子技术	李季渊 等编	26.00
单片机实验与应用设计教程	邓 红 等编	28.00
冶金过程检测与控制(职教教材)	郭爱民 主编	20.00
参数检测与自动控制(压力加工专业职教教材)	李登超 主编	39.00
单片机原理与接口技术(职教教材)	张 涛 等编	28.00
电气设备故障检测与维护(培训教材)	王国贞 主编	28.00
热工仪表及其维护(培训教材)	张惠荣 主编	26.00